普通高等教育电工电子基础课程系列教材

电子技术（电工学Ⅱ）
第3版

主　编　王黎明
副主编　常晓丽　宋小鹏
参　编　任爱芝　陈媛媛
主　审　毕满清

机械工业出版社

《电子技术》（电工学Ⅱ）是以教育部颁发的"高等学校工科本科电子技术（电工学Ⅱ）课程教学基本要求"为依据，结合各非电行业的发展需求，适应不同专业的教学需要，在第2版的基础上修订的。

本书分为模拟电子技术和数字电子技术两大部分，共分11章，包括半导体器件、基本放大电路、反馈及负反馈放大电路、集成运算放大器的应用、直流电源、电力电子技术、逻辑门电路和组合逻辑电路、触发器和时序逻辑电路、脉冲波形的产生与变换、数/模与模/数转换器、存储器和可编程逻辑器件。各章前都写有知识单元目标和讨论问题，在每章的开始，都通过一个生活中的实例深入浅出地引出该章内容，各章后附有本章小结、自测题和习题，有利于学生学习。

本书结构合理，重点突出，内容阐述深入浅出、简洁易懂。

本书可作为高等学校工科非电类各专业本科、高职高专以及成人教育的教材，也可供相关工程技术人员阅读。

本书配有免费电子课件，欢迎选用本书作教材的教师登录www.cmpedu.com注册后下载。

图书在版编目（CIP）数据

电子技术．电工学．Ⅱ/王黎明主编. —3版. —北京：机械工业出版社，2023.10

普通高等教育电工电子基础课程系列教材

ISBN 978-7-111-73996-8

Ⅰ.①电… Ⅱ.①王… Ⅲ.①电子技术－高等学校－教材②电工技术－高等学校－教材 Ⅳ.①TN②TM

中国国家版本馆 CIP 数据核字（2023）第 189106 号

机械工业出版社（北京市百万庄大街22号 邮政编码100037）
策划编辑：吉 玲　　　　　　　责任编辑：吉 玲 张振霞
责任校对：薄萌钰 梁 静　　　封面设计：张 静
责任印制：常天培
北京机工印刷厂有限公司印刷
2024年1月第3版第1次印刷
184mm×260mm · 20.75印张 · 565千字
标准书号：ISBN 978-7-111-73996-8
定价：65.00元

电话服务　　　　　　　　　　　网络服务

客服电话：010-88361066　　机 工 官 网：www.cmpbook.com
　　　　　010-88379833　　机 工 官 博：weibo.com/cmp1952
　　　　　010-68326294　　金 书 网：www.golden-book.com
封底无防伪标均为盗版　　机工教育服务网：www.cmpedu.com

前　言

　　教材建设是课程建设和教学改革的重要组成部分，是深化教学改革、提高教学质量的重要保证。随着工程教育专业认证工作的开展和 OBE（结果导向的教育）理念的推广与普及，教材建设也应与时俱进：对标工程教育专业认证和新工科建设的需求，结合教材使用过程中的教学实践经验，以适应不同层次和专业的教学需要。第 3 版主要做了如下修改：

　　1）在教材每章的开始设置了知识单元目标，明确学习导向，面向目标达成。

　　2）在教材中增加了基于 Multisim 相关仿真分析的内容，便于学生对相关知识点的理解和掌握，把仿真和实际操作相结合，进一步提升学生的创新能力。

　　本书包括模拟电子技术和数字电子技术两大部分，共分 11 章，其中第 1～6 章介绍的是模拟电子技术，主要介绍了常用半导体器件的特性和模拟电子电路的基本电路构成、性能特点及基本分析方法；第 7～11 章介绍的是数字电子技术，主要介绍了门电路和触发器的原理与外特性，以及数字电路的分析和设计方法。

　　本着因材施教、循序渐进和能力培养的要求，也为了便于教与学，第 3 版教材的各章开头设有知识单元目标、讨论问题，章后有本章小结，并配有思考题、自测题和习题，在题目的选配和数量上，强调了针对性与实用性。

　　参加本书编写的有中北大学王黎明（第 3 章）、常晓丽（第 1、2 章）、宋小鹏（第 5、10 章）、任爱芝（第 7、8 章）、陈媛媛（第 4、6、9、11 章），其中王黎明任主编，负责全书的组织、修改和定稿，常晓丽、宋小鹏任副主编，协助主编工作。

　　本书由全国高等学校电子技术研究会常务理事、华北地区高等学校电子技术教学研究学会副理事长、山西省高等学校电子技术教学研究学会理事长、中北大学毕满清教授担任主审，毕满清教授对书稿进行了认真的审查，提出了许多宝贵意见，在此表示衷心的感谢。

　　由于编者水平有限，不妥和错误之处在所难免，恳请使用本书的广大读者提出宝贵意见。

编　者

目　　录

第 **1** 章

半导体器件

知识单元目标

- 能够表述本征半导体和杂质半导体的导电机理；能够表述 PN 结的形成机理和特性。
- 能够运用二极管和特殊二极管的特性对含二极管的电路和含特殊二极管的电路进行分析和计算。
- 能够表述晶体管的结构、工作原理、输入/输出特性和主要参数，能够判断晶体管工作在放大区、饱和区或截止区。
- 能够表述场效应晶体管的结构、工作原理、输出特性、转移特性和主要参数。

讨论问题

- 杂质半导体为什么有两种载流子？
- PN 结是怎样形成的？其特性是什么？
- 二极管的伏安特性是如何的？
- 晶体管起放大作用时载流子的传输规律如何？电流分配规律如何？
- 晶体管放大电路的实质是什么？晶体管能够起到放大作用的内部结构条件和外部条件是什么？
- 晶体管的输入和输出特性如何？
- 稳压管的稳压原理是什么？

在面对环境和资源的日益严峻挑战时，半导体材料的应用给我们带来了希望，也让我们的生活悄然发生着改变。其中应用较为广泛的是发光二极管。爱迪生发明白炽灯 130 多年后，发光二极管作为光源，逐步走向前台。发光二极管（Light-Emitting Diode，LED），是可以直接把电能转化为光能的发光器。它的结构主要由 PN 结芯片、电极和光学系统组成。发光二极管的使用寿命是普通白炽灯使用寿命的一百倍，所消耗能量却只有白炽灯的十分之一，现已经广泛用于家庭照明、路灯、城市装饰灯以及各种显示屏。除此之外，利用半导体的光伏效应原理进行光电转换的太阳能光伏技术，也就是太阳能电池的应用，现在也在发展中，对于能源来说，这的确是好消息。本章我们将讨论半导体的基本知识与应用。

1.1　半导体的基本知识

1.1.1　半导体及其特性

自然界中的物质按照其导电能力的强弱可以分为导体、半导体和绝缘体 3 种类型。导电能力介于导体和绝缘体之间的物质叫半导体。

半导体之所以被用来制造电子元器件，是因为它具有不同于其他物质的特性。

1. 光敏特性　半导体的导电能力随光照变化而有明显改变，利用这种特性可以做成各种光敏器件，如光敏电阻、光耦合器等。

2. 热敏特性　半导体的导电能力随温度变化而有明显改变，利用这种特性可以做成各种热敏元件。

3. 掺杂特性　在纯净的半导体中掺入少量特定的杂质元素时，它的导电能力可以大大提高，并且通过控制掺入杂质元素的浓度，就可控制它的导电性能。利用这一特性可以制成各种性能的半导体器件。

半导体之所以具有上述特性，主要是因为其原子结构和导电机理。

1.1.2　本征半导体

1. 什么是本征半导体　纯净的、结构完整的半导体晶体叫作本征半导体。纯净的硅呈现一种晶体结构，也称单晶硅。

2. 本征半导体的结构　常用的半导体材料是硅（Si）和锗（Ge）。硅和锗都是四价元素，每个原子的最外层电子数是 4 个，物理学中将最外层电子叫作价电子。元素的很多物理和化学性质都由这些价电子决定。价电子受核的束缚力最小。内层电子和原子核两部分合在一起叫作惯性核，由此可得硅和锗的原子结构的简化模型，如图 1-1a 所示。外层表示价电子数，"⊕4"表示惯性核，其电荷量（+4）是原子核和除价电子以外的内层电子电荷量的总和。

硅和锗在使用时都要做成本征半导体。在组成本征半导体时，硅（锗）原子按一定规律整齐排列，组成规则的空间点阵，原子间距离很近，价电子还将受到相邻原子的原子核的吸引，为两个原子核共有。这样每一个硅（锗）原子最外层的 4 个价电子与相邻的 4 个硅（锗）原子的各一个价电子组成 4 对共价键结构。共价键中的电子受两个原子核引力的束缚，使得每个硅（锗）原子最外层形成拥有 8 个共有电子的稳定结构。如图 1-1b 所示是晶体共价键结构的平面示意图。

3. 本征半导体中的导电机理

（1）在绝对零度和无外界激发时，本征半导体中无载流子　硅原子的所有价电子都被共价键束缚，共价键内的两个电子称为束缚电子，如果没有足够的能量，价电子不能挣脱原子核的束缚成为自由电子。此时在本征半导体中，没有可以自由运动的带电粒子——载流子，在外电场作用时不会产生电流。在这种条件下，本征半导体不能导电。

（2）本征半导体受激发产生载流子——自由电子和空穴　在获得一定的能量（热、光等）后，少量价电子即可挣脱共价键的束缚成为自由电子，带负电。同时在共价键中留下一个空位，称为空穴，带正电。它们是成对出现的，通常称为电子空穴对。

本征半导体受外界能量的激发产生电子空穴对，这种现象称为本征激发。自由电子在无

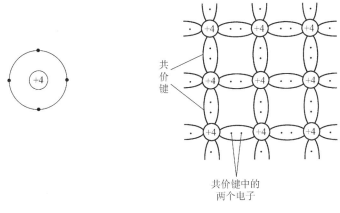

a) 简化原子结构模型　　　　　　b) 晶体结构平面示意图

图 1-1　硅和锗的简化原子结构模型和晶体结构

规则的热运动中如果与空穴相遇就会填补空穴，使电子空穴对消失，这种现象称为复合。当温度一定时，由本征激发产生的电子空穴对，与复合的电子空穴对数目相等，使激发和复合达到动态平衡。此时，本征半导体中自由电子和空穴的数目是一定的，并且相等。由于两者电荷量相等，极性相反，所以本征半导体呈电中性。

（3）外电场作用下，载流子定向移动形成电流　价电子挣脱共价键后成为自由电子，自由电子带负电，在外电场的作用下，自由电子将逆着电场方向定向运动，形成电子电流。

由于空穴的存在，在外加电场的作用下，处于共价键上的价电子也按一定方向依次填补空穴。如图 1-2 所示，如果在 A 处出现一个空穴，B 处的电子填补 A 处的空穴，从而使空穴由 A 移到 B，如果 C 处电子再填补 B 处空穴，这样空穴又从 B 移到 C。这样，在半导体中出现了价电子填补空穴的运动。

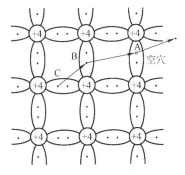

图 1-2　电子和空穴的移动

空穴是一个带正电的粒子，它所带的电量与电子相等，极性相反。人们把这种运动形成的电流叫作"空穴电流"。

由此可见，在本征半导体中有两种载流子：带负电荷的自由电子和带正电荷的空穴。其导电能力是由载流子的浓度决定。而本征半导体的载流子浓度受温度的影响很大，随着温度的升高，载流子的浓度基本按指数规律增加。所以温度是影响半导体导电性能的重要因素。

1.1.3　杂质半导体

本征半导体由本征激发形成的自由电子和空穴两种载流子的数量很少，导电能力很低。如果在本征半导体中掺入微量的某种元素，就会使半导体的导电性能大大增强。所掺微量元素称为杂质，掺入杂质的半导体称作"杂质半导体"。按掺入杂质元素的不同，杂质半导体可分为 N 型半导体和 P 型半导体两大类。

1. N 型半导体　在本征半导体中掺入微量的五价元素，如磷（P）、砷（As）等，由于杂质原子的最外层有 5 个价电子，则在晶体点阵中某些位置上，杂质原子取代硅（锗）原子，有 4 个价电子与相邻的硅（锗）原子的 4 个价电子组成共价键，多余的一个价电子处于共价键之外，如图 1-3 所示。这个多余的电子受原子核束缚很弱，只需很少的能量，就能成为自由电子。但在产生自由电子的同时并不产生新的空穴。这样，每掺一个杂质原子都能多出一个自由电子，从而使半导体中的自由电子数量大大增加。因此，杂质半导体的导电能力也大大增强。

除了杂质原子提供的自由电子外，在半导体中还有少量的由本征激发产生的电子空穴对。由于增加了许多额外的自由电子，因此在 N 型半导体中自由电子数远大于空穴数，这种半导体主要靠自由电子导电，所以自由电子叫作"多数载流子"，简称"多子"，而空穴叫作"少数载流子"，简称"少子"。N 型半导体也被称为电子半导体。掺入的杂质越多，多子（自由电子）的浓度就越高，导电性能也就越强。

2. P 型半导体 在本征半导体中掺入少量的三价元素，如硼（B）、铟（In）等，由于杂质原子的最外层只有 3 个价电子，在与周围硅（锗）原子组成共价键时，因缺少一个电子而产生一个空位，如图 1-4 所示。当受能量激发时，相邻共价键上的电子就可能填补这个空位，在电子原来所处的位置上产生一个空穴。在常温下，每个杂质原子都能引起一个空穴，从而使半导体中的空穴数量大大增加。

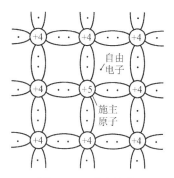

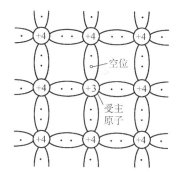

图 1-3　N 型半导体　　　　　　　　　　图 1-4　P 型半导体

在 P 型半导体中，尽管有本征激发产生的电子空穴对，由于掺入的每个杂质原子都能引起一个空穴，空穴数远大于自由电子数，空穴导电成为这种半导体的主要导电方式，故空穴为多数载流子，而电子为少数载流子。P 型半导体也称为空穴半导体。控制掺入杂质的浓度，便可控制多数载流子空穴的数目。

从以上分析可知，在杂质半导体中，多子浓度主要取决于掺入杂质的浓度，掺入杂质越多，多子浓度就越大。而少子由本征激发产生，其浓度主要取决于温度，温度越高，少子浓度越大。

在杂质半导体中，载流子数目比本征半导体多很多，所以相同温度下，它的导电能力也比本征半导体强很多。杂质半导体中多子数目要比少子数目多很多，所以导电主要靠多子，少子导电几乎可以忽略不计。

而且，对于杂质半导体，它既没有失去电子，也没有获得电子，所以呈电中性，对外不带电。

1.1.4　PN 结及其单向导电性

1. PN 结的形成 如果在一块本征半导体上，通过一定的掺杂工艺使其一边形成 N 型半导体，另一边形成 P 型半导体，那么在 P 型区和 N 型区的交界处就会形成一个特殊的带电薄层，称为 PN 结。PN 结是构成其他半导体器件的基础。

（1）内电场的建立——扩散运动建立了空间电荷区和内电场　当 P 型半导体和 N 型半

导体结合到一起时，在它们的交界面，两种载流子存在很大的浓度差。这时载流子便会从浓度高的区域向浓度低的区域运动。这种由于浓度差而引起的定向运动称为扩散运动，由载流子扩散运动形成的电流叫作扩散电流。P区空穴的浓度远高于N区空穴的浓度，而N型半导体电子的浓度又远大于P区电子的浓度。这种浓度差使P区的多子空穴向N区扩散，与N区的电子复合，在P区一侧留下不能移动的负离子薄层；N区的多子自由电子向P区扩散，与P区的空穴复合，在N区一侧留下不能移动的正离子薄层，如图1-5a所示。交界面两侧的这些不能移动的带电离子薄层通常称为空间电荷区，扩散作用越强，空间电荷区就越宽。

在空间电荷区中，一侧带正电，一侧带负电，由于正、负电荷相互作用，在空间电荷区中形成一个电场，称为内电场，用 $\varepsilon_{内}$ 表示。随着扩散运动的进行，空间电荷区加宽，内电场增强，其方向由带正电的N区指向带负电的P区。

（2）内电场对载流子的作用——阻止多子扩散，促使少子漂移　多子的扩散形成内电场，这个内电场的方向与多子扩散方向相反，因此它阻碍多子扩散运动的进行。另一方面，在内电场作用下，P区和N区的少数载流子将做定向运动，这种运动称为漂移运动，由此引起的电流叫作漂移电流。P区的少子自由电子向N区漂移，从而补充了原来交界面上N区所失去的电子，使正离子减少；而N区的少子空穴向P区漂移，从而补充了原来交界面上P区所失去的空穴，使负离子减少。因此，漂移运动的结果是使空间电荷区变窄，内电场减弱，其作用正好与扩散运动相反。

（3）PN结形成　扩散运动和漂移运动是互相联系又互相矛盾的，多子的扩散使空间电荷区加宽，内电场增强，内电场的建立和增强又阻止多子扩散，促使少子漂移；而少子漂移又使空间电荷区变窄，内电场减弱，又使扩散容易进行。当漂移运动与扩散运动达到动态平衡时，通过空间电荷区的净电流为零。这时空间电荷区的宽度和内电场的强度不再变化，至此，PN结形成，如图1-5b所示。

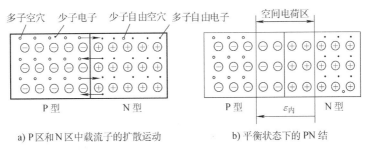

a) P区和N区中载流子的扩散运动　　　　　b) 平衡状态下的PN结

图1-5　PN结的形成

2. PN结的单向导电性　上面讨论的PN结处于平衡状态，扩散电流和漂移电流处于动态平衡，通过空间电荷区的净电流为零。如果在PN结两端外加电压，将打破原来的平衡状态。

（1）PN结外加正向电压　PN结外加正向电压是指：外加电源的正极接到PN结的P端，负极接到PN结的N端，也称正向偏置，如图1-6a所示。此时外加电场与PN结内电场方向相反。在外加电场作用下，PN结的平衡状态被打破，P区的多子空穴向N区移动，与空间电荷区的负离子中和。同时N区的多子自由电子向P区移动，与空间电荷区的正离子中和。这样使空间电荷数目减少，空间电荷区变窄，内电场减弱，多数载流子的扩散运动加剧，漂移运动减弱，扩散电流大于漂移电流。PN结内的电流主要由扩散电流决定，在外电路上形成一个从 P 区流向 N 区的正向电流。当外加正向电压增大时，内电场进一步减弱，扩散电流随之增加，形成较大的 PN 结正向电流。

在正常工作范围内，外电场越强，正向电流越大。这样，正偏的 PN 结表现为一个很小的电阻。

（2）PN 结外加反向电压　PN 结外加反向电压是指：外加电源的正极接到 PN 结的 N 端，负极接到 PN 结的 P 端，也称反向偏置，如图 1-6b 所示。此时外加电场与 PN 结内电场方向相同，PN 结的平衡状态被打破，这将促使 P 区的多子空穴和 N 区的多子自由电子背离PN 结运动，空间电荷区变宽，内电场增强，多子的扩散运动减弱，少子的漂移运动增强并占优势。流过 PN 结内的电流主要由少子的漂移电流决定，表现在外电路上为从 N 区流向 P区的反向电流。由于少子数量很小，因此 PN 结的反向电流很小，所以 PN 结在反向偏置时，表现为一个很大的电阻。在一定温度下，少子的浓度基本不变，PN 结反向电流几乎与外加反向电压的大小无关。

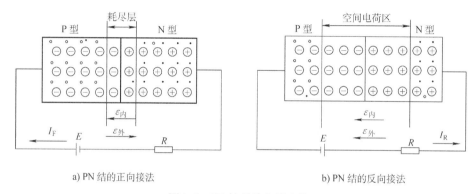

a) PN 结的正向接法　　　　　　　　　b) PN 结的反向接法

图 1-6　PN 结的单向导电性

通过分析可以看出，PN 结具有单向导电性。外加正向电压时，正向电流是多子的扩散电流，数值很大，PN 结导通；外加反向电压时，反向电流是少子的漂移电流，数值很小，PN 结几乎截止。

✏ 思考题

1. N 型半导体自由电子多于空穴，P 型半导体空穴多于自由电子，那么 N 型半导体带负电吗？P 型半导体带正电吗？

2. PN 结为什么会有单向导电性？温度对 PN 结的正向特性、反向特性有何影响？

1.2　半导体二极管及其应用

1.2.1　半导体二极管的结构

在 PN 结加上电极引线和管壳组成半导体二极管，其符号如图 1-7a 所示，由 P 区引出的电极为阳极（或称正极），由 N 区引出的电极为阴极（或称负极），箭头表示正向电流的方向。

二极管常见的几种外形如图 1-7b 所示。二极管种类很多，按材料来分，最常用的有硅管和锗管两种；按结构形式来分，有点接触型、面接触型和硅平面型几种。

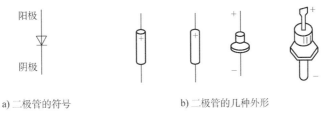

| a) 二极管的符号 | b) 二极管的几种外形 |

图 1-7　二极管的符号及几种外形

1.2.2　半导体二极管的伏安特性

半导体器件的伏安特性是指流过的电流与两端的电压的关系曲线。半导体二极管其实就是一个 PN 结, 具有单向导电性, 其伏安特性曲线如图 1-8 所示, 可分为正向特性、反向特性和反向击穿特性三部分进行分析。

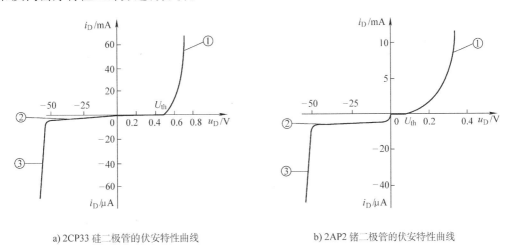

| a) 2CP33 硅二极管的伏安特性曲线 | b) 2AP2 锗二极管的伏安特性曲线 |

图 1-8　二极管的伏安特性曲线

1. 正向特性　对应于图 1-8 的第①段称为正向特性。这时二极管外加正向电压。

当正向电压较小时, 外电场还不足以克服 PN 结的内电场, 载流子的扩散运动尚未明显增强, 因此这时的正向电流很小, 近似为零。只有当正向电压大于一定数值后, 才有明显的正向电流。使正向电流从零开始明显增长的外加电压叫开启电压或死区电压, 记作 U_{th}。在室温下, 硅二极管的开启电压约为 0.5V, 锗二极管的开启电压约为 0.2V。

当正向电压大于开启电压后, 正向电流增长很快。在伏安特性曲线的这一部分, 当电流增加很大时, 二极管的正向压降却变化很小。硅二极管的正向导通压降为 0.6 ~ 0.8V, 锗二极管的正向导通压降为 0.1 ~ 0.3V。

2. 反向特性　图 1-8 的第②段称为反向特性。这时二极管外加反向电压, 少数载流子漂移运动形成很小的反向电流。当反向电压在一定范围内时, 反向电流大小基本恒定。当温度升高时, 反向电流上升很快。一般小功率锗管的反向电流可达几十微安, 而小功率硅管的反向电流要小得多, 一般小于 0.1μA。

3. 反向击穿特性　图 1-8 的第③段称为反向击穿特性。当二极管承受的反向电压大于击穿电压时, 二极管的反向电流将急剧增加, 二极管失去单向导电性, 称为二极管反向击穿。反向击穿包括电击穿和热击穿两种, 电击穿可恢复原来性能, 而热击穿不能再恢复原来性能。一般情况下，只要在电路中采取适当的限压措施，就可使得二极管发生电击穿而不是热击穿。

1.2.3 温度对二极管伏安特性的影响

环境温度的变化对二极管的伏安特性影响较大，其规律与 PN 结的温度特性相似。当环境温度升高时，二极管的正向特性曲线将左移，这说明产生同样大小的正向电流，正向压降随温度的升高而减小。

另外，由于二极管的反向电流是由少子漂移形成的，当温度升高时，半导体中本征激发增强，少子浓度升高，故反向电流增大，所以二极管的反向特性曲线随温度的升高将向下移动。温度对二极管伏安特性的影响曲线如图 1-9 所示。

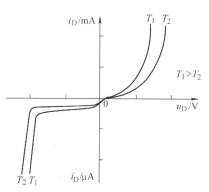

图 1-9 温度对二极管伏安特性的影响曲线

1.2.4 半导体二极管的主要参数

半导体器件的参数是对其特性和极限运用条件的定量描述，是设计电路时正确选择和合理使用器件的依据。各种器件的参数由生产厂家的产品手册给出。由于制造工艺所限，即使同一型号的管子，参数也存在一定的分散性，因此手册上往往给出的是参数的上限值、下限值或范围。半导体二极管的主要参数有以下几种：

1. 最大整流电流 I_F 最大整流电流是指二极管长期运行时允许通过的最大正向平均电流，其大小与 PN 结的面积和散热条件等有关。实际使用时，应注意通过二极管的电流平均值不能大于这一数值，并要满足规定的散热条件，否则会使二极管中 PN 结的温度超过允许值而损坏。

2. 最高反向工作电压 U_R 最高反向工作电压是指二极管运行时允许施加的最大反向电压。为避免二极管反向击穿，通常 U_R 取反向击穿电压 U_{BR} 的一半。

3. 反向电流 I_R 反向电流是指在室温和最大反向电压（或其他测试条件）下的反向电流。反向电流越小，管子的单向导电性越好。反向电流对环境温度影响非常敏感，使用时应特别注意。

4. 最高工作频率 f_M 最高工作频率是指二极管工作的上限频率。它主要取决于 PN 结的结电容的大小，使用时，如果信号频率超过此值，二极管的单向导电性将变差，甚至不复存在。

在实际使用时，应特别注意手册上每个参数的测试条件，当使用条件与测试条件不同时，参数也会发生变化。

1.2.5 半导体二极管的应用举例

利用其单向导电性，二极管经常应用于限幅电路、整流电路和开关电路等，现举例说明。

1. 限幅电路 限幅电路就是将输出电压限制在一定的幅值之内。

【例 1-1】 在图 1-10a、b 所示电路中，已知 $u_i = 10\sin\omega t \mathrm{V}$、$E = 6\mathrm{V}$、$R = 1\mathrm{k}\Omega$，二极管为理想二极管，试分别画出传输特性曲线 $u_o = f(u_i)$ 和输出电压 u_o 的波形。

　　解：在图 1-10a 电路中，当二极管开路时，二极管两端的电压 $u_D = u_i - E = u_i - 6V$，当 $u_D > 0$，即 $u_i > 6V$ 时，二极管正偏导通，二极管两端的电压 $u_D = 0$，输出电压 $u_o = E = 6V$；当 $u_D = 0$，即 $u_i = 6V$ 时，二极管反偏截止，流过二极管的电流 $i_D = 0$，输出电压 $u_o = u_i$。输出电压的波形如图 1-10c 所示。

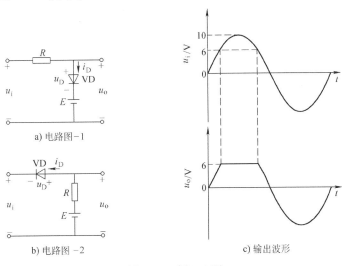

a) 电路图-1

b) 电路图-2

c) 输出波形

图 1-10　例 1-1 图

　　在图 1-10b 电路中，当二极管开路时，二极管两端的电压 $u_D = -u_i + E = -u_i + 6V$，当 $u_D > 0$，即 $u_i < 6V$ 时，二极管正偏导通，二极管两端的电压 $u_D = 0$，输出电压 $u_o = u_i$；当 $u_D = 0$，即 $u_i = 6V$ 时，二极管反偏截止，流过二极管的电流 $i_D = 0$，输出电压 $u_o = E = 6V$。输出电压的波形同图 1-10c。

　　2. 整流电路　利用二极管的单向导电性，将正弦交流电压，变为单向脉动电压。

　　【例 1-2】　电路如图 1-11a 所示，当输入电压是 $u = U_m \sin(\omega t + \varphi)$，试画出输出波形。

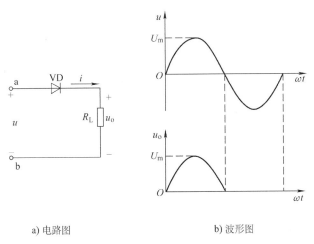

a) 电路图

b) 波形图

图 1-11　例 1-2 图

　　解：在输入电压 u 的正半周，a 点为高电位，b 点为低电位，二极管正向导通，有电流 i 从 a 经过二极管 VD 和负载 R_L 流入 b 点，因此输出电压 $u_o = u$。而在电压 u 的负半周，电压 u 的极性为上负下正，即 b 点为高电位，a 点为低电位，二极管反向截止，相当于开关断开，此时电路中电流 $i = 0$，输出电压 $u_o = 0$。输出电压波形如图 1-11b 所示，为半波整流电路。

3. 开关电路　二极管的导通或截止，也可看成是开关电路。

【**例1-3**】　电路如图1-12所示，二极管VD_1和VD_2为理想二极管，当输入端A、B的电位分别为+1V和+3V时，判断图中各二极管是导通还是截止，并求输出端Y点的电位。

解：二极管导通或截止的判定方法是：先将二极管断开，然后计算二极管两端的电压，如果外加的是正向电压则二极管导通，外加的是反向电压则二极管截止。

先假设两个二极管都截止，电阻无电流流过，则Y端的电位为+10V，如果先考虑VD_1，因为A端电位为+1V，所以理想二极管VD_1正向导通，此时Y端电位与A端相等，为+1V；而B端电位为+3V，所以理想二极管VD_2反向截止。

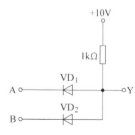

图1-12　例1-3图

还是先假设两个二极管都截止，则Y端的电位为+10V，如果先考虑VD_2，因为B端电位为+3V，所以理想二极管VD_2正向导通，此时Y端电位与B端相等，为+3V；而A端电位为+1V，所以理想二极管VD_1正向导通，则Y端电位与A端相等，为+1V。而此时理想二极管VD_2反向截止，Y端电位最终被钳制在+1V。

所以二极管VD_1导通，VD_2截止，Y端输出电位为+1V。

从这个例题可以看出，当多个二极管并联时，如果是阳极接在一起，那么阴极电位最低的二极管导通；同理，如果阴极接在一起，阳极电位最高的二极管导通。

【**例1-4**】　电路如图1-13所示，判断图中各二极管是导通还是截止，并计算A、B两点之间的电压U_{AB}。设二极管的正向压降和反向电流均可忽略。

解：在图1-13a所示电路中，二极管VD_1、VD_2开路时，VD_1端电压$U_{AB}=10V$，VD_2端电压$U_{AC}=10V+6V=16V$，故VD_2优先导通，输出电压$U_{AB}=-6V$，将二极管VD_1钳制在截止状态。

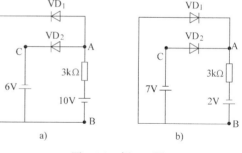

图1-13　例1-4图

在图1-13b所示电路中，二极管VD_1、VD_2开路时，VD_1端电压$U_{BA}=2V$，VD_2端电压$U_{CA}=-7V+2V=-5V$，故VD_1导通，输出电压$U_{AB}=0V$，VD_2截止。

✏ 思考题

怎样用万用表判断二极管的正负极与好坏？

1.3　特殊二极管

1.3.1　稳压二极管

稳压二极管（简称稳压管）是一种特殊工艺制造的面接触型晶体二极管。它的符号如图1-14a所示。稳压管是利用PN结的反向击穿特性，在电路中与适当数值的电阻配合后来实现稳定电压的作用。稳压二极管广泛用于稳压电源与限幅电路中。

1. 稳压管的稳压作用　稳压管的伏安特性如图1-14b所示，与普通二极管类似，只是它的反向击穿特性更陡一些。当反向电压达到击穿电压 U_Z（也是稳压管的稳定电压）后，流过管子的反向电流会急剧增加，稳压二极管反向击穿。此后通过稳压管的反向电流在较大范围内变化，而管子两端的反向击穿电压几乎不变，表现出很好的稳压特性。

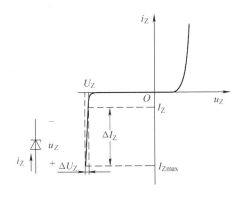

a) 图形符号　　　　　　b) 伏安特性

图 1-14　稳压管的图形符号和伏安特性

稳压管正常使用时工作在反向击穿状态，只要控制反向电流不超过一定值，管子就不会因过热而损坏，当外加反向电压撤除后，管子依旧能正常工作，并未损坏。其击穿特性曲线越陡，稳压管的稳压性能越好。

2. 稳压管的主要参数

（1）稳定电压 U_Z　稳定电压是指流过稳压管的反向电流为规定值时，稳压管两端的电压值。由于制造工艺方面的原因，即使同一型号的稳压管，U_Z 也存在一定的差别，即 U_Z 分散性较大。例如，型号为 2CW55 稳压管的稳定电压在 6～7.5V 之间。但对某一只管子来说，U_Z 应为确定值。

（2）稳定电流 I_Z（或叫最小稳定电流 I_{Zmin}）　稳定电流是指稳压管工作在稳压状态的参考电流，电流低于此值时，稳压效果变坏，甚至根本不能稳压；高于此值时，只要不超过额定功耗都可以正常工作，且电流越大，稳压效果越好，但管子的功耗要增加。

（3）最大耗散功率 P_{CM} 和最大工作电流 I_{Zmax}　最大耗散功率和最大工作电压是指稳压管不至于产生过热而损坏时的最大功率损耗值。

$$P_{CM} = U_Z I_{Zmax} \tag{1-1}$$

对于一只具体的稳压管，可通过其 P_{CM} 值，求出 I_{Zmax} 的值。使用时，应限制管子的工作电流使之不超过最大工作电流 I_{Zmax}。

（4）动态电阻 r_Z　动态电阻是指稳压管工作在稳压区时，端电压变化量与其电流变化量之比，即

$$r_Z = \Delta U_Z / \Delta I_Z \tag{1-2}$$

r_Z 的大小与工作电流的大小有关，电流越大，r_Z 越小，稳压性能越好。

（5）稳定电压的温度系数 α　稳定电压的温度系数是指流过稳压管的电流是稳定电流 I_Z 时，温度每变化 1℃，稳定电压的相对变化量（用百分数表示）

$$\alpha = \frac{\Delta U_Z}{U_Z \Delta T} \times 100\% \,℃^{-1} \tag{1-3}$$

稳定电压的温度系数越小，稳压管的温度稳定性越好。稳定电压大于 7V 的稳压管具有正的温度系数，即温度升高时，稳定电压值上升；稳定电压小于 4V 的稳压管具有负的温度系数，即温度升高时，稳定电压值下降；稳定电压在 4～7V 的稳压管，温度系数很小。要使用温度稳定性好的稳压管，可采用稳定电压在 4～7V 的管子。

3. 稳压管稳压电路　图 1-15 是由稳压管 VS 和限流电阻 R 组成的最简单的稳压电路。输入 U_I 为未经稳定的直流电压，稳压电路的输出是负载 R_L 两端的电压 U_O，即稳压管两端的电压。

电路中引起输出电压不稳定的原因是输入电压 U_I 的波动和负载电阻 R_L 的变化。下面对这两种情况下电路的稳压过程进行分析。

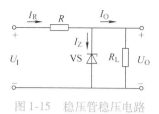

图 1-15 稳压管稳压电路

由图 1-15 可知，负载上的输出电压为

$$U_O = U_I - RI_R \tag{1-4}$$

（1）负载电阻 R_L 不变，输入电压 U_I 变化时 设输入电压 U_I 增加，使输出电压 U_O 也要随之增加，U_O 即为稳压管两端的电压。根据稳压管的伏安特性，当稳定电压稍有增加时，稳压管的电流 I_Z 显著增加，使得流过限流电阻 R 的电流 I_R 也显著增加，R 上的压降 U_R 增加，以抵偿 U_I 的增加，从而使输出电压 U_O 基本不变。这一过程可表示如下：

$$U_I\uparrow \longrightarrow U_O\uparrow \longrightarrow U_Z\uparrow \longrightarrow I_Z\uparrow \longrightarrow I_R\uparrow \longrightarrow U_R\uparrow$$
$$U_O\uparrow \longleftarrow \qquad\qquad\qquad$$

（2）当输入电压 U_I 不变，负载电阻 R_L 变化时 设 R_L 减小，则 I_O 增大，电流 I_R 也增大，引起限流电阻 R 上的压降 U_R 增大，使输出电压 U_O 减小，由稳压管的伏安特性可知，当稳定电压稍有减小时，稳压管的电流 I_Z 显著减小，使 I_R 减小，限流电阻上的压降 U_R 减小，最终使输出电压 U_O 基本不变。这一过程可表示如下：

$$R_L\downarrow \longrightarrow I_O\uparrow \longrightarrow I_R\uparrow \longrightarrow U_R\uparrow \longrightarrow U_O\downarrow \longrightarrow I_Z\downarrow \longrightarrow I_R\downarrow \longrightarrow U_R\downarrow$$
$$U_O\uparrow \longleftarrow \qquad\qquad\qquad\qquad\qquad$$

综上所述，这种稳压电路之所以能使输出电压保持稳定，是利用稳压管工作在反向击穿区时，其端电压略有变化而使电流变化很大的特性，同时配合限流电阻 R 的调整作用来实现稳压的。所以限流电阻是必不可少的，它既限制稳压管中的电流使其正常工作，又与稳压管配合以达到稳压的目的。一般情况下，在电路中有稳压管，就必然有与之匹配的限流电阻。

稳压管稳压电路结构简单，所用元件数量少，但输出电压不能调节，性能指标较低，因此只适用于负载电流较小、负载电压不变的场合。

1.3.2 发光二极管

发光二极管（LED）与普通二极管一样是由一个 PN 结构成，也具有单向导电性。当它正向偏置时通过电流会发光，是一种直接能把电能转变为光能的半导体器件。它会发光主要是由于电子和空穴复合时会释放出能量。发光二极管的符号如图 1-16 所示。

发光二极管的种类很多，按发光颜色来分有发红光、黄光、绿光以及眼睛看不见的红外发光二极管等。另外还有多色、变色发光二极管等。

发光二极管工作时外加正向电压，在电流达到一定值时发光。为保证电流不超过允许值需接入限流电阻进行保护。由于发光二极管最大允许工作电流随环境温度的升高而降低，因此，发光二极管不宜在高温环境中使用。

图 1-16 发光二极管的符号

发光二极管具有工作电压低、功耗小、抗冲击和抗振性能好，可靠性高，寿命长，通过调节电流的大小可以方便地调节发光的强弱等优点，使其在显示电路中得到了广泛的应用。

1.3.3 光敏二极管

光敏二极管与发光二极管不同，它是将光信号变成电信号的半导体器件。它的核心部分也是一个 PN 结，为了便于接收入射光照，在管壳上留有一个能使光线照入的玻璃窗口。光敏二极管的符号如图 1-17 所示。

图 1-17 光敏二极管的符号

光敏二极管工作时外加反向电压。当光线照 PN 结时，产生大量电子空穴对，使半导体中少子浓度增加。它们在反向电压作用下参加漂移运动，使反向电流明显变大，光的强度越大，反向电流也越大。

光敏二极管常用作光控元件，可制成直接把光能转化为电能的光电池。

✐ 思考题

1. 利用稳压管或普通二极管的正向压降是否可以起稳压作用？
2. 已知两只稳压二极管的稳压值分别为 5V 和 8V，若将它们串联使用，可获得几组稳定电压值？
3. 图 1-15 中，若 $R = 0$，能否起到稳压作用？

1.4 晶体管

晶体管，即晶体型三极管，又称半导体三极管，它的放大作用和开关作用使其成为组成各种放大电路和电子电路的核心器件。因晶体管中有两种带有不同极性的载流子参与导电，所以也称为双极结型晶体管（Bipolar Junction Transistor，BJT）。

1.4.1 晶体管的基本结构和分类

晶体管是采用一定工艺在同一块半导体材料上，掺杂形成三个区以及两个 PN 结而制成的，因杂质半导体有 P 型、N 型两种，所以由两个 N 区夹一个 P 区结构的晶体管称为 NPN 型，由两个 P 区夹一个 N 区结构的晶体管称为 PNP 型，其结构示意图和符号如图 1-18 所示。NPN 型和 PNP 型晶体管表示符号的区别是发射极的箭头方向不同，这个箭头方向表示发射结正向偏置时的电流方向。

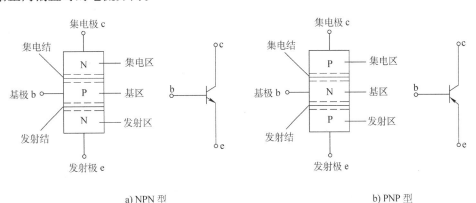

a) NPN 型　　　　　　　　　　　　　　b) PNP 型

图 1-18　晶体管的结构示意图和符号

NPN 型和 PNP 型晶体管，其内部均包含三个区，分别称为：发射区（emitter）、基区（base）和集电区（collector），相应地引出三个电极分别称为：发射极（e）、基极（b）和集电极（c）。同时，在三个区的两两交界处，分别形成两个 PN 结。发射区和基区交界处形成的 PN 结，称为发射结；集电区和基区交界处形成的 PN 结，称为集电结。

晶体管的三个区在制作时结构、尺寸和掺杂浓度要保证如下重要特点：

1）基区很薄，掺杂浓度在三个区中最低。

2）发射区掺杂浓度最高，远大于集电区。

3）集电结面积大于发射结面积，便于收集载流子。

以上三点是保证晶体管能够实现放大作用的内部结构条件。值得注意的是，晶体管是在一块晶片上制造的三个掺杂区，含有两个 PN 结，但不能简单地用两个二极管代替；而且从结构特点也看出晶体管结构上的不对称，所以发射极和集电极不能互换。

晶体管有多种分类方法，按照频率高低可分为高频管和低频管；按照功率大小可分为大功率管、中功率管和小功率管；按照结构特点可分为 NPN 管和 PNP 管，按照所用材料可分为硅管和锗管。根据特殊要求，还可分为开关管、低噪声管、高反压管等。

1.4.2 晶体管的放大作用和电流分配原理

NPN 型和 PNP 型晶体管的结构不同，但工作原理相同，只是在工作时外加电压极性和各极电流方向相反，今以 NPN 型管为例讨论晶体管的工作原理，所得结论对于 PNP 型管同样适用。

1. 晶体管的三种组态　晶体管接入电路时必须涉及两个回路：输入回路和输出回路。晶体管有三个电极，因此在组成放大电路时必有一个电极作为输入端，另一个电极作为输出端，第三个电极作为输入、输出回路的公共端。根据所选择的公共端不同，晶体管在电路中分别有三种不同的连接方式，如图 1-19 所示。

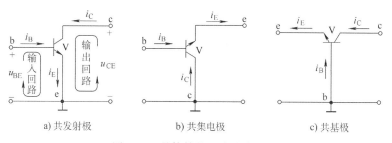

a) 共发射极　　　　　　b) 共集电极　　　　　　c) 共基极

图 1-19　晶体管的三种连接方式

共发射极接法：以基极作为输入端，集电极作为输出端。

共集电极接法：以基极作为输入端，发射极作为输出端。

共基极接法：以发射极作为输入端，集电极作为输出端。

2. 晶体管放大作用的内部条件和外部条件　晶体管要实现放大作用必须满足内部条件，也就是前面介绍的内部结构特点，即基区很薄，掺杂浓度在三个区中最低；发射区掺杂浓度最高，远大于集电区；集电结面积大于发射结面积，便于收集载流子。

同时还要满足外部条件，即发射结正偏，集电结反偏。也就是说外部工作电压必须保证晶体管发射结加正向电压，发射结加反向电压。如图 1-20a 所示，V 是晶体管，V_{BB} 为基极电源，保证发射结正偏，V_{CC} 为集电极电源，保证集电结反偏，R_B 和 R_C 分别是基极电阻和集电极电阻。若以发射极作为参考点，晶体管基极、发射极和集电极的电位可分别表示为 U_B、U_C 和 U_E，则 NPN 型晶体管要实现放大作用的外部条件可表示为 $U_C > U_B > U_E$。同理，对于 PNP 型晶体管满足 $U_E > U_B > U_C$。

3. 晶体管内部载流子的传输过程   如图 1-20a 所示，晶体管满足发射结正向偏置，集电结反向偏置，此时载流子的传输过程是怎样的？

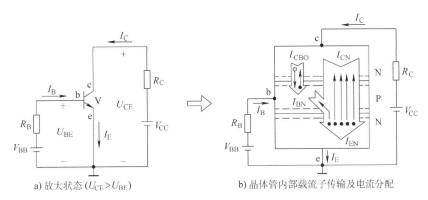

a) 放大状态 ($U_{CE} > U_{BE}$)   b) 晶体管内部载流子传输及电流分配

图 1-20   晶体管的直流偏置及电流分配

（1）发射区向基区注入电子   发射结正偏，促进多数载流子的扩散运动，发射区的多数载流子自由电子源源不断地越过发射结注入基区（发射区发射电子），形成电子注入电流 I_{EN}，与此同时，基区多子空穴也向发射区扩散，形成空穴注入电流 I_{EP}（图 1-20b 中未画出）。因为发射区杂质浓度远远大于基区杂质浓度，$I_{EP} \ll I_{EN}$，因而发射结的电流 I_E 主要为从发射区注入到基区的电子电流 I_{EN}，而从基区注入到发射区的空穴电流 I_{EP} 可忽略，即 $I_E = I_{EN} + I_{EP} \approx I_{EN}$。

（2）注入电子在基区复合与传输   发射区的多数载流子自由电子注入基区后，在发射结处浓度最大，而在集电结处浓度最小，在基区中形成浓度差，使注入基区的电子将继续向集电结方向扩散。由于基区的多子空穴浓度较低，且基区又非常薄，因而基区的电子在扩散过程中，绝大多数都能到达集电结边缘。同时，还有极少量的电子与基区中的空穴复合，复合后基区带负电，电源 V_{BB} 的正极将从基区拉走电子，也可以认为是补充空穴，这样就形成了基区复合电流 I_{BN}，它是基极电流 I_B 的主要组成部分。

（3）集电区收集电子   集电结反偏，促进少数载流子的漂移运动，使发射区发射到基区聚集在集电结边缘的电子很快漂移到集电区，到达集电区的电子被电源 V_{CC} 的正极拉走，形成集电区的收集电流 I_{CN}，该电流是构成集电极电流 I_C 的主要部分。同时，集电区的少数载流子空穴向基区漂移，基区的少数载流子自由电子向集电区漂移，形成集电结反向饱和电流 I_{CBO}，构成 I_C、I_B 的另一部分电流。I_{CBO} 的数值很小，计算时常可忽略。I_{CBO} 的大小取决于少数载流子的浓度，受温度的影响比较大。

4. 晶体管的电流分配关系   根据以上分析，晶体管在满足放大的内部结构条件和发射结正向偏置、集电结反向偏置的外部条件下，晶体管三个电极上的电流与内部载流子传输形成的电流之间有如下关系：

$$I_E \approx I_{EN} = I_{CN} + I_{BN} \tag{1-5}$$

基极电流 $$I_B = I_{BN} - I_{CBO} \tag{1-6}$$

集电极电流 $$I_C = I_{CN} + I_{CBO} \tag{1-7}$$

发射极电流 $$I_E = I_C + I_B \tag{1-8}$$

定义 $\overline{\beta}$

$$\overline{\beta} = \frac{I_{CN}}{I_{BN}} = \frac{I_C - I_{CBO}}{I_B + I_{CBO}} \tag{1-9}$$

$\overline{\beta}$ 称为共射直流电流放大系数，它是集电极收集到的电子数 I_{CN} 与在基区复合掉的电子数 I_{BN} 之比，意味着基区每复合一个电子，则有 $\overline{\beta}$ 个电子扩散到集电区去。$\overline{\beta}$ 值一般在几十至几百之间。在共发射极电路中，只要稍稍改变输入电流 I_B 就可使输出电流 I_C 有很大的变化，从而实现电流控制及放大作用。已知 $\overline{\beta}$，由式(1-7)、式(1-8) 可得电流关系式(1-10)、式(1-11) 为

$$I_C = \overline{\beta}I_B + (1+\overline{\beta})I_{CBO} = \overline{\beta}I_B + I_{CEO} \tag{1-10}$$

$$I_E = (1+\overline{\beta})I_B + I_{CEO} \tag{1-11}$$

$$I_{CEO} = (1+\overline{\beta})I_{CBO} \tag{1-12}$$

式（1-10）中 $(1+\overline{\beta})I_{CBO}$ 具有特殊的意义：它是基极开路($I_B = 0$)时，流经集电极和发射极的电流($I_C = I_E = I_{CEO}$)，因为它直接穿过反向偏置的集电结和正向偏置的发射结，所以称 I_{CEO} 为穿透电流，在常温下，一般可以将 I_{CEO} 忽略不计。

因为 $I_C \gg I_{CBO}$，忽略 I_{CBO}，可得一组常用电流关系：

$$I_C \approx \overline{\beta}I_B \tag{1-13}$$

$$I_E \approx (1+\overline{\beta})I_B \tag{1-14}$$

$$I_E = I_C + I_B \tag{1-15}$$

1.4.3　晶体管的伏安特性曲线

晶体管的伏安特性曲线用来描述晶体管外部各极电流与电压之间的关系。它的伏安特性曲线包括输入特性曲线和输出特性曲线。以 NPN 型管共发射极接法为例讨论晶体管的输入特性和输出特性。

1. 输入特性　在共发射极晶体管电路中，当 U_{CE} 一定时，输入回路中的电流 I_B 与电压 U_{BE} 之间的关系称为共射接法晶体管的输入特性，用函数关系表示为

$$I_B = f(u_{BE})|_{U_{CE}=常数}$$

对应不同的 U_{CE}，有不同的输入特性，输入特性为一族曲线，如图 1-21 所示。

由图 1-21 可以看出：当外加电压 U_{BE} 小于阈值电压（或称死区电压）$U_{BE(th)}$ 时，晶体管为截止状态，特性曲线的这部分称为死区。对于硅管 $U_{BE(th)} \approx 0.5V$，对于锗管 $U_{BE(th)} \approx 0.1V$。当 $U_{BE} > U_{BE(th)}$ 时，随着 U_{BE} 的增大，I_B 先按指数规律增加，呈非线性关系；而后近似按直线上升，近似为线性关系。晶体管正常工作时，U_{BE} 近似为一个固定值，硅管导通电压 $U_{BE(on)}$ 约为 $0.7V$，锗管约为 $0.3V$。

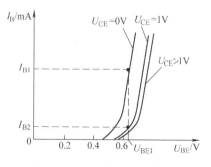

图 1-21　晶体管的输入特性

当 U_{CE} 从 0 开始增加时：

1）当 $U_{CE} = 0V$ 时，$U_{BE} = U_{BC}$，此时晶体管的发射结和集电结相当于两个并接的二极管，当 $U_{BE} \geqslant U_{BE(th)}$ 时，晶体管的伏安特性就是两个并接的二极管正向偏置时的伏安特性。

2）$U_{CE} \geqslant 1V$ 时，其特性曲线与 $U_{CE} = 0V$ 时相比右移。

集电结由 $U_{CE} = 0V$ 的正向偏置转化为 $U_{CE} = 1V$ 的反向偏置($U_{BC} \leqslant 0$)，它对发射区注入到基区的电子的吸引能力增强，使电子在基区中的复合减少。因此，I_B 减小，特性曲线右移。

由于 $U_{CE} = 1V$ 时，反向偏置的集电结已经能把绝大部分来自发射区的电子吸引到集电

区，U_{CE}继续增大时，I_B 的减小已不显著，$U_{CE} > 1V$ 的输入特性曲线将继续右移，但是移动量很小，基本重合。

2. 输出特性 在共射极晶体管电路中，当 I_B 为定值时，输出回路中的电流 I_C 与电压 U_{CE} 之间的关系特性曲线称为输出特性，用函数关系表示为

$$i_C = f(u_{CE})\,|_{I_B = 常数}$$

对应不同的 I_B，有不同的输出特性，因此输出特性也是一族曲线，如图 1-22 所示。按照晶体管的工作情况，可把输出特性曲线分为截止区、放大区和饱和区。

（1）截止区 如图 1-22 所示，一般把 $I_B \leqslant 0$ 的区域称为截止区，此时 $I_C = I_{CEO} \approx 0$，晶体管工作在截止区时没有放大作用。

当发射结电压 $U_{BE} = 0$ 时，发射区不再向基区注入电子，则晶体管处于截止状态；为了让晶体管可靠截止，一般让发射结处于反向偏置状态，即在截止区，晶体管的两个结均处于反向偏置状态（对于 NPN 型晶体管，$U_{BE} < 0$，$U_{BC} < 0$），各电极电流很小，相当于一个断开的开关。

（2）放大区 对于 NPN 型晶体管，发射结正向偏置 $U_{BE} \geqslant 0.7V$，集电结反向

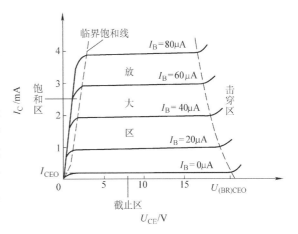

图 1-22 晶体管的输出特性

偏置 $U_{BC} < 0$，在输出特性曲线上有一段几乎是水平的部分称为放大区。在放大区 I_C 基本上不随 U_{CE} 的变化而变化，满足 $I_C = \beta I_B$，晶体管具有电流放大作用。

实际上在放大区内，每条输出特性不是完全水平的，而是随着 U_{CE} 的增加略向上倾斜。

（3）饱和区 U_{CE} 较小时，一般 $U_{CE} < 0.7V$（硅管），各条输出特性曲线的上升部分是晶体管的饱和工作区。饱和区输出特性的特点：①I_C 与 U_{CE} 关系密切，I_C 就随 U_{CE} 增大而增大；②I_C 和 I_B 不成比例关系。I_B 增大，I_C 增加不多，出现"饱和"现象。继续增大 I_B，I_C 几乎不变，I_B 对 I_C 失去了控制作用，$I_C \leqslant \bar{\beta} I_B$，晶体管没有电流放大作用。深度饱合时，$U_{CE}$ 为 $0.1 \sim 0.3V$。

晶体管工作在饱和区时，发射结和集电结都处于正向偏置状态。一般认为 $U_{CE} = U_{BE}$，即 $U_{CB} = 0$ 时，晶体管处于临界饱和状态。

1.4.4 晶体管的主要参数

1. 电流放大系数 电流放大系数是反映晶体管电流放大能力的基本参数，主要有直流电流放大系数 $\bar{\beta}$ 和交流电流放大系数 β。

（1）直流电流放大系数 $\bar{\beta}$ 共发射极直流电流放大系数 $\bar{\beta}$，当 $I_C \gg I_{CEO}$ 时，$\bar{\beta} \approx I_C/I_B$。

（2）交流电流放大系数 β 共发射极交流电流放大系数 β，体现共发射极接法下的电流放大作用：

$$\beta = \frac{\Delta I_C}{\Delta I_B}\bigg|_{U_{CE} = 常数}$$

直流电流放大系数 $\bar{\beta}$ 和交流电流放大系数 β 的含义不同，但数值较为接近，估算时常

取 $\overline{\beta} = \beta$。

2. 极间反向电流

（1）集电极基极反向饱和电流 I_{CBO}　在共基极时，发射极开路（$I_E = 0$）条件下测得的集电极电流 I_C 称为集电极-基极间的反向饱和电流 I_{CBO}，它是少数载流子在集电结反偏电压作用下形成的漂移电流。I_{CBO} 随温度的升高而增加。晶体管工作的温度稳定性主要取决于 I_{CBO}。

（2）集电极发射极反向穿透电流 I_{CEO}　在共发射极时，基极开路（$I_B = 0$）条件下所测得的从集电极流到发射极间的反向电流 I_C 就是集电极反向穿透电流 I_{CEO}。它与 I_{CBO} 之间的关系为

$$I_{CEO} = (1 + \beta)I_{CBO} \tag{1-16}$$

I_{CBO} 与 I_{CEO} 都受温度影响较大，工程上希望其值越小越好。

3. 极限参数　极限参数是为保证晶体管在放大电路中能正常安全工作所不能逾越的参数。

（1）集电极最大允许电流 I_{CM}　$I_C > I_{CM}$ 时 β 下降，使晶体管性能下降，放大的信号严重失真。因此，晶体管线性应用时 I_C 不应超过 I_{CM}，I_{CM} 是晶体管安全工作的上边界（见图1-23）。

（2）集电极最大允许功率损耗 P_{CM}　P_{CM} 与管芯的材料、大小、散热条件及环境温度等因素有关。由 $P_{CM} = I_C U_{CE}$ 可在输出特性曲线上画出一条 I_C 与 U_{CE} 的关系曲线（见图1-23），P_{CM} 是晶体管工作的右上边界。

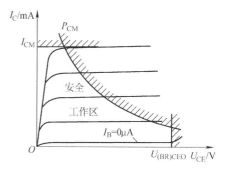

（3）集电极-发射极间的反向击穿电压 $U_{(BR)CEO}$ 指基极开路时，集电极-发射极间的反向击穿电压。

为了使晶体管安全工作，U_{CE} 不能超过 $U_{(BR)CEO}$，即晶体管安全工作的右边界。晶体管的安全工作区如图1-23所示。

图1-23　晶体管的安全工作区

1.4.5　温度对晶体管参数的影响

由于半导体的载流子浓度与温度有关，因而晶体管的各参数如 U_{BE}、I_{CBO}、β 都会受温度的影响，都将使 I_C 随温度上升而增加，严重影响晶体管的工作状态。所以温度将严重影响晶体管电路的热稳定性（具体分析将在第2章2.4节中介绍）。

【例1-5】　晶体管 V 的特性曲线如图1-22～图1-24所示，晶体管在其上确定 α、$\beta = 50$、P_{CM}、I_{CEO}、$U_{(BR)CEO}$。在图1-24所示电路中，当开关 S 接在 A、B、C 三个触点时，判断晶体管 V 的工作状态，确定 U_{CE} 的值。

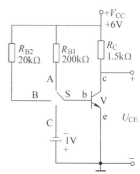

解：（1）计算临界饱和电流 I_{CS}、I_{BS}　受外电路的限制，晶体管所能提供的最大集电极电流，即集电极临界饱和电流 I_{CS} 为

$$I_{CS} = \frac{V_{CC} - U_{CES}}{R_C} \approx \frac{V_{CC}}{R_C} = \frac{6}{1.5}\text{mA} = 4\text{mA}$$

基极临界饱和电流 I_{BS} 为

$$I_{BS} = \frac{I_{CS}}{\beta} = \frac{4}{50}\mu\text{A} = 80\mu\text{A}$$

当 $I_B \leqslant I_{BS}$ 时，$I_C = \beta I_B$ 成立，晶体管处于放大区；当 $I_B > I_{BS}$

图1-24　例1-5图

时，$I_C < \beta I_B$，因为晶体管已进入饱和区，集电极电流不能跟随基极电流的变化而变化。

（2）分析晶体管的工作状态

1）S 接在触点 A 时，如图 1-25a 所示，V_{CC} 通过 R_{B1} 为晶体管的发射结提供正偏电压，晶体管发射结导通电压 $U_{BE} = 0.7V$，则有

$$I_{B1} = \frac{V_{CC} - U_{BE}}{R_{B1}} = \frac{6 - 0.7}{200}\mu A = 26.5\mu A$$

$$I_{B1} < I_{BS}$$

$$I_{C1} = \beta I_{B1} = 50 \times 26.5\mu A = 1.325mA$$

$$U_{CE} = V_{CC} - I_C R_C = (6 - 1.325 \times 1.5)V = 4.01V$$

因 $U_{BE} = 0.7V$，$U_{CE} = 4.01V$，$U_{BE} < U_{CE}$，所以晶体管工作于放大状态。

2）S 接在触点 B 时，如图 1-25b 所示，V_{CC} 通过 R_{B2} 为晶体管的发射结提供正偏电压，$U_{BE} = 0.7V$，则有

$$I_{B2} = \frac{V_{CC} - U_{BE}}{R_{B2}} = \frac{6 - 0.7}{20}\mu A = 265\mu A$$

$$I_{B2} > I_{BS}$$

晶体管工作于饱和区，$U_{CE} = U_{CES} \approx 0.3V$。

3）S 接在触点 C 时，如图 1-25c 所示，$U_{BE} = -1V$，发射结反向偏置，晶体管处于截止状态，$I_B = 0$、$I_C \approx 0$，R_C 上电流近似为零，所以认为 R_C 上没有电压降，故 $U_{CE} = 6V$。

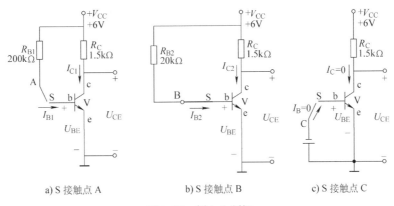

a) S 接触点 A   b) S 接触点 B   c) S 接触点 C

图 1-25 例 1-5 题解

1.4.6 复合晶体管

复合晶体管是把晶体管的管脚适当的连起来使之等效为一个晶体管，典型结构如图 1-26 所示。

从图中可以看出，复合晶体管的导电类型取决于前一个晶体管的导电类型。

由图 1-26a 电路可知：

$$i_c = \beta_1 i_b + \beta_2(1 + \beta_1)i_b \approx \beta_2 \beta_1 i_b$$

$$\beta = \frac{i_c}{i_b} \approx \beta_2 \beta_1 \tag{1-17}$$

故复合晶体管的交流电放大系数大约等于两个晶体管的交流放大系数的乘积。

复合管在电子电路中得到了广泛的应用，主要用于多级放大电路的输入级、中间级或功率输出级。

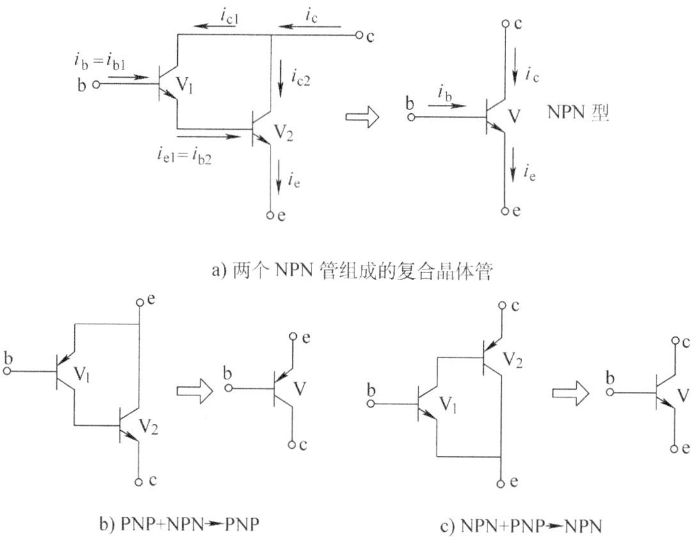

a) 两个 NPN 管组成的复合晶体管

b) PNP+NPN→PNP   c) NPN+PNP→NPN

图 1-26　几种典型的复合晶体管

思考题

1. 晶体管的集电极和发射极能否对调使用？

2. 如何判断晶体管所处的工作状态？

3. 当给出晶体管的三个极的电位时，如何确定晶体管的三个极？如何判断晶体管是硅管还是锗管？NPN 型还是 PNP 型？

1.5　场效应晶体管

上一节讨论的晶体管是电流控制型器件，通过控制基极电流实现对集电极电流的控制，在工作过程中参加导电的有多子和少子两种载流子。本节讨论的场效应晶体管（Field Effect Transistor，FET）是电压控制型器件，它是利用输入电压产生的电场效应来控制输出电流的，工作过程中起主要导电作用的只有一种载流子（多数载流子），故又称单极型晶体管。因它具有很高的输入电阻，还具有热稳定性好、功耗小、噪声低、制造工艺简单、便于集成等优点，因而得到了广泛的应用，特别适用于制造大规模和超大规模集成电路。

场效应晶体管根据结构不同，可以分为结型场效应晶体管（Junction Field Effect Transistor，JFET）和绝缘栅型场效应晶体管（Insulated Gate Field Effect Transistor，IGFET）；根据导电沟道的掺杂类型不同，可分为 N 沟道场效应晶体管和 P 沟道场效应晶体管；根据工作方式不同，可分为增强型场效应晶体管和耗尽型场效应晶体管。

$$
\text{场效应晶体管（FET）}
\begin{cases}
\text{结型场效应晶体管（JFET）}
\begin{cases}
\text{N 沟道} \\
\text{P 沟道}
\end{cases} \\
\text{绝缘栅型场效应晶体管（IGFET）}
\begin{cases}
\text{耗尽型}
\begin{cases}
\text{N 沟道} \\
\text{P 沟道}
\end{cases} \\
\text{增强型}
\begin{cases}
\text{N 沟道} \\
\text{P 沟道}
\end{cases}
\end{cases}
\end{cases}
$$

下面介绍绝缘栅型场效应晶体管。

1.5.1 增强型绝缘栅场效应晶体管的结构

绝缘栅型场效应晶体管多采用金属铝作栅极，用 SiO_2 作为栅极与半导体之间的绝缘层，这种管子称为金属（Metal）-氧化物（Oxide）-半导体（Semiconductor）场效应晶体管，缩写为 MOSFET，简称 MOS 管。

MOS 管按照工作方式不同可以分为增强型和耗尽型两类，每一类又有 N 沟道和 P 沟道两种。本节以 N 沟道增强型 MOS 管为主进行讨论。

N 沟道增强型 MOS 管的结构示意图如图 1-27a 所示。用一块 P 型半导体为衬底，在衬底上面的左右两侧扩散两个高掺杂浓度的 N^+ 型区，在这两个 N^+ 区各引出一个电极，分别作为源极 S 和漏极 D。在 S 和 D 之间的 P 型衬底平面上制作一层 SiO_2 绝缘层，在 SiO_2 绝缘层表面再喷上一层金属铝，并引出电极，作为栅极 G。在衬底上也引出电极，为衬底（引线）电极 B。图 1-27b 是其图形符号。其中箭头方向是由 P 指向 N，根据箭头的方向可判断沟道的类型。符号中的虚线表示原来没有沟道，是识别增强型 MOS 管的特殊标志。

P 沟道增强型 MOS 管是以 N 型半导体为衬底，在衬底上面的左右两侧扩散两个高掺杂浓度的 P^+ 型区作为源极 S 和漏极 D，它的结构示意图及图形符号如图 1-28a、b 所示。

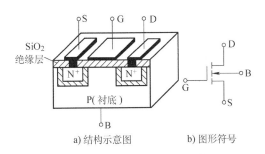

图 1-27　N 沟道增强型 MOS 管的
结构示意图及图形符号

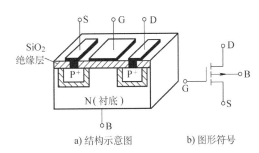

图 1-28　P 沟道增强型 MOS 管的
结构示意图及图形符号

1.5.2 增强型绝缘栅场效应晶体管的工作原理

1. 导电沟道的形成　当栅极和源极之间电压 $u_{GS} = 0$ 时，不管漏极和源极之间所加电压如何，由于漏源之间是两个背向的 PN 结，其中总有一个 PN 结是反向偏置的，故不会产生漏极电流，即 $i_D = 0$。

当栅源之间加正向电压（即 $u_{GS} > 0$）时，如图 1-29 所示。由于衬底 B 和源极 S 相连，在栅极与衬底之间产生了一个垂直于半导体表面、由栅极 G 指向衬底 B 的电场。这个电场的作用是排斥 P 型衬底中的空穴而吸引电子到表面层，当 u_{GS} 增大到一定程度时，就会吸引足够多的电子，在栅极一侧 P 型半导体的表面附近形成一个自由电子薄层，称为 N 型反型层，反型层使漏极与源极之间成为一条由电子构成的导电沟道，通常把开始形成反型层的栅源电压称为开启电压，用 $U_{GS(th)}$ 表示。

显然，栅源电压越大，电场越强，导电沟道越宽，导电沟道电阻越小。由 P 型衬底感生出的 N 型沟道，称为 N 沟道。

2. 栅源电压对漏极电流的控制作用　当 $u_{GS} > U_{GS(th)}$，并为某一固定值时，在漏源之间形成一个相应宽度的导电沟道，加上漏源电压 u_{DS} 之后，就会产生漏极电流 i_D。u_{GS} 越大，反型层越厚，电阻越小，在相同的漏源电压 u_{DS} 的作用下，产生的漏极电流 i_D 也越大；反之，u_{GS}减小，反型层越薄，电阻增大，i_D减小。所以改变u_{GS}的大小，就可以控制沟道电阻的大小，从而达到控制漏极电流i_D大小的目的，实现了压控电流的作用。

3. 漏源电压对漏极电流的影响 在$u_{GS} > U_{GS(th)}$时，会形成反型层，加漏源电压u_{DS}，就会产生漏极电流i_D，沿沟道产生了电位梯度，靠近漏极附近的电压$u_{GD}(= u_{GS} - u_{DS})$小于靠近源极附近的电压$u_{GS}$。这样，漏极附近的电场将减弱，反型层变薄，而在源极一侧的反型层不变，使沟道不等宽，如图1-30所示。

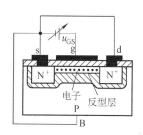
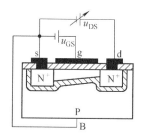

图1-29　导电沟道的形成　　　　　　图1-30　漏源电压对漏极电流的影响

当u_{DS}较小时，沟道形状变化不大，沟道电阻近似不变，i_D随u_{DS}的增大而线性增大；若u_{DS}继续增大，沟道两端有较大的电压降，漏极附近的沟道将进一步变薄。直至$u_{GD} = U_{GS(th)}$时，沟道在漏极附近被夹断，i_D不再随u_{DS}线性增大。此后，随u_{DS}的增大，夹断区向源极方向延伸，漏极电流趋于饱和。

必须强调，N沟道MOS管当$u_{GS} < U_{GS(th)}$时，反型层（导电沟道）消失，$i_D = 0$。只有当$u_{GS} = U_{GS(th)}$时，才能形成导电沟道，加漏源电压u_{DS}就会形成漏极电流i_D。

1.5.3　增强型绝缘栅场效应晶体管的伏安特性

MOS管的伏安特性有输出特性和转移特性。

1. 输出特性 MOS管的输出特性是指当栅源电压u_{GS}为常量时，漏极电流i_D与漏源电压u_{DS}之间的关系，即$i_D = f(u_{DS})|_{u_{GS}=常数}$。N沟道增强型MOS管的输出特性如图1-31a所示。与结型场效应晶体管一样，MOS管也有4个工作区域：可变电阻区、恒流区、截止区和击穿区。

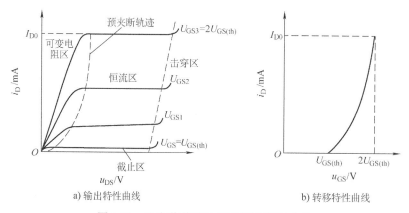

a) 输出特性曲线　　　　　　　　b) 转移特性曲线

图1-31　N沟道增强型MOS管的特性曲线

可变电阻区和恒流区的分界由下式确定：

$$u_{GS} - u_{DS} = U_{GS(th)}$$

或

$$u_{DS} = u_{GS} - U_{GS(th)} \tag{1-18}$$

当 $u_{GD} > U_{GS(th)}$，即 $u_{DS} < u_{GS} - U_{GS(th)}$ 时，管子工作在可变电阻区；当 $u_{GD} < U_{GS(th)}$，即 $u_{DS} > u_{GS} - U_{GS(th)}$ 时，管子工作在恒流区。

2. 转移特性 MOS 管的转移特性 $i_D = f(u_{GS})|_{u_{DS}=常数}$ 也可由输出特性求出。图 1-31b 所示为 N 沟道增强型 MOS 管在恒流区的转移特性。在转移特性曲线上 $i_D = 0$ 处的栅源电压就是开启电压 $U_{GS(th)}$。

当管子工作在恒流区时，转移特性曲线可近似用下式表示：

$$i_D = I_{D0}\left(\frac{u_{GS}}{U_{GS(th)}} - 1\right)^2 \tag{1-19}$$

式中，I_{D0} 是 $u_{GS} = 2U_{GS(th)}$ 时的 i_D。

1.5.4 增强型绝缘栅场效应晶体管的主要参数

1. 开启电压 $U_{GS(th)}$ 开启电压是指在 U_{DS} 为某一固定值时，能产生 i_D（一般为 50μA）所需的最小 $|u_{GS}|$ 值。

2. 直流输入电阻 $R_{GS(DC)}$ 直流输入电阻是指漏源电压为零时，栅源电压与栅极电流之比。结型场效应晶体管的 $R_{GS(DC)}$ 一般大于 $10^7\Omega$。

3. 低频跨导 g_m 低频跨导定义为当 u_{DS} 一定时，漏极电流变化量与引起这一变化的栅源电压变化量之比，即

$$g_m = \frac{\partial i_D}{\partial u_{GS}}\bigg|_{u_{DS}=常数} \tag{1-20}$$

g_m 的单位是 S（西门子）或 mS。g_m 反映了栅源电压对漏极电流控制作用的强弱。在转移特性曲线上，g_m 就是曲线在各点处的切线的斜率，g_m 的值随工作点的不同而不同。

4. 最大漏源电压 $U_{(BR)DS}$ 最大漏源电压是指漏极附近发生雪崩击穿时的漏源电压。u_{DS} 超过此值会使管子损坏。

5. 最大栅源电压 $U_{(BR)GS}$ 最大栅源电压是指使栅极与沟道间 PN 结发生反向击穿时的栅源电压 u_{GS}。

6. 最大耗散功率 P_{DM} P_{DM} 最大耗散功率是指管子允许的最大耗散功率，它受管子的最高工作温度和散热条件的限制。

思考题

场效应晶体管有哪些类型？场效应晶体管用于放大时应工作在什么区？

1.6 应用 Multisim 对半导体器件电路进行仿真分析

以二极管为例，介绍含二极管电路的仿真分析。连接如图 1-32 所示二极管实验电路，直流电压源调用 Multisim 电源库中的 DC_ POWER，电阻元件调用基本元件库，二极管调用二极管元件库。XMM 为万用表。万用表使用时双击，需要选择并单击直流 ▭ 和电压 ⌄ 两个图标，进行档位选择。电路连接完成后，单击"运行"按钮并双击万用表，得到相应结果如图 1-33 所示，与理论分析计算结果基本一致。

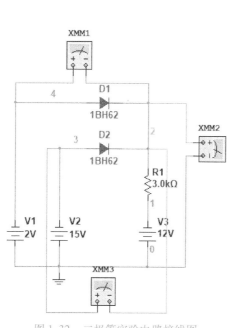

图 1-32　二极管实验电路接线图

图 1-33　万用表所示结果

本章小结

　　本章首先介绍了半导体的基础知识，然后重点阐述了二极管的单向导电性、伏安特性、主要参数及其应用，以及在电子电路中广泛应用的几种特殊二极管，晶体管的结构、工作原理、输入输出特性和主要参数，最后介绍了场效应管的结构和工作原理。

　　1. 半导体与 PN 结。硅和锗是两种常用的制造半导体器件的材料。本征半导体是纯净半导体，有自由电子和空穴两种载流子。在本征半导体中掺入不同的杂质就形成了 N 型半导体和 P 型半导体，N 型半导体的多子是自由电子，少子是空穴；P 型半导体的多子是空穴，少子是自由电子。多子的浓度主要取决于掺杂浓度，少子的浓度主要取决于温度。

　　将两种杂质半导体制作在同一个硅（或锗）片上，在它们的交界处就会形成 PN 结。PN 结具有单向导电性。

　　2. 二极管。二极管的伏安特性有正向特性、反向特性和击穿特性。根据其特性，二极管经常用于整流、限幅等电路。反映二极管的主要参数有：最大整流电流、最大反向工作电压、反向电流和最高工作频率等。

　　3. 特殊二极管。稳压管正常使用时工作在反向击穿状态，用来稳定直流电压。除此之外还有光敏二极管、发光二极管等特殊二极管。

　　4. 晶体管。晶体管有两个 PN 结：发射结和集电结；三个区：基区、发射区和集电区，相应的三个极：基极、发射极和集电极。

　　晶体管是一种电流控制型器件，它要具有放大作用，除了满足发射区掺杂浓度高、基区很薄、集电结面积大的内部结构条件外，还必须满足发射结正向偏置、集电结反向偏置的外部条件。所谓放大作用实际是一种能量控制作用：在输入信号的作用下，通过晶体管这种有源元件对直流电源的能量进行控制，使负载从电源中获得的输出信号的能量比信号源向放大电路提供的能量大得多。

晶体管三个工作区：放大区、饱和区和截止区。若为 NPN 型管，当发射结正偏、集电结反偏时工作在放大区；当发射结正偏、集电结也正偏时工作在饱和区；当发射结反偏、集电结也反偏时工作在截止区。通过电流也可判断晶体管工作的区域或所处的状态，如表 1-1 所示。

表 1-1　根据管脚电流判断 NPN 型管的工作状态

管脚电流	工作状态		
	截止状态	放大状态	饱和状态
I_B	$I_B = 0$	$I_B > 0$	$I_B > I_{BS} = I_{CS}/\beta$
I_C	$I_C = 0$	$I_C = \beta I_B$	$I_C = I_{CS}$

5. 场效应晶体管。场效应晶体管通过栅源电压 u_{GS} 来实现对漏极电流 i_D 的控制，是电压控制型器件。在场效应晶体管中，沟道是唯一的导电通道，导电过程中只有一种载流子（多子）参加导电。场效应晶体管的种类很多，按结构分，有结型和绝缘栅型两大类，每种类型均分为两种不同的沟道：N 沟道和 P 沟道，而 MOS 管又分为增强型和耗尽型两种形式。

自测题

1.1　N 型半导体（　　）；P 型半导体（　　）。
(a) 带正电　　　　　　　　　　(b) 带负电　　　　　　　　　　(c) 呈电中性

1.2　在掺杂半导体中，多子的浓度由（　　）决定，而少子的浓度则受（　　）的影响很大。
(a) 温度　　　　　　　　　　　(b) 掺杂浓度　　　　　　　　　(c) 掺杂工艺

1.3　PN 结中扩散电流方向是（　　）；漂移电流方向是（　　）。
(a) 从 P 区到 N 区　　　　　　 (b) 从 N 区到 P 区

1.4　当 PN 结未加外部电压时，扩散电流（　　）漂移电流
(a) 大于　　　　　　　　　　　(b) 小于　　　　　　　　　　　(c) 等于

1.5　当温度升高时，二极管的正向电压（　　），反向电流（　　）。
(a) 增大　　　　　　　　　　　(b) 减小　　　　　　　　　　　(c) 基本不变

1.6　稳压管的稳压区是其工作在（　　）状态。
(a) 正向导通　　　　　　　　　(b) 反向截止　　　　　　　　　(c) 反向击穿

1.7　晶体管的工作特点是（　　）。
(a) 输入电流控制输出电流　　　(b) 输入电流控制输出电压　　　(c) 输入电压控制输出电压

1.8　场效应晶体管的工作特点是（　　）。
(a) 输入电流控制输出电流　　　(b) 输入电压控制输出电流　　　(c) 输入电压控制输出电压

1.9　晶体管能够实现放大的内部结构条件是（　　）。
(a) 两个 PN 结　　　　　　　　(b) 两种载流子参与导电
(c) 发射区杂质浓度远大于基区杂质浓度，并且基区很薄，集电结面积比发射结大

1.10　晶体管能够实现放大的外部条件是（　　）。
(a) 发射结正偏，集电结正偏　　　　　(b) 发射结正偏，集电结反偏
(c) 发射结反偏，集电结正偏　　　　　(d) 发射结反偏，集电结反偏

1.11　测得晶体管三个电极的静态电流分别为 0.06mA、3.66mA 和 3.6mA，则该管的 $\overline{\beta}$ 为（　　）。

（a）60　　　　（b）61　　　　（c）100　　　　（d）0

1.12　工作在放大区的某晶体管，如果当 $I_{(B)}$ 从 12μA 增大到 22μA 时，$I_{(C)}$ 从 1mA 变为 2mA，那么它的 β 为（　　）。

（a）83　　　　　　　　（b）91　　　　　　　　（c）100

1.13　晶体管的电流放大系数 β 是指（　　）。

（a）工作在饱和区时的电流放大系数

（b）工作在放大区时的电流放大系数

（c）工作在截止区时的电流放大系数

1.14　在图 1-34 所示电路中，电压 U_o 为（　　）。

（a）-12V　　　　（b）-9V　　　　（c）-3V

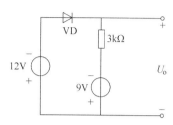

图 1-34　自测题 1.14 图

1.15　在图 1-35 所示电路中，电路如图 1-35a 所示，二极管 VD 为理想元件，输入信号 u_i 为如图 1-35b 所示的三角波，问输出电压 u_o 的最大值为（　　）。

（a）5V　　　　　　　　（b）17V　　　　　　　　（c）7V

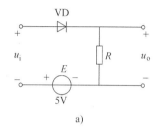 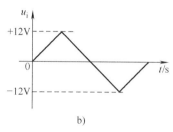

图 1-35　自测题 1.15 图

1.16　在图 1-36 中，设全部二极管均为理想元件，当输入电压 $u_i = 10\sin\omega t$ V 时，输出电压最大值为 10V 的电路是图（　　）。

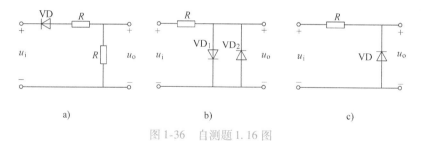

图 1-36　自测题 1.16 图

1.17　在图 1-37 电路中，二极管为理想元件，$u_A = 5V$，$u_B = 3\sin\omega t$ V，则 Y 的电位是（　　）。

（a）5V　　　　　　　　（b）$3\sin\omega t$　　　　　　　　（c）$5 + 3\sin\omega t$

1.18　在图 1-38 电路中，所有二极管均为理想元件，则电压 U_o 为（　　）。

（a）-12V　　　　　　　　（b）0V　　　　　　　　（c）3V

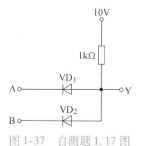 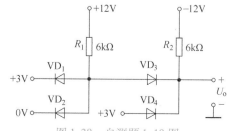

图 1-37　自测题 1.17 图　　　　　图 1-38　自测题 1.18 图

1.19 在图1-39电路中,稳压管 VS_1 的稳定电压是6V, VS_2 的稳定电压是12V,则电压 U_o 为( )。

(a) 12V (b) 6V (c) 18V

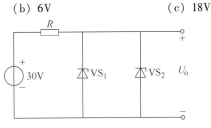

图 1-39 自测题 1.19 图

1.20 已知晶体管处于放大状态,测得其三个极的电位分别为6V、9V 和6.3V,则6V 所对应的电极为 ( )。

(a) 基极 (b) 发射极 (c) 集电极

习题

1.1 在图1-40所示电路图中,试求下列几种情况下输出端 Y 点的电位。

(1) $U_A = U_B = 0V$;(2) $U_A = 3V$, $U_B = 0V$。设二极管的导通电压 $U_{on} = 0.7V$。

1.2 分析图1-41所示电路中各二极管的工作状态,试求下列几种情况下输出端 Y 点的电位及流过各元件的电流。(1) $U_A = 10V$; $U_B = 0V$;(2) $U_A = U_B = 5V$。设二极管为理想元件。

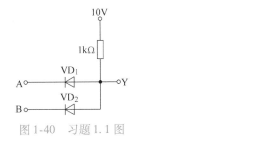

图 1-40 习题 1.1 图

图 1-41 习题 1.2 图

1.3 试求图1-42所示各电路的输出电压值 U_o,设二极管的性能理想。

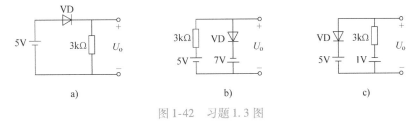

a) b) c)

图 1-42 习题 1.3 图

1.4 在图1-43所示电路中,已知 $u_i = 10\sin\omega t$ V,二极管的性能理想。分别画出它们的输入、输出电压波形。

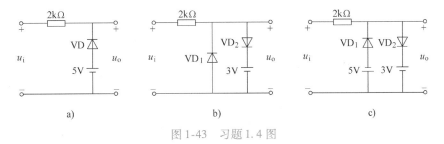

a) b) c)

图 1-43 习题 1.4 图

1.5 如图 1-44 所示，试分析当 $u_1 = 3V$ 时，哪些二极管导通？当 $u_1 = 0V$ 时，哪些二极管导通（设二极管正向压降为 0.7V）？

1.6 二极管电路如图 1-45a、b 所示。试判断二极管是导通还是截止，并求电路的输出电压 U_{ab}。

1.7 稳压管稳压电路如图 1-46 所示，稳压管的稳定电压 $U_Z = 6V$，$I_Z = 3mA$，$R = 1k\Omega$，$R_L = 1k\Omega$，求当输入电压 U_1 分别为 10V 和 15V 的输出电压。

1.8 有两只稳压管 VS_1 的稳定电压是 5.5V，VS_2 的稳定电压是 8.5V，正向电压降都是 0.5V，如果要得到 0.5V、3V、9V 和 14V 几种稳定电压，两个稳压管和限流电阻应该如何接？试画出各电路。

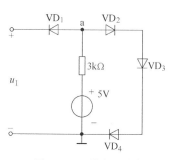

图 1-44　习题 1.5 图

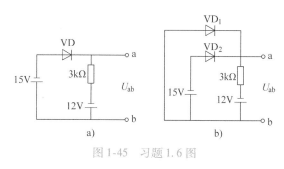

图 1-45　习题 1.6 图

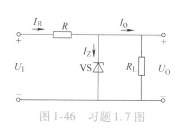

图 1-46　习题 1.7 图

1.9 有两个硅稳压管，VS_1、VS_2 的稳定电压分别为 6V 和 8V，正向导通电压为 0.7V，稳定电流是 5mA。求图 1-47 各个电路的输出电压 U_o。

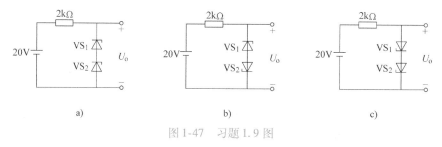

图 1-47　习题 1.9 图

1.10 在放大电路中，用直流电压表测得晶体管的三个极的电位分别是下述值，判断它们是 NPN 型还是 PNP 型？硅管还是锗管？确定 E、B、C 三个极。

（1）$U_1 = 2.5V$，$U_2 = 6V$，$U_3 = 1.8V$；（2）$U_1 = -6V$，$U_2 = -3V$，$U_3 = -2.7V$；（3）$U_1 = -1.3V$，$U_2 = -10V$，$U_3 = -2V$；（4）$U_1 = 8V$，$U_2 = 2.7V$，$U_3 = 3V$。

1.11 已知某晶体管 3DG100A 的 $P_{CM} = 100mW$，$U_{(BR)CEO} = 20V$，$I_{CM} = 20mA$，如果取 $U_{CE} = 1.5V$，管子是否允许 I_C 工作在 50mA？

1.12 电路如图 1-48 所示，已知 $V_{CC} = 10V$，$V_{BB} = 5V$，$R_B = 200k\Omega$，$R_C = 3k\Omega$，$U_{BE} = 0.7V$，$\bar{\beta} = 100$，求 I_B 和 I_C，并验证晶体管是否处于放大状态。如果将 R_B 减小到 $100k\Omega$，晶体管是否处于放大状态？

1.13 晶体管 V 的输出特性曲线如图 1-49 所示，试确定 $\bar{\beta}$、β、P_{CM}、I_{CEO}、U_{CEO}。

1.14 在图 1-50 所示的各电路中，已知：$R_B = 10k\Omega$，$R_C = 1k\Omega$，$V_{CC} = 10V$，$\beta = 50$，$U_{BE} = 0.7V$，试分析在下列情况时，晶体管工作于何种工作状态？（1）$U_i = 0V$；（2）$U_i = 2V$；（3）$U_i = 3V$。

1.15 在图 1-51 所示的各电路中，判断晶体管工作于何种工作状态。

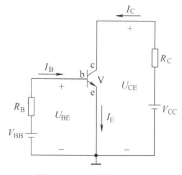

图 1-48　习题 1.12 图

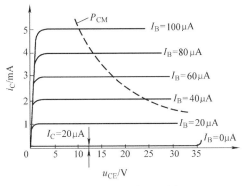

图 1-49 习题 1.13 图

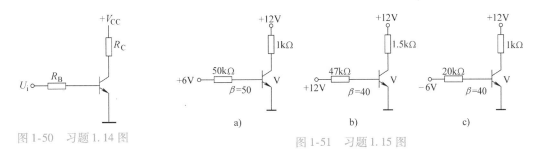

图 1-50 习题 1.14 图

图 1-51 习题 1.15 图

1.16 某晶体管的 $P_{CM} = 100\text{mW}$，$U_{(BR)CEO} = 15\text{V}$，$I_{CM} = 20\text{mA}$，试问下列几种情况下，哪种是正常工作？为什么？（1）$U_{CE} = 2\text{V}$，$I_C = 40\text{mA}$；（2）$U_{CE} = 3\text{V}$，$I_C = 10\text{mA}$；（3）$U_{CE} = 6\text{V}$，$I_C = 20\text{mA}$。

第 **2** 章

基本放大电路

知识单元目标

● 能够表述放大电路的组成，并用图解法分析放大电路的放大原理；能够区分动态和静态；能够画出放大电路的直流通道和交流通道；能够表述发生非线性失真的原因和解决方法。

● 具备对基本共发射极放大电路、分压式稳定静态工作点电路、射极输出器和场效应晶体管放大电路进行静态分析和动态分析的能力。

● 能够表述不同耦合方式的多级放大电路的优缺点和前后级关系，具备多级放大电路的分析和计算能力。

● 能够表述差分放大电路和互补对称放大电路的工作原理。

● 能够表述理想集成运算放大器的条件，了解理想集成运算放大器工作在线性区、非线性区的特点和分析依据。

讨论问题

● 放大电路的组成原则是什么？

● 放大电路进行静态分析和动态分析的方法分别有哪些？

● 如何画放大电路的微变等效电路？

● 温度对晶体管有什么影响？为什么要介绍静态工作点稳定电路？

● 射极输出器有什么特点？

● 理想集成运算放大器的分析依据是什么？

课堂上，老师一般都会使用传声器，以使教室中坐在不同位置的同学们可以清晰地听到老师所讲内容。传声器的组成如图 2-1 所示。传声器作为信号源，当人们对着传声器讲话

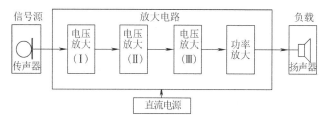

图 2-1　传声器组成框图

时，声音信号经过传声器被转变成微弱的电信号（几毫伏），经过电压放大电路放大后得到较大的电压信号（几伏），再经过功率放大电路，得到较大的功率信号，推动扬声器发出清晰、洪亮的声音。所以放大电路的主要功能是将微弱的电信号（包括电压、电流、功率）进行放大，以满足人们的实际需要。这一章我们将学习放大电路的基本结构和工作原理，并进行性能分析。

2.1　放大电路的组成

2.1.1　放大的基本概念

放大电路是构成各种放大器的基本单元电路，一种用来放大电信号的装置。在生产实际中，需要用微弱的信号去控制较大功率的负载。

放大电路主要用于放大微弱的电信号，电子技术中所说的"放大"，表面上看是将信号的幅度由小变大，用较小的输入信号去控制较大的输出信号，且输出与输入之间的变化情况完全一致，实现不失真放大。

放大的实质是能量的控制和转换。在一个能量较小的输入信号作用下，放大电路将直流电源所提供的能量转换成交流能量输出，驱动负载工作。负载（如扬声器）所获得的这个能量大于信号源所提供的能量，也就是用小的能量来控制大的能量。而由谁来控制能量转换呢？答案是具有能量控制作用的有源器件，如晶体管、场效应晶体管等。

放大电路可以看成一个二端口网络，图 2-2 所示为放大电路示意图，左边为输入端口，外接正弦信号源 $\dot{U}_s$，R_s 为信号源的内阻，在外加信号的作用下，放大电路得到输入电压 $\dot{U}_i$，同时产生输入电流 $\dot{I}_i$；右边为输出端口，外接负载电阻 R_L，在输出端可得到输出电压 $\dot{U}_o$，输出电流 $\dot{I}_o$。

在放大电路的研究中，常以正弦信号作为输入信号，则电路中的电压和电流常以相量的形式表

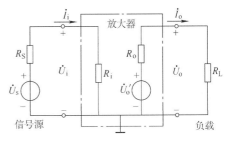

图 2-2　放大电路示意图

示。放大电路的外特性可用增益 A 表示。对于小信号放大电路，最关心的是电压增益 $\dot{A}_u$，即放大电路的输出电压 $\dot{U}_o$ 与放大电路的输入电压 $\dot{U}_i$ 之比。

2.1.2　放大电路的基本组成

前面介绍晶体管时介绍了晶体管在电路中有三种连接方式，分别是共发射极接法、共集电极接法和共基极接法，而由晶体管构成的放大电路同样有三种组态，分别是共发射极电路、共集电极电路和共基极电路。

共发射极放大电路基极为放大电路的输入端，集电极为放大电路的输出端，发射极是放大电路输入、输出信号的公共端。

共集电极放大电路基极为放大电路的输入端，发射极为放大电路的输出端，集电极是放大电路输入、输出信号的公共端。

共基极放大电路发射极为放大电路的输入端，集电极为放大电路的输出端，基极是放大电路输入、输出信号的公共端。

下面以共发射极放大电路为例进行分析。

1. 放大电路组成原则 为了使放大电路具有放大作用，必须满足以下三个组成原则：

1）确保晶体管工作于放大区，即满足发射结正向偏置，集电结反向偏置的外部条件。

2）确保被放大的交流输入信号能够作用于晶体管的输入回路。

3）确保放大电路不失真的放大交流信号，并使交流输出信号能够传送到负载上去。

2. 放大电路组成 共发射极放大电路如图 2-3a 所示。它由晶体管 V、基极电阻 R_B、基极直流电源 V_{BB}、集电极电阻 R_C、集电极直流电源 V_{CC} 和耦合电容 C_1、C_2 组成。

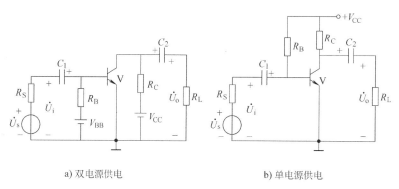

a) 双电源供电　　　　　　　　　　b) 单电源供电

图 2-3　基本共发射极放大电路的组成

3. 放大电路各组成元件的作用

（1）晶体管 V　它是整个放大电路的核心器件，起放大作用。它利用输入信号产生的微弱基极电流，控制集电极电流的变化。集电极电流由集电极直流电源提供并通过集电极电阻转换成交流输出电压。为使晶体管 V 工作在放大区，实现电流放大作用，必须使晶体管发射结正向偏置，集电结反向偏置。

（2）基极直流电源 V_{BB}　通过基极电阻为晶体管的发射结提供正向偏置电压和适当的基极电流。

（3）基极电阻 R_B　基极直流电源 V_{BB} 通过它为发射结提供正向偏置电压和适当的基极电流，使放大电路工作在放大区。它的存在确保输入信号有效地加至放大电路的基极与发射极之间；如果去掉 R_B，V_{BB} 直接接于晶体管的基极和发射极之间，一方面静态偏置可能不合适，另一方面输入信号 $\dot{U}_i$ 将被短路，不能有效地加至放大电路的输入端（晶体管的发射结上）。

（4）集电极直流电源 V_{CC}　通过集电极电组为晶体管集电结提供反向偏置电压，保证晶体管工作在放大区，并为整个电路提供能量。

（5）集电极电阻 R_C　将集电极电流的变化转变为电压的变化，以实现电压放大。它的存在可确保交流输出信号 $\dot{U}_o$ 有效地传送至负载 R_L；如果去掉 R_C，V_{CC} 直接接于晶体管的集电极和发射极之间，则输出信号 $\dot{U}_o$ 将被短路，负载 R_L 上得不到交流输出信号 $\dot{U}_o$。

（6）耦合电容 C_1　传送交流隔离直流。交流输入信号 $\dot{U}_i$ 通过 C_1 加至放大电路的输入端基极，同时 C_1 又隔离了信号源与放大电路之间的直流联系。

（7）耦合电容 C_2　传送交流隔离直流。C_2 使集电极输出的交流信号 $\dot{U}_o$ 顺利传送至负载 R_L，同时，C_2 又隔离了放大电路与负载之间的直流联系。

4. 放大电路的改画 图 2-3a 中 V_{BB} 也可以省去，采用单电源 V_{CC} 给电路供电。方法是：去掉 V_{BB}，将基极偏置电阻 R_B 原来接 V_{BB} 正极的一端接到集电极直流电源 V_{CC} 的正极，发射结正向偏置电压就可以由 V_{CC} 提供，只要参数设置合适，就可以保证发射结正向偏置、集电结反向偏置。单电源供电电路如图 2-3b 所示，图中的 V_{CC} 采用电压源的工程简化画法，直流电压源 V_{CC} 的一端设为参考点时，电压源符号可以不用画出，只标出它参考点的电位数值和极性。

5. 放大电路的主要性能指标

（1）电压放大倍数 $\dot{A}_u$　电压放大倍数是指放大电路输出电压和输入电压的比值。表示为：$\dot{A}_u = \dot{U}_o / \dot{U}_i$。

空载时的电压增益 $\dot{A}_{uo}$ 是指负载开路时放大电路的输出电压 $\dot{U}'_o$ 与输入电压 $\dot{U}_i$ 之比，即

$$\dot{A}_{uo} = \frac{\dot{U}_o}{\dot{U}_i}\bigg|_{R_L \to \infty} = \frac{\dot{U}'_o}{\dot{U}_i} \tag{2-1}$$

源电压放大倍数 $\dot{A}_{us}$ 是指考虑信号源内阻时放大电路的输出电压 $\dot{U}_o$ 与信号源开路电压 $\dot{U}_s$ 之比，即

$$\dot{A}_{us} = \frac{\dot{U}_o}{\dot{U}_s} \tag{2-2}$$

一般在单级放大电路中，电压放大倍数 $\dot{A}_u$ 的值大约为几十，多级放大电路中其值就很大了。工程上为了表示方便，常用分贝（dB）来表示放大倍数，这时就称为增益。电压增益为

$$电压增益 = 20\lg|\dot{A}_u| \tag{2-3}$$

从广义的角度来说，放大电路中除电压增益外，还有电流增益、互阻增益和互导增益等。它们反映了放大电路在输入信号的控制下，将供电电源的能量转化为信号能量的能力。

（2）输入电阻　输入电阻是放大电路从输入端向右看进去的等效电阻（见图 2-2）。放大电路的输入端外接信号源，对信号源来说放大电路相当于信号源的负载，这个等效的负载电阻就是放大电路的输入电阻 R_i。

通常定义输入电阻 R_i 为放大电路的输入电压 $\dot{U}_i$ 与输入电流 $\dot{I}_i$ 的比值，即

$$R_i = \frac{\dot{U}_i}{\dot{I}_i} \tag{2-4}$$

利用输入电阻的概念，由图 2-2 可得 $\dot{U}_i$ 与 $\dot{U}_s$ 的关系为

$$\dot{U}_i = \frac{R_i}{R_i + R_S}\dot{U}_s \tag{2-5}$$

从而可求出 $\dot{A}_u$ 与 $\dot{A}_{us}$ 的关系

$$\dot{A}_{us} = \frac{\dot{U}_o}{\dot{U}_s} = \frac{\dot{U}_o}{\dot{U}_i}\frac{\dot{U}_i}{\dot{U}_s} = \dot{A}_u\frac{R_i}{R_i + R_s} \tag{2-6}$$

对于低内阻电压源，R_i 越大，表明放大电路从信号源索取的电流越小，放大电路输入端所得到的电压 $\dot{U}_i$ 越接近信号源电压 $\dot{U}_s$，信号源电压损失越小，所以从电压传输角度而言，希望输入电阻 R_i 越大越好。

（3）输出电阻　输出电阻 R_o 是从放大电路输出端看进去的等效电阻。

从输出端看放大电路，放大电路可以认为是放大电路的信号源，根据戴维宁定理，可以等效成一个内阻为 R_o、大小为 $\dot{U}'_o$（空载时的输出电压）的电压源，如图 2-2 所示，这个等效电压源的内阻 R_o 就是放大电路的输出电阻。

计算输出电阻 R_o 的方法：

将放大电路中信号源短路（即 $\dot{U}_\mathrm{s}=0$，但保留 R_s）、负载开路（$R_\mathrm{L}=\infty$），如图 2-4 所示，在放大电路的输出端外加电压 $\dot{U}$，产生相应的电流 $\dot{I}$，则 $\dot{U}$ 与 $\dot{I}$ 的比值即为输出电阻 R_o，即

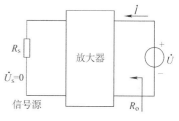

图 2-4　放大电路的输出电阻计算

$$R_\mathrm{o}=\left.\frac{\dot{U}}{\dot{I}}\right|_{\substack{\dot{U}_\mathrm{s}=0\\R_\mathrm{L}=\infty}} \tag{2-7}$$

根据式（2-7）可以计算各种放大电路的输出电阻。

由图 2-2 可知 $\dot{U}'_\mathrm{o}$ 和 $\dot{U}_\mathrm{o}$ 的关系为

$$\dot{U}_\mathrm{o}=\frac{R_\mathrm{L}}{R_\mathrm{o}+R_\mathrm{L}}\dot{U}'_\mathrm{o}$$

所以

$$\dot{A}_\mathrm{u}=\frac{\dot{U}_\mathrm{o}}{\dot{U}_\mathrm{i}}=\frac{\dot{U}_\mathrm{o}}{\dot{U}'_\mathrm{o}}\frac{\dot{U}'_\mathrm{o}}{\dot{U}_\mathrm{i}}=\frac{R_\mathrm{L}}{R_\mathrm{o}+R_\mathrm{L}}\dot{A}_\mathrm{uo} \tag{2-8}$$

可见，R_o 越小，$\dot{A}_\mathrm{u}$ 越趋近于 $\dot{A}_\mathrm{uo}$；当 $R_\mathrm{o}\to 0$ 时，$\dot{A}_\mathrm{u}\to\dot{A}_\mathrm{uo}$，即 $R_\mathrm{o}=0$ 时，$\dot{A}_\mathrm{u}=\dot{A}_\mathrm{uo}$。

放大电路带负载时的输出电压 $\dot{U}_\mathrm{o}$ 比空载时的输出电压 $\dot{U}'_\mathrm{o}$ 有所降低，这是因为在输出端接有负载时，内阻 R_o 上的分压使输出电压降低，所以，$\dot{U}_\mathrm{o}<\dot{U}'_\mathrm{o}$。这就说明 R_o 越小，$\dot{U}_\mathrm{o}$ 与 $\dot{U}'_\mathrm{o}$ 相差越小，亦即放大电路输出电压 $\dot{U}_\mathrm{o}$ 受负载 R_L 影响的程度越小。所以，一般用输出电阻 R_o 来衡量放大电路的带负载能力，输出电阻 R_o 越小，放大电路带负载能力越强，$\dot{U}_\mathrm{o}$ 与 $\dot{U}'_\mathrm{o}$ 越接近。

思考题

1. 简述放大的概念。
2. 如何画放大电路的直流通路和交流通路？

2.2　放大电路的图解分析法

放大电路工作在放大状态时，电路中交直流信号并存。所以放大电路的分析包括直流分析和交流分析。直流信号的工作情况称为静态，则直流分析也称为静态分析。交流信号的工作情况称为动态，则交流分析也称为动态分析。

静态分析常用方法有估算法和图解法，动态分析常用方法是微变等效电路法和图解法。微变等效电路法将在下节介绍。

图解分析法就是利用晶体管的输入、输出特性曲线，通过作图的方法对放大电路的性能指标进行分析。它是基于晶体管放大电路是一种非线性电路采用的方法。

静态分析讨论的对象是直流成分，动态分析讨论的对象是交流成分，直流成分和交流成分在电路中的通路是不同的。这样就需要根据电路的具体情况，正确地画出电路的直流通路和交流通路。下面先介绍直流通路和交流通路。

2.2.1　直流通路和交流通路

直流通路是指放大电路在直流电源作用下直流成分通过的路径。画直流通路的方法是：

将电容看成开路，电感看成短路，电路其他部分保留。

交流通路是指在放大电路在交流输入信号作用下，交流电流所流经的路径。画交流通路的方法是：容量大的耦合电容视为短路，固定不变的直流电压源（忽略其内阻）视为短路，固定不变的电流源视为开路，电路其他部分保留。

根据上述画直流通路和交流通路的方法，可得到图 2-5a 所示的直流通路和交流通路分别如图 2-5b、c 所示。

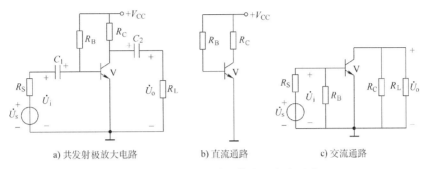

a) 共发射极放大电路 b) 直流通路 c) 交流通路

图 2-5　共射放大电路及其直、交流通路

2.2.2　静态分析

静态分析是指对放大电路输入信号 $u_i = 0$，也就是未加入输入信号时的工作状态进行分析，求解晶体管的各极直流电流和极间直流电压。静态分析的目的是设置合适的工作点。静态时，放大电路的输入端 u_i 短路，整个电路只有直流电源供电，C_1、C_2 起隔离直流的作用，对直流可看作开路，其等效电路如图 2-6b 所示。在静态时，晶体管的各极直流电流和极间直流电压 I_B、U_{BE}、I_C、U_{CE} 的值，称为放大电路的静态工作点，常用 Q 表示。

1. 估算静态工作点　在图 2-6b 所示的电路中，从输入回路可列出 I_B、U_{BE} 的回路电压方程

$$U_{BE} = V_{CC} - I_B R_B$$

即

$$I_B = \frac{V_{CC} - U_{BE}}{R_B} \tag{2-9}$$

$$I_C \approx \beta I_B \tag{2-10}$$

$$U_{CE} = U_{CC} - I_C R_C \tag{2-11}$$

一般情况下，U_{BE} 变化范围很小，可近似认为：硅管 $U_{BE} = 0.6 \sim 0.8V$，一般取 $U_{BE} = 0.7V$；锗管 $U_{BE} = 0.1 \sim 0.3V$，一般取 $U_{BE} = 0.2V$。

2. 图解法分析　图解法进行静态分析是在晶体管输入输出特性曲线上，用作图的方法确定出静态工作点 Q，即在输入特性曲线上求出 $(U_{BEQ}、I_{BQ})$，在输出特性曲线上求出 $(U_{CEQ}、I_{CQ})$。

对于图 2-6 所示共发射极放大电路，其直流通路如图 2-6b 所示，此时，电路中只有直流信号。

（1）估算 I_B，在输入特性上确定 $Q(U_{BEQ}、I_{BQ})$　在图 2-6b 所示直流通路电路中，根据前面的分析有

$$I_B = -\frac{U_{BE}}{R_B} + \frac{V_{CC}}{R_B} \tag{2-12}$$

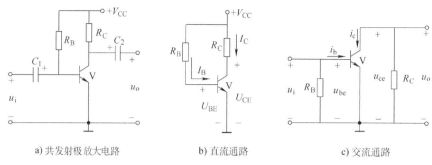

a) 共发射极放大电路　　　　b) 直流通路　　　　c) 交流通路

图2-6　共发射极放大电路及其直、交流通路的等效电路

同时 I_B、U_{BE} 还应满足该电路中晶体管的输入特性曲线：$I_B = f(U_{BE})$。式（2-12）是由电路参数决定的，在输入特性曲线中是一条直线，该直线可由两个特殊点：$H(0, V_{CC}/R_B)$，$L(V_{CC}, 0)$ 决定，由此便得到输入回路的直流负载线 HL，其斜率为 $-1/R_B$。该直线与输入特性曲线的交点可求得静态工作点 $Q(U_{BEQ}, I_{BQ})$，如图2-7a 所示。

（2）在输出特性上确定 $Q(U_{CEQ}, I_{CQ})$　　在图2-6b 所示的电路中，从输出回路可列出 I_C、U_{CE} 的回路电压方程：

$$U_{CE} = V_{CC} - I_C R_C$$

即

$$I_C = -\frac{U_{CE}}{R_C} + \frac{V_{CC}}{R_C} \tag{2-13}$$

同时 I_C、U_{CE} 还应满足该电路中晶体管的输出特性曲线关系：$I_C = f(U_{CE})$。式（2-13）是由电路参数决定的，在输出特性曲线中是一条直线，该直线可由两个特殊点：$M(0, V_{CC}/R_C)$，$N(V_{CC}, 0)$ 决定，连接 M、N 两点便得到输出回路的直流负载线，其斜率为 $-1/R_C$。

在静态时，调节基极电阻 R_B 使得 I_B 发生变化时，静态工作点将随 I_B 的变化沿直流负载线移动，所以直流负载线是静态工作点移动的轨迹。

直流负载线与 $I_B = I_{BQ}$ 的那条输出特性曲线的交点，即为静态工作点 $Q(U_{CEQ}, I_{CQ})$，如图2-7b 所示。

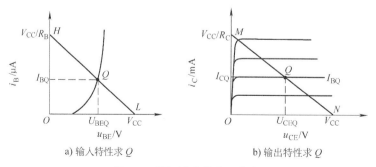

a) 输入特性求 Q　　　　b) 输出特性求 Q

图2-7　图解法求静态工作点

2.2.3　动态分析

动态分析是指对放大电路加上输入信号后 $u_i \neq 0$ 时的工作状态进行分析，确定晶体管在静态工作点 Q 处各极电流和极间电压的变化量，进而求出放大器的各项交流指标。对放大电路进行动态分析时，我们先介绍一下放大电路在加入输入信号后，是如何对输入信号进行

放大的?

1. 交流负载线 交流负载线是有交流输入信号时工作点的运动轨迹。

当放大电路如图 2-8a 所示时,在动态情况下,电容 C_2 对交流信号可看作短路,其交流通路如图 2-8b 所示。

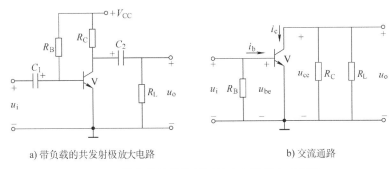

a) 带负载的共发射极放大电路　　　　　b) 交流通路

图 2-8　带负载的共发射极放大电路及交流通路

从交流通路可知,输出回路中电阻 R_C 与 R_L 并联,其并联等效电阻称为放大电路的交流负载电阻 R_L'

$$R_L' = R_C /\!/ R_L \tag{2-14}$$

在交流输入信号 u_i 作用下,集电极交流电流 i_c 是流过交流负载电阻 R_L' 的电流,R_L' 两端电压即为输出电压 u_o,所以有

$$u_{ce} = -i_c(R_C /\!/ R_L) = -i_c R_L' = u_o \tag{2-15}$$

交流负载线的斜率为 $-1/R_L'$。

因为动态情况下,输入信号为零时,放大电路的情况和静态时相同,则交流负载线与直流负载线的公共点为静态工作点 Q,所以交流负载线是过静态工作点 Q 且斜率为 $-1/R_L'$ 的直线,如图 2-9 所示。空载($R_L = \infty$)时的交流负载线与直流负载线重合。

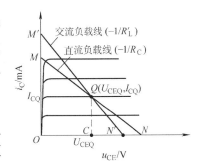

图 2-9　交流负载线与直流负载线

2. 放大电路的工作原理(以负载空载为例) 当输入信号 $u_i \neq 0$ 加入放大电路时,放大电路的工作情况是交直流信号共存,即在直流工作的基础上叠加了交流信号,放大电路的工作情况如图 2-10 所示。

(1)基极电流 i_B 的变化 输入的交流电压 u_i 通过电容 C_1 加在晶体管 V 的基极和发射极之间。设输入的交流小信号为正弦波电压

$$u_i = U_{im}\sin\omega t$$

此时发射结上的瞬时电压 u_{BE} 为

$$u_{BE} = U_{C1} + u_i = U_{BE} + U_{im}\sin\omega t = U_{BE} + u_{be} \tag{2-16}$$

$$u_{be} = u_i = U_{im}\sin\omega t \tag{2-17}$$

式(2-16)表明,晶体管发射结上的电压 u_{BE} 是在直流电压 U_{BE} 基础之上叠加了一个交流电压 u_{be}。

在 $u_{be} = U_{im}\sin\omega t$ 的作用下,基极电流产生相应的变化量 i_b,基极瞬时电流 i_B 为基极直流电流 I_B 与基极交流电流 i_b 的叠加

$$i_B = I_B + i_b = I_B + I_{bm}\sin\omega t \tag{2-18}$$

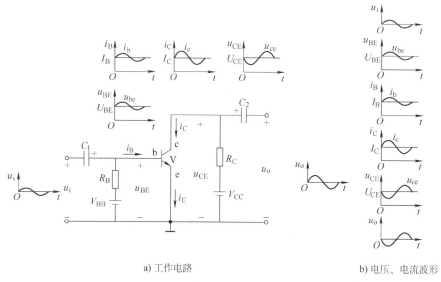

a) 工作电路   b) 电压、电流波形

图 2-10   放大电路 $u_i \neq 0$ 时工作情况

$$i_b = I_{bm}\sin\omega t \tag{2-19}$$

（2）集电极电流 i_C 的变化   由于晶体管工作在放大区，根据 $i_C = \beta i_B$，所以有

$$i_C = \beta I_B + \beta I_{bm}\sin\omega t = I_C + I_{cm}\sin\omega t = I_C + i_c \tag{2-20}$$

$$i_c = I_{cm}\sin\omega t \tag{2-21}$$

集电极瞬时电流 i_C 为直流电流 I_C 与交流电流 i_c 的叠加。

（3）集电极和发射极之间的电压 u_{CE} 的变化   从图 2-10 可知，集电极和发射极之间的电压 u_{CE} 为

$$u_{CE} = V_{CC} - i_C R_C = V_{CC} - I_C R_C - i_c R_C = U_{CE} - i_c R_C \tag{2-22}$$

当输入信号 u_i 增大时，交流电流 i_c 增大，R_C 上的电压增大，于是 u_{CE} 减小；当 u_i 减小时，i_c 减小，R_C 上的电压随之减小，故 u_{CE} 增大。可见 u_{CE} 的变化正好与 i_c 的变化方向相反，因此 u_{CE} 是在直流电压 U_{CE} 基础上叠加了一个与 u_i 变化方向相反的交流电压 $u_{ce} = -i_c R_C$，即

$$u_{CE} = U_{CE} + u_{ce} = U_{CE} - i_c R_C = U_{CE} - I_{cm}R_C\sin\omega t = U_{CE} - U_{cem}\sin\omega t \tag{2-23}$$

瞬时电压 u_{CE} 中的交流分量 u_{ce} 为

$$u_{ce} = -U_{cem}\sin\omega t \tag{2-24}$$

（4）输出交流电压 u_o 瞬时电压 u_{CE} 中的交流分量 u_{ce} 经电容 C_2 耦合到放大电路的输出端，成为输出交流电压 u_o，实现了电压放大作用。如果放大电路的输出端接有负载 R_L，则负载两端就得到了被放大了的交流电压 u_o

$$u_o = u_{ce} = -U_{cem}\sin\omega t \tag{2-25}$$

在输入正弦电压下，放大管各极电流和极间电压的波形，如图 2-10b 所示。综合上述分析：

1）当放大电路输入正弦交流信号时，晶体管各极电流电压均有两个分量，即直流分量和交流分量。其中交流分量是由输入电压控制产生，反映输入信号的变化。

2）从能量方面，输入信号能量较小，输出信号能量较大。晶体管本身不产生能量，而是通过晶体管的控制作用，控制集电极电源输出能量。所以放大的本质是小能量控制大能量的转换过程。

3）将共射放大电路输出电压与输入电压的波形对照，可知两者的相位互差180°，称为共发射极放大电路的倒相作用。

3. 放大电路中电流电压符号使用规定　放大电路都是由直流偏置电路和交流信号通路组成，电路中的电流和电压也有交、直流之分，为了很好地表示这些量，现作如下规定：

U_A：大写字母、大写下标，表示直流量；u_a：小写字母、小写下标，表示交流分量；U_a：大写字母、小写下标，表示交流分量有效值；u_A：小写字母、大写下标，表示全量，也就是交、直流的叠加量。

4. 图解法进行动态分析　利用图解法进行动态分析，是在图解法确定了静态工作点的基础上，在输入输出特性曲线上画出各极电流和极间电压随输入信号 u_i 变化的波形，了解它们的变化规律。

由图 2-11 的图解法分析可以看到交流信号的传输过程：

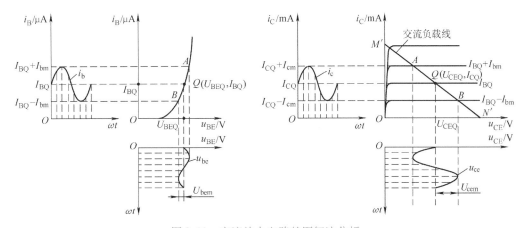

图 2-11　交流放大电路的图解法分析

输入电压 u_i 即为电压 $u_{be} \rightarrow i_b \rightarrow i_c \rightarrow u_{ce}$ 即为输出电压 u_o，输出电压与输入电压相位相反，从图中还可粗略计算电压放大倍数，也就是输出电压幅值与输入电压幅值的比。

图解法分析可以直观全面地了解放大电路的工作情况，其缺点是，在特性曲线上作图比较烦琐，误差大，信号频率较高时，特性曲线不再适用。因此图解法只适合分析输出幅值比较大且工作频率较低的情况。

2.2.4　非线性失真

当静态工作点 Q 选取在输出特性曲线上交流负载线接近中央的位置，输出电压波形是完整的正弦波，不会发生失真。

静态工作点的位置如果设置不当（过高或过低），或者输入信号太大使放大电路的工作范围进入晶体管特性曲线的截止区或饱和区，则会使放大器输出电压产生的非线性失真，包括截止失真和饱和失真。以 NPN 管为例介绍两种失真。

1. 截止失真　在图 2-12a 中，静态工作点 Q 点设置过低，在输入电压负半周的部分时间内，动态工作点进入截止区，使 i_B、i_C 不能跟随输入变化而恒为零，从而引起输出电压波形顶部发生失真，这种失真称为截止失真。为消除截止失真，可减小基极电阻 R_B，从而增加基极电流 I_B。

2. 饱和失真　若静态工作点 Q 点设置过高，如图 2-12b 所示，则在输入电压正半周的部分时间内，动态工作点进入饱和区。此时，当 i_B 增大时，i_C 不能随之增大，因而也将引

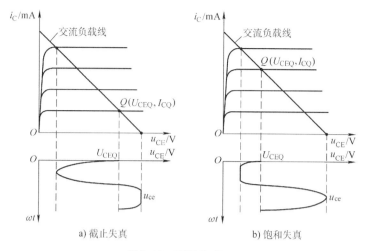

图 2-12　两种失真

起输出电压波形底部失真，这种失真称为饱和失真。为消除截止失真，可增大基极电阻 R_B，从而减小基极电流 I_B。

除了静态工作点 Q 的位置不合适引起失真外。当输入信号幅度过大时，输出信号将会同时出现饱和失真和截止失真，称之为双向失真。所以为保证放大电路不发生非线性失真，要注意静态工作点 Q 的位置应该适中，同时输入信号的幅值也不宜过大。

思考题

1. 如何画放大电路的直流通路和交流通路？
2. 改变 R_C 和 V_{CC} 对直流负载线有什么影响？
3. 为什么要设置合理的静态工作点？
4. 交、直流负载线有何区别？

2.3　放大电路的微变等效电路分析法

晶体管是一个非线性元件，含有晶体管的放大电路是一个非线性电路，分析非线性电路较为复杂。用图解法分析电路的动态情况虽比较直观，但不便于定量的分析计算。为了方便电路定量计算，就需要解决电路的非线性问题，于是提出了微变等效电路分析法。其指导思想是在放大电路输入信号很小时，可认为晶体管的电压、电流变化量之间的关系是线性的，这样就可以给晶体管建立一个小信号的线性模型，把晶体管近似用一个等效的线性电路来代替，从而将非线性的放大电路转化为线性电路，可以方便地利用线性电路理论分析放大电路的动态性能。

2.3.1　晶体管的小信号微变等效模型

晶体管虽然具有非线性的输入特性，但当它工作于小信号时，工作点只在 Q 点附近一个很小的范围内移动，i_B、u_{BE} 的变化近似满足线性关系：

$$\frac{\Delta u_{BE}}{\Delta i_B} \approx r_{be}$$

如图 2-13 所示，晶体管的输入端，即基极和发射极之间可用一个交流电阻 r_{be} 来等效。r_{be} 为晶体管共发射极接法下的交流输入电阻，通常由下式估算：

$$r_{\mathrm{be}} = (100 \sim 300)\,\Omega + (1 + \beta)\frac{26\mathrm{mV}}{I_{\mathrm{EQ}}} \qquad (2\text{-}26)$$

式中的 $(100 \sim 300)\,\Omega$ 是从基极到发射极之间（即基区）半导体材料的体电阻。估算 r_{be} 时，一般取 300Ω，除非特别给定，I_{EQ} 的单位为 mA。

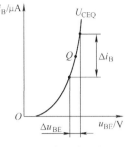

图 2-13　输入特性求 r_{be}

从晶体管的输出特性看，在 Q 点附近，曲线比较平坦，电压 u_{CE} 几乎对电流 i_{C} 没有影响，晶体管集电极电流的变化仅仅取决于基极电流的变化，满足 $\Delta i_{\mathrm{C}} = \beta \Delta i_{\mathrm{B}}$，如图 2-14 所示。这样在晶体管的集电极和发射极之间可用一个受控电流源 βi_{B} 来等效。

对于共发射极接法的晶体管微变等效电路模型，如图 2-15 所示。

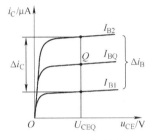

图 2-14　输出特性求 β

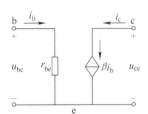

图 2-15　晶体管微变等效电路模型

若晶体管输入为正弦信号，晶体管的等效电路模型中的交流分量 i_{b}、u_{be}、i_{c}、u_{ce} 可用交流正弦相量 $\dot{I}_{\mathrm{b}}$、$\dot{U}_{\mathrm{be}}$、$\dot{I}_{\mathrm{c}}$、$\dot{U}_{\mathrm{ce}}$ 代替。

对于晶体管的微变等效电路模型须注意以下几点：

1）晶体管微变等效电路模型成立的前提是小微变信号（小信号），由于没有考虑结电容的作用，只适用于频率较低的信号，因此，也称作晶体管的低频小信号模型。

2）晶体管微变等效电路模型中的电量都是微变信号，因此，微变等效电路分析法，只适用于小信号时的动态电路分析，不能用来分析静态特性和求解直流工作点 Q。

3）晶体管微变等效电路模型中，$\dot{I}_{\mathrm{c}} = \beta \dot{I}_{\mathrm{b}}$ 是受控电流源，其大小和方向都受 $\dot{I}_{\mathrm{b}}$ 的控制。当 β 一定时，$\dot{I}_{\mathrm{c}}$ 电流大小取决于 $\dot{I}_{\mathrm{b}}$ 的值，参考方向与 $\dot{I}_{\mathrm{b}}$ 的参考方向一致，即当 $\dot{I}_{\mathrm{b}}$ 流入基极时，$\dot{I}_{\mathrm{c}}$ 流入集电极；反之，当 $\dot{I}_{\mathrm{b}}$ 流出基极时，$\dot{I}_{\mathrm{c}}$ 流出集电极。

2.3.2　共发射极放大电路的分析

微变等效电路分析法，就是利用晶体管微变等效模型分析放大电路，可分三步进行分析。第一步，根据直流通路估算直流工作点 Q；第二步，画出放大电路的交流通路，并用晶体管微变等效模型替换晶体管，得出放大电路的微变等效电路；第三步，根据微变等效电路计算放大电路的各项动态性能指标。

1. 共发射极放大电路的静态分析　对图 2-6a 所示基本共发射极放大电路作静态分析，就是根据其直流通路（见图 2-6b）计算放大电路的静态工作点 $Q(I_{\mathrm{BQ}}、U_{\mathrm{BEQ}}、I_{\mathrm{CQ}}、U_{\mathrm{CEQ}})$。采用估算法求 Q，晶体管处于放大状态时一般认为硅管发射结导通电压 $U_{\mathrm{BEQ}} = 0.7\mathrm{V}$，则

$$I_{BQ} = \frac{V_{CC} - U_{BEQ}}{R_B} \approx \frac{V_{CC}}{R_B} \tag{2-27}$$

$$I_{CQ} = \beta I_{BQ} \tag{2-28}$$

$$U_{CEQ} = V_{CC} - I_{CQ}R_C \tag{2-29}$$

$$I_{EQ} \approx I_{CQ} \tag{2-30}$$

基本共发射极放大电路中，当 V_{CC} 和 R_C 确定后，放大电路的静态工作点就由基极偏置电流 I_{BQ} 来决定，偏置电阻 R_B 只要固定不变，电路的偏置电流就是"固定"的，所以这种电路也叫作固定偏置电路。

2. 共发射极放大电路的动态分析 图 2-6a 基本共发射极放大电路的交流通路如图 2-6c 所示，用晶体管的微变等效模型替换交流通路中的晶体管，就得到基本共发射极放大电路的微变等效电路，如图 2-16a 所示。对放大电路进行动态分析，就是要计算放大电路的各项动态性能指标，如 $\dot{A}_u$、$\dot{A}_{uo}$、$\dot{A}_{us}$、R_i 和 R_o 等。

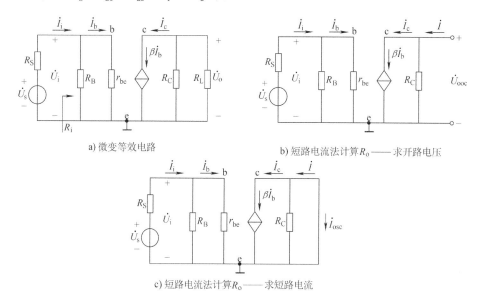

a) 微变等效电路   b) 短路电流法计算 R_o —— 求开路电压

c) 短路电流法计算 R_o —— 求短路电流

图 2-16 基本共发射极放大电路的微变等效电路及其开路电压、短路电流求解电路

（1）电压放大倍数 $\dot{A}_u$、空载电压放大倍数 $\dot{A}_{uo}$ 和源电压放大倍数 $\dot{A}_{us}$ 由图 2-16a 中微变等效电路可知，信号源 $\dot{U}_s$ 为正弦交流信号，放大电路输入端得到的交流输入信号 $\dot{U}_i = \dot{I}_b r_{be}$，负载上得到的交流输出信号 $\dot{U}_o = -\beta \dot{I}_b (R_C /\!/ R_L) = -\beta \dot{I}_b R_L'$，则该放大电路的电压放大倍数

$$\dot{A}_u = \frac{\dot{U}_o}{\dot{U}_i} = -\frac{\beta R_L'}{r_{be}} \tag{2-31}$$

式（2-31）中 $\dot{A}_u$ 为负，表明共射放大电路的输出电压与输入电压反相。

空载时（$R_L \to \infty$），$R_L' = R_C$，得到空载电压放大倍数

$$\dot{A}_{uo} = \frac{\dot{U}_o}{\dot{U}_i} = -\frac{\beta R_C}{r_{be}} \tag{2-32}$$

所以空载电压放大倍数要比带负载时的电压放大倍数要大。

源电压放大倍数为

$$\dot{A}_{us} = \frac{\dot{U}_o}{\dot{U}_s} = \frac{\dot{U}_o}{\dot{U}_i} \frac{\dot{U}_i}{\dot{U}_s} = \dot{A}_u \frac{R_i}{R_i + R_S} \tag{2-33}$$

式中，R_i 为放大电路的输入电阻。因 $|\dot{A}_{us}|$ 总是小于 $|\dot{A}_u|$，为了提高 $\dot{A}_{us}$ 可以增大输入电阻。

（2）输入电阻 R_i 放大电路的输入电阻是从放大电路输入端看进去的等效电阻。因为，图 2-16a 中 R_B 与 r_{be} 并联，流过这个并联等效电阻（$R_B /\!/ r_{be}$）的电流为 $\dot{I}_i$，$\dot{U}_i = \dot{I}_i(R_B /\!/ r_{be})$，故输入电阻

$$R_i = \frac{\dot{U}_i}{\dot{I}_i} = R_B /\!/ r_{be} \tag{2-34}$$

因 r_{be} 一般较小，$R_B /\!/ r_{be} \approx r_{be}$，所以 R_i 较小。

注意，放大电路的输入电阻 R_i 不包含信号源内阻 R_S。

（3）输出电阻 R_o 放大电路的输出电阻是从放大电路输出端看进去的等效电阻。根据式（2-7）计算输出电阻 R_o 的方法，将图 2-16a 中信号源看成短路（即 $\dot{U}_s = 0$），则 $\dot{I}_b = 0$，$\dot{I}_c = \beta\dot{I}_b = 0$，受控电流源输出电流为零相当于开路，断开负载 R_L，此时，从放大电路输出端看进去的等效电阻就是输出电阻 $R_o = R_C$。

也可以把信号源和放大电路一起，看成是一个二端网络，且通过微变等效电路转化为线形二端网络。输出电阻就是从输出端看进去的入端电阻，可以通过短路电流法求出该电阻。把图 2-16a 中的负载电阻断开，得到电路如图 2-16b 所示，则二端网络的开路电压为

$$\dot{U}_{ooc} = -\beta R_C \dot{I}_b$$

把图 2-16a 中的负载电阻短路，得到电路如图 2-16c 所示，则二端网络的短路电流为

$$\dot{I}_{osc} = -\beta\dot{I}_b$$

$\dot{U}_{ooc}$ 与 $\dot{I}_{osc}$ 的比值即为输出电阻：

$$R_o = \frac{\dot{U}_{ooc}}{\dot{I}_{osc}} = \frac{-\beta R_C \dot{I}_b}{-\beta\dot{I}_b} = R_C \tag{2-35}$$

注意，R_o 常用来考虑放大电路带负载 R_L 的能力，求 R_o 时不包含 R_L，要将 R_L 断开。

【**例 2-1**】   基本共发射极放大电路如图 2-6a 所示，图中，$V_{CC} = 15V$、$R_B = 560k\Omega$、$R_C = 5k\Omega$、$R_S = 3k\Omega$、$R_L = 3k\Omega$，晶体管的 $\beta = 80$，$U_{BE} = 0.7V$。试求：（1）静态工作点 Q；（2）动态性能指标 $\dot{A}_u$、R_i、R_o、$\dot{A}_{us}$ 和 $\dot{A}_{uo}$。

解：（1）计算静态工作点 $Q(I_{BQ}, I_{CQ}, U_{CEQ})$

$$I_{BQ} = \frac{V_{CC} - U_{BE}}{R_B} = \frac{15 - 0.7}{560}\mu A = 25\mu A$$

$$I_{CQ} = \beta I_{BQ} = 80 \times 0.025mA = 2mA$$

$$U_{CEQ} = V_{CC} - I_{CQ}R_C = (15 - 2 \times 5)V = 5V$$

$$I_{EQ} \approx I_{CQ} = 2mA$$

（2）动态分析

$$r_{be} = 300\Omega + (1 + \beta)\frac{26mV}{I_{EQ}} = 300\Omega + 81 \times \frac{26mV}{2mA} \approx 1.4k\Omega$$

$$\dot{A}_u = \frac{\dot{U}_o}{\dot{U}_i} = -\frac{\beta R_L'}{r_{be}} = -\frac{80 \times (5 /\!/ 3)}{1.4} = -107.1$$

$$R_i = R_B /\!/ r_{be} \approx r_{be} = 1.4k\Omega$$

$$R_o = R_C = 5k\Omega$$

$$\dot{A}_{us} = \frac{R_i}{R_i + R_S}\dot{A}_u \approx -\frac{1.4}{1.4 + 3} \times 107.1 = -34.1$$

$$\dot{A}_{uo} = \frac{\dot{U}_o}{\dot{U}_i} = -\frac{\beta R_C}{r_{be}} = -\frac{80 \times 5}{1.4} = -285.7$$

由计算结果可见，带负载时电路的放大倍数比空载时的放大倍数减小了。

从前面的分析可知，共发射极放大电路的特点是：有比较高的电压、电流放大倍数，输出电压与输入电压反相，缺点是输入电阻较小。可用于多级放大电路的中间级。

🖊 思考题

1. 如何画放大电路的微变等效电路？
2. 放大电路动态分析的性能指标有哪些？

2.4 分压式稳定静态工作点电路

2.4.1 温度对静态工作点的影响

由于半导体的载流子浓度与温度有关，因而晶体管的参数也会受温度的影响。晶体管受温度影响比较大的参数主要有 U_{BE}、I_{CBO} 和 β，且温度对这些参数的影响都集中体现为使 I_C 随温度上升而增加，进而引起工作点 Q 变化。温度对晶体管特性曲线的影响如图 2-17 所示。

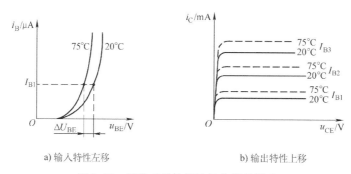

a) 输入特性左移   b) 输出特性上移

图 2-17　温度对晶体管特性曲线的影响

放大电路的静态工作点 Q 不但决定了电路是否会产生失真，而且还影响着电压放大倍数、输入输出电阻等动态参数。因此合理地选择 Q 点并使之保持稳定，就成为电路正常且稳定工作的关键。

引起 Q 不稳定的因素很多，如电源电压的波动、元件的老化以及温度的变化等，其中温度对晶体管参数的影响最为重要。

前面介绍的基本共发射极放大电路，固定 R_B，其偏置电路应提供固定的基极偏流 $I_{BQ} \approx V_{CC}/R_B$，但是，当环境温度变化时，$Q$ 点会发生变化，造成静态工作点的不稳定，从而引起动态参数不稳定，严重时电路甚至无法正常工作。所以需要设计一种电路，保证其集电极电流 I_C 大小不会随温度的变化而变化。这样这个放大电路的静态工作点就不会受温度影响，保证静态工作点的稳定，进而保证放大电路性能的稳定。

2.4.2 分压式偏置放大电路

分压式偏置放大电路如图 2-18a 所示，从图中可以看出，该电路还是属于共发射极放大电路。在外界温度变化时，该电路能自动调节工作点的位置，从而使 Q 点稳定。下面从静态和动态两个方面对其进行分析。

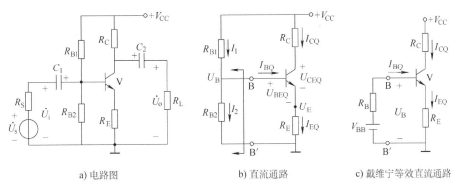

| a) 电路图 | b) 直流通路 | c) 戴维宁等效直流通路 |

图 2-18　分压式偏置放大电路

1. 分压式偏置放大电路的结构和稳定静态工作点的原理　电路机构方面与前面的基本共发射极放大电路相比，基极采用两个基极电阻 R_{B1} 和 R_{B2}，同时发射极增加了发射极电阻 R_E。

它是如何稳定静态工作点的呢？我们首先画出电路的直流通路如图 2-18b 所示。

要求合理选取基极电阻 R_{B1} 和 R_{B2} 时，使得流过 R_{B2} 的电流 $I_2 \gg I_{BQ}$，$U_B \gg U_{BEQ}$，一般取 $I_2 = (5 \sim 10)I_{BQ}$，$U_B = (5 \sim 10)U_{BEQ}$。则

$$I_1 = I_2 + I_{BQ} \approx I_2$$

所以
$$U_B \approx \frac{R_{B2}}{R_{B1} + R_{B2}} V_{CC} \tag{2-36}$$

$$I_{CQ} \approx I_{EQ} = \frac{U_E}{R_E} = \frac{U_B - U_{BE}}{R_E} \approx \frac{U_B}{R_E} \tag{2-37}$$

根据上面的公式可知，U_B 是电阻 R_{B2} 对直流电源 V_{CC} 的分压，是固定不变的。所以式 (2-37) 中，I_{CQ} 也是稳定的，不受温度影响。

电路如何保持电流 I_{CQ} 的稳定的呢？首先假设温度上升，再根据晶体管和放大电路的特点，会有如下变化：

温度升高→$I_C(I_E)$ 增大→$U_E = I_E R_E$ 增大→（因为 U_B 不变）U_{BE} 减小→（根据晶体管输入特性曲线）I_B 减小→I_C 减小

这个过程利用了发射极电阻 R_E 的反馈作用阻止 I_C 的变化，维持了静态工作点的稳定。

2. 分压式偏置放大电路的静态和动态分析

（1）静态分析——计算静态工作点

方法一　戴维宁等效电路法

首先画出分压式偏置放大电路的直流通路如图 2-18b 所示，在 BB′ 处断开并向左看，将该二端口网络用戴维宁定理等效为一个电压源 V_{BB} 与一个内阻 R_B 串联的形式，可以求出其等效内阻 R_B 为

$$R_B = R_{B1} /\!/ R_{B2} \tag{2-38}$$

开路电压 V_{BB} 为

$$V_{BB} = \frac{R_{B2}}{R_{B1} + R_{B2}} V_{CC} \tag{2-39}$$

将直流通路等效为图 2-18c 所示电路，输入回路满足方程：

$$V_{BB} = I_{BQ}R_B + U_{BEQ} + I_{EQ}R_E$$

又因为

$$I_{EQ} = (1+\beta)I_{BQ}$$

可求出

$$I_{BQ} = \frac{V_{BB} - U_{BEQ}}{R_B + (1+\beta)R_E} \tag{2-40}$$

$$I_{CQ} = \beta I_{BQ} \tag{2-41}$$

$$U_{CEQ} = V_{CC} - I_{CQ}(R_C + R_E) \tag{2-42}$$

方法二 估算法

对于图 2-18b 所示直流通路，先求出 U_B

$$U_B \approx \frac{R_{B2}}{R_{B1} + R_{B2}} V_{CC} \tag{2-43}$$

接下来求出 I_{CQ}

$$I_{CQ} \approx I_{EQ} = \frac{U_B - U_{BEQ}}{R_E} \approx \frac{U_B}{R_E} \tag{2-44}$$

$$I_{BQ} = \frac{I_{CQ}}{\beta} \tag{2-45}$$

$$U_{CEQ} = V_{CC} - I_{CQ}(R_C + R_E) \tag{2-46}$$

式（2-40）中，若 $(1+\beta)R_E \gg R_B$，则可忽略 R_B 的作用，从而推出式（2-44），也就是估算法。

比较两种计算静态工作点的方法，戴维宁等效电路法的计算结果更为精确。而估算法的计算结果也在误差允许范围内，而且非常简便，所以在工程上被广泛采用。

（2）动态分析 分压式偏置放大电路的微变等效电路如图 2-19a 所示。

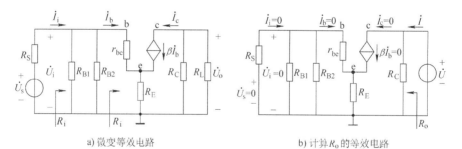

a) 微变等效电路　　　　　　　　　b) 计算R_o的等效电路

图 2-19　分压式偏置放大电路微变等效电路

1）电压放大倍数 $\dot{A}_u$。放大电路交流输入信号 $\dot{U}_i = \dot{I}_b r_{be} + (1+\beta)\dot{I}_b R_E$，负载上得到的交流输出信号 $\dot{U}_o = -\beta \dot{I}_b R'_L$，$R'_L = R_C // R_L$，则该放大电路的电压放大倍数为

$$\dot{A}_u = \frac{\dot{U}_o}{\dot{U}_i} = -\frac{\beta R'_L}{r_{be} + (1+\beta)R_E} \tag{2-47}$$

将式（2-47）与式（2-31）比较可知，式（2-47）分母中多了 $(1+\beta)R_E$，所以分压式偏置放大电路的放大倍数比固定偏置电路的放大倍数减小了，原因就是在电路中引入射极电阻 R_E。R_E 越大，Q 点的稳定性越好，而 $\dot{A}_u$ 降低得也越多。

2）输入电阻 R_i。放大电路的输入电压 $\dot{U}_i = \dot{I}_b r_{be} + (1+\beta)\dot{I}_b R_E$，图 2-19 中输入电阻 R'_i 为

$$R'_i = \frac{\dot{U}_i}{\dot{I}_b} = r_{be} + (1+\beta)R_E$$

可以看出，有 R_E 时 R'_i 提高了。

又因放大电路的输入电压 $\dot{U}_i = \dot{I}_i(R_{B1} /\!/ R_{B2} /\!/ R'_i)$，所以放大电路的输入电阻 R_i 为

$$R_i = \frac{\dot{U}_i}{\dot{I}_i} = R_{B1} /\!/ R_{B2} /\!/ R'_i \tag{2-48}$$

3）输出电阻 R_o。分压式偏置放大电路，计算 R_o 的等效电路如图 2-19b 所示，信号源短路 $\dot{U}_s = 0$、$\dot{I}_b = 0$、$\beta\dot{I}_b = 0$，受控电流源支路相当于开路，从放大电路输出端看进去的等效电阻就是 R_C：

$$R_o = \frac{\dot{U}}{\dot{I}} = R_C \tag{2-49}$$

2.4.3 带旁路电容的分压式偏置放大电路

为了解决分压式射极偏置电路放大倍数减小的问题，通常在 R_E 上并联一个大容量的电容 C_E，称为射极旁路交流电容，一般为几十到几百微法，射极带旁路电容的射极偏置电路如图 2-20a 所示。

对于静态 C_E 相当于开路，不影响 R_E 对静态工作点的稳定作用，直流通路如图 2-20b 所示。对交流而言，当旁路电容 C_E 的电容值足够大时，可认为 C_E 对交流短路，微变等效电路如图 2-20c 所示，发射极 e 是交流地，消除了射极电阻 R_E 对放大倍数的影响。其电压放大倍数为

$$\dot{A}_u = \frac{\dot{U}_o}{\dot{U}_i} = -\frac{\beta R'_L}{r_{be}} \tag{2-50}$$

式中 $$R'_L = R_C /\!/ R_L$$

输入电阻 $$R_i = R_{B1} /\!/ R_{B2} /\!/ r_{be} \approx r_{be} \tag{2-51}$$

所以，引入 C_E 又使放大电路的输入电阻减小了。输出电阻还是 $R_o = R_C$。

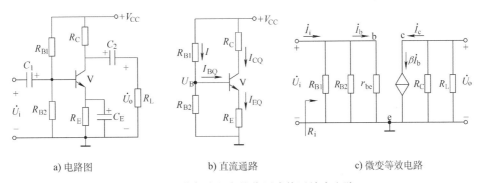

a) 电路图　　　　　　　　　b) 直流通路　　　　　　　　c) 微变等效电路

图 2-20 带旁路电容的分压式偏置放大电路

2.4.4 存在问题和折中方案

从前面分析可以清楚地看到，带旁路电容和不带旁路电容的分压式偏置放大电路的静态分析是相同的，无旁路电容的电路电压放大倍数小，但输入电阻大；而有旁路电容的电路电压放大倍数提高了，但输入电阻比较小。为了适当提高输入电阻 R_i，又不太影响交流放大倍数，可选择一个折中的办法：在发射极串接两个电阻，一个是小电阻 R_{E1}，另一个是大电阻 R_{E2}，射极旁路电容 C_E 并联在 R_{E2} 两端，如图 2-21a 所示。

【例 2-2】 放大电路如图 2-21a 所示。已知图中 $V_{CC} = 12V$，$R_S = 500\Omega$，$R_{B1} = 20k\Omega$，$R_{B2} = 10k\Omega$，$R_C = 1.8k\Omega$，$R_{E1} = 0.2k\Omega$，$R_{E2} = 2k\Omega$，$R_L = 6k\Omega$。晶体管 VT 的 $\beta = 37.5$，$U_{BE} \approx 0.7V$。试求：（1）电路的静态工作点 Q；（2）输入电阻 R_i、输出电阻 R_o、电压放大倍数 $\dot{A}_u$。

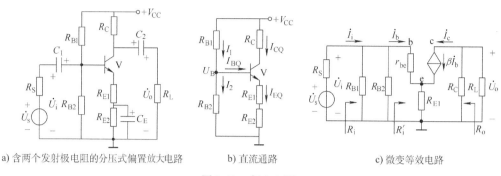

a) 含两个发射极电阻的分压式偏置放大电路　　　　b) 直流通路　　　　c) 微变等效电路

图 2-21　例 2-2 图

解：（1）计算静态工作点 Q　电路的直流通路如图 2-21b 所示，采用估算法，有

$$U_B \approx \frac{R_{B2}}{R_{B1} + R_{B2}} V_{CC} = \frac{10}{10 + 20} \times 12V = 4V$$

$$I_{CQ} \approx I_{EQ} = \frac{U_B - U_{BEQ}}{R_{E1} + R_{E2}} = \frac{4 - 0.7}{0.2 + 2}mA = 1.5mA$$

$$I_{BQ} = \frac{I_{CQ}}{\beta} = \frac{1.5}{37.5}mA = 0.04mA$$

$$U_{CEQ} \approx V_{CC} - I_{CQ}(R_C + R_{E1} + R_{E2}) = [12 - 1.5 \times (1.8 + 0.2 + 2)]V = 6V$$

（2）计算动态指标 $\dot{A}_u$、R_i、R_o　电路的微变等效电路，如图 2-21c 所示。

$$r_{be} = 300\Omega + (1 + \beta)\frac{26mV}{I_{EQ}} = 300\Omega + 38.5 \times \frac{26mV}{1.5mA} = 0.97k\Omega$$

$$R'_L = R_C /\!/ R_L = \left(\frac{1.8 \times 6}{1.8 + 6}\right)k\Omega = 1.38k\Omega$$

$$\dot{A}_u = \frac{\dot{U}_o}{\dot{U}_i} = -\frac{\beta R'_L}{r_{be} + (1 + \beta)R_{E1}} = -\frac{37.5 \times 1.38}{0.97 + 38.5 \times 0.2} - 5.97$$

$$R'_i = r_{be} + (1 + \beta)R_{E1} = (0.97 + 38.5 \times 0.2)k\Omega = 8.67k\Omega$$

$$R_i = R_{B1} /\!/ R_{B2} /\!/ R'_i = \left[\frac{\left(\frac{20 \times 10}{20 + 10}\right) \times 8.67}{\left(\frac{20 \times 10}{20 + 10}\right) + 8.67}\right]k\Omega \approx 3.77k\Omega$$

$$R_o = R_C = 2k\Omega$$

✎ 思考题

1. 在放大电路中，静态工作点不稳定，对放大电路有何影响？

2. 与发射极电阻并联的旁路电容对放大电路的静态工作点和动态性能分别有什么影响？

3. 在实际中调整分压式偏置放大电路的静态工作点时，调节哪个元件的参数比较方便？

2.5 射极输出器

2.5.1 射极输出器的结构

如图 2-22a 所示，可以看出射极输出器其实就是共集电极放大电路。这种放大电路把输入信号接在基极与公共端"地"之间，又从发射极与"地"之间输出信号。由于信号从发射极输出，所以该电路称为射极输出器。它没有集电极电阻，所以该放大电路只有电流放大，没有电压放大。下面对其进行静态和动态分析。

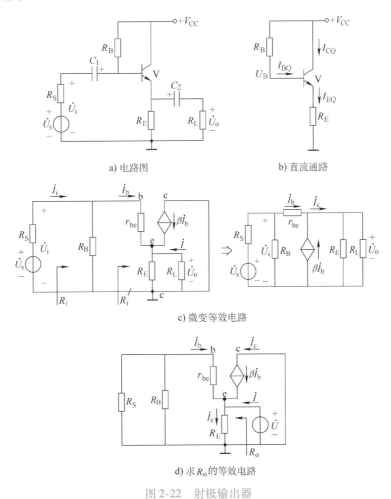

a) 电路图   b) 直流通路

c) 微变等效电路

d) 求 R_o 的等效电路

图 2-22 射极输出器

2.5.2 射极输出器的静态分析和动态分析

1. 射极输出器的静态分析   画出图 2-22a 所示射极输出器的直流通路，如图 2-22b 所示，采用估算法分析静态工作点 Q。

$$I_{BQ} = \frac{V_{CC} - U_{BE}}{R_B + (1 + \beta) R_E} \tag{2-52}$$

$$I_{CQ} \approx I_{EQ} = \beta I_{BQ} \tag{2-53}$$

$$U_{CEQ} = V_{CC} - (1 + \beta) R_E I_{BQ} \tag{2-54}$$

2. 射极输出器的动态分析 画出图 2-22a 射极输出器的微变等效电路如图 2-22c 所示，根据前面微变等效电路的画法，可以直接画成图 2-22c 左图的形式，有时为了分析方便也画成图 2-22c 右图的形式。动态指标分析如下。

（1）电压放大倍数 $\dot{A}_u$ 负载上得到的交流输出信号 $\dot{U}_o = \dot{I}_c(R_E /\!/ R_L) = (1 + \beta) \dot{I}_b R'_L$，其中 $R'_L = R_E /\!/ R_L$，放大电路交流输入信号 $\dot{U}_i = \dot{I}_b r_{be} + \dot{U}_o = \dot{I}_b r_{be} + (1 + \beta) \dot{I}_b R'_L$，则该放大电路的电压放大倍数为

$$\dot{A}_u = \frac{\dot{U}_o}{\dot{U}_i} = \frac{(1 + \beta) R'_L}{r_{be} + (1 + \beta) R'_L} \tag{2-55}$$

通常 $(1 + \beta) R'_L \gg r_{be}$，所以

$$\dot{A}_u = \frac{\dot{U}_o}{\dot{U}_i} = \frac{(1 + \beta) R'_L}{r_{be} + (1 + \beta) R'_L} \approx 1$$

射极输出器的电压放大倍数 $\dot{A}_u < 1$，但接近于 1；说明 $\dot{U}_o$ 与 $\dot{U}_i$ 同相，U_o 小于但接近 U_i，输出电压 $\dot{U}_o$ 随输入电压 $\dot{U}_i$ 的变化而变化，所以这种电路也被称为射极跟随器。

虽然 $\dot{A}_u < 1$，没有电压放大能力，但是它有电流放大能力和功率放大能力。

（2）输入电阻 R_i 射极输出器的输入电压 $\dot{U}_i = \dot{I}_b r_{be} + (1 + \beta) \dot{I}_b R'_L$，其中 $R'_L = R_E /\!/ R_L$，图 2-22c 左图中输入电阻 R'_i 为

$$R'_i = \frac{\dot{U}_i}{\dot{I}_b} = r_{be} + (1 + \beta) R'_L \tag{2-56}$$

又因射极输出器的输入电压 $\dot{U}_i = \dot{I}_i(R_B /\!/ R'_i)$，所以射极输出器的输入电阻 R_i 为

$$R_i = \frac{\dot{U}_i}{\dot{I}_i} = R_B /\!/ R'_i = R_B /\!/ [r_{be} + (1 + \beta) R'_L] \tag{2-57}$$

与共发射极放大电路相比，射极输出器的输入电阻 R_i 比较大，一般可达几十到几百千欧。放大电路的输入电阻高，可以使输入信号源提供的电流较小，减小信号源的功率损耗。

（3）输出电阻 R_o 射极输出器计算输出电阻 R_o 的等效电路如图 2-22d 所示，将图 2-22c 左图中信号源 $\dot{U}_s$ 置零，也就是用短路线代替，信号源内阻 R_S 保留，断开负载电阻 R_L，在输出端外加电压源 $\dot{U}$，设流入的电流为 $\dot{I}$，则

$$\dot{I} = \dot{I}_e - \dot{I}_b - \beta \dot{I}_b = \dot{I}_e - (1 + \beta) \dot{I}_b$$

其中

$$\dot{I}_e = \frac{\dot{U}}{R_E}$$

$$\dot{I}_b = \frac{-\dot{U}}{R'_S + r_{be}}$$

$$R'_S = R_S /\!/ R_B$$

则

$$\dot{I} = \frac{\dot{U}}{R_E} + \frac{(1 + \beta) \dot{U}}{R'_S + r_{be}}$$

$$\frac{1}{R_o} = \frac{\dot{I}}{\dot{U}} = \frac{1}{R_E} + \frac{1}{\dfrac{R'_S + r_{be}}{1 + \beta}}$$

所以

$$R_{\mathrm{o}} = \frac{\dot{U}}{\dot{I}} = R_{\mathrm{E}} \mathbin{/\!/} \frac{R_{\mathrm{S}}' + r_{\mathrm{be}}}{1 + \beta} \tag{2-58}$$

$$R_{\mathrm{o}} \approx \frac{R_{\mathrm{S}}' + r_{\mathrm{be}}}{1 + \beta} \tag{2-59}$$

射极输出器的输出电阻较小，一般在几十到几百欧的范围内，使放大电路的带负载能力增强。

总结射极输出器的特点：①电压放大倍数小于1，但接近于1，无电压放大能力；②$\dot{U}_{\mathrm{o}}$ 与 $\dot{U}_{\mathrm{i}}$ 同相；③具有电流放大能力；④具有较高的输入电阻和较低的输出电阻。因此，共集电极电路可以用作阻抗变换，在两级放大电路之间或者在高内阻信号源与低阻抗负载之间起缓冲作用，在多级放大电路中作为输入级和输出级。

【**例2-3**】 射极输出器如图2-22a所示。已知图中 $V_{\mathrm{CC}} = 12\mathrm{V}$，$R_{\mathrm{S}} = 3\mathrm{k}\Omega$，$R_{\mathrm{B}} = 200\mathrm{k}\Omega$，$R_{\mathrm{E}} = 3\mathrm{k}\Omega$，$R_{\mathrm{L}} = 3\mathrm{k}\Omega$。晶体管 V 的 $\beta = 40$，$U_{\mathrm{BE}} \approx 0.7\mathrm{V}$。试求：（1）电路的静态工作点 Q；（2）输入电阻 R_{i}、输出电阻 R_{o}、电压放大倍数 $\dot{A}_{\mathrm{u}}$。

解：电路的直流通路如图2-22b所示，采用估算法计算静态工作点有

$$I_{\mathrm{BQ}} = \frac{V_{\mathrm{CC}} - U_{\mathrm{BE}}}{R_{\mathrm{B}} + (1 + \beta) R_{\mathrm{E}}} = \frac{12 - 0.7}{200 + (1 + 40) \times 3}\mathrm{mA} = 0.035\mathrm{mA}$$

$$I_{\mathrm{CQ}} \approx I_{\mathrm{EQ}} = \beta I_{\mathrm{BQ}} = (40 \times 0.035)\mathrm{mA} = 1.4\mathrm{mA}$$

$$U_{\mathrm{CEQ}} = V_{\mathrm{CC}} - (1 + \beta) R_{\mathrm{E}} I_{\mathrm{BQ}} = (12 - 41 \times 3 \times 0.035)\mathrm{V} = 7.7\mathrm{V}$$

画出其微变等效电路如图2-22c左图所示，根据微变等效电路进行动态分析有

$$R_{\mathrm{L}}' = R_{\mathrm{E}} \mathbin{/\!/} R_{\mathrm{L}} = \left(\frac{3 \times 3}{3 + 3}\right)\mathrm{k}\Omega = 1.5\mathrm{k}\Omega$$

$$r_{\mathrm{be}} = 300\Omega + (1 + \beta) \frac{26\mathrm{mV}}{I_{\mathrm{EQ}}} = 300\Omega + 41 \times \frac{26\mathrm{mV}}{1.4\mathrm{mA}} = 1.06\mathrm{k}\Omega$$

电压放大倍数为

$$\dot{A}_{\mathrm{u}} = \frac{\dot{U}_{\mathrm{o}}}{\dot{U}_{\mathrm{i}}} = \frac{(1 + \beta) R_{\mathrm{L}}'}{r_{\mathrm{be}} + (1 + \beta) R_{\mathrm{L}}'} = \frac{41 \times 1.5}{1.06 + 41 \times 1.5} = 0.98$$

输入电阻为

$$R_{\mathrm{i}} = \frac{\dot{U}_{\mathrm{i}}}{\dot{I}_{\mathrm{i}}} = R_{\mathrm{B}} \mathbin{/\!/} R_{\mathrm{i}}' = R_{\mathrm{B}} \mathbin{/\!/} \left[r_{\mathrm{be}} + (1 + \beta) R_{\mathrm{L}}' \right] = \left[\frac{200 \times (1.06 + 41 \times 1.5)}{200 + (1.06 + 41 \times 1.5)} \right]\mathrm{k}\Omega = 47.65\mathrm{k}\Omega$$

在图2-22d中有

$$R_{\mathrm{S}}' = R_{\mathrm{S}} \mathbin{/\!/} R_{\mathrm{B}} = (3 \mathbin{/\!/} 200)\mathrm{k}\Omega = 2.96\mathrm{k}\Omega$$

所以输出电阻为

$$R_{\mathrm{o}} = \frac{\dot{U}}{\dot{I}} = R_{\mathrm{E}} \mathbin{/\!/} \frac{R_{\mathrm{S}}' + r_{\mathrm{be}}}{1 + \beta} = \left[\frac{3 \times \left(\frac{2.96 + 1.06}{41} \right)}{3 + \frac{2.96 + 1.06}{41}} \right]\mathrm{k}\Omega$$

$$= 0.095\mathrm{k}\Omega = 95\Omega$$

为了保持电路的静态工作点稳定，也可以采用分压式偏置电路使晶体管工作在放大状态，这时的射极输出器如图2-23所示。

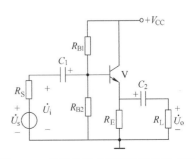

图2-23 采用分压式偏置的射极输出器

✏️ **思考题**

1. 射极输出器有何特点？有何用途？
2. 为什么射极输出器又称为射极跟随器？
3. 如何看出射极输出器是共集电极放大电路？

2.6 场效应晶体管放大电路

场效应晶体管通过栅源电压控制漏极电流，具有电压控制下的放大作用，因此利用场效应晶体管也可以构成放大电路。同晶体管放大电路一样，场效应晶体管放大电路要实现放大作用，电路必须满足两个条件：第一要有合适的静态工作点，第二输入信号能有效地作用于场效应晶体管的输入回路，输出信号能有效地作用于负载。

场效应晶体管有三个电极：栅极、漏极和源极，因此在组成放大电路时也有三种接法，即共栅放大电路、共漏放大电路和共源放大电路。其中共栅放大电路很少使用。

2.6.1 场效应晶体管放大电路的静态分析

1. 场效应晶体管的直流偏置电路 场效应晶体管放大电路也必须设置合适的静态工作点，保证在有信号作用时，场效应晶体管始终工作在恒流区。常用的偏置方式有两种：自给偏置和分压式偏置。

（1）自给偏置电路 图2-24a所示为N沟道结型场效应晶体管组成的自给偏压式的共源放大电路。这种偏置方式只适用于耗尽型MOS管和结型场效应晶体管。因为耗尽型MOS管和结型场效应晶体管在栅源电压$U_{GS}=0$时就有导电沟道，加上相应的漏源电压U_{DS}就有漏极电流I_D，利用这一漏极电流I_D在源极电阻R_S上产生的电压给管子提供直流偏置，适当调整元件参数就可使场效应晶体管工作在放大区。这种方式的偏置电压由场效应晶体管的漏极电流I_D产生，故称为自给偏置方式。

（2）分压式偏置电路 在自给偏置电路的栅极和直流电源之间增加分压电阻就构成了分压式偏置电路，如图2-24b所示。分压式偏置电路在静态工作点设置上具有较大的灵活性，只要选择不同参数的元件，通过调整分压比，就可满足各类场效应晶体管对栅源电压极性的要求，而且调节很方便，这种偏置方式适应于各种类型的场效应晶体管。

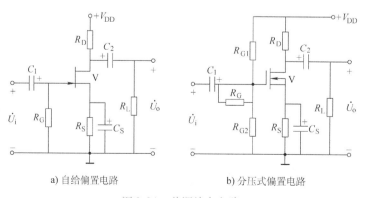

a) 自给偏置电路　　　　　　　　　　b) 分压式偏置电路

图2-24　共源放大电路

2. 静态工作点的确定 同晶体管放大电路一样，场效应晶体管放大电路的静态分析可采用公式计算法，利用转移特性方程和偏置电路的线性方程联立求解确定静态工作点。

【例2-4】 电路如图2-24b所示，已知$R_{G1} = 100\text{k}\Omega$，$R_{G2} = 10\text{k}\Omega$，$R_G = 10\text{M}\Omega$，$R_D = 10\text{k}\Omega$，$R_S = 2.4\text{k}\Omega$，$R_L = 10\text{k}\Omega$，$V_{DD} = 20\text{V}$，场效应晶体管的$U_{GS(\text{off})} = -2\text{V}$，$I_{DSS} = 2\text{mA}$，试计算放大电路的静态工作点。

解：静态时，由于栅极电流$I_G = 0$，所以电阻R_G上的电流为0，栅极电压

$$U_{GQ} = \frac{R_{G2}}{R_{G1} + R_{G2}} V_{DD}$$

源极电压

$$U_{SQ} = I_{DQ}R_S$$

所以，栅源电压

$$U_{GSQ} = U_{GQ} - U_{SQ} = \frac{R_{G2}}{R_{G1} + R_{G2}} V_{DD} - I_{DQ}R_S \tag{2-60}$$

根据转移特性方程

$$i_D = I_{DSS}\left(1 - \frac{u_{GS}}{U_{GS(\text{off})}}\right)^2$$

静态时

$$I_{DQ} = I_{DSS}\left(1 - \frac{U_{GSQ}}{U_{GS(\text{off})}}\right)^2 \tag{2-61}$$

输出回路方程

$$U_{DSQ} = V_{DD} - I_{DQ}(R_D + R_S) \tag{2-62}$$

把表达式(2-60)、式(2-61)和式(2-62)联立：

$$\begin{cases} U_{GSQ} = \dfrac{R_{G2}}{R_{G1} + R_{G2}} V_{DD} - I_{DQ}R_S \\[2mm] I_{DQ} = I_{DSS}\left(1 - \dfrac{U_{GSQ}}{U_{GS(\text{off})}}\right)^2 \\[2mm] U_{DSQ} = V_{DD} - I_{DQ}(R_D + R_S) \end{cases} \tag{2-63}$$

代入已知条件求解，得

$$\begin{cases} U_{GSQ1} = -0.587\text{V} \\ I_{DQ1} = 1\text{mA} \end{cases}$$

及

$$\begin{cases} U_{GSQ2} = -4.243\text{V} \\ I_{DQ2} = 2.52\text{mA} \end{cases}$$

第二组解$U_{GSQ2} = -4.243\text{V} < U_{GS(\text{off})}$，舍去。取第一组解$U_{GSQ} = -0.587\text{V}$，$I_{DQ} = 1\text{mA}$，可得$U_{DSQ} = 7.6\text{V}$。

所以静态工作点为：$I_{DQ} = 1\text{mA}$，$U_{GSQ} = -0.587\text{V}$，$U_{DSQ} = 7.6\text{V}$。

2.6.2 场效应晶体管放大电路的动态分析

当场效应晶体管放大电路在小信号情况下工作时，和晶体管放大电路一样，可用微变等效电路来分析。

1. 场效应晶体管的低频小信号模型 场效应晶体管与晶体管类似，栅极和源极之间可看成输入回路，漏极和源极之间可看成输出回路，如图2-25所示。由于场效应晶体管的栅极电流近似为零，则输入回路栅-源间相当于开路。输出回路的等效模型可根据特性曲线，输出电流i_D在u_{DS}一定时基本保持恒定，基本可以看成电压控制电流源。

这样可得到场效应晶体管简化的低频小信号模型，如图2-26所示。g_m为低频跨导，反

映了管子的放大能力。

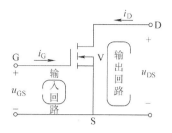

图 2-25 场效应晶体管共源接法时
输入回路和输出回路

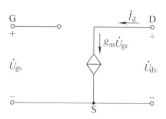

图 2-26 场效应晶体管
简化的低频小信号模型

2. 场效应晶体管放大电路的动态分析 对场效应晶体管放大电路进行动态分析时，先画出放大电路的微变等效电路，然后计算动态性能指标。

图 2-24a 为一共源放大电路，其微变等效电路如图 2-27a 所示，分析该电路的动态性能指标如下：

1）电压放大倍数

$$\dot{A}_\mathrm{u} = \frac{\dot{U}_\mathrm{o}}{\dot{U}_\mathrm{i}} = \frac{-g_\mathrm{m}\dot{U}_\mathrm{gs}R'_\mathrm{L}}{\dot{U}_\mathrm{gs}} = -g_\mathrm{m}R'_\mathrm{L} \tag{2-64}$$

式中，$R'_\mathrm{L} = R_\mathrm{L} /\!/ R_\mathrm{D}$；"$-$"（负号）说明共源放大电路的输出电压与输入电压反相。

2）输入电阻

$$R_\mathrm{i} = \frac{\dot{U}_\mathrm{i}}{\dot{I}_\mathrm{i}} = R_\mathrm{G} \tag{2-65}$$

3）输出电阻，求放大电路输出电阻的等效电路如图 2-27b 所示。由图得

$$R_\mathrm{o} = R_\mathrm{D} \tag{2-66}$$

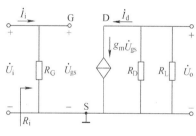

a) 微变等效电路

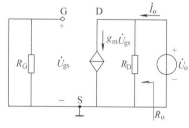

b) 求 R_o 的等效电路

图 2-27 图 2-24a 的等效电路

✎ **思考题**

为什么增强型场效应晶体管不能采用自给偏压的方式来设置静态工作点？

2.7 多级放大电路

实际应用的电子设备中，需要放大非常微弱的信号，要求电压放大倍数很大。而单个晶体管或场效应晶体管构成的单级基本放大电路，其电压放大倍数一般为几十，不能满足要

求，因此需要把若干个基本的单级放大电路串接在一起，构成多级放大电路。

图 2-28 为 N 级放大电路的基本框图，其中每"一级"都是一个基本放大电路。

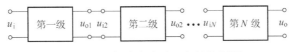

图 2-28 N 级放大电路一般结构框图

第一级为输入级，对输入级的要求与信号源的性质有关。例如，当输入信号源为高阻电压源时，则要求输入级也必须有高的输入电阻（如用共集电极放大电路），以减少信号在自身内阻上的损失。

最后一级（第 N 级）为输出级，输出级主要是推动负载。当负载仅需较大的电压时，则要求输出具有大的电压动态范围。更多场合下，输出级推动扬声器、电动机等执行部件，需要输出足够大的功率，常称为功率放大电路。

其余的都为中间级。中间级的主要任务是电压放大，多级放大电路的放大倍数，主要取决于中间级，它本身就可能由几级放大电路组成。

2.7.1 级间耦合

图 2-28 所示的 N 级放大电路中，各级电路之间的连接方式称为"耦合方式"。

多级放大电路中常见的耦合方式有直接耦合、阻容耦合和变压器耦合等，这里主要介绍前两种。

1. 直接耦合 把前一级电路的输出端和后一级电路的输入端直接相连在一起，就是直接耦合方式，如图 2-29 所示。

（1）直接耦合方式的优点

1）既能放大交流信号，也可以放大变化缓慢的交流信号甚至直流信号。

2）由于电路简单，没有大电容、变压器等附加元件，便于集成化，因此在集成电路中被广泛采用。

（2）直接耦合方式的缺点

1）各级放大电路的静态工作点相互影响。由于直接耦合放大电路的各级之间无耦合电容等"隔直"措施，故各级电路的静态工作点之间互相影响。输入信号并不能被很好地放大。由于电压 $U_{CE1} = U_{BE2} = 0.7V$（对硅管），这时，第一级的静态工作点已接近饱和区，第二级也接近饱和区。常用的解决办法是采取措施提高后一级的发射极电位等。

2）零点漂移。一个直接耦合多级放大电路的输入端短路时输出电压并不是始终不变，而是会出现电压的随机漂动，叫作零点漂移，简称零漂。

元器件参数，特别是晶体管的参数会由于温度的变化或是元器件老化等原因而发生变化，会使放大电路产生零点漂移。由温度变化引起的漂移称为温漂；由元器件老化引起的零漂称为时漂。影响直接耦合放大电路零漂的主要是温漂，所以通常情况下往往把温漂说成零漂。零漂使放大电路的静态工作点不稳定而产生漂移。在多级放大电路各级的漂移中，第一级的漂移影响最为严重，它将被逐级放大，以致影响整个放大电路的工作，因此零点漂移是直接耦合放大电路的特殊问题。

当放大电路有信号输入时，这种漂移就伴随信号共处于放大电路中，使人无法分辨是有效信号电压还是漂移电压，使放大器无法正常工作。为了抑制零点漂移，工程实践中通常采用恒温措施，使晶体管的工作温度稳定，这需要恒温室（或恒温槽），设备复杂且成本高；

或使用差动放大电路（将在下一节中介绍），使输出的零点漂移互相抵消。

2. 阻容耦合 图 2-30 所示是一个典型的阻容耦合多级放大电路，前级电路通过耦合电容 C_2 和后级的输入电阻（或负载）实现前后级耦合，故称为阻容耦合。耦合电容 C_2 起"隔直流通交流"的作用，只要耦合电容足够大，前级信号就能在一定的频率范围内几乎无衰减地传送到下一级，而直流信号不能通过，因此各级静态工作点彼此独立、互不影响。

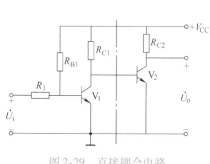

图 2-29 直接耦合电路

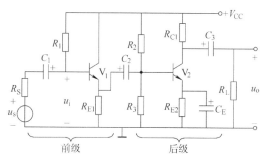

图 2-30 阻容耦合电路

（1）阻容耦合方式的优点

1）各级电路的直流静态工作点相互独立。求静态工作点时可以各级分别考虑。

2）由于耦合电容的隔直流作用，所以电路的温度漂移小。

（2）阻容耦合方式的缺点

1）阻容耦合放大电路不适合放大缓慢变化的信号或直流信号。由于有耦合电容，当信号频率太低时，电容器的容抗非常大，因而信号很难通过。

2）阻容耦合放大电路不便于制作成集成电路。因为在集成电路的制造工艺中，制造大容量的电容是十分困难的（只能制造 100pF 以下的），而在阻容耦合放大电路中所用的电容器的电容量一般都为几个到几百个微法。

2.7.2 阻容耦合多级放大电路的分析方法

1. 静态工作点分析 在阻容耦合的多级放大电路中，由于各级的直流通路是彼此隔离互不联系的，因此各级静态工作点的计算可以独立进行，与单级放大电路的情况相同，不再重述。

2. 动态性能分析 多级放大电路动态性能分析主要是计算多级放大电路的电压放大倍数、输入电阻、输出电阻。

对于多极放大电路，前一级放大电路相当于后一级放大电路的信号源，后一级放大电路相当于前一级放大电路的负载，即有如下关系：

前一级的输出电压等于后一级的输入电压；

后一级的输入电阻作为前一级的负载电阻；

前一级的输出电阻作为后一级的信号源内阻。

（1）电压放大倍数的计算 在图 2-31 所示的多级放大电路中，各级放大电路互相连接，前级的输出是后级的输入，所以多级放大电路总的电压放大倍数应该是各级放大电路电压放大倍数的乘积。

$$\dot{A}_{u} = \frac{\dot{U}_{o}}{\dot{U}_{i}} = \frac{\dot{U}_{o1}}{\dot{U}_{i1}} \frac{\dot{U}_{o2}}{\dot{U}_{i2}} \cdots \frac{\dot{U}_{on}}{\dot{U}_{in}} = \dot{A}_{u1} \dot{A}_{u2} \cdots \dot{A}_{un} \tag{2-67}$$

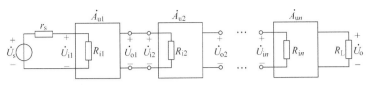

图2-31 多级放大电路的电压放大倍数

式中，n 为放大电路的级数；$\dot{U}_{on}$ 为第 n 级输出电压，$\dot{U}_{on} = \dot{U}_o$；$\dot{U}_{in}$ 为第 n 级输入电压，$\dot{U}_{i1} = \dot{U}_i$，$\dot{U}_{i2} = \dot{U}_{o1}$，$\cdots$；$\dot{A}_{u1}$、$\dot{A}_{u2}$、$\cdots$、$\dot{A}_{un}$ 分别为第 1 级、第 2 级、$\cdots$、第 n 级的电压放大倍数。

值得注意的是，在计算时必须考虑前后级对它的影响。即在计算第一级的电压放大倍数 $\dot{A}_{u1}$ 时，把第二级的输入电阻（包括偏置电阻）R_{i2} 作为第一级的负载，即 $R_{L1} = R_{i2}$。

（2）输入输出电阻的计算   一般情况下，在多级放大电路中，输入级的输入电阻就是多级放大电路的输入电阻；输出级的输出电阻就是多级放大电路的输出电阻。还应注意前后级之间的联系，特别是在采用射极输出器的时候。如果输入级是射极输出器，则输入电阻与后面几级有关。如果输出级是射极输出器，则输出电阻不仅取决于最后一级，还与前面几级有关。

【例2-5】   对于图 2-32a 所示的两级阻容耦合电路，已知：$V_{CC} = 12\text{V}$，$\beta_1 = 60$，$\beta_2 = 37.5$，$R_1 = 200\text{k}\Omega$，$R_{E1} = 2\text{k}\Omega$，$R_S = 100\Omega$，$R_{C2} = 2\text{k}\Omega$，$R_{E2} = 2\text{k}\Omega$，$R_2 = 20\text{k}\Omega$，$R_3 = 10\text{k}\Omega$，$R_L = 6\text{k}\Omega$，$U_{BE1} = U_{BE2} = 0.7\text{V}$。试求：（1）前后级放大电路的静态工作点；（2）放大电路的输入电阻 R_i 和输出电阻 R_o；（3）各级电压放大倍数 A_{u1}、A_{u2} 及两级电压放大倍数 A_u。

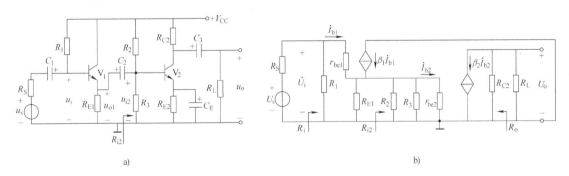

图2-32 例2-5图

解： 由于是阻容耦合，静态工作点相互独立，所以其计算也可以各级分别计算。

（1）计算前级静态工作点

$$I_{B1} = \frac{V_{CC} - U_{BE1}}{R_1 + (1 + \beta_1) R_{E1}} = \frac{12 - 0.7}{200 + (1 + 60) \times 2}\text{mA} = 0.035\text{mA}$$

$$I_{E1} \approx I_{C1} = \beta_1 I_{B1} = 60 \times 0.035\text{mA} = 2.1\text{mA}$$

$$U_{CE1} = V_{CC} - R_{E1} I_{E1} = (12 - 2 \times 2.1)\text{V} = 7.8\text{V}$$

计算后级静态工作点

$$U_{B2} \approx \frac{R_3}{R_2 + R_3} V_{CC} = \frac{10}{20 + 10} \times 12\text{V} = 4\text{V}$$

$$I_{C2} \approx I_{E2} = \frac{U_{B2} - U_{BE2}}{R_{E2}} = \frac{4 - 0.7}{2}\text{mA} = 1.65\text{mA}$$

$$I_{B2} = \frac{I_{C2}}{\beta_2} = \frac{1.65}{37.5}\text{mA} = 0.044\text{mA}$$

$$U_{CE2} \approx V_{CC} - I_{C2}(R_{C2} + R_{E2}) = [12 - 1.65 \times (2+2)]\text{V} = 5.4\text{V}$$

（2）计算输入电阻　即计算输入级（第一级）的输入电阻，画出其微变等效电路如图 2-32b 所示，在计算时把第二级的输入电阻当作第一级的负载。

$$r_{be1} = 300\Omega + (1+\beta_1)\frac{26\text{mV}}{I_{E1}} = 300\Omega + 61 \times \frac{26\text{mV}}{2.1\text{mA}} = 1.06\text{k}\Omega$$

$$r_{be2} = 300\Omega + (1+\beta_2)\frac{26\text{mV}}{I_{E2}} = 300\Omega + (1+37.5) \times \frac{26\text{mV}}{1.65\text{mA}} = 0.907\text{k}\Omega$$

$$R_{i2} = R_2 /\!/ R_3 /\!/ r_{be2} = \left[\frac{\left(\frac{20 \times 10}{20+10}\right) \times 0.907}{\frac{20 \times 10}{20+10} + 0.907}\right]\text{k}\Omega \approx 0.79\text{k}\Omega$$

$$R'_{L1} = R_{E1} /\!/ R_{L1} = R_{E1} /\!/ R_{i2} = \left(\frac{2 \times 0.79}{2+0.79}\right)\text{k}\Omega = 0.57\text{k}\Omega$$

$$R_i = R_{i1} = R_1 /\!/ [r_{be1} + (1+\beta_1)R'_{L1}] \approx 30.3\text{k}\Omega$$

计算输出电阻，即输出级（本题是第二级）的输出电阻

$$R_o = R_{C2} = 2\text{k}\Omega$$

（3）计算电压放大倍数

$$\dot{A}_{u1} = \frac{(1+\beta_1)R'_{L1}}{r_{be1} + (1+\beta_1)R'_{L1}} = \frac{61 \times 0.57}{1.06 + 61 \times 0.57} \approx 0.97$$

$$\dot{A}_{u2} = \frac{-\beta_2(R_{C2} /\!/ R_L)}{r_{be2}} = \frac{-37.5 \times 1.5}{0.907} \approx -62.02$$

从而可得电路总的电压放大倍数

$$\dot{A}_u = \dot{A}_{u1}\dot{A}_{u2} \approx -60.2$$

✎ 思考题

1. 多级放大器主要有哪几种基本耦合方式？它们各有什么特点和问题？
2. 什么是零点漂移？直接耦合放大电路为什么会存在零点漂移？其输出级的特点是什么？
3. 多级放大电路电压放大倍数和输入、输出电阻如何计算？

2.8　差动放大电路

2.8.1　电路组成

许多传感器，如压力传感器的输出都是微弱的、变化缓慢的信号。要放大这些缓慢变化的信号，不能用阻容耦合，只能用直接耦合。而直接耦合电路最大的缺点就是会产生零点漂移。

为了抑制直接耦合放大电路中的零点漂移，通常采用差动放大电路。如图 2-33 所示，它是

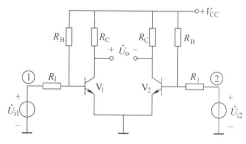

图 2-33　基本的差动放大电路

由两只特性完全相同的管子，组成两半完全对称的电路。直流电源为两个管子共用，信号从两管的基极输入，从两管的集电极输出，也就是说电路有两个输入端（两个管子的基极）和两个输出端（两个管子的集电极）。这样就组成了一种最基本的差动放大电路，简称差放。

图中 V_1 和 V_2 各自组成一个共射放大电路，它们都没有稳定静态工作点的措施，因此都有比较大的零点漂移。但从两管的集电极之间输出 $\dot{U}_o$ 来看，电路很好地抑制了零点漂移。

2.8.2　抑制零点漂移的原理

1. 4 种输入输出模式　差放有两个输入端和两个输出端。当图 2-33 中①和②两个输入端都有信号输入时，称为"双端输入"；当一个输入端接地，另一个输入端有信号输入时，称为"单端输入"。类似地，当输出取自两个晶体管的集电极之间，如图 2-33 所示 $\dot{U}_o$ 称为"双端输出"；当输出取自单个管子的集电极（C_1 或 C_2）与地之间，称为"单端输出"。

2. 差模信号与共模信号　定义差放的两个输入信号之差的一半为差模输入信号，简称差模信号，用 $\dot{U}_{id}$ 表示；定义差放的两个输入信号的平均值为共模输入信号，简称共模信号，用 $\dot{U}_{ic}$ 表示。这样，就有

$$\dot{U}_{id} = \frac{1}{2}(\dot{U}_{i1} - \dot{U}_{i2}) \tag{2-68}$$

$$\dot{U}_{ic} = \frac{1}{2}(\dot{U}_{i1} + \dot{U}_{i2}) \tag{2-69}$$

如果 $\dot{U}_{i1} = -\dot{U}_{i2} = \dot{U}_i$，那么 $\dot{U}_{id} = \dot{U}_i$，$\dot{U}_{ic} = 0$。可见，只有差模信号输入时，两输入电压大小相等而相位相反，如图 2-34 所示。

如果 $\dot{U}_{i1} = \dot{U}_{i2} = \dot{U}_i$，那么 $\dot{U}_{id} = 0$，$\dot{U}_{ic} = \dot{U}_i$。可见，只有共模信号输入时，两输入电压的大小和相位均相同，如图 2-35 所示。

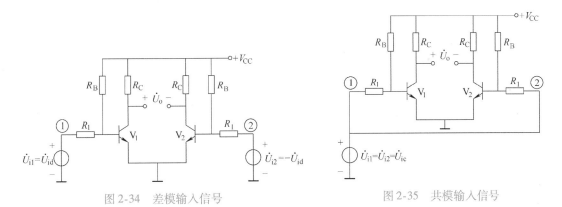

图 2-34　差模输入信号　　　　　　　　图 2-35　共模输入信号

单端输入模式是双端输入的一个特例。设 $\dot{U}_{i1} = \dot{U}_i$，$\dot{U}_{i2} = 0$，则 $\dot{U}_{id} = \dot{U}_i/2$，$\dot{U}_{ic} = \dot{U}_i/2$，这样就可以把它等效成双端输入了。

3. 差动放大电路的差模放大作用和共模抑制作用　从差动放大电路组成的分析可知，由于电路参数的对称性起了相互补偿的作用，抑制了温度漂移。静态（即 $\dot{U}_{i1} = \dot{U}_{i2} = 0$）时，两管的 Q 点相同，故其双端输出电压 $\dot{U}_o = 0$；而单端输出电压 $\dot{U}_{o1} = \dot{U}_{o2} = \dot{U}_{C1Q} = \dot{U}_{C2Q}$。

（1）差模输入　差模信号输入时，$\dot{U}_{i1} = -\dot{U}_{i2} = \dot{U}_{id}$，即 $\dot{U}_{i1} = \dot{U}_{id}$，$\dot{U}_{i2} = -\dot{U}_{id}$，两管电

流增量大小相等、方向相反。两个输出端上的电压增量也大小相等、方向相反。因此，双端输出的电压增量是单端输出电压增量的两倍。所以差动放大电路对差模信号具有放大作用。

在图 2-34 所示的双端输入差模信号输入为 $\dot{U}_{i1} - \dot{U}_{i2} = 2\dot{U}_{id}$；双端输出的差模输出信号为 $\dot{U}_{od}$。$\dot{U}_{od}$ 与 $2\dot{U}_{id}$ 的比值叫作"差模电压放大倍数"，用 $\dot{A}_d$ 表示，即有

$$\dot{A}_d = \frac{\dot{U}_{od}}{2\dot{U}_{id}} \tag{2-70}$$

（2）共模输入 共模信号输入时，$\dot{U}_{i1} = \dot{U}_{i2} = \dot{U}_{ic}$，两管基极电流和集电极电流增量大小相等、方向相同；两个输出端（集电极）上的电压增量也大小相等、方向相同，因此，双端输出的电压增量为零，即 $\dot{U}_o = 0$。

在图 2-33 所示电路两管子输入端①、②对地之间的电压分别是 $\dot{U}_{i1} = \dot{U}_{i2} = \dot{U}_{ic}$，$\dot{U}_{i1}$ 和 $\dot{U}_{i2}$ 大小相等、相位相同。双端输出情况下，共模输出信号为 $\dot{U}_{oc}$。$\dot{U}_{oc}$ 与 $\dot{U}_{ic}$ 的比值叫作"共模电压放大倍数"，用 $\dot{A}_c$ 表示，即有

$$\dot{A}_c = \frac{\dot{U}_{oc}}{\dot{U}_{ic}} \tag{2-71}$$

理论上，由于两半电路完全对称，在共模输入信号作用下，差动放大电路的两半电路中电流和电压的变化完全相同。因此，如果在静态时 $U_{oQ} = 0$，则在有 $\dot{U}_{ic}$ 作用时，电路的共模输出电压 $\dot{U}_{oc}(= \dot{U}_{oc1} - \dot{U}_{oc2})$ 也为零，共模信号可以被完全抑制，即电路无共模输出信号，从而 $\dot{A}_c = 0$。

但是，由于实际上两半电路不可能做到完全对称，所以电路仍可能有微弱的共模输出信号。

对于差放而言，外界干扰将同时作用于它的两个输入端，相当于输入了共模信号，如果将有用信号以差模形式输入，那么上述干扰就将被抑制得很小。此外，在电路对称条件下，两管的零点漂移折算到输入端的漂移电压相向，相当于输入了共模信号，因此差放也能很好地抑制零点漂移。

（3）差动输入 在差动放大电路的实际应用中，会碰到两个既非共模又非差模的任意电压信号 $\dot{U}_{i1}$ 和 $\dot{U}_{i2}$ 分别加在两个输入端和地之间，这样的输入方式叫差动输入。

对于差动输入的分析，一般把输入电压信号 $\dot{U}_{i1}$ 和 $\dot{U}_{i2}$ 分解为共模信号和差模信号

$$\dot{U}_{i1} = \dot{U}_{ic} + \dot{U}_{id} \tag{2-72}$$

$$\dot{U}_{i2} = \dot{U}_{ic} - \dot{U}_{id} \tag{2-73}$$

式中，共模信号 $\dot{U}_{ic} = \frac{1}{2}(\dot{U}_{i1} + \dot{U}_{i2})$，差模信号 $\dot{U}_{id} = \frac{1}{2}(\dot{U}_{i1} - \dot{U}_{i2})$。因此，如果是线性放大电路，只需分别求得差放对差模和共模输入信号的响应之后，应用叠加定理即可求得在任意输入信号的情况下总的响应。

人们都希望一个差动放大电路既能有效地放大差模信号，又能很好地抑制共模信号，用来衡量这一性能的参数就是共模抑制比，记作 K_{CMR}，其定义为差模电压放大倍数 $\dot{A}_d$ 与共模电压放大倍数 $\dot{A}_c$ 绝对值之比，即

$$K_{CMR} = \left| \frac{\dot{A}_d}{\dot{A}_c} \right| \tag{2-74}$$

若用分贝（dB）表示，则有

$$K_{\mathrm{CMR}} = 20\lg\left|\frac{\dot{A}_{\mathrm{d}}}{\dot{A}_{\mathrm{c}}}\right| \qquad (2\text{-}75)$$

K_{CMR} 值越大，说明电路性能越好。对于图 2-33 所示的双端输入双端输出电路，在电路参数理想对称的情况下，$K_{\mathrm{CMR}}{\rightarrow}\infty$。

2.8.3 存在的问题及改进方案

对于基本差动放大电路，在电路参数理想对称的情况下，该电路很好地抑制了零点漂移。但在实际工程电气应用中，许多电器都有接地要求，因此，信号需要从 V_1 或 V_2 的集电极与地之间输出。在这种"单端输出"情况下，电路不能利用两半电路互相补偿的原理，与单管共射放大电路一样，电路对零点漂移毫无抑制能力。

为了解决这个问题，可以借鉴工作点稳定电路中采用过的方法，即在管子的发射极上接偏置电阻。其实，所谓的稳定静态工作点，就是要减小 I_{CQ} 的变化，这与抑制零点漂移的目的是一致的。这样，图 2-33 所示的电路就改进为图 2-36a 所示的形式。实际上，在共模输入信号作用下，两管的发射极电流始终相等，因而两管的射极电位也相等。所以，两管的射极电阻就可以共用一个电阻 R_{E}，电路进一步改进为图 2-36b 所示的形式。

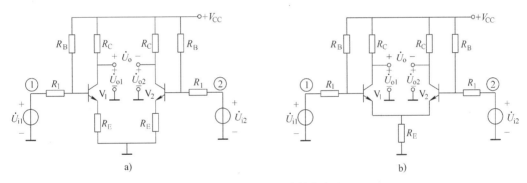

图 2-36 改进的差动放大电路

射极电阻 R_{E} 越大，则工作点越稳定，零点漂移也越小。但如果 R_{E} 太大，在一定的静态工作电流下，R_{E} 上的电压降也将增大，管子的动态工作范围将随之减小。为了保证一定的静态工作电流和动态工作范围，同时又希望 R_{E} 取值大一些，常采用双电源供电，用电源 V_{EE} 提供 R_{E} 上所需要的电压。由于是双电源供电，所以原电路中的基极偏流电阻 R_{B} 也可以去掉，I_{BQ} 由 V_{EE} 提供，最终得到图 2-37 所示的一种典型的差动放大电路，即长尾式差动放大电路。

长尾式差动放大电路发射极电阻 R_{E} 的阻值越大，抑制零漂的能力就越强。但增大 R_{E} 的阻值后，要使晶体管的工作点保持不变，则要增大电源电压 V_{EE} 的值，这使 R_{E} 的阻值增大受到限制。

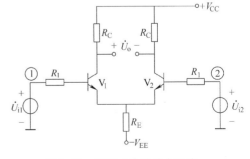

图 2-37 长尾式差动放大电路

由于恒流源的动态内阻很大，如果用恒流源代替长尾电阻 R_{E}，就可进一步提高 K_{CMR}，使得差放具有更强的共模抑制能力；同时，由于晶体管的静态电流只由电流源的电流决定，与输入端的直流电位无关，这样就稳定了工作点。

思考题

1. 差动放大电路有何特性？差动放大电路为什么能有效地克服零点漂移？
2. 什么是差动放大电路的差模放大作用和共模抑制作用？
3. 为什么电阻 R_E 能提高抑制零点漂移的效果？是不是 R_E 越大越好？为什么 R_E 不影响差模信号的放大效果？

2.9 集成运算放大器

前面介绍的放大电路都是由单个元件连接而成，是分立元件电路。集成电路是相对于分立元件而言，是 20 世纪 60 年代发展起来的一种微型电子器件。它采用半导体制造工艺将晶体管、二极管、电阻等元器件以及电路的连接导线都集中制作在一个芯片上，并封装在一个管壳内，构成一个完整的不可分割的整体，实现材料、元件和电路的统一。集成电路具有元器件密度高、连线短、体积小、重量轻、功耗低、外部连线及焊点少、可靠性高等优点，综合性能大大高于分立元件电路。

随着电子工业的飞速发展，集成电路已经逐步取代了分立元件电路，除了上述特点外，集成电路还由于其成本低，便于大规模生产。目前在各类电子仪器和设备所采用的电子电路中，集成运算放大电路是应用最为普遍的电子器件之一。它在工业、民用、军事、通信、遥控等方面也得到广泛的应用。

2.9.1 集成运算放大器的基本组成

集成运算放大器（简称集成运放）的内部实际上是一个双端输入、单端输出、直接耦合的具有高放大倍数的多级放大电路，电路的结构一般包括输入级、中间级、输出级和偏置电路 4 个部分，如图 2-38 所示。

1. 输入级 集成运放的输入级对整个运算放大器的性能指标影响较大，是提高集成运放质量的关键部分，要求其有尽可能高的输入电阻和共模抑制比。因为在集成电路制造工艺中很难制造电感与大电容，所以在集成运放的各级之间通常采用直接耦合方式。为了有效地抑制直接耦合产生的零点漂移

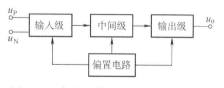

图 2-38 集成运算放大电路的组成框图

并提高输入电阻，其输入级一般均采用差动放大电路。这种电路结构有同相和反相两个输入端，理想情况下运放在零输入时输出也为零。

2. 中间级 中间级主要完成电压放大任务，要求有较高的电压增益，一般采用共发射极电压放大电路。

3. 输出级 输出级的任务是进行功率放大，以驱动负载工作，要求其输出电阻低、带负载能力强、能输出足够大的电压和电流、波形失真小、电源转换效率高，一般采用互补对称的功率放大电路。

4. 偏置电路 偏置电路主要为各级放大电路提供合适的静态工作电流，以确定各级的静态工作点。不同的放大级对偏置电流的要求有所不同。对于输入级，为了提高集成运放的输入电阻，降低输入偏置电流、失调电压及其零漂等，通常要求设置一个比较低而非常稳定的偏置电流，一般为微安数量级。偏置电路一般由各种恒流源组成。

除上述主要组成部分外，为提高运放的稳定性和耐受过载的能力，某些运放中还集成了一些辅助电路，如内电源稳压电路、温控电路、温度补偿电路、输入过电压保护电路及输出过电流过热保护电路等。

2.9.2 集成运算放大器的特点

由于集成运算放大器在制造工艺方面的要求，使其具有以下特点：

第一，由于大容量的电容制造起来比较困难，所以各级之间都采用直接耦合。

第二，组件内的各元件是通过一定工艺过程制作在同一硅片上的，彼此十分接近，因而同类元件对称性好，温度性能一致，适于差动放大电路。

第三，集成工艺制造的电阻阻值有限，阻值精度不易控制，所以较高阻值一般用恒流源代替。

第四，集成电路中的二极管多用晶体管的发射结来代替，也就是把晶体管的基极和集电极短接而由发射结构成二极管，以便用于同类晶体管进行温度补偿。

2.9.3 集成运算放大器的主要参数

为了表征集成运放各方面的技术性能，制造厂家制定出 20 多种技术指标，其中常用的有以下几种：

1. 开环差模电压增益 $\dot{A}_{od}$　开环差模电压增益是指运放在开环（无反馈）状态下的差模电压放大倍数，即 $\dot{A}_{od} = \dot{U}_{od} / \dot{U}_{id}$，体现运放的放大能力。开环差模电压增益越大越好。

2. 共模抑制比 K_{CMR}　共模抑制比 K_{CMR} 主要取决于输入级差动放大电路的共模抑制比，其定义为：$K_{CMR} = \dot{A}_{od} / \dot{A}_{oc}$，用分贝数表示，一般的集成运放其 K_{CMR} 应大于 80dB。共模抑制比越大越好。

3. 差模输入电阻 r_{id}　它是在输入差模信号时，运放的输入电阻。性能好的集成运放是运放输入级向差模输入信号源索取电流大小的标志。r_{id} 越大，集成运放从信号源索取的电流越小。

4. 输入失调电压 U_{io}　输入失调电压 U_{io} 是指在无调零电位器时，为使静态输出电压为零而在输入端应加的补偿电压。

5. 输入失调电压的温漂 du_{io}/dT　它是指温度变化时所产生的的失调电压的变化的大小，它直接影响运放的精确度，一般为每摄氏度几十微伏。

2.9.4 集成运算放大器的特性

在实际中，集成运放可视为一个高电压放大倍数、低漂移的双入单出式差分放大器，具有两个输入端和一个输出端。两个输入端分别是同相输入端 u_+ 和反相输入端 u_-。集成运算放大电路的电压传输特性如图 2-39a 所示，在线性范围（对应于电压传输特性的斜线段）内，输出和输入的关系为

$$u_i = u_+ - u_- = \frac{u_o}{\dot{A}_{od}}$$

式中，A_{od} 为集成运放的开环差模电压放大倍数。由于集成运放的 A_{od} 很大，所以只有当 $u_i = u_+ - u_-$ 很小时，输出电压 u_o 和输入电压 u_i 之间才具有线性关系，否则就进入了集成运放的非线性

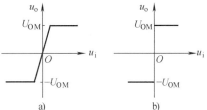

图 2-39　集成运算放大电路的电压传输特性

区。一般将集成运放理想化，它的 $A_{od} \to \infty$。

2.9.5 理想集成运算放大器及其分析依据

在大多数工程计算中，可以把集成运放的参数理想化，建立运放的理想模型。实际上常用运算放大器的理想模型来代替实际的运算放大器。这种理想模型计算所带来的误差很小，且使分析计算大大简化。

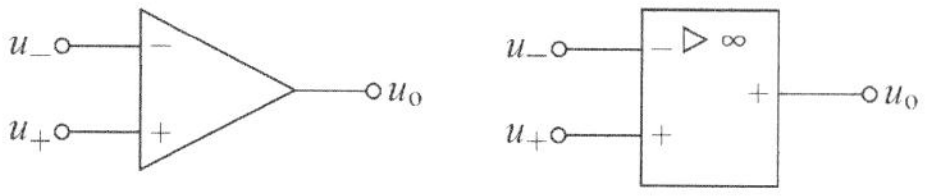

a) 国际流行符号   b) 国际符号

图 2-40 理想运算放大电路符号

1. 理想运算放大电路符号 理想运算放大电路符号如图 2-40 所示。

2. 理想运放的参数 理想运放应具有以下一些主要特征：

开环差模电压放大倍数： $A_{od} \to \infty$

差模输入电阻： $r_{id} \to \infty$

共模抑制比： $K_{CMR} \to \infty$

输出电阻： $r_o \to 0$

3. 虚短和虚断的概念 集成运放工作在线性状态时，利用运放的理想模型可以推出两条结论。

（1）虚短 两输入端的电位相等，即 $u_+ = u_-$。由于运放的输出电压 u_o 为有限值，而理想运放的 $A_{od} \to \infty$，因而可得两输入端之间的电压为

$$u_+ - u_- = \frac{u_o}{A_{od}} \approx 0$$

或

$$u_+ = u_- \tag{2-76}$$

式中，u_+ 和 u_- 分别为运放同相端和反相端的电位。从式（2-76）看出，运放两输入端好像是短路，但并不是真正短路，因此称之为虚短。运放只有工作于线性状态时，才存在虚短。理想集成运算放大电路的电压传输特性如图 2-39b 所示。

（2）虚断 两输入端的输入电流均约为零，即 $i_+ = i_- \approx 0$。由于运放的输入电阻 $r_{id} \to \infty$，因而流入两个输入端的电流近似为 0，即

$$i_+ = i_- \approx 0 \tag{2-77}$$

式中，i_+ 和 i_- 分别为运放同相端和反相端的输入电流。从式（2-77）看出，集成运放输入端又像断路，但并不是真正断路，因此称之为虚断。

4. 分析运放电路的基本依据

（1）工作在线性区 当运放工作在线性区时，虚短和虚断的概念是成立的，因此，式（2-76）和式（2-77）是分析各种运放构成的线性电路的基本出发点和依据，希望读者在理解的基础上牢记。

（2）工作在非线性区 当运放工作在非线性区时，$u_+ \neq u_-$，虚短的概念不再成立，但虚断的概念仍是成立的，因为输出处于饱和状态时，它的两个输入端的实际电流非常小，也完全可以忽略不计。

对于理想运放，由它的电压传输特性曲线可得其输入电压的线性范围为 0，因而有下列关系：

$$u_o = +U_{om} \qquad 当 u_+ > u_- 时 \tag{2-78}$$

$$u_o = -U_{om} \qquad 当 u_+ < u_- 时 \tag{2-79}$$

式（2-78）和式（2-79）是分析运放工作在非线性区的两条基本依据，希望读者在理解的基础上牢记。

思考题

1. 结合差分放大电路说明集成运放的输入输出方式。
2. 说明集成运放的电压传输特性。

2.10　互补对称功率放大电路

2.10.1　功率放大电路的概念和特点

在实际的生产实践中，常要求放大电路最后一级的输出信号能驱动或控制某些装置，如要带动电机，因此，要求最后的输出级能输出一定的交流功率，这就不仅要求输出较大的电压，而且要输出一定的电流。这种主要用于向负载提供一定交流功率的电路称为功率放大电路。

放大电路的实质是能量转换电路，所以从能量控制方面来看，功率放大电路和电压放大电路没有本质的区别。只是前面所讨论的电压放大电路多用于多级放大电路的输入级或中间级，主要用来不失真地放大微弱的电压或电流信号，为后级放大电路提供一定幅度的电压或电流，但输出功率不一定大，其主要性能指标是电压放大倍数。而功率放大电路强调的是有足够的功率输出，不仅要求有一定的电压输出幅度，同时还要有一定的电流输出幅度，通常在大信号状态下工作，功率放大电路应满足以下要求：

1. 安全地提供尽可能大的输出功率　为了获得足够大的输出信号功率，输出的交流电压和交流电流都要有足够大的幅度，晶体管往往工作于管子的极限状态，因此，必须选用合适的功率管，保证其安全工作。

2. 提供尽可能高的功率转换效率　由于输出功率大，因此直流电源消耗的功率也大，转换时功率管和电路中的耗能元件都要消耗功率，这就存在一个效率问题。效率就是负载得到的交流信号功率和电源 V_{CC} 供给的直流功率的比值，即

$$\eta = \frac{P_o}{P_{V_{CC}}} \tag{2-80}$$

式中，η 表示效率；P_o 表示交流输出功率；$P_{V_{CC}}$ 表示电源提供的直流功率。

3. 输入正弦波时，希望输出基本不失真，但允许范围内可以有一定的非线性失真　功率放大电路是在大信号下工作，所以不可避免地会产生非线性失真，而且同一功率管输出的功率越大，相应的动态电压和电流就越大，非线性失真也就越严重，因此，输出功率和非线性失真是一对矛盾，但可以根据应用场合的不同来调和这对矛盾。比如，在测量系统和电声设备中，必须把非线性失真限制在允许范围内；而在驱动电动机或控制继电器等工业控制场合，可以允许一定的非线性失真，而以输出功率为主要目的。所以，功率、效率、失真是功率放大电路需要关心的主要问题。

2.10.2　功率放大电路的分类

功率放大电路种类很多，根据不同的标准有不同的分类方法，主要是从效率方面来看其

不同的分类。

在小信号放大电路中，在保证输出信号不失真的情况下，应将放大电路的工作点选得尽可能地低，以便减小静态工作点电流，降低静态功率损耗，提高效率。所以，放大电路的效率与静态工作点的位置有着密切的关系。

按照晶体管的工作状态，也就是静态工作点的位置，一般可分为甲类、乙类和甲乙类功率放大电路。

1. 甲类 当静态工作点设置在交流负载线的中点时，在输入正弦信号的一个周期中，晶体管都处于导通状态，把晶体管的这种工作状态叫作甲类工作状态，如图 2-41a 所示。在甲类放大电路中，不管有无输入信号，直流电源始终向放大电路输出一固定的直流功率。当交流输入信号为零时，这个直流功率将全部损耗在电路的管耗和电阻发热上。当有交流输入信号时，电路会将其中的一部分直流功率转换成交流输出功率。由于损耗较大，甲类工作状态的效率较低，理想情况下，其最高效率也仅能达到 50%。所以，甲类放大的特点是非线性失真较小，但损耗大、效率低。静态电流是造成管耗的主要原因，那么，将静态工作点下移就可以降低损耗。

2. 乙类 图 2-41b 中的静态工作点设置在截止区内负载线与横轴交点上，晶体管只在输入正弦信号的半个周期导通，而在另外半个周期截止，这种工作状态叫作乙类工作状态。其特点是无输入信号时，静态电流为零，电源供给的功率也为零，此时管子不消耗功率，当有正弦信号输入时，管子仅在半个周期内导通，故减小了管子的消耗，提高了效率，但波形失真严重。

3. 甲乙类 图 2-41c 中的静态工作点设置在放大区且接近截止区的位置，晶体管在输入正弦信号的大半个周期导通，晶体管工作情况介于甲类和乙类之间，导通时间比正弦信号的一个周期短而比半个周

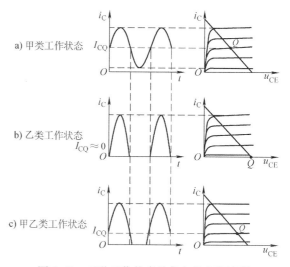

图 2-41　三种工作状态的集电极电流波形

期长，这种工作状态叫作甲乙类工作状态。其特点是效率较高，波形失真较严重。

随着静态工作点的下移，集电极电流波形产生了较严重的截止失真，但通过采取适当的电路结构，可以使后两类电路既保持管耗小的优点，又不至于产生较大的失真，这样就解决了提高效率和非线性失真严重之间的矛盾。

2.10.3　OCL 乙类互补对称功率放大电路

图 2-42 所示的乙类互补对称功率放大电路中，在理想情况下，该电路的正负电源和电路结构完全对称，所以静态时输出端的电压为零，不必采用耦合电容来隔直，因此叫作无输出电容（Output Capacitorless，OCL），电路具有较好的频率特性。另外，这个电路采用正、负两个直流电源供电，一般这两个直流电源大小相同、极性相反，因此又称为乙类双电源互补对称功率放大电路。

图 2-42 中，V_1、V_2 分别为 NPN 型和 PNP 型管，两管的基极和发射极相互接在一起，

信号从基极输入，从发射极输出；R_L 为负载。

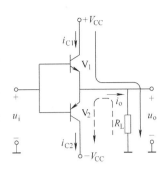

当 $u_i = 0$ 时，有 $u_{BE1} = u_{BE2} = 0$，$i_{C1} = i_{C2} = 0$ 和 $u_o = 0$。当 $u_i \neq 0$，信号处于正弦信号的正半周时，V_2 截止、V_1 发射结正偏导通，有电流 i_{C1} 通过负载 R_L，如图 2-42 中实线箭头所示；而当信号处于负半周时，V_1 截止、V_2 发射结正偏导通，则有 i_{C2} 通过负载 R_L，如虚线箭头所示。这样，就实现了在静态（$u_i = 0$）时晶体管不取电流，而在有输入信号（$u_i \neq 0$）时，V_1 和 V_2 轮流导通，在负载 R_L 上得到一个完整的波形。

图 2-42　OCL 乙类双电源互补对称功率放大电路

由于乙类互补对称功率放大电路中一个晶体管导通时，另一个晶体管截止，当输出电压 u_o 达到最大不失真输出幅度时，截止管子所承受的反向电压为最大，且近似等于 $2V_{CC}$。为了保证功率管不致被反向电压所击穿，因此要求晶体管的

$$U_{(BR)CEO} > 2V_{CC} \tag{2-81}$$

放大电路在最大功率输出状态时，集电极电流幅度达到最大值，为使放大电路失真不致太大，则要求功率管最大允许集电极电流应满足 $I_{CM} > V_{CC}/R_L$。

乙类互补对称功率放大电路可以减小静态损耗、提高效率，但实际这种电路并不能使输出波形很好地反映输入的变化。

在如图 2-42 所示的乙类互补对称功率放大电路中，由于 V_1、V_2 没有静态偏置电压，输入特性存在非线性，并且晶体管 U_{BE} 存在一定的阈值电压 U_{on}，在输入信号电压 $|u_i| < |U_{on}|$ 的部分，并不产生基极电流 i_B，负载上无电流流过。因此信号波形在过零点附近的一个区域内出现了严重的失真现象，这种现象称为交越失真，如图 2-43 所示。为采取一些措施来解决交越失真现象，则应采取甲乙类互补对称功率放大电路。

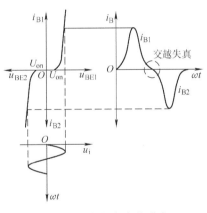

图 2-43　交越失真的形成

思考题

1. 什么是功率放大电路？与一般电压放大电路相比，对功率放大电路有何特殊要求？
2. 乙类互补功率放大电路为什么会产生交越失真？

2.11　应用 Multisim 对单管交流放大电路进行仿真分析

1. 单管交流放大电路静态分析　连接如图 2-44 所示的基本共发射极放大电路，交流电压源调用 Multisim 电源库中的 AC_POWER，直流电压源调用 Multisim 电源库中的 DC_POWER，从基本元件库调用电阻元件、电感元件和电容元件。XSC1 为示波器。电路连接完成后，选择仿真 >> analyses and simulation >> 直流工作点，选择要分析的电流、电位并添加到右侧"已选定用于分析的变量"。如果是两节点的电位差需要编辑表达式，单击"运行"按钮，弹出直流工作点测量结果如图 2-45 所示。V_3 即 U_{CE} 为 6.54V，工作于放大区。

2. 单管交流放大电路动态分析　连接如图 2-44 所示的基本共发射极放大电路，单击

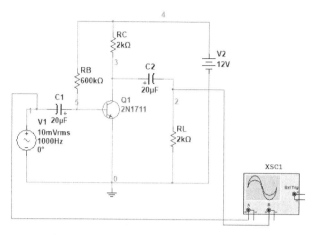

图 2-44　基本共发射极放大电路仿真接线图

		直流工作点分析	
	Variable	Operating point value	
1	V(3)	6.54770	
2	V(5)	759.46325 m	
3	I(Q1[IB])	18.73423 u	
4	I(Q1[IC])	2.72615 m	
5	I(Q1[IE])	-2.74488 m	

图 2-45　放大电路静态工作点测量结果

"运行"按钮并双击 XSC1 示波器，观察输入、输出电压波形如图 2-46 所示，可以看出共发射极放大电路输入输出电压反相。在节点 1 和节点 2 处放置电压探针，即观测输入和输出电压。单击"运行"按钮，可得探针显示数据如图 2-47 所示，由此可得电路的电压放大倍数为 81.9。

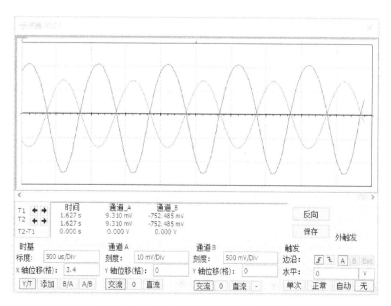

图 2-46　放大电路输入输出电压波形

3. 单管交流放大电路的非线性失真　改变图 2-44 所示电路中 R_B 的大小，当 R_B 增大至

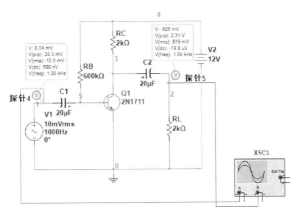

图 2-47　探针显示数据

9000kΩ 时，电路发生截止失真，如图 2-48 所示。减小 R_B 至 10kΩ，电路发生饱和失真，如图 2-49 所示，改变激励源电压大小也可发生非线性失真。图 2-44 所示电路中 V1 的有效值改为 50mV，可得失真波形如图 2-50 所示，输出信号的正半周出现平顶。

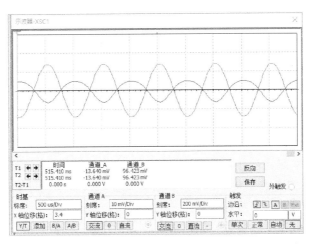

图 2-48　增大 R_B 产生的截止失真

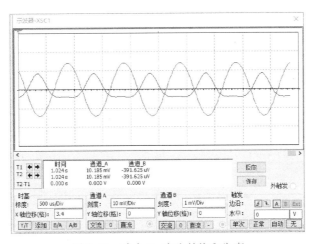

图 2-49　减小 R_B 产生的饱和失真

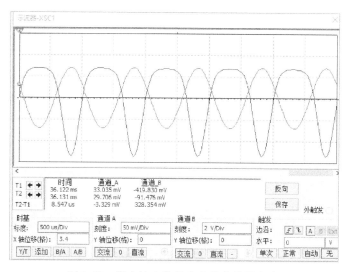

图 2-50 增大输入信号产生的非线性失真

本章小结

1. 晶体管和场效应晶体管都可以构成放大电路，放大的本质是小信号控制大信号、小能量的控制大能量。

2. 放大电路的分析（包括静态分析和动态分析）。

（1）静态分析 求解静态工作点 Q。无外部输入信号时，放大电路的工作状态称为静态。求静态工作点的方法主要有估算法和图解法。

（2）动态分析 求解放大电路的动态性能指标，主要有放大倍数 $\dot{A}$、输入电阻 R_i 和输出电阻 R_o 等。进行动态性能分析的主要方法有微变等效电路法和图解法。

3. 主要介绍的几种放大电路。

（1）共发射极放大电路，包括分压式稳定静态工作点电路。

（2）射极输出器其实是共集电极放大电路，也叫射极跟随器，电压放大倍数略小于1，输入电阻较大，输出电阻较小。

4. 多级放大电路是将基本放大电路级联或适当组合构成。

自测题

2.1 在如图 2-51 所示电路中，能实现交流电压放大的电路是图（ ）

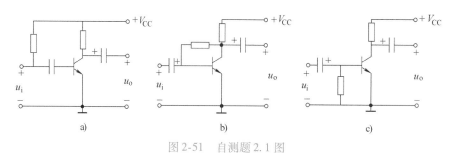

图 2-51 自测题 2.1 图

2.2 电路如图 2-52 所示。晶体管 $\beta = 50$，$U_{BE} = 0.6V$，$R_B = 72k\Omega$，$R_C = 1.5k\Omega$，$U_{CC} = 9V$，当 $R_P = 0$

时，晶体管处于临界饱和状态，正常工作时静态集电极电流 I_{CQ} 应等于 3mA，此时应把 R_P 调整为（　　）。

(a) 100kΩ　　　　(b) 72kΩ　　　　(c) 68kΩ　　　　(d) 86kΩ

2.3　固定偏置放大电路中，晶体管的 $\beta = 50$，若将该管调换为 $\beta = 80$ 的另外一个晶体管，则该电路中晶体管集电极电流 I_C 将（　　）。

(a) 增加　　　　　(b) 减少　　　　　(c) 基本不变

2.4　某固定偏置单管放大电路的静态工作点 Q 如图 2-53 所示，欲使静态工作点移至 Q' 需使（　　）。

(a) 偏置电阻 R_B 增加　　(b) 集电极电阻 R_C 减小　　(c) 集电极电阻 R_C 增加

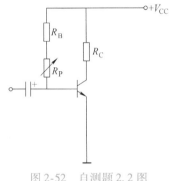

图 2-52　自测题 2.2 图

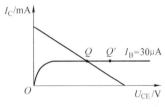

图 2-53　自测题 2.4 图

2.5　在画放大电路的交流通路时，常将耦合电容视作短路，直流电源也视为短路，这种处理方法是（　　）。

(a) 正确的　　(b) 不正确的　　(c) 耦合电容视为短路是正确的，直流电源视为短路则不正确

2.6　电路如图 2-54 所示，已知 $V_{CC} = 12V$，$R_C = 3k\Omega$，$\beta = 50$，且忽略 U_{BE}，若要使静态时 $U_{CE} = 6V$，则 R_B 应取（　　）。

(a) 300kΩ　　　　(b) 360kΩ　　　　(c) 600kΩ

2.7　电路如图 2-55 所示，因静态工作点不合适而使 U_o 出现严重的截止失真，通过调整偏置电阻 R_B，可以改善 U_o 的波形。调整过程是使电阻 R_B（　　）。

(a) 增大　　　　　(b) 减小　　　　　(c) 等于 0

2.8　电路如图 2-55 所示，$V_{CC} = 12V$。静态时 $U_{CE} = 4V$，$R_C = 4k\Omega$，当逐渐加大输入信号时，输出信号首先出现（　　）。

(a) 截止失真　　　(b) 饱和失真　　　(c) 截止和饱和失真

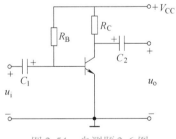

图 2-54　自测题 2.6 图

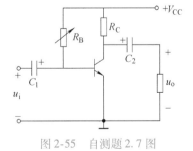

图 2-55　自测题 2.7 图

2.9　射极输出器的特点是（　　）。

(a) $\dot{A}_u < 1$，输入电阻小、输出电阻大

(b) $\dot{A}_u > 1$，输入电阻大、输出电阻小

(c) $\dot{A}_u < 1$ 且 $\dot{A}_u \approx 1$，输入电阻大、输出电阻小

(d) $\dot{A}_u > 1$，输入电阻小、输出电阻大

2.10　有两个放大电路 A_1 和 A_2 分别对同一电压信号进行放大。当输出端开路时，A_1 和 A_2 输出电压

相同。而接入相同的负载电阻后，$U_{o1} > U_{o2}$。由此可知，A_1 比 A_2 的（　　）。

（a）输出电阻大　　　　　　　　　　（b）输出电阻小

（c）输入电阻大　　　　　　　　　　（d）输入电阻小

2.11　两个单管放大电路的电压放大倍数分别为 20 和 30，若将它们连起来组成两级阻容耦合放大电路，其总的电压放大倍数为（　　）。

（a）10　　　　　　　　（b）50　　　　　　　　（c）600

2.12　两级共射极阻容耦合放大电路,若将第二级改成射极跟随器,则第一级的电压放大倍数将（　　）。

（a）增大　　　　　　（b）不变　　　　　　（c）减小

2.13　集成运放级间耦合方式是（　　）。

（a）变压器耦合　　　　（b）直接耦合　　　　（c）阻容耦合

2.14　理想集成运放的输入电阻、输出电阻是（　　）。

（a）输入电阻高、输出电阻低　　　　（b）输入电阻低、输出电阻高

（c）输入电阻和输出电阻均高　　　　（d）输入电阻和输出电阻均低

2.15　由两个晶体管构成的无射极电阻 R_E 的简单差分电路，在单端输出时将（　　）。

（a）不能抑制零点漂移　　（b）能很好地抑制零点漂移　　（c）能抑制零点漂移，但效果不好

习题

2.1　根据放大电路的组成原则，分析图 2-56 各电路是否具有放大功能，并说明原因。

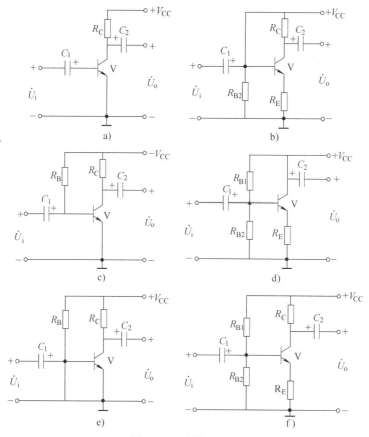

图 2-56　习题 2.1 图

2.2 晶体管放大电路如图 2-57a 所示。已知：$R_C = 3k\Omega$，$R_B = 240k\Omega$，$V_{CC} = 12V$，晶体管的 $\beta = 40$，晶体管的输出特性如图 2-57b 所示。（1）画其直流通路，并用估算法计算静态工作点 Q；（2）使用图解法求放大电路的静态工作点。

2.3 晶体管放大电路如图 2-57a 所示。如果 $V_{CC} = 10V$，晶体管的 $\beta = 40$，要求使 $U_{CE} = 5V$，$I_C = 2mA$，试求 R_C 和 R_B 的值。

2.4 晶体管放大电路如图 2-57a 所示，已知：$R_C = 3k\Omega$，$R_B = 300k\Omega$，$V_{CC} = 12V$，$r_{be} = 1k\Omega$，$R_S = 3k\Omega$，晶体管的 $\beta = 50$。试求：（1）输出端开路（$R_L = \infty$）时的电压放大倍数；（2）$R_L = 3k\Omega$ 时的电压放大倍数；（3）输出端开路时的电压放大倍数。

2.5 电路如图 2-57a 所示。已知晶体管的 $\beta = 37.5$，$V_{CC} = 12V$，$R_C = 4k\Omega$，$R_B = 300k\Omega$，$R_L = 4k\Omega$。试求：（1）求放大电路的静态值；（2）画其微变等效电路；（3）求电压放大倍数、输入电阻和输出电阻。

2.6 晶体管放大电路如图 2-57a 所示。其中，$V_{CC} = 9V$，晶体管的 $\beta = 20$，$I_C = 1mA$。若要求电压放大倍数满足 $|A_u| \leq 100$，试计算 R_B、R_C 和 U_{CE}。

2.7 放大电路如图 2-57a 所示。其中，$R_C = 6.2k\Omega$，$R_B = 680k\Omega$，$V_{CC} = 20V$，晶体管的 $\beta = 50$，求静态时的电压 U_{CEQ}。若要使 $U_{CEQ} = 6.8V$，R_B 需调节到多大？

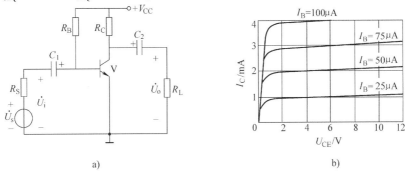

a)   b)

图 2-57 习题 2.2 图

2.8 放大电路如图 2-58 所示。其中，$V_{CC} = 12V$，晶体管的 $\beta = 50$，$I_{CQ} = 1.5mA$，$U_{CEQ} = 6V$，$U_{BE} = 0.7V$，试求电路中各电阻的阻值。

2.9 放大电路如图 2-59 所示，已知 $V_{CC} = 6V$，$R_B = 200k\Omega$，$R_C = 2k\Omega$，$R_L = 3k\Omega$，晶体管 $U_{BE} = 0.7V$，$\beta = 50$，$r_{be} = 1.5k\Omega$，二极管的正向压降 $U_D = 0.7V$，动态电阻忽略不计。试求：（1）静态值 I_B、I_C、U_{CE}；（2）电压放大倍数；（3）输入电阻和输出电阻。

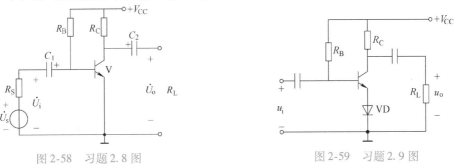

图 2-58 习题 2.8 图   图 2-59 习题 2.9 图

2.10 已知某放大电路的输出电阻 $R_o = 3.3k\Omega$，输出端开路电压的有效值 $U_{OC} = 2V$，若该放大电路接负载电阻 $R_L = 5.1k\Omega$，那么输出电压将下降到多少？

2.11 分压式偏置放大电路如图 2-60 所示。$R_C = 3.3k\Omega$，$R_{B1} = 33k\Omega$，$R_{B2} = 10k\Omega$，$R_E = 1.5k\Omega$，$V_{CC} = 24V$，$R_L = 5.1k\Omega$，晶体管的 $\beta = 66$，设 $R_S \approx 0$。试求：（1）电路的静态工作点 Q；（2）画微变等效电路；（3）输入电阻 R_i、输出电阻 R_o、电压放大倍数 $\dot{A}_u$；（4）计算电路的空载电压放大倍数，说明负载电阻对电压放大倍数的影响。

2.12 在习题 2.11 中，若 $R_S = 1\text{k}\Omega$。试求：（1）电压放大倍数 $\dot{A}_u$；（2）源电压放大倍数 $\dot{A}_{us}$，并说明 R_S 对电压放大倍数的影响。

2.13 在习题 2.11 中，若去掉发射极旁路电容 C_E。试求：（1）电路的静态工作点 Q；（2）画微变等效电路；（3）输入电阻 R_i、输出电阻 R_o、电压放大倍数 $\dot{A}_u$；（4）说明发射极电阻 R_E 对电压放大倍数的影响。

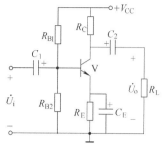

图 2-60 习题 2.11 图

2.14 在图 2-60 所示电路中，用万用表直流电压档测量晶体管各极电位或 U_{BE} 和 U_{CE}，如何利用所测结果判断下列故障？（1）R_{B1} 开路；（2）R_{B1} 短路；（3）R_E 开路；（4）C_E 击穿；（5）CE 间击穿。

2.15 分压式偏置放大电路如图 2-61 所示。$R_C = 3.9\text{k}\Omega$，$R_{B1} = 120\text{k}\Omega$，$R_{B2} = 39\text{k}\Omega$，$R_{E1} = 100\Omega$，$R_{E2} = 2\text{k}\Omega$，$V_{CC} = 12\text{V}$，$R_L = 3.9\text{k}\Omega$，$R_S = 1\text{k}\Omega$，晶体管的 $\beta = 60$。试求：（1）画出电路的微变等效电路；（2）输入电阻 R_i、输出电阻 R_o、电压放大倍数 $\dot{A}_u$ 和源电压放大倍数 $\dot{A}_{us}$。

2.16 放大电路如图 2-61 所示，$R_C = 5.1\text{k}\Omega$，$R_{B1} = 20\text{k}\Omega$，$R_{B2} = 10\text{k}\Omega$，$R_{E1} = 100\Omega$，$R_{E2} = 2\text{k}\Omega$，$V_{CC} = 12\text{V}$，$R_L = 5.1\text{k}\Omega$，$R_S = 600\Omega$，晶体管的 $\beta = 80$。今测得 $U_o = 400\text{mV}$。试求：（1）放大电路的求输入电阻 R_i、输出电阻 R_o；（2）信号源电压 U_S；（3）若 $R_{E1} = 0$，仍保持信号源电压 U_S 不变，求此时的输出电压 U_o。

2.17 放大电路射极输出器如图 2-62 所示。$V_{CC} = 12\text{V}$，$R_E = 1\text{k}\Omega$，$R_B = 75\text{k}\Omega$，$R_L = 1\text{k}\Omega$，$R_S = 75\text{k}\Omega$，晶体管的 $\beta = 50$。试求：（1）求静态工作点；（2）画微变等效电路；（3）求输入电阻 R_i、输出电阻 R_o、电压放大倍数 $\dot{A}_u$ 和源电压放大倍数 $\dot{A}_{us}$。

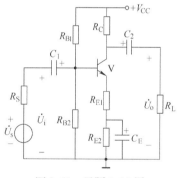

图 2-61 习题 2.15 图

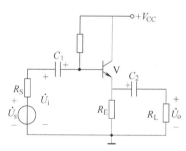

图 2-62 习题 2.17 图

2.18 射极输出器如图 2-63 所示。已知：$R_L \to \infty$，$R_{B1} = 100\text{k}\Omega$，$R_{B2} = 30\text{k}\Omega$，$R_F = 2\text{k}\Omega$，$R_S = 50\Omega$，$R_E = 1\text{k}\Omega$，$V_{CC} = 12\text{V}$，晶体管的 $\beta = 50$，$r_{be} = 1\text{k}\Omega$。试求：输入电阻 R_i、输出电阻 R_o、电压放大倍数 $\dot{A}_u$。

2.19 放大电路如图 2-64 所示。已知：$R_C = 2\text{k}\Omega$，$R_B = 280\text{k}\Omega$，$R_E = 2\text{k}\Omega$，$r_{be} = 1.4\text{k}\Omega$，晶体管的 $\beta = 100$，电路有两个输出端，试求电压放大倍数 $A_{u1} = \dot{U}_{o1}/\dot{U}_i$ 和 $A_{u2} = \dot{U}_{o2}/\dot{U}_i$。

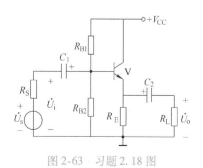

图 2-63 习题 2.18 图

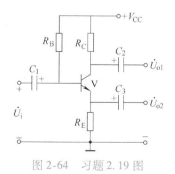

图 2-64 习题 2.19 图

2.20 放大电路如图 2-65 所示，已知 $V_{CC} = 12\text{V}$，$R_B = 120\text{k}\Omega$，$R_C = 3\text{k}\Omega$，$R_S = 1\text{k}\Omega$，$R_L = 3\text{k}\Omega$，晶体

管的 $\beta=50$，试求放大电路的静态值 I_B、I_C、U_{CE}（设 $r_{be}=930\Omega$）。

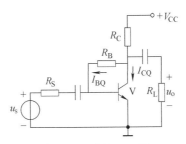

图 2-65　习题 2.20 图

2.21　场效应晶体管共漏放大电路如图 2-66 所示，已知 $R_{G1}=1M\Omega$，$R_{G2}=500k\Omega$，$R_G=1M\Omega$，$R_S=12k\Omega$，$V_{DD}=12V$。试计算放大电路的静态工作点、电压放大倍数、输入电阻和输出电阻（设 $V_S\approx V_G$，$g_m\approx0.9mA/V$）。

2.22　两级阻容耦合放大电路如图 2-67 所示。已知：$R_{B1}=100k\Omega$，$R_{B2}=47k\Omega$，$R_{C1}=1k\Omega$，$R_{E1}=1.1k\Omega$，$R_{B3}=39k\Omega$，$R_{B4}=10k\Omega$，$R_{C2}=2k\Omega$，$R_{E2}=1k\Omega$，$R_L=3k\Omega$，$R_S=1k\Omega$，晶体管的 $\beta_1=100$，$\beta_2=60$，$r_{be1}=r_{be2}=1k\Omega$。试求：（1）画出电路的微变等效电路；（2）放大电路输入电阻 R_i、输出电阻 R_o；（3）各级电路的电压放大倍数和总的电压放大倍数。

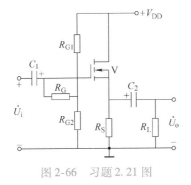

图 2-66　习题 2.21 图

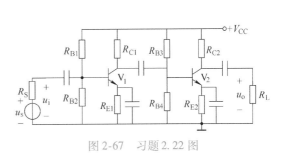

图 2-67　习题 2.22 图

2.23　两级阻容耦合放大电路如图 2-68 所示。已知：$V_{CC}=12V$，$R_{B1}=22k\Omega$，$R_{B2}=15k\Omega$，$R_{C1}=3k\Omega$，$R_{E1}=4k\Omega$，$R_{B3}=120k\Omega$，$R_{E2}=3k\Omega$，$R_L=3k\Omega$，$R_S=1k\Omega$，晶体管的 $\beta_1=\beta_2=50$，$U_{BE}=0.7V$。试求：（1）求各级放大电路的静态值；（2）画出电路的微变等效电路；（3）各级电路的电压放大倍数和总的电压放大倍数。

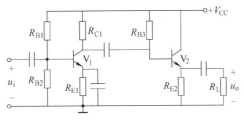

图 2-68　习题 2.23 图

2.24　两级阻容耦合放大电路如图 2-69 所示。已知 $R_{B1}=56k\Omega$，$R_{E1}=5.6k\Omega$，$R_{B2}=20k\Omega$，$R_{B3}=10k\Omega$，$R_C=3k\Omega$，$R_{E2}=1.5k\Omega$，晶体管的 $\beta_1=40$，$\beta_2=50$，$r_{be1}=1k\Omega$，$r_{be2}=0.9k\Omega$。求总的电压放大倍数、输入电阻和输出电阻。

2.25　两级阻容耦合放大电路如图 2-70 所示。已知：$R_{B1}=33k\Omega$，$R_{B2}=10k\Omega$，$R_{C1}=4k\Omega$，$R_{E1}=2.5k\Omega$，$R_{B3}=75k\Omega$，$R_{B4}=10k\Omega$，$R_{E2}=1k\Omega$，$R_L=1k\Omega$，晶体管的 $\beta_1=50$，$\beta_2=50$，$r_{be1}=1.8k\Omega$，$r_{be2}=0.6k\Omega$。试求：（1）画出电路的微变等效电路；（2）各级电路的电压放大倍数和总的电压放大倍数。

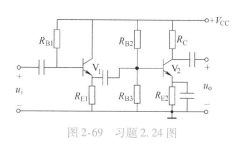

图 2-69　习题 2.24 图

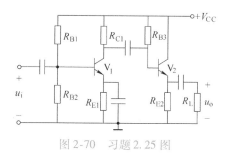

图 2-70　习题 2.25 图

2.26　单端输入-双端输出差动放大电路如图 2-71 所示。已知：$\beta = 50$，$R_B = 10\text{k}\Omega$，$R_C = 5.1\text{k}\Omega$，$U_{BE} = 0.7\text{V}$。求电压放大倍数 $\dot{A}_d = u_o/u_i$。

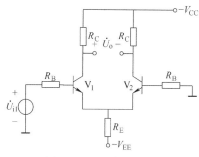

图 2-71　习题 2.26 图

第 **3** 章

反馈及负反馈放大电路

☑ 知识单元目标

- 能够表述反馈的基本概念。
- 能够判断电路中的反馈类型。
- 能够画出交流负反馈放大电路的框图并写出一般表达式。
- 能够表述负反馈对放大电路性能的影响以及引入反馈的原则。
- 能够表述深度负反馈和自激振荡的概念；能够在深度负反馈的条件下估算放大倍数，了解消除自激振荡的方法。

🔍 讨论问题

- 反馈的作用及反馈的基本概念。
- 电路中反馈类型的判断。
- 交流负反馈放大电路的框图及一般表达式。
- 放大电路中引入不同组态的负反馈后，对放大电路性能的影响。
- 放大电路中反馈的正确引入。
- 什么是深度负反馈？在深度负反馈条件下，如何估算放大倍数？
- 什么是自激振荡？什么样的反馈放大电路容易产生自激振荡？如何消除自激振荡？

　　反馈又称回馈，是现代科学技术的基本概念之一。一般来讲，控制论中的反馈概念，是指将系统的输出返回到输入端并以某种方式改变输入，进而影响系统功能的过程，即将输出量通过恰当的检测装置返回到输入端并与输入量进行比较的过程。反馈可分为负反馈和正反馈。前者使输出起到与输入相反的作用，使系统输出与系统目标的误差减小，系统趋于稳定；后者使输出起到与输入相似的作用，使系统偏差不断增大，使系统振荡，可以起放大控制作用。对负反馈的研究是控制论的核心问题。

　　基本放大电路中，有源器件（晶体管等）具有信号单向传递性，被放大信号从输入端输入放大电路以后输出，存在输入信号对输出信号的单向控制；考虑到放大电路的性能稳定或通过振荡产生所需要的信号，根据控制论中反馈引入的思想，如果在电路中存在某些通路，将输出信号的一部分反馈送到放大器的输入端，与外部输入信号叠加，产生基本放大电路的净输入信号，通过影响输入端信号来影响输出端信号，即构成了反馈。

　　实际放大电路工作时，由于多种原因影响使输出量变化（忽大忽小），严重时使电路不能正常工作，引入（负）反馈可以改变上述缺点。将变化了的输出量通过一定方式引回到输入回路，在输出量和反馈量的共同作用下，使输出量基本保持不变。如欲稳定某个电量，则应采取措施将该电量反馈回去，当由于某些因素引起该电量发生变化时，这种变化将反映到放大电路的输入端，从而牵制原来的电量，使之基本保持稳定。

反馈的现象和运用，如图 3-1 所示的静态工作点稳定电路就是一例。在电路中，电阻 R_{B1} 和 R_{B2} 分压，将基极电位 V_B 固定，然后通过射极电阻 R_E 两端的电压 U_E 来反映 I_C 的大小和变化，采取这种措施使电路的静态工作电流保持稳定。

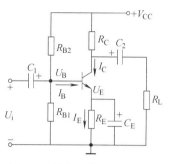

图 3-1　静态工作点稳定电路

例如，当环境温度上升使晶体管的参数 I_{CBO}、β、U_{BE} 发生变化引起 I_C 增加时，I_E 也随之增加，则 $U_E = I_E R_E$ 必然增加。由于固定了 V_B，加到基极和发射极之间的电压 $U_{BE} = V_B - U_E$ 将随之减小，从而使 I_B 减小，I_C 也随之减小，这样就牵制了 I_C 和 I_E 的增加，使它们基本上不随温度的改变而改变。其过程可以表示如下：

$$T(\text{℃})\uparrow \longrightarrow I_C\uparrow \longrightarrow I_E\uparrow \longrightarrow U_E\uparrow \xrightarrow{V_B \text{ 固定不变}} U_{BE}\downarrow \longrightarrow I_B\downarrow$$
$$I_C\downarrow$$

通过上面的具体例子，可以帮助建立反馈的概念。这里放大电路的输出量是电流 I_C，利用 I_E（$\approx I_C$）在 R_E 上产生的压降把输出量反送到放大电路的基极回路，改变了 U_{BE}，使得 I_C 基本稳定。

3.1　反馈的基本概念

3.1.1　反馈的定义

放大电路中的反馈，就是将放大电路的输出量（电压或电流）的全部或者一部分，通过一定的电路（网路）送回输入回路，与输入量（电压或电流）进行比较，通过影响放大电路的输入量来影响放大电路的输出量，从而使放大电路的性能得到改善。

按照反馈放大电路各部分电路的主要功能可将其分为基本放大电路和反馈网络两部分，如图 3-2 所示。前者主要功能是放大信号，后者主要功能是传输反馈信号。基本放大电路的输入信号称为净输入量，它不但取决于输入信号（输入量），还与反馈信号（反馈量）有关。

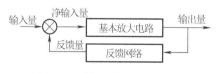

图 3-2　反馈放大电路组成框图

3.1.2　反馈的分类及其判断

根据反馈电路中反馈信号引入的不同，不同的电路类型可能使用不同的反馈类型，因而正确判断反馈的类型和性质是研究反馈放大电路的基础。

1. 反馈的分类

（1）直流反馈与交流反馈　如果反馈量只含有直流量，则称为直流反馈，如图 3-1 所示电路中的 R_E，其上电压为直流电压，因而电路引入的是直流反馈；如果反馈量只含有交流量，则为交流反馈。或者说，仅在直流通路中存在的反馈称为直流反馈；仅在交流通路中存在的反馈称为交流反馈。在很多放大电路中，常常是交、直流反馈兼而有之。如果在图 3-1 所示电路中去掉旁路电容 C_E，那么电阻 R_E 上的电压就既有直流量又有交流量，因而电路中既引入了直流反馈又引入了交流反馈。

直流负反馈主要用于稳定放大电路的静态工作点，本章的重点是研究交流负反馈。

【**例 3-1**】 试判断图 3-3 所示电路中，哪些元件引入了直流反馈？哪些元件引入了交流反馈？

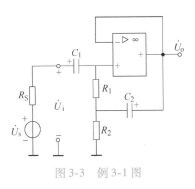

图 3-3 例 3-1 图

解：由图 3-3 可知该电路是一个由集成运放组成的电路，其中有两个反馈：一个从输出端直接连到集成运放反相输入端，很明显，它在交直流工作时都起作用，是交直流反馈；另一个反馈从输出端经 C_2、R_1、R_2 连到运放的同相输入端，由于这个反馈网络中有电容元件 C_2，它在直流工作时相当于开路，所以这个反馈只是交流反馈。

（2）正反馈和负反馈 根据反馈极性的不同，可以分为正反馈和负反馈。

由图 3-2 所示的反馈放大电路组成框图可以得知，反馈量送回到输入回路与原输入量共同作用后，对净输入量的影响有两种效果：一种是在输入量不变时，引入反馈后，使净输入量增加，输出量增加，此种反馈称为正反馈；另一种是在输入量不变时，引入反馈后，使净输入量减小，输出量减小，称为负反馈。引入负反馈可改善放大电路的性能，因此负反馈是本章讨论的重点。

（3）电压反馈和电流反馈 输出量有输出电压或输出电流之分，如果引入（采样）的反馈信号与输出电压有直接关系或成正比，则是电压反馈（也称电压采样）；反馈信号与输出电流有直接关系或成正比，则为电流反馈（也称电流采样）。

（4）串联反馈和并联反馈 反馈信号与输入信号的连接方式有串联和并联两种情况，因此有串联反馈和并联反馈之分。

串联反馈：在输入回路中，反馈量和输入量都以电压的形式出现，并以串联方式在输入回路相加减。即由电压求和的方式来反映反馈对输入信号的影响，此种反馈方式称为串联反馈。

并联反馈：在输入回路中，反馈量和输入量都以电流形式出现，并以并联方式在输入端相加减，即用电流求和的方式来反映反馈对输入信号的影响，此种反馈方式称为并联反馈。

2. 反馈的判断

（1）判断有无反馈 判断电路中有无反馈，关键是找出反馈网络。即如果在电路中存在信号反向流通的渠道，也就是反馈通路，则一定有反馈。

【**例 3-2**】 试判断图 3-4 所示各电路是否存在反馈。

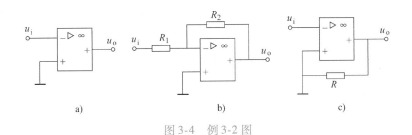

图 3-4 例 3-2 图

解：在图 3-4a 所示电路中，集成运放的输出端与同相输入端、反相输入端均无通路，故电路中没有引入反馈。在图3-4b所示电路中，电阻 R_2 将集成运放的输出端与反相输入端相连接，因而集成运放的净输入量不仅决定于输入信号，还与输出信号有关，所以该电路中引入了反馈。在图3-4c所示电路中，虽然电阻 R 跨接在集成运放的输出端与同相输入端之间，但是由于同相输入端接地，所以 R 只不过是集成运放的负载，而不会使 u_o 作用于输入回路，可见电路中没有引入反馈。

由以上分析可知，通过寻找电路中有无反馈通路，即可判断出电路是否存在反馈。

（2）判断正负反馈　判断正负反馈或反馈极性的基本方法是瞬时变化极性法，简称"瞬时极性法"，是指同一瞬间各交流量的相对极性，在电路图上用 $\oplus$、$\ominus$ 表示。用瞬时极性法判断反馈极性的步骤是：

1）先假定输入量的瞬时极性。

2）根据放大电路输出量与输入量的相位关系，决定输出量和反馈量的瞬时极性。

3）将反馈量与输入量比较，即可推断反馈的正、负极性。

【例3-3】　试判断图3-5所示各电路中交流反馈的极性。

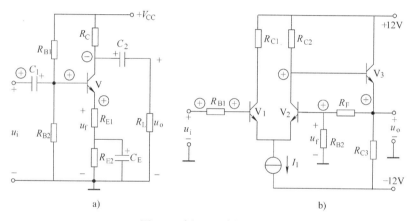

图3-5　例3-3、例3-4图

解：图3-5a所示电路中，因射极电容 C_E 的旁路作用，电阻 R_{E2} 上不存在交流反馈信号，所以对交流反馈而言，只有 R_{E1} 构成反馈通路。设输入信号 u_i 的瞬时极性为正，如图3-5a中所标示，经 V 倒相放大后，其集电极电位为负，发射极电位（即反馈信号 u_f）为正，因而使该放大电路的净输入信号电压 u_{be} 比没有反馈（即没有 R_{E1}）时的 u_{be} 减小了，所以由 R_{E1} 引入的交流反馈是负反馈。

图3-5b所示电路中，第一级为单端输入-单端输出的差分放大电路，其输入信号与输出信号分别在 V_1 的基极与 V_2 的集电极，它们的相位相同。第二级为 V_3 组成的共集电极电路，其输出信号与输入信号相位相同。对级间交流反馈而言，R_F 与 R_{B2} 为反馈网络的元件。设输入信号 u_i 的瞬时极性为 $\oplus$，则基极的 u_{b1} 也为 $\oplus$，第一级的输出信号 u_{c2} 为 $\oplus$，第二级的输出信号 u_{e3} 为 $\oplus$，经 R_F 与 R_{B2} 反馈到 V_2 基极的反馈信号 $u_f = u_{b2}$ 也为 $\oplus$，因而使该电路的净输入信号电压 $u_{id} = u_{b1} - u_{b2}$ 比没有反馈时减小了，所以 R_F 与 R_{B2} 引入的是负反馈。

（3）判断串并联反馈　反馈放大电路是串联还是并联反馈，由反馈网络在放大电路输入端的连接方式判定。

【例3-4】　试判断图3-5b所示电路中的级间交流反馈是串联反馈还是并联反馈。

解：图3-5b所示电路中，R_F 与 R_{B2} 一起引入级间交流负反馈，反馈信号是 u_o 在 R_{B2} 上的分压，加在 V_2 的基极，而输入信号 u_i 加在 V_1 的基极，显然是以电压形式进行比较，因而是串联反馈。

从上例可以看出，判断电路是串联反馈还是并联反馈，一个比较简单的方法是判断反馈回来的信号与输入信号是接在同一节点还是不同节点，如果两个信号接在不同节点，则反馈信号只能以电压的形式影响输入信号，因而是串联反馈；反之，由于两个信号接在同一节点，反馈信号以电流的形式影响输入信号，因而是并联反馈。

（4）判断电压电流反馈　判断电压与电流反馈的常用方法有两种：

方法一　根据定义写出反馈信号的表达式

如果反馈信号正比于输出电压，则为电压反馈；如果反馈信号正比于输出电流，则为电流反馈。

方法二　输出短路法

即假设输出电压 $u_o = 0$，或令负载电阻 $R_L = 0$，看反馈信号是否还存在，若反馈信号不存在了，则说明反馈信号与输出电压成比例，是电压反馈；若反馈信号还存在，则说明反馈信号不是与输出电压成比例，而是与输出电流成比例，是电流反馈。

【例3-5】　试判断图3-6所示各电路中的交流反馈是电压反馈还是电流反馈。

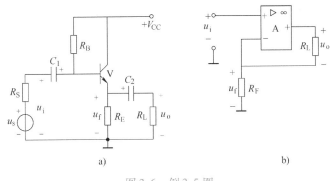

图 3-6　例 3-5 图

解： 显然图 3-6a 所示电路中，电阻 R_E 和 R_L 构成反馈通路，由它们送回到输入回路的交流反馈信号是电压 u_f，而且 $u_f = u_o$，故用"输出短路法"，令 $R_L = 0$，即令 $u_o = 0$ 时，$u_f = 0$，是电压反馈。

图 3-6b 所示电路中，交流反馈信号是输出电流 i_o 在电阻 R_F 上的压降 u_f，且有 $u_f = i_o R_F$，令 $R_L = 0$ 时，$u_o = 0$，但运放 A 的输出电流 $i_o \neq 0$，故 $u_f \neq 0$，说明反馈信号与输出电流成比例，是电流反馈。

3. 负反馈的4种类型　综上所述，根据放大电路输出端采样的情况和输入端反馈量与输入量的接法，负反馈可分为4种类型。

（1）**电压串联负反馈**　如图 3-7 所示，在这种类型里，放大电路的作用是把净输入电压 u_{id} 放大为输出电压 u_o，而反馈网络的作用是把输出电压 u_o 变换为反馈电压 u_f，u_f 在输入端与输入电压 u_i 串联相减。

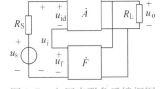

图 3-7　电压串联负反馈框图

（2）**电压并联负反馈**　如图 3-8 所示，在这种类型里，放大电路的作用是把净输入电流 i_{id} 放大成输出电压 u_o，而反馈网络的作用是把输出电压 u_o 变换为反馈电流 i_f，在输入端与输入电流 i_i 并联相减。

（3）**电流串联负反馈**　如图 3-9 所示，在这种类型里，放大电路的作用是把净输入电压 u_{id} 放大成输出电流 i_o，而反馈网络的作用是把输出电流 i_o 变换为反馈电压 u_f。

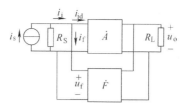

图 3-8 电压并联负反馈框图

（4）电流并联负反馈 如图 3-10 所示，在这种类型里，放大电路的作用是把净输入电流 i_{id} 放大成输出电流 i_o，而反馈网络的作用是把输出电流 i_o 变换为反馈电流 i_f。

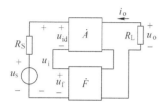

图 3-9 电流串联负反馈框图

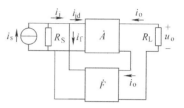

图 3-10 电流并联负反馈框图

【例 3-6】 试判断图 3-11 所示电路的反馈类型。

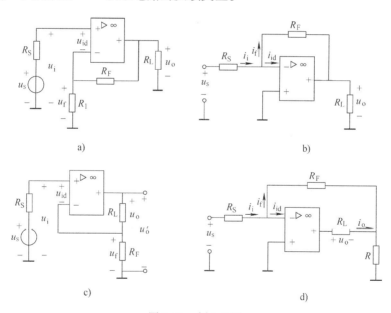

a)

b)

c)

d)

图 3-11 例 3-6 图

解： 图 3-11a 中，u_o 经 R_F 与 R_1 分压反馈到输入回路，故有反馈。其中当 $R_L = 0$ 时，无反馈，故为电压反馈。另外由反馈网络得 $u_f = u_o \dfrac{R_1}{R_1 + R_F}$，这也说明是电压反馈。在输入端有 $u_{id} = u_i - u_f$，反馈使净输入电压 u_{id} 减小，故为串联负反馈。所以，图 3-11a 所示电路为电压串联负反馈电路。

图 3-11b 中 R_F 为输入回路和输出回路的公共电阻，故有反馈。其中当 $R_L = 0$ 时，无反馈，故为电压反馈。在输入端有 $i_{id} = i_i - i_f$，反馈使净输入电流 i_{id} 减小，故为并联负反馈。所以，图 3-11b 所示电路为电压并联负反馈电路。

图 3-11c 中 R_F 为输入回路和输出回路的公共电阻，故有反馈。其中当 $R_L = 0$ 时，反馈存在，故为电流反馈。另外由反馈网络得 $u_f = i_o R_F$，这也说明是电流反馈。在输入端有 $u_{id} = u_i - u_f$，反馈使净输入电压 u_{id} 减小，故为串联负反馈。所以，图 3-11c 所示电路为电流串联负反馈电路。

图 3-11d 中 R_F 为输入回路和输出回路的公共电阻，故有反馈。其中当 $R_L = 0$ 时，反馈存在，故为电流反馈。在输入端有 $i_{id} = i_i - i_f$，反馈使净输入电流 i_{id} 减小，故为并联负反馈。所以，图 3-11d 所示电路为电流并联负反馈电路。

综上所述，可归纳出各种反馈类型的定义及判别方法，如表 3-1 所示。

表 3-1 放大电路中反馈类型的定义、判别方法

反馈类型		定 义	判 别 方 法
1	正反馈	反馈信号使净输入信号加强	反馈信号与输入信号作用于同一个节点时，瞬时极性相同；作用于不同节点时，瞬时极性相反
	负反馈	反馈信号使净输入信号减弱	反馈信号与输入信号作用于同一个节点时，瞬时极性相反；作用于不同节点时，瞬时极性相同
2	直流负反馈	反馈信号为直流信号	直流通路中存在反馈
	交流负反馈	反馈信号为交流信号	交流通路中存在反馈
3	电压负反馈	反馈信号从输出电压取样	令负载电阻短路，反馈信号将消失
	电流负反馈	反馈信号从输出电流取样	令负载电阻短路，反馈信号依然存在
4	串联负反馈	反馈信号在输入回路与输入信号串联	输入信号与反馈信号在不同节点引入
	并联负反馈	反馈信号在输入回路与输入信号并联	输入信号与反馈信号在同一节点引入

3.1.3 负反馈放大电路的基本关系式

1. 反馈放大电路的框图表示法

（1）框图的组成　如图 3-12 所示，各种反馈放大电路，均可概括为三部分，即基本放大电路（开环放大电路）、反馈网络、比较环节。这三部分组成一个反馈环，也叫闭环放大电路。

（2）各部分的功能及符号的意义

1）基本放大电路。基本放大电路是将偏差信号（净输入信号）进行放大输出的环节，把信号从输入端传输到输出端，叫正向传输。

2）反馈网络。反馈网络是把输出信号的一部分或全部取样为反馈信号。对整个放大电路来说，它是将信号从输出端传输到输入端，叫反向传输。

3）比较环节。比较环节是将反馈信号与输入信号进行比较，求得偏差信号的环节。

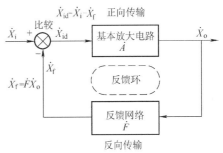

图 3-12 负反馈基本框图

4）符号的意义。$\dot{X}$ 表示一般电信号，可为电压，也可为电流。箭头表示信号的传输方向和各部分之间的连线。各符号的含义表示如下：

$\dot{X}_i$——反馈环的输入信号；$\dot{X}_f$——反馈信号；$\dot{X}_{id}$——比较后的偏差信号（净输入信号）；$\dot{X}_o$——反馈放大电路的输出信号；$\dot{A}$——基本放大电路的放大倍数（开环增益）；$\dot{F}$——反馈网络的反馈系数。

2. 各变量之间的基本关系式

（1）闭环增益 $\dot{A}_f$　由图 3-12 可知，开环（无反馈）时，基本放大电路的放大倍数，应为输出信号与净输入信号之比

$$\dot{A} = \frac{\dot{X}_o}{\dot{X}_{id}} \tag{3-1}$$

反馈网络的反馈系数，应为反馈信号与输出信号之比

$$\dot{F} = \frac{\dot{X}_f}{\dot{X}_o} \tag{3-2}$$

因此，将式（3-1）和式（3-2）相乘得

$$\dot{A}\dot{F} = \frac{\dot{X}_o}{\dot{X}_{id}} \cdot \frac{\dot{X}_f}{\dot{X}_o} = \frac{\dot{X}_f}{\dot{X}_{id}} \tag{3-3}$$

其中 $\dot{A}\dot{F}$ 表示从输入端的净输入量 $\dot{X}_{id}$ 经正向通道 $\dot{A}$ 和反向通道 $\dot{F}$，绕反馈网络形成的闭合环路一周后，作为反馈量 $\dot{X}_f$ 出现在输入端的信号传输系数，通常叫作"环路增益"。

另外比较环节的输出偏差信号，即基本放大电路的净输入信号

$$\dot{X}_{id} = \dot{X}_i - \dot{X}_f \tag{3-4}$$

由式（3-1）得

$$\dot{X}_o = \dot{A}\dot{X}_{id} \tag{3-5}$$

将式（3-4）代入式（3-5）整理后，再把由式（3-2）求得的 $\dot{X}_f$ 代入，即可得到负反馈闭环增益的基本关系式

$$\dot{A}_f = \frac{\dot{X}_o}{\dot{X}_i} = \frac{\dot{A}}{1 + \dot{A}\dot{F}} \tag{3-6}$$

式（3-6）中 $\dot{A}_f$ 为负反馈放大电路的"闭环增益"，其中 $(1 + \dot{A}\dot{F})$ 的值是衡量负反馈程度、表征负反馈放大电路性能改善程度的重要参数，称为"反馈深度"，也是反馈电路进行定量分析的基础，通过以后的讨论，会逐渐加深对它的理解和认识。

另外需要重点注意的是：对于不同的反馈类型，$\dot{X}_i$、$\dot{X}_o$、$\dot{X}_f$ 及 $\dot{X}_{id}$ 所代表的电量不同，因而，4 种负反馈放大电路的 $\dot{A}$、$\dot{A}_f$、$\dot{F}$ 相应地具有不同的含义和量纲。归纳如表 3-2 所示，其中 $\dot{A}_u$、$\dot{A}_i$ 分别表示电压增益和电流增益（无量纲）；$\dot{A}_r$、$\dot{A}_g$ 分别表示互阻增益（量纲为欧姆）和互导增益（量纲为西门子），相应的反馈系数 $\dot{F}_u$、$\dot{F}_i$、$\dot{F}_g$ 及 $\dot{F}_r$ 的量纲也各不相同，但环路增益 $\dot{A}\dot{F}$ 总是无量纲的。

表 3-2　负反馈放大电路各种信号量的含义

信号量或信号传递比	反馈类型			
	电压串联	电流并联	电压并联	电流串联
x_o	电压	电流	电压	电流
x_i、x_f、x_{id}	电压	电流	电流	电压
$\dot{A} = x_o/x_{id}$	$\dot{A}_u = u_o/u_{id}$	$\dot{A}_i = i_o/i_{id}$	$\dot{A}_r = u_o/i_{id}$	$\dot{A}_g = i_o/u_{id}$
$\dot{F} = x_f/x_o$	$\dot{F}_u = u_f/u_o$	$\dot{F}_i = i_f/i_o$	$\dot{F}_g = i_f/u_o$	$\dot{F}_r = u_f/i_o$
$\dot{A}_f = \dfrac{x_o}{x_i} = \dfrac{\dot{A}}{1 + \dot{A}\dot{F}}$	$\dot{A}_{uf} = u_o/u_i = \dfrac{\dot{A}_u}{1 + \dot{A}_u\dot{F}_u}$	$\dot{A}_{if} = i_o/i_i = \dfrac{\dot{A}_i}{1 + \dot{A}_i\dot{F}_i}$	$\dot{A}_{rf} = u_o/i_i = \dfrac{\dot{A}_r}{1 + \dot{A}_r\dot{F}_g}$	$\dot{A}_{gf} = i_o/u_i = \dfrac{\dot{A}_g}{1 + \dot{A}_g\dot{F}_r}$
功　　能	u_i 控制 u_o	i_i 控制 i_o	i_i 控制 u_o	u_i 控制 i_o

（2）"反馈深度"对放大电路的影响　式（3-6）建立了开环放大倍数与闭环放大倍数之间的关系，是分析负反馈放大电路的出发点。特别是其中的反馈深度 $|1+\dot{A}\dot{F}|$，与负反馈放大器的各项性能指标有着极其密切的关系，现分几种情况加以讨论：

1）当 $|1+\dot{A}\dot{F}|<1$ 时，由式（3-6）可以得到 $|\dot{A}_f|>|\dot{A}|$。说明引入反馈后，闭环放大倍数大于开环放大倍数。根据反馈的定义知道，这是反馈信号与输入信号比较后，使净输入信号增大，放大倍数增加的结果，叫作正反馈。

2）当 $|1+\dot{A}\dot{F}|=0$ 时，由式（3-6）可以得到 $|\dot{A}_f|\rightarrow\infty$。说明当放大电路在没有输入信号时，也会有输出信号，产生自激振荡，使放大电路不能正常工作。在负反馈放大电路中是要设法消除的。

3）当 $|1+\dot{A}\dot{F}|>1$ 时，由式（3-6）可以得到 $|\dot{A}_f|<|\dot{A}|$，即引入反馈后，使放大倍数有所下降。根据反馈的定义，这是反馈信号与输入信号比较后，使净输入信号减小的结果，叫作负反馈。

4）当 $|1+\dot{A}\dot{F}|\gg1$ 时，即 $|\dot{A}\dot{F}|\gg1$，则式（3-6）可表示为

$$\dot{A}_f=\frac{\dot{A}}{1+\dot{A}\dot{F}}\approx\frac{\dot{A}}{\dot{A}\dot{F}}=\frac{1}{\dot{F}} \qquad (3-7)$$

式（3-7）的物理意义是：当 $|\dot{A}\dot{F}|\gg1$ 时，电路处于深度负反馈。这时闭环放大倍数 $\dot{A}_f$ 几乎与开环放大倍数 $\dot{A}$ 无关，而仅取决于反馈系数 $\dot{F}$ 的倒数。同时，式（3-7）也说明：

第一，闭环放大倍数 $\dot{A}_f\approx1/\dot{F}$，只要反馈网络稳定，就能保证 $\dot{A}_f$ 的稳定。而反馈网络通常是由高稳定电阻组成，这就为构成性能优良的反馈放大电路提供了理论依据。

第二，使分析放大电路、求取 $\dot{A}_f$ 的过程变得简单，给工程估算带来很大方便。因为由式（3-7）可得

$$\dot{X}_i\approx\dot{F}\dot{X}_o$$

从式（3-2）得

$$\dot{X}_f=\dot{F}\dot{X}_o$$

所以深度负反馈时，反馈信号近似等于输入信号，即

$$\dot{X}_i=\dot{X}_f \qquad (3-8)$$

上述结果是建立在深度负反馈条件下的，那么怎样才能建立深度负反馈的工作状态呢？

反馈网络一般由无源元件组成，反馈系数最大不会超过1，一般比1还小得多。所以，要使 $|\dot{A}\dot{F}|\gg1$，放大电路的开环增益必须非常大。集成运放的开环差模增益 $\dot{A}_{od}\gg10^5$（对F007）。即使 $\dot{F}=10^{-3}$、$\dot{A}\dot{F}\geqslant10^2$，仍然比1大得多（一般 $\dot{A}\dot{F}>10$ 就可认为是深度负反馈）。所以，在采用集成运放时，很容易实现深度负反馈。反之，在单级放大电路中，要实现深度负反馈是很难的（但在射极跟随器中，由于反馈系数 $\dot{F}=1$，而 $|\dot{A}|$ 有它的几十倍，所以也实现了深度负反馈）。

从反馈深度 $|1+\dot{A}\dot{F}|$ 还可以看出，要使反馈对放大电路的影响变大，则反馈所包围的放大级数应该越多。

思考题

1. 什么是反馈？为什么要引入反馈？如何判断电路中有无反馈？
2. 反馈的类型有哪些？如何判断各种反馈的类型？
3. 若在放大电路中仅引入较强的交流正反馈，电路能正常工作吗？为什么？

4. 为了使负反馈的效果更佳，对信号源内阻应有什么要求？

5. 在中频区，负反馈放大电路的闭环增益与其开环增益相比，是增加了还是减小了？

6. 负反馈放大电路的闭环增益的一般表达式是在什么条件下推导出来的？

7. 什么是深度负反馈？什么是环路增益？

3.2 负反馈对放大电路性能的影响及负反馈的正确引入

放大电路中引入交流负反馈后，其性能会得到多方面的改善，例如，可以提高放大倍数的稳定性，减小非线性失真，改变输入电阻和输出电阻等。下面将分别加以分析。

3.2.1 负反馈对放大电路性能的影响

1. 提高放大倍数的稳定性

（1）定性分析 负反馈放大器的特点是它的自动调整作用。当环境温度、电源、电路参数发生变化从而引起输出电压（或电流）增大时，负反馈则按比例地将增大量返送到输入回路，减小净输入信号，达到降低输出信号的目的。相反，当输出信号减小时，就少抵消一些输入信号使净输入信号增大，从而导致输出信号的回升。因此负反馈能缩小输出信号的波动范围，保证了放大倍数的稳定性。

（2）定量计算 当电路工作在中频区时，对整个电路而言，由于电容的附加相移为零，所以可以写成

$$A_f = \frac{A}{1 + AF} \tag{3-9}$$

所谓稳定度，是指开环的相对稳定程度与闭环时相对稳定程度的比较。

当一个放大电路开环的放大倍数有一个 dA 变化时，其闭环放大倍数也会相应有所变化，为此，将式（3-9）对 A 求导

$$\frac{dA_f}{dA} = \frac{1}{1 + AF} - \frac{AF}{(1 + AF)^2} = \frac{1}{(1 + AF)^2}$$

$$dA_f = \frac{dA}{(1 + AF)^2} \tag{3-10}$$

从式（3-10）可看到，对同一个放大电路来说，开环放大倍数变化 dA 时，加入负反馈后的闭环放大倍数相应的变化量 dA_f 只有 dA 的 $\frac{1}{(1 + AF)^2}$。

通常，用开环相对变化量 dA/A 与闭环相对变化量 dA_f/A_f 来描述电路的稳定度。用式（3-9）等号两边分别去除式（3-10）等号两边得

$$\frac{dA_f}{A_f} = \frac{dA}{A} \frac{1}{1 + AF} \tag{3-11}$$

式（3-11）说明，一个放大电路加入负反馈后的闭环不稳定性为其开环不稳定性的 $1/(1 + AF)$。也就是说，放大电路的闭环放大倍数的稳定度比其开环时提高了（$1 + AF$）倍，反馈深度越深，闭环的稳定度就越高，增益的变动减小。

2. 减小非线性失真

（1）定性分析 一个放大电路，在传输正弦信号时，使波形产生失真是常见的现象，如图3-13a 所示。矫正的办法是加入负反馈，如图3-13b 所示，当一个不失真的正弦信号 x_i 经 $\dot{A}$ 放大后变成一个上大下小的失真波形 x_o，又经 $\dot{F}$ 得到的反馈信号 x_f 也必然是一个与 x_o 成比

例的上大下小的信号,这个 x_f 与 x_i 比较后,得到的净输入信号 x_{id} 一定是上小下大的、与输出失真相反的信号,再经过放大电路从而使输出信号的波形接近对称,达到消除失真的目的。

可见,减小非线性失真,也是依靠了负反馈的自动调整作用。

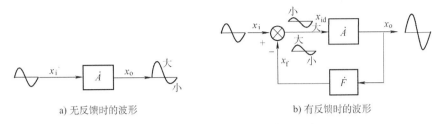

a) 无反馈时的波形   b) 有反馈时的波形

图 3-13 负反馈改善非线性失真的示意图

（2）定量计算 假如不加反馈,输入信号为正弦 $\dot{X}_{id}$ 时,放大器的输出应包括两部分（见图 3-14）:一部分是从 1 端输出的基波线性放大的有用信号 $\dot{A}\dot{X}_{id}$;另一部分是放大器新产生的从 2 端输出的高次谐波（主要是二次谐波）$\dot{X}_{ol}$,则这时的输出信号为 $\dot{X}_o = \dot{A}\dot{X}_{id} + \dot{X}_{ol}$。当加入负反馈后,整个放大器的放大倍数要减小,在保证输出信号中的基波有用信号不变的情况下,整个反馈放大器输出端

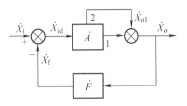

图 3-14 减小非线性失真示意图

$\dot{X}_o$ 中的谐波成分有什么变化呢? 设其中的谐波成分为 $\dot{X}_{olf}$,则 $\dot{X}_{olf}$ 中应包括两部分:

一是放大器在输出不变（输入仍为 $\dot{X}_{id}$）的情况下,同时产生的高次谐波,仍为 $\dot{X}_{ol}$;二是从输出端上输出的谐波 $\dot{X}_{ol}$ 中反馈到放大器的输入端,又经过基本放大器的放大（设在放大反馈后的谐波时不再产生新的谐波成分）后而出现在输出端的 $-\dot{A}\dot{F}\dot{X}_{olf}$,这样 $\dot{X}_o$ 中的谐波成分为

$$\dot{X}_{olf} = \dot{X}_{ol} - \dot{A}\dot{F}\dot{X}_{olf}$$

$$\dot{X}_{olf} = \frac{\dot{X}_{ol}}{1 + \dot{A}\dot{F}} \qquad\qquad (3\text{-}12)$$

整个电路的输出

$$\dot{X}_o = \dot{A}\dot{X}_{id} + \dot{X}_{ol} - \dot{A}\dot{F}\dot{X}_{olf}$$

$$\dot{X}_o = \dot{A}\dot{X}_{id} + \frac{\dot{X}_{ol}}{1 + \dot{A}\dot{F}} \qquad\qquad (3\text{-}13)$$

由式(3-13)知,在保持输出基波有用信号不变的情况下,负反馈使谐波成分减小到开环时谐波成分的 $1/(1 + \dot{A}\dot{F})$。

3. 抑制内部噪声和干扰 放大器内部产生的各种无用信号统称为噪声,噪声对有用信号也会产生干扰,利用负反馈减小内部干扰和噪声,其原理及物理过程与减小非线性失真一样,效果也是闭环噪声输出减小到开环噪声输出的 $1/(1 + \dot{A}\dot{F})$。

应该说明的是:噪声对有用信号的干扰,并不取决于噪声的绝对大小,而是由放大器输出信号与噪声的比值来决定,称为

$$信噪比 = \frac{信号电平}{噪声电平}$$

通常用分贝表示

$$N = 10\lg\frac{P_{信号}}{P_{噪声}} \quad 或 \quad N = 20\lg\frac{U_{信号}}{U_{噪声}}$$

必须指出，负反馈只能消弱放大器内部产生的噪声与干扰，对外部混入的干扰和噪声则不起作用；负反馈将噪声缩小 $1/(1+\dot{A}\dot{F})$，放大器的放大倍数也减小 $1/(1+\dot{A}\dot{F})$，故不能提高信噪比，只有用改进电路或加大有用信号的输入来提高信噪比。

4. 对输入电阻和输出电阻的影响   一个放大电路的重要指标之一是输入、输出电阻，下面分别予以讨论。

（1）对输入电阻的影响

1）串联负反馈使输入电阻增加。

定性分析：串联负反馈削弱了放大电路的输入电压，使真正加到放大电路输入端的净输入电压下降了。因此，在同样的输入电压下，输入电流将下降。换言之，串联负反馈使输入电阻增大。

定量计算：此时放大电路的输入可表示为图 3-15 的形式。

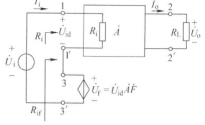

如前所述，串联负反馈是使净输入信号 $\dot{X}_{id}=\dot{X}_i-\dot{X}_f$ 减小的过程。从图 3-15 上可以明显看出：无反馈

图 3-15   串联负反馈对输入电阻的影响

时，放大器的输入电阻为从 $(1\text{-}1')$ 间向右看的电阻 R_i；加入反馈后的输入电阻 R_{if} 为从 $(1\text{-}3')$ 间向右看的电阻，其值为 R_i 与 $(3\text{-}3')$ 间电阻串联之和，所以有 $R_{if}>R_i$。信号源内阻 R_S 已划入基本放大器中，所以 R_i 和 R_{if} 中已含 R_S。

R_{if} 比 R_i 大多少呢？在没有加入反馈时的输入电阻

$$R_i=\frac{\dot{U}_{id}}{\dot{I}_i}$$

加入负反馈后的输入电阻

$$
\begin{aligned}
R_{if}&=\frac{\dot{U}_i}{\dot{I}_i}=\frac{\dot{U}_{id}+\dot{U}_f}{\dot{I}_i}=\frac{\dot{U}_{id}+\dot{F}\dot{U}_o}{\dot{I}_i}\\
&=\frac{\dot{U}_{id}+\dot{A}\dot{F}\dot{U}_{id}}{\dot{I}_i}=\frac{\dot{U}_{id}(1+\dot{A}\dot{F})}{\dot{I}_i}\\
&=R_i(1+\dot{A}\dot{F})
\end{aligned}
\tag{3-14}
$$

即闭环输入电阻比开环输入电阻增大了 $(1+\dot{A}\dot{F})$ 倍。

当深度负反馈 $|1+\dot{A}\dot{F}|\gg1$ 时，将会有

$$R_{if}\gg R_i$$

应该注意：R_{if} 与 R_i 的不同在于 R_{if} 是放大电路输入端与地之间的输入电阻，它包含了反馈电压 $\dot{U}_f$ 的影响，而 R_i 是放大器两输入端之间的电阻，它不包含 $\dot{U}_f$ 的影响。

2）并联负反馈使输入电阻减小。

定性分析：并联负反馈削弱了放大电路的输入电流，使真正流入放大电路输入端的净输入电流减小了。或者说，在同样的输入电压下，为了保持同样的净输入电流，总的输入电流将增大。换言之，并联负反馈使输入电阻减小。

定量计算：如图 3-16 所示，并联负反馈在输入回路中进行比较的形式是电流相减，即 $\dot{I}_{id}=\dot{I}_s-\dot{I}_f$。

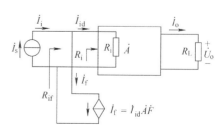

图 3-16   并联负反馈对输入电阻的影响

由于加入负反馈，$\dot{I}_s$ 除供给基本放大器输入驱动电流外，还要被反馈支路所分流。也就是说，并联反馈时在原开环输入电阻 R_i（信号源内阻 R_S 已并入了 R_i 中）上又并联了一个电阻支路，所以其输入电阻要减小。

输入电阻减小了多少呢？在未加反馈时，输入电阻 $R_i = \dot{U}_i / \dot{I}_{id}$ 其中包括了信号源内阻 R_S。

加入负反馈后的输入电阻，在图示正方向时，其值为

$$R_{if} = \frac{\dot{U}_i}{\dot{I}_s} = \frac{\dot{U}_i}{\dot{I}_{id} + \dot{I}_f} = \frac{\dot{U}_i}{\dot{I}_{id} + \dot{I}_o\dot{F}} = \frac{\dot{U}_i}{\dot{I}_{id} + \dot{A}\dot{F}\dot{I}_{id}} = \frac{\dot{U}_i}{\dot{I}_{id}(1 + \dot{A}\dot{F})} = \frac{R_i}{1 + \dot{A}\dot{F}} \qquad (3\text{-}15)$$

（2）对输出电阻的影响　输出电阻的变化取决于反馈信号的取样对象（电压或电流），与在输入回路的反馈方式无直接关系。

1）电压负反馈使输出电阻减小。

定性分析：由电路分析课程中知道，一个电压源的外特性是内阻越小越好，内阻越小越接近为恒压源。反过来说，即一个稳定的信号电压源，其内阻一定很小。否则输出电压将随着输出电流的增加而减小，失去电压源的功能。电压负反馈具有稳定输出电压的作用，既然能使输出电压稳定，那一定是降低了输出电阻。所以说，凡是电压负反馈都有使输出电阻减小的作用，而与比较方式无直接关系。

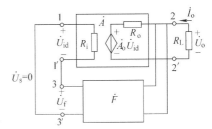

图 3-17　电压串联负反馈对输出
电阻的影响

定量计算：图 3-17 是电压串联负反馈求输出电阻的框图，图中 $\dot{U}_{id}$ 是基本放大电路的净输入电压，$\dot{A}_o$ 为负载开路（$R_L \rightarrow \infty$）时的开环增益，$\dot{A}_o\dot{U}_{id}$ 为负载开路时的输出电压，R_o 是基本放大电路的输出电阻。现在计算带负反馈时的输出电阻 R_{of}。

从图中可以得到

$$\dot{U}_{id} = -\dot{U}_f = -\dot{F}\dot{U}_o$$

在输出回路，用基尔霍夫电压定理，可以写出如下关系式

$$\dot{U}_o = \dot{I}_o R_o + \dot{A}_o\dot{U}_{id} = \dot{I}_o R_o - \dot{A}_o\dot{U}_f = \dot{I}_o R_o - \dot{A}_o\dot{F}\dot{U}_o$$

由上式可以求得开环输出电阻

$$R_o = \frac{\dot{U}_o}{\dot{I}_o}(1 + \dot{A}_o\dot{F}) = R_{of}(1 + \dot{A}_o\dot{F})$$

于是得

$$R_{of} = \frac{R_o}{1 + \dot{A}_o\dot{F}} \qquad (3\text{-}16)$$

式(3-16)的物理意义是引入电压负反馈后的闭环输出电阻变为开环输出电阻的 $1/(1 + \dot{A}\dot{F})$。对电压并联负反馈可推出类似公式。

2）电流负反馈使输出电阻增大。

定性分析：电路理论已经论证，对一个恒流源来说，其内阻越大，它的外特性就越稳定。也就是说，只要一个信号电流源的输出电流近似为恒流源，其内阻一定是很大的。从前面的分析中知道，电流负反馈具有稳定输出电流的能力，而被稳定后的电流恰似一个恒流源，这就意味着电流负反馈增大了其输出电阻，对此并不难理解。

定量计算：对电流串联负反馈电路，可用图 3-18a 说明。图中 $\dot{U}_{id}$ 是基本放大电路的净输入电压，$\dot{A}_s$ 为负载短路（$R_L = 0$）时的开环增益，$\dot{A}_s\dot{U}_{id}$ 为负载短路时的输出电流，R_o 是基本

放大电路的输出电阻。现在计算带负反馈时的输出电阻 R_{of}。如前所述，电流反馈，反馈网络只从输出信号中取样电流而不取电压，在输出回路应用基尔霍夫电流定律，可得如下关系式

$$\dot{I} = \frac{\dot{U}}{R_o} + \dot{A}_s \dot{U}_{id}$$

由图可知，$\dot{U}_{id} = -\dot{U}_f = -\dot{F}_r \dot{I}$，将其代入上式得

$$\dot{I} = \frac{\dot{U}}{R_o} - \dot{A}_s \dot{F}_r \dot{I}$$

所以

$$R_{of} = \frac{\dot{U}}{\dot{I}} = R_o(1 + \dot{A}_s \dot{F}_r) \tag{3-17}$$

应用类似的方法，令 $\dot{I}_s = 0$，由图3-18b 可以求得电流并联负反馈放大电路的输出电阻

$$R_{of} = \frac{\dot{U}}{\dot{I}} = R_o(1 + \dot{A}_s \dot{F}_i) \tag{3-18}$$

由上式说明，加入电流负反馈后，输出电阻比开环时的输出电阻增大了 $(1 + \dot{A}\dot{F})$ 倍。

综上所述，负反馈对放大电路的影响都与反馈深度有关：

①反馈使基本放大器的放大倍数变为原来的 $1/(1 + \dot{A}\dot{F})$。这是最基本的一点，由此使闭环放大电路的性能产生了一系列与此有关的变化。

②为便于比较和应用，现将负反馈对放大电路性能的影响归纳于表3-3中。

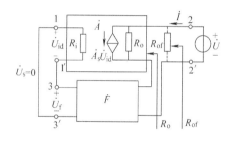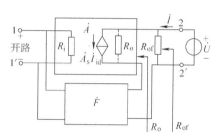

a) 电流串联负反馈电路　　　　　　　　b) 电流并联负反馈电路

图3-18　电流负反馈对输出电阻的影响

表3-3　负反馈对放大电路性能的影响

反馈类型	x_i	x_o	稳定的增益	输入电阻 R_{if}	输出电阻 R_{of}	放大类型
电压串联	u_i	u_o	$\dot{A}_{uf}$	$(1 + \dot{A}_u \dot{F}_u)R_i$ 增大	$R_o/(1 + \dot{A}_{uo}\dot{F}_u)$ 减小	电压
电压并联	i_i	u_o	$\dot{A}_{rf}$	$R_i/(1 + \dot{A}_r \dot{F}_g)$ 减小	$R_o/(1 + \dot{A}_{ro}\dot{F}_g)$ 减小	互阻
电流串联	u_i	i_o	$\dot{A}_{gf}$	$(1 + \dot{A}_g \dot{F}_r)R_i$ 增大	$(1 + \dot{A}_{gs}\dot{F}_r)R_o$ 增大	互导
电流并联	i_i	i_o	$\dot{A}_{if}$	$R_i/(1 + \dot{A}_i \dot{F}_i)$ 减小	$(1 + \dot{A}_{is}\dot{F}_i)R_o$ 增大	电流

注：R_{if} 和 R_{of} 是指反馈环内的输入和输出电阻的表达式。

通过以上分析可知，负反馈对放大电路性能的影响，均与反馈深度 $(1 + \dot{A}\dot{F})$ 有关。应当指出，以上的定量分析是为了更好地理解反馈深度与电路性能指标的定性关系。从某种意义上讲，对负反馈放大电路的定性分析比定量计算更重要，这是因为在分析实用电路时，几乎均可认为它们引入的是深度负反馈，如当基本放大电路为集成运放时，便可认为 $(1 + \dot{A}\dot{F})$ 趋于无穷大，因此对负反馈的定性分析，在电路设计中起重要作用。

3.2.2 负反馈的正确引入

引入负反馈可以改善放大电路多方面的性能，而且反馈种类和类型不同，所产生的影响也各不相同。因此，在设计放大电路时，应根据需要和目的，引入合适的反馈，以满足放大电路静态和动态性能的要求。下面介绍引入反馈的一般原则和方法。

1. 引入原则

1）为稳定静态工作点应引入直流负反馈，欲改善交流性能时则应引入交流负反馈。

2）为稳定输出电压应引入电压负反馈，欲稳定输出电流则应引入电流负反馈。

3）为稳定整个电路的最后输出量，应引入整体负反馈，欲稳定某一放大级的输出量，则应引入局部负反馈。

4）为提高放大电路的输入电阻应引入串联负反馈，欲减小放大电路的输入电阻时应引入并联负反馈。

5）为减小输出电阻应引入电压负反馈，欲提高输出电阻则应引入电流负反馈。

6）当信号源内阻小时，宜用串联负反馈，当信号源内阻大时，宜用并联负反馈。

2. 举例 下面通过几个例子说明引入反馈的方法。

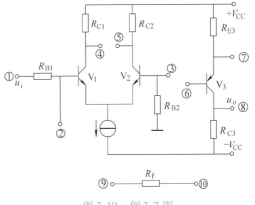

【例3-7】 电路图如图3-19所示，为了达到下列目的，分别说明应引入哪种组态的负反馈以及电路如何连接。

（1）减小放大电路从信号源索取的电流并增强带负载能力；（2）将输入电流 i_i 转换成与之成稳定线性关系的输出电流 i_o；（3）将输入电流 i_i 转换成稳定的输出电压 u_o。

图3-19 例3-7图

解：（1）电路需要增大输入电阻并减小输出电阻，故应引入电压串联负反馈 反馈信号从输出电压取样，故将⑧与⑩相连接；反馈量应为电压量，故将③与⑨相连接；这样，u_o 作用于 R_F 和 R_{B2} 回路，在 R_{B2} 上得到反馈电压 u_f。为保证电路引入的为负反馈，当 u_i 对地为"＋"时，u_f 对地为上"＋"下"－"，即⑧的电位为"＋"，⑥为"－"，因此④与⑥相连接起来。

结论：电路中应将④与⑥、③与⑨、⑧与⑩分别连接起来。

（2）电路应引入电流并联负反馈 将⑦与⑩、②与⑨分别相连接，R_F 与 R_{E3} 对 i_o 分流，R_F 中的电流 i_f。为保证电路引入的是负反馈，当 u_i 对地为"＋"时，i_f 应自输入端流出，即应使⑥端的电位为"－"，因此应将④与⑥相连接起来。

结论：电路中应将④与⑥、⑦与⑩、②与⑨分别连接起来。

（3）电路应引入电压并联负反馈 电路中应将②与⑨、⑧与⑩、⑤与⑥分别连接起来。

思考题

1. 负反馈对放大电路有哪些影响？

2. 负反馈对输入输出电阻的影响与电路的信号源及负载的关系如何？

3. 要想正确引入负反馈，应注意哪些因素？

4. 在负反馈的电路中，是否一定没有正反馈？请举例说明。

5. 通常在什么情况下，需要引入负反馈？请举例说明。

3.3　负反馈放大电路的分析计算

放大电路在引入负反馈以后，由于增加了输入与输出之间的反馈网络，使电路在结构上出现多个回路和多个节点，使计算变得十分复杂。常用的计算方法是将负反馈放大电路分解成为基本放大电路和反馈网络两部分，然后分别求出基本放大电路的放大倍数 A 和反馈系数 F，最后按前一节所介绍的有关反馈放大电路的公式计算。

在深度负反馈条件下，放大电路的分析计算变得比较简单。在多数情况下，常采用多级负反馈放大电路，尤其是在广泛使用集成运放的情况下，均能满足深度负反馈条件。下面介绍在深度负反馈条件下放大电路的分析计算。这是常用的方法，也是本节讨论的重点。

1. 估算的依据　一般来说，当 $|1 + \dot{A}\dot{F}| \geqslant 10$ 时，就可以满足深度负反馈的条件。这样，有：

$$\dot{A}_f = \frac{\dot{A}}{1 + \dot{A}\dot{F}} \approx \frac{1}{\dot{F}} \tag{3-19}$$

即放大器的闭环放大倍数等于反馈系数的倒数。

另外，在负反馈放大电路中，有

$$\dot{X}_i = \dot{X}_{id} + \dot{X}_f = (1 + \dot{A}\dot{F})\dot{X}_d$$

当满足深度负反馈条件时，上式可写成：

$$\dot{X}_i \approx \dot{X}_f \tag{3-20}$$

式（3-19）和式（3-20）深刻反映了负反馈放大电路中输入量 $\dot{X}_i$、输出量 $\dot{X}_o$、反馈量 $\dot{X}_f$ 和净输入量 $\dot{X}_{id}$ 之间的关系，是进行深度负反馈放大电路估算时的基本依据。对于由分立元件组成的深度负反馈放大电路，可以主要依据式（3-19）来估算。对于由运放构成的深度负反馈电路可以主要用式（3-20）估算。其实，式（3-20）刚好就是运放"虚短"和"虚断"概念的准确表达。用这个公式来分析由运放构成的深度负反馈放大电路，物理概念清楚，计算简单明了。当然，在实际分析过程中，这两个公式经常配合使用。

2. 深度负反馈放大电路的近似计算　实际工作中，为了迅速简便地求得大致正确结果，在无须精确的情况下，对于深度负反馈放大电路的求解可以采用如下两种方法进行估算。

方法一　主要采用式（3-19）分析，计算的步骤是

1）先求反馈系数 $\dot{F}$。

2）再求闭环放大倍数 $\dot{A}_f$。

3）最后计算闭环电压放大倍数 $\dot{A}_{uf}$。

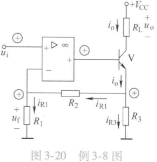

图3-20　例3-8图

【例3-8】　在图3-20所示电路中，已知 $R_1 = 10\text{k}\Omega$，$R_2 = 100\text{k}\Omega$，$R_3 = 2\text{k}\Omega$，$R_L = 5\text{k}\Omega$。求解在深度负反馈条件下的闭环增益。

解：图3-20所示电路中引入了电流串联负反馈，R_1、R_2 和 R_3 组成了反馈网络。由图可知，输出电流 i_o 在 R_1 上的分流为反馈电流。

因此，反馈电流为

$$i_{R1} = \frac{R_3}{R_1 + R_2 + R_3}i_o$$

反馈电压为
$$u_{\mathrm{f}} = i_{\mathrm{R1}}R_1 = \frac{R_3}{R_1+R_2+R_3}i_{\mathrm{o}}R_1$$

则反馈电压放大倍数分别为

$$\dot{F}_{\mathrm{r}} = \frac{u_{\mathrm{f}}}{i_{\mathrm{o}}} = \frac{R_1R_3}{R_1+R_2+R_3}$$

$$\dot{A}_{\mathrm{uf}} = \frac{u_{\mathrm{o}}}{u_{\mathrm{i}}} \approx \frac{u_{\mathrm{o}}}{u_{\mathrm{f}}} = \frac{i_{\mathrm{o}}R_{\mathrm{L}}}{u_{\mathrm{f}}} = \frac{1}{\dot{F}_{\mathrm{r}}}R_{\mathrm{L}} = \frac{R_1+R_2+R_3}{R_1R_3}R_{\mathrm{L}} = \frac{10+100+10}{10\times2}\times5 = 30$$

方法二 主要利用式（3-20）分析，对于运放组成的负反馈放大电路，式（3-20）在不同反馈组态下的表现形式不尽相同，其中

对于串联负反馈有：
$$\dot{U}_{\mathrm{i}} \approx \dot{U}_{\mathrm{f}}, \quad \dot{U}_{\mathrm{id}} \approx 0 \tag{3-21}$$

它表明的物理意义是指在集成运放的同相输入端和反相输入端之间的净输入电压 $\dot{U}_{\mathrm{id}}$ 近似为 0。此时，两输入端接近于短路，但又不是真正的短路。这种状态简称"虚短"。

对于并联负反馈有
$$\dot{I}_{\mathrm{i}} \approx \dot{I}_{\mathrm{f}}, \quad \dot{I}_{\mathrm{id}} \approx 0 \tag{3-22}$$

它的物理意义是指在深度负反馈状态下，流经集成运放的同相输入端和反相输入端的电流几乎为 0。这种状态简称"虚断"。从式（3-21）、式（3-22）可以找出输出电压和输入电压的关系，从而估算出电压放大倍数。

下面通过 4 种负反馈组态的分析，说明如何利用上述近似条件进行估算。

（1）电压串联负反馈 图 3-21 所示电路为电压串联负反馈放大电路。

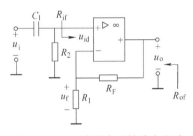

由于是串联负反馈，故根据式（3-21）有
$$u_{\mathrm{id}} \approx 0, \ u_{\mathrm{i}} \approx u_{\mathrm{f}} \qquad 虚短$$

由图 3-21 可知，输出电压 u_{o} 经 R_{F} 和 R_1 分压后反馈至输入回路，即

图 3-21 电压串联负反馈放大电路

$$u_{\mathrm{f}} \approx \frac{u_{\mathrm{o}}R_1}{R_1+R_{\mathrm{F}}}$$

电压放大倍数
$$\dot{A}_{\mathrm{uf}} = \frac{u_{\mathrm{o}}}{u_{\mathrm{i}}} \approx \frac{u_{\mathrm{o}}}{u_{\mathrm{f}}} = 1 + \frac{R_{\mathrm{F}}}{R_1}$$

输入电阻
$$R_{\mathrm{if}} \to \infty$$
$$R'_{\mathrm{if}} = R_2 /\!/ R_{\mathrm{if}} = R_2$$

因为是电压负反馈，去掉负载后向左看进去的闭环输出电阻为
$$R_{\mathrm{of}} = \left| \frac{\Delta u_{\mathrm{o}}}{\Delta i_{\mathrm{o}}} \right| \to 0$$

（2）电压并联负反馈 图 3-22 所示电路为电压并联负反馈放大电路。

由于是并联负反馈，故根据式（3-22）及虚断的含义有
$$i_- = i_+ \approx 0, \ i_1 \approx i_{\mathrm{f}} \qquad 虚断$$

又因为

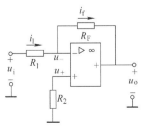

图 3-22 电压并联负反馈
放大电路

$$u_- \approx u_+ = 0$$

这时，反相输入端的电位接近于地而又不是真正的地。这种状态叫作反相输入端处于"虚地"。"虚地"是"虚短路"在反相输入运放电路中的特殊表现形式。

因为 $u_- \approx 0$，立即可以看出，$i_1 \approx \dfrac{u_i}{R_1}$ 和 $i_f \approx -\dfrac{u_o}{R_F}$。因此

$$i_1 \approx \frac{u_i}{R_1} = i_f \approx -\frac{u_o}{R_F}$$

从而得出该电路的电压放大倍数

$$A_{uf} = -\frac{R_F}{R_1}$$

在图 3-22 中，由于 $u_{id} \approx 0$，所以从信号源内阻 R_1 的右端向放大电路看进去的输入电阻为

$$R_{if} = \frac{u_{id}}{i_1} \rightarrow 0$$

放大电路输入电阻　　　　　　　$$R'_{if} = R_1 + R_{if} = R_1$$

因为是电压负反馈，去掉负载后向左看进去的输出电阻为

$$R_{of} = \left| \frac{\Delta u_o}{\Delta i_o} \right| \rightarrow 0$$

（3）电流串联负反馈　图 3-23 所示电路为电流串联负反馈放大电路。

在深度负反馈条件下，根据前面介绍的虚短与虚断的概念可以得出

$$u_{id} \approx 0, \quad u_i \approx u_f \qquad 虚短$$

$$i_- \approx i_+ \approx 0 \qquad 虚断$$

由图 3-23 可知，输出电流 i_o 经 R_F 和 R_L 反馈至输入回路，即

$$u_f \approx i_o R_F = \frac{u_o}{R_L} R_F$$

则由 $u_i \approx u_f$ 得

$$A_{uf} = \frac{u_o}{u_i} \approx \frac{u_o}{u_f} = \frac{R_L}{R_F}$$

$$R_{if} = \frac{u_i}{i_i} \rightarrow \infty$$

因为是电流负反馈，能稳定输出电流。因此，从输出端向放大电路看进去的闭环输出电阻 $R_{of} \rightarrow \infty$。

（4）电流并联负反馈　图 3-24 所示电路为电流并联负反馈放大电路。

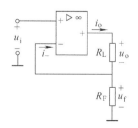

图 3-23　电流串联负反馈放大电路

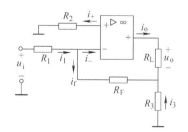

图 3-24　电流并联负反馈放大电路

根据深度负反馈条件下，虚短与虚断的概念可以得出

$$i_1 \approx i_f \qquad 虚断$$

$$u_+ \approx u_- = 0 \qquad\qquad 虚短(虚地)$$

$$i_1 \approx i_f = \frac{u_i}{R_1}$$

由图 3-24 可知，输出电流 i_o 经 R_L、R_3、R_F 反馈至输入回路，即

$$u_o \approx i_o R_L = (-i_f - i_3) R_L = \left(-i_f + \frac{-i_f R_F}{R_3} \right) R_L$$

则把 $i_f = u_i / R_1$ 代入上式得

$$\dot{A}_{uf} = \frac{u_o}{u_i} = -\frac{R_3 + R_F}{R_1 R_3} R_L$$

放大电路输入电阻

$$R'_{if} = R_1$$

$$R_{of} \to \infty$$

【例3-9】 在图 3-25 所示电路中，已知 $R_2 = 10\text{k}\Omega$，$R_4 = 100\text{k}\Omega$。求解深度负反馈条件下的电压放大倍数 $\dot{A}_{uf}$。

解： 图 3-25 所示电路中引入了电压串联负反馈，R_2 和 R_4 组成反馈网络。所以

$$\dot{F}_u = \frac{u_f}{u_o} = \frac{R_2}{R_2 + R_4}$$

$$\dot{A}_{uf} = \frac{u_o}{u_i} \approx \frac{1}{\dot{F}_u} = 1 + \frac{R_4}{R_2} = 1 + \frac{100}{10} = 11$$

【例3-10】 图 3-26 是一个比较复杂的 OCL 准互补功率放大电路的一部分，计算电路的闭环增益。

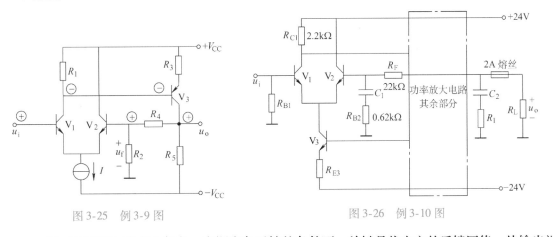

图 3-25 例 3-9 图　　　　　图 3-26 例 3-10 图

解： 不管该电路多么复杂，在深度负反馈的条件下，关键是找出它的反馈网络。从输出端的非接地端 u_o 经 R_F、C_1、R_{B2} 接到差动输入级 V_2 的 b 极，是电压串联负反馈。因为满足深度负反馈条件，又是串联反馈，应用式（3-21）可以立即得出该功率放大电路的闭环电压增益为

$$\dot{A}_{uf} = \frac{u_o}{u_i} \approx \frac{u_o}{u_f} = \frac{u_o}{u_o \dfrac{0.62}{22 + 0.62}} = 36.5$$

思考题

1. 在深度负反馈条件下，应如何求得 4 种反馈组态 $\dot{A}_{uf}$ 的表达式？

2. 简化放大电路计算的前提条件是什么？

3.4   负反馈放大电路的自激振荡

交流负反馈对放大电路性能的影响程度由反馈深度或环路增益的大小决定，$|1 + \dot{A}\dot{F}|$ 或 $|\dot{A}\dot{F}|$ 越大，放大电路的性能越好。然而反馈过深时，不但不能改善放大电路的性能，反而会使电路产生自激振荡而不能稳定地工作。下面分析负反馈放大电路产生自激振荡的原因和条件，研究负反馈放大电路稳定工作的条件，最后介绍消除自激振荡的方法。

3.4.1   负反馈放大电路的自激振荡及稳定工作条件

1. 产生自激振荡的原因及条件   按照定义，引入负反馈后，放大电路的净输入信号 $\dot{X}_{id}$ 将减小，因此，$\dot{X}_f$ 与 $\dot{X}_i$ 必然是同相的，即有 $\varphi_A + \varphi_F = 2n \times 180°$，$n = 0$，1，2，…（$\varphi_A$、$\varphi_F$ 分别是 $\dot{A}$、$\dot{F}$ 的相角）。可是，在高频区或低频区，电路中各种电抗性元件的影响不能再被忽略。$\dot{A}$、$\dot{F}$ 的幅值和相位都会随频率而变化，使 $\dot{X}_f$ 与 $\dot{X}_i$ 不再同相，产生了附加相移（$\Delta\varphi_A + \Delta\varphi_F$）。如果在某一频率下，$\dot{A}$、$\dot{F}$ 的附加相移达到 $180°$，使 $\varphi_A + \varphi_F = (2n+1)180°$，$n = 0$，1，2，…。

这时，$\dot{X}_f$ 与 $\dot{X}_i$ 必然由中频区的同相变为反相，使放大电路净输入信号由中频时的减小而变为增大，放大电路就由负反馈变成了正反馈。当正反馈较强以致使 $\dot{X}_{id} = -\dot{X}_f = -\dot{A}\dot{F}\dot{X}_{id}$，也就是 $\dot{A}\dot{F} = -1$ 时，即使输入端不加输入信号，输出端也会产生输出信号，电路产生自激振荡，如图 3-27 所示，这时电路会失去正常的放大作用。

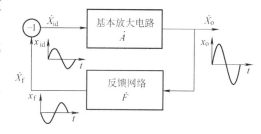

图 3-27   负反馈放大电路的自激振荡现象

由上述分析可知，负反馈放大电路产生自激振荡的条件是环路增益

$$\dot{A}\dot{F} = -1 \tag{3-23}$$

它包括幅值条件和相位条件，即

幅值条件 $$|\dot{A}\dot{F}| = 1 \tag{3-24}$$

相位条件 $$\varphi_A + \varphi_F = \pm(2n+1)\pi \quad (n = 0，1，2，3，…) \tag{3-25}$$

为了突出附加相移，相位条件也常写成

$$\Delta\varphi_A + \Delta\varphi_F = \pm 180° \tag{3-26}$$

当幅值条件和相位条件同时满足时，负反馈放大电路就会产生自激振荡。在 $\Delta\varphi_A + \Delta\varphi_F = \pm 180°$ 及 $|\dot{A}\dot{F}| > 1$ 时，更加容易产生自激振荡。

2. 自激振荡的判断方法   从自激振荡的两个条件看，一般来说相位条件是主要因素。当相位条件得到满足之后，在绝大多数情况下只要 $|\dot{A}\dot{F}| \geqslant 1$，放大电路就将产生自激振荡。当 $|\dot{A}\dot{F}| > 1$ 时，输入信号经过放大再放大，其输出正弦波的幅度要逐步增长，直到由电路元件的非线性所确定的某个限度为止，输出幅度才不再继续增长。为了分析的方便，画出放大电路 $\dot{A}\dot{F}$ 的对数幅频特性及相频特性，如图 3-28 所示。

根据图 3-28 和反馈放大电路的自激条件，可以得出下面几种方法来判断放大电路是否能产生自激振荡。

1）当 $f = f_c$ [在此频率，$\varphi(f_c) = 180°$] 时，若 $|\dot{A}\dot{F}| \geqslant 1$，即 $L(f_c) = 20\lg|\dot{A}\dot{F}| \geqslant 0$dB，则放大电路自激（见图 3-28a）；若 $L(f_c) = 20\lg|\dot{A}\dot{F}| < 0$dB，放大电路不自激（见图 3-28b）。

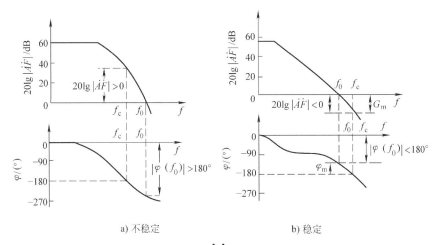

a) 不稳定　　　　　　　　　　　　　b) 稳定

图 3-28　反馈放大电路的 $\dot{A}\dot{F}$ 的对数幅频特性及相频特性

2）当 $f=f_0$ [在此频率，$|\dot{A}\dot{F}|=1$，即 $L(f_0)=20\lg|\dot{A}\dot{F}|=0\mathrm{dB}$] 时，若 $|\varphi(f_0)|<180°$，则 $|\dot{A}\dot{F}|$ 降到 1 时，相位不足 180°，而当相移达到 180°时，$|\dot{A}\dot{F}|$ 又降到小于 1，因此放大电路不能自激。

3）当 $f_c<f_0$ 时，放大电路自激，当 $f_c>f_0$ 时，放大电路不自激。

上述三种判断方法都是从放大电路的自激条件得到的，其实质是一样的。在判断放大电路是否振荡时，可以根据具体情况选用一种。

3.4.2　常用消除自激的方法

对于一个负反馈放大电路而言，消除自激的方法就是采取措施破坏自激的幅度或相位条件。

最简便的方法是减少其反馈系数或反馈深度，使当附加相移 $f=180°$ 时，$|\dot{A}\dot{F}|<0$。这样虽然能够达到消振的目的，但是由于反馈深度下降，不利于放大电路其他性能的改善。为此希望采取某些措施，使电路既有足够的反馈深度，又能稳定地工作。

设某负反馈放大电路环路增益的幅频特性如图 3-29 中粗虚线所示，在电路中找出产生 f_{H1} 的那级电路，加补偿电路，如图 3-30a 所示，其高频等效电路如图 3-30b 所示。R_{o1} 为前级输出电阻，R_{i2} 为后级输入电阻，C_{i2} 为后级输入电容，因此加补偿电容前的上限频率

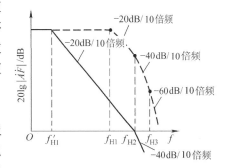

图 3-29　简单滞后补偿前后基本放大电路的幅频特性

$$f_{H1}=\frac{1}{2\pi(R_{o1}/\!/R_{i2})C_{i2}} \tag{3-27}$$

加补偿电容 C 后的上限频率

$$f'_{H1}=\frac{1}{2\pi(R_{o1}/\!/R_{i2})(C_{i2}+C)} \tag{3-28}$$

如果补偿后，使 $f=f_{H2}$ 时，$20\lg|\dot{A}\dot{F}|=0\mathrm{dB}$，且 $f_{H2}\geqslant10f'_{H1}$，如图 3-29 所示。图中粗实线表明，$f=f_c$ 时，$|\varphi_A+\varphi_F|$ 趋于 $-135°$，即 $f_0<f_c$，并具有 45°的相位裕度，所以电路一定不会产生自激振荡。

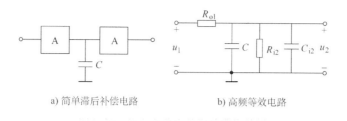

a) 简单滞后补偿电路　　　　　b) 高频等效电路

思考题

1. 放大电路由负反馈变成了正反馈，就一定会产生自激吗？
2. 什么是自激振荡？
3. 负反馈放大电路产生自激振荡的条件是什么？
4. 频率补偿的含义是什么？

3.5　应用 Multisim 对负反馈放大电路性能进行仿真分析

本节通过 Multisim14.0 仿真软件研究放大电路分别在开环状态和引入负反馈状态下电路的动态性能指标：电压放大倍数、输入电阻、输出电阻、上限截止频率、下限截止频率及通带宽。

在 Multisim14.0 中，搭建两级共射放大电路如图 3-31 所示。开关 J_1（A 键控制）断开时电路为开环状态，J_1 闭合时电路引入电压串联负反馈形成闭环。开关 J_2（B 键控制）断开、J_3（C 键控制）闭合时电路接负载电阻 $R_L = 10k\Omega$；J_2、J_3 都闭合时电路等效负载电阻为 $5k\Omega$；J_2、J_3 都断开时电路空载。XSC1 为虚拟示波器，两级共射放大电路的输入端接示波器的 A 通道，设置为红色，电路的输出端接示波器的 B 通道，设置为蓝色，示波器 A、B 通道都选择 AC 档观察交流信号。XMM1 和 XMM2 为虚拟数字万用表，置于交流电压档，用于测量电路的交流电压。XBP1 为虚拟波德图仪。电源 $V_{CC} = 12\,V$，信号源 U_s 为 4mV、500Hz 的正弦交流信号。

1. 测量开环带负载电压放大倍数 A_u

（1）电路开环时等效负载电阻　为了对比放大电路在开环和引入负反馈电路的动态性能指标，需要考虑引入负反馈产生的负载效应，也就是将反馈网络作为放大电路输入端和输出端的等效负载。考虑反馈网络在输入端的负载效应时，应使输出量的作用为零；考虑反馈网络在输出端的负载效应时，应使输入量的作用为零。

对于图 3-31 电路，在实际工作中考虑引入反馈和开环状态保持同样的负载效应，因此，电路在开环时必须同时将 R_f 并联于输入、输出回路，由于 $R_f \gg R_{E1}$，因此可忽略 R_f 对输入回路的影响；对于输出回路，将 R_f 与 R_L 并联，开环状态下反馈等效负载电阻为 $5k\Omega$。

（2）观察电路输入 $U_s = 4mV$、$f = 500Hz$ 正弦波信号的输出波形　保持图 3-31 开关 J_1 断开，电路在开环状态。令 J_2、J_3 闭合，电路等效负载电阻为 $5k\Omega$。信号源为 $U_s = 4mV$、$f = 500Hz$ 正弦波信号。启动仿真按钮，从示波器 XSC1 的 B 通道观察电路的输出波形（见图 3-32）已经出现了严重的失真。

（3）测量开环带负载最大不失真输出电压　开环状态下测电压放大倍数时应确保输出信号不失真，对于图 3-31，应逐步减小输入正弦波信号的幅值，启动仿真按钮，从示波器 B

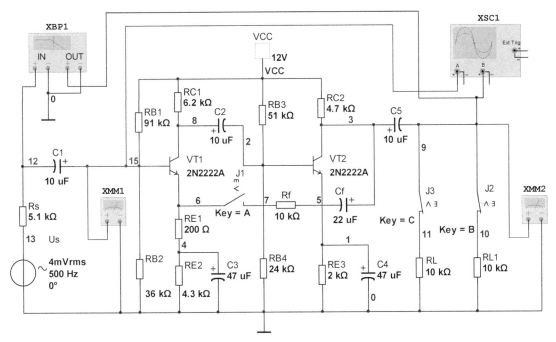

图 3-31 两级共射放大电路仿真电路

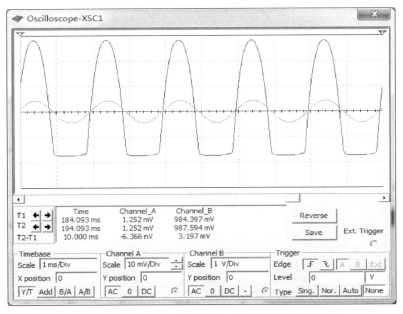

图 3-32 $U_s = 4\text{mV}$ 正弦波信号开环状态输出波形失真

通道观察电路的输出波形,看到输出波形基本不失真时,可用示波器上的游标测量输出波形正负半波的幅值大小是否一致,直到输出波形正负半波的幅值大小一致时输出波形就不失真了。如图 3-33 所示,这时用示波器的游标测量得到的输出电压为开环带负载时的最大不失真输出电压幅值 $(U_{\text{om}})_M = 1.354\text{V}$,对应的输入信号幅值 $(U_{\text{im}})_M = 1.310\text{mV}$,此时信号源电压有效值 $U_s = 1.2\text{mV}$。

因此,为保证测量开环电压放大倍数时的输出信号不失真,即保证信号源电压 $U_s \leqslant 1.2\text{mV}$。输入输出信号的电压值可通过示波器或数字万用表读出。

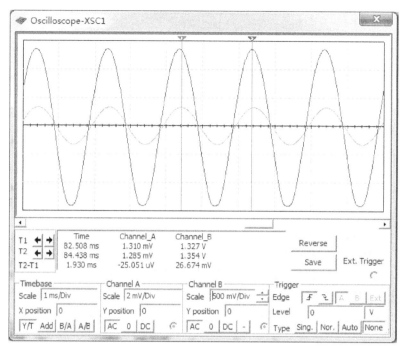

图 3-33　开环带负载最大不失真输出电压

（4）开环电压放大倍数 A_u 的测量　图 3-31 电路在开环带负载状态下，确保输出信号不失真，用数字万用表交流档读出输出、输入正弦波电压的有效值，相除即为开环电压放大倍数。如图 3-34 所示，记录虚拟万用表 XMM1 电路输入电压有效值 $U_i = 926.439\mu V$、XMM2 电路输出电压有效值 $U_o = 994.871mV$。开环带负载电压放大倍数为

$$A_u = U_o / U_i = 994.871 / 0.926439 = 1073.9$$

a) 输入电压 U_i 　　　　　　b) 输出电压 U_o

图 3-34　万用表测量开环带负载电压放大倍数

2. 测量开环带负载输入电阻 R_i

图 3-31 电路开环带负载时，确保输出不失真，设置信号源 $U_s = 1.2mV$，利用图 3-34 的结果，电路的输入电压 $U_i = 926.439\mu V$，计算电路的输入电阻为

$$R_i = \left[U_i / (U_s - U_i) \right] R_s = \left[0.926 / (1.2 - 0.926) \right] \times 5.1k\Omega = 17.2k\Omega$$

3. 测量开环输出电阻 R_o

图 3-31 所示电路为开环（断开 J1），为确保输出不失真，设定信号源 $U_s = 1.2mV$，启动仿真按钮，用虚拟万用表 XMM2 交流电压档测电路开环带负载（闭合 J_2、J_3）为 5kΩ，输出电压 $U_o = 994.871mV$，以及空载（断开 J_2、J_3）输出电压 U_o' 为 1.479V，如图 3-35 所

示。则输出电阻为

$$R_o = 2.43\text{k}\Omega$$

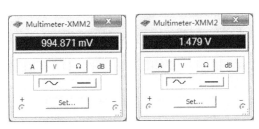

a) 带负载输出电压U_o

b) 空载输出电压U_o'

图 3-35 用万用表测量开环输出电阻

本章小结

本章介绍了反馈的基本概念，反馈类型的判断，负反馈对放大电路性能的影响，反馈的正确引入，反馈放大电路的分析方法，负反馈放大电路中的自激振荡现象和校正措施等。

1. 放大电路中的反馈，就是将放大电路的输出量（电压或电流）的全部或者一部分，通过一定的网络送回输入回路或输入端，与输入量（电压或电流）进行比较，用来影响放大电路输入量的措施。反馈放大电路由基本放大电路和反馈网络组成，基本放大电路的反向传输作用被忽略。

2. 在实际的反馈放大电路中，有4种组态：电压串联负反馈、电流串联负反馈、电压并联负反馈和电流并联负反馈。根据输入与输出电路间是否存在反馈网络，判断是否存在反馈；存在于放大电路直流通路中的反馈为直流反馈，存在于交流通路中的反馈为交流反馈；用瞬时极性法判断正、负反馈；根据反馈信号与输出信号的依赖关系，用短路法判断是电压反馈还是电流反馈；根据反馈信号与输入信号在输入回路的连接方式判断是串联反馈还是并联反馈。

3. 引入负反馈后，放大电路的许多性能得到了改善，如提高了放大倍数的稳定性，减小非线性失真，展宽频带和改变电路的输入、输出电阻等。改善的程度取决于反馈深度 $|1+\dot A\dot F|$。负反馈越强，$|1+\dot A\dot F|$ 越大，放大倍数降低的越多，但上述各项性能的改善也越明显。电压负反馈使输出电压保持稳定，因而降低了电路的输出电阻；电流负反馈使输出电流稳定，因而提高了输出电阻。串联负反馈提高电路的输入电阻，并联负反馈则降低了输入电阻。直流负反馈的主要作用是稳定静态工作点，一般可不区分它的组态。

4. 对于反馈放大电路的分析方法，通常只研究深度负反馈情况下的近似估算法。对于满足深度负反馈条件的放大电路，可以利用 $A_f \approx 1/F$ 和 $x_i \approx x_f$ 近似估算，大大简化深度负反馈放大电路放大倍数的计算。利用虚短与虚断的概念可求4种负反馈放大电路闭环增益或闭环电压增益。

5. 负反馈放大电路在一定条件下可能转化为正反馈，甚至产生自激振荡，自激的条件是 $\dot A\dot F = -1$。或分别用幅值条件和相位条件表示为

$$|\dot A\dot F| = 1$$
$$\varphi_A + \varphi_F = \pm(2n+1)\pi \qquad (n=0,1,2,3,\cdots)$$

常用的校正措施有滞后补偿和超前补偿等。校正措施的指导思想是破坏产生自激振荡的条件，使之稳定工作。

自测题

3.1 填空题

1. 需要一个阻抗变换电路，R_i 大，R_o 小，应选_____。

2. 某传感器产生的是电压信号（几乎不能提供电流），经放大后希望输出电压与信号成正比，则放大电路应选_____。

3. 某仪表放大电路，要求 R_i 大，输出电流稳定，应选_____。

4. 负反馈放大电路的一般表达式为 $\dot{A}_f = \dfrac{\dot{A}}{1 + \dot{A}\dot{F}}$，当 $|1 + \dot{A}\dot{F}| > 1$ 时，表明放大电路引入了_____。

5. 为了稳定放大电路的静态工作点，应引入_____。

6. 稳定放大电路的放大倍数（增益），应引入_____。

7. 引入负反馈后，频带展宽了_____倍。

8. 反馈放大电路的含义是_____。

3.2 选择题

1. 对于放大电路，在输入量不变的情况下，若引入反馈后（　　），则说明引入的反馈是负反馈。

（a）净输入量增大　　　　（b）净输入量减小　　　　（c）输入电阻增大

2. 负反馈放大电路产生自激振荡的条件是（　　）

（a）$AF = 1$　　　　　　（b）$AF = -1$　　　　　　（c）$AF > 1$

3. 稳定放大电路的放大倍数（增益），应引入（　　）。

（a）直流负反馈　　　　（b）交流负反馈　　　　（c）正反馈

4. 并联反馈的反馈量以（　　）形式馈入输入端，和输入（　　）相比较而产生净输入量。

（a）电压　　　　　　（b）电流　　　　　　（c）电压或电流

5. 电压负反馈可稳定输出（　　），串联负反馈可使（　　）提高。

（a）电压　　　　（b）电流　　　　（c）输入电阻　　　　（d）输出电阻

6. 对于放大电路，所谓开环是指（　　）。

（a）无信号源　　　　（b）无反馈通路　　　　（c）无电源

7. 已知信号源内阻很高，要求充分发挥负反馈作用，合理的接法是（　　）。

（a）并联负反馈　　　（b）串联负反馈　　　（c）电压负反馈　　　（d）电流负反馈

8. 要提高放大器的输入电阻及减小输出电阻，应采用（　　）负反馈。

（a）电流串联　　　（b）电压串联　　　（c）电流并联　　　（d）电压并联

9. 能够提高输入电阻负反馈的是（　　）。

（a）串联负反馈　　（b）并联负反馈　　（c）电压串联负反馈　　（d）电流并联负反馈

（e）电流串联负反馈

10. 负反馈所能抑制的干扰和噪声是（　　）

（a）输入信号所包含的干扰和噪声

（b）反馈环内的干扰和噪声

（c）反馈环外的干扰和噪声

（d）输出信号中的干扰和噪声

3.3　如图 3-36 所示，它的最大跨级反馈可从晶体管的集电极或发射极引出，接到基极或发射极，共有 4 种接法（①和③、①和④、②和③、②和④相连）。试判断这 4 种接法各为何种组态的反馈？是正反馈还是负反馈？设各电容可视为交流短路。

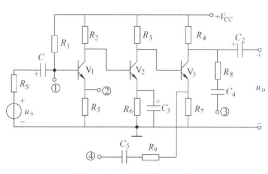

图 3-36　自测题 3.3 图

3.4 图 3-37 中集成运放为理想运放。

（1）判断电路中反馈极性并指出是何种组态；（2）说明这些反馈对输入输出电阻的影响；（3）写出各电路的闭环电压放大倍数表达式。

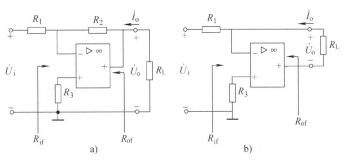

图 3-37 自测题 3.4 图

3.5 已知一个负反馈放大电路的 $A = 10^5$，$F = 2 \times 10^3$。试求：（1）$\dot{A}_f = ?$（2）若 A 的相对变化率为 20%，则 A_f 的相对变化率为多少？

3.6 如何判断反馈的正负极性？如何区分电压反馈和电流反馈？反馈有哪几种组态？各举一个实际电路的例子。

 习题

3.1 在图 3-38 的各电路中，说明有无反馈，由哪些元器件组成反馈网络，是直流反馈还是交流反馈？

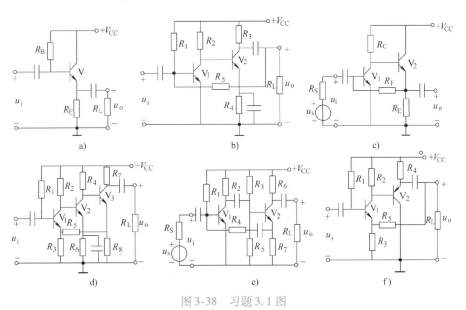

图 3-38 习题 3.1 图

3.2 电路如图 3-39 所示。试问：若以稳压管的稳定电压 U_Z 作为输入电压，则当 R_2 的滑动端位置变化时，输出电压 U_o 的调节范围是多少？

3.3 在图 3-40 的各电路中，说明有无反馈，由哪些元器件组成反馈网络，是直流反馈还是交流反馈？

3.4 判断图 3-40 所示各电路的反馈类型，哪些是用于稳定输出电压？哪些用于稳定输出电流？哪些可以提高输入电阻？哪些可以降

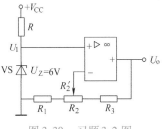

图 3-39 习题 3.2 图

低输出电阻？

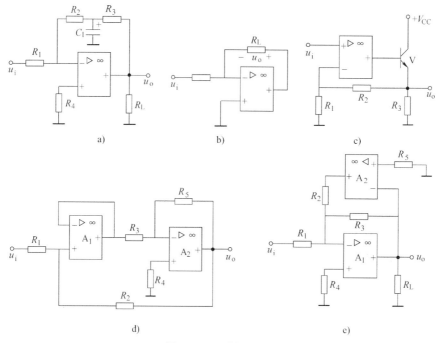

图 3-40　习题 3.3 图

3.5　判断图 3-41 级间交流反馈的极性和组态，如是负反馈，则计算在深度负反馈条件下的反馈系数和闭环电压放大倍数 $\dot{A}_{uf} = \dot{U}_o / \dot{U}_i$（设各晶体管的参数 β、r_{be} 为已知，电容足够大）。

3.6　估算图 3-40a～d 所示各电路在深度负反馈条件下的电压放大倍数。

3.7　分析图 3-42 所示电路，说明电路中有哪些级间交、直流反馈？各是什么极性、类型？起什么作用？并计算电路的闭环电压放大倍数。

3.8　已知一个电压串联负反馈放大电路的电压放大倍数 $\dot{A}_{uf} = 20$，其基本放大电路的电压放大倍数 $\dot{A}_u$ 的相对变化率为 10%，$\dot{A}_{uf}$ 的相对变化率小于 0.1%，试问 $\dot{F}$ 和 $\dot{A}_u$ 各为多少？

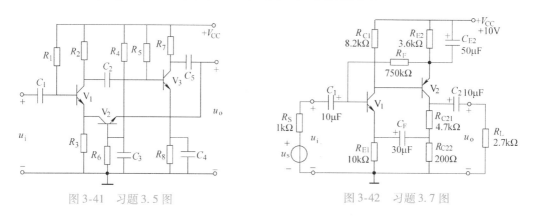

图 3-41　习题 3.5 图　　　　　　　　图 3-42　习题 3.7 图

3.9　请以集成运放作为放大电路，引入合适的负反馈，分别达到下列目的，要求画出电路图。

（1）实现电流-电压转换电路；（2）实现电压-电流转换电路；（3）实现输入电阻高，输出电压稳定的电压放大电路；（4）实现输入电阻低，输出电流稳定的电流放大电路。

3.10　放大电路如图 3-43 所示，试解答：（1）为保证构成负反馈，请将运放的两个输入端的 ＋、－号添上；（2）判断反馈的组态；（3）请按深度负反馈估算电压增益。

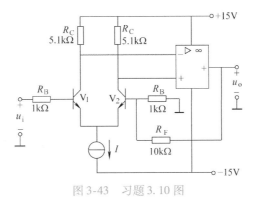

图 3-43 习题 3.10 图

3.11 如图 3-44 所示，假设在深度负反馈条件下，估算如图 3-44 所示各电路的闭环电压放大倍数。

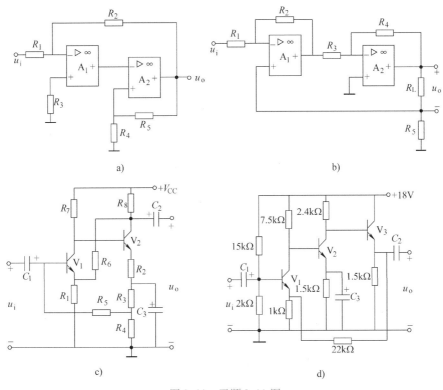

图 3-44 习题 3.11 图

3.12 电路如图 3-45 所示，试求：（1）合理连线，接入信号源和反馈，使电路的输入电阻增大，输出电阻减小；（2）若 $|\dot{A}_{u}| = 20$，则 R_{F} 应取多少千欧？

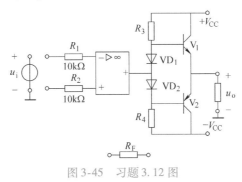

图 3-45 习题 3.12 图

3.13 三级放大电路如图 3-46 所示，为使放大电路有较大的带负载能力和向信号源索取较小的信号电流，问该放大器中应引入什么类型的反馈，并在电路图上画出反馈支路，但反馈支路不能影响原电路的静态工作点。

3.14 负反馈放大器的框图如图 3-47 所示，试求其闭环增益 $\dot{A}_f$ 的表达式。

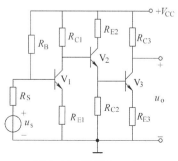

图 3-46 习题 3.13 图

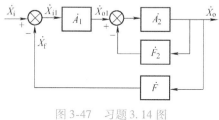

图 3-47 习题 3.14 图

3.15 反馈放大电路如图 3-48 所示，试回答：（1）哪些元器件组成反馈网络？（2）总体反馈属于何种极性和组态？

3.16 电路如图 3-49 所示。试求：（1）试通过电阻引入合适的交流负反馈，使输入电压 u_i 转换成稳定的输出电流 i_L。（2）若 $u_i = 0 \sim 5V$ 时，$i_L = 0 \sim 10mA$，则反馈电阻 R_F 应取多少？

3.17 已知放大电路幅频特性近似如图 3-50 所示。引入负反馈时，反馈网络为纯电阻网络，且其参数的变化对基本放大电路的影响可忽略不计。回答下列问题：（1）当 $f = 10^3 Hz$ 时，$20\lg|\dot{A}| \approx ?$ $\varphi_A \approx ?$（2）若引入反馈后反馈系数 $\dot{F} = 1$，则电路是否会产生自激振荡？（3）若想引入负反馈后电路稳定，则 $|\dot{F}|$ 的上限值约为多少？

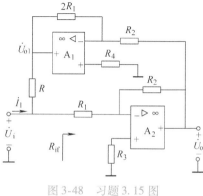

图 3-48 习题 3.15 图

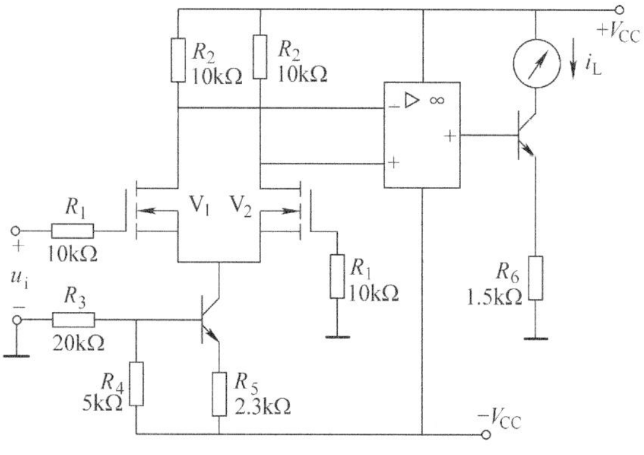

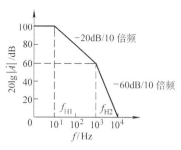

图 3-49 习题 3.16 图

图 3-50 习题 3.17 图

第 4 章

集成运算放大器的应用

知识单元目标

- 能够熟练应用"虚短""虚断"的性质对运算放大器组成的比例、加减、微分和积分等运算电路进行分析和计算。
- 学会分析不同类型有源滤波器的幅频特性。
- 能够熟练应用运算放大器工作在非线性区的特点识别、分析开环电压比较器的传输特性及特点。
- 能够正确描述正弦波振荡电路自激振荡的条件,识别正弦波发生电路的各个组成部分,并描述每部分的功能。
- 具备利用仿真软件对运算放大器电路进行仿真设计与分析的能力。

讨论问题

- 有哪些基本运算电路?怎样分析运算电路的运算关系?
- 滤波电路的功能是什么?什么是有源滤波?有几种滤波电路,各自有什么特点?
- 电压比较器与放大电路有什么区别?集成运放在电压比较器电路和运算电路中的工作状态是否一样?为什么?
- 方波产生电路中,如何调节占空比?
- 满足什么条件,锯齿波即可变成三角波?
- 产生正弦波振荡的条件是什么?组成正弦波振荡电路需要哪些部分?

在半导体制造工艺的基础上,把整个电路的元器件(电阻、电容、晶体管等)制作在一块硅片上,构成特定功能的电子电路,称为集成电路。它与分立元件相比较,具有体积小、重量轻、功率小、稳定性好及价格便宜等特点。集成电路按其功能分,有模拟集成电路和数字集成电路。在模拟集成电路中,集成运算放大器(以下简称集成运放)是应用极为广泛的一种,其实质上是一个高放大倍数、直接耦合的多级放大器。集成运算放大器的应用主要有线性应用和非线性应用。线性应用主要有如下三个方面:一是在信号运算方面的应用,如加法、减法、积分、微分、对数、反对数等数学运算;二是在信号处理方面的应用,如有源滤波、采样保持电路等;三是在波形产生方面的应用,如非正弦波(方波,锯齿波、三角波)产生电路、正弦波产生电路等。

电压比较器是集成放大器非线性应用的典型,用来产生非正弦波信号。本章介绍几种电压比较器，如单限比较器、滞回比较器、窗口比较器等，以及用电压比较器产生的方波、三角波和锯齿波等。

在实际的应用中，经常遇到这样一个问题，即许多控制器接收来自各种传感器的微弱电流信号，需要设计一个电路将此电流放大、滤除噪声的干扰、转换成电压信号后再经 ADC 转换成数字信号，那么针对各个环节应该选择什么样类型的电路呢？具体的电路参数该如何确定呢？学完本章后，这些问题将迎刃而解。

4.1 集成运算放大器在信号运算电路中的应用

4.1.1 理想集成运算放大器分析依据

1. 运放工作在线性区的特点 运算放大器工作在线性区时，根据理想参数可以导出两条重要的理论依据：

1）由于运算放大器的差模输入电阻 $R_i \to \infty$，所以两个输入端的输入电流为零。理想运放的两个输入端的输入电流分别用 i_+ 和 i_- 表示，即

$$i_+ = i_- = 0 \tag{4-1}$$

2）由于运算放大器的开环电压放大倍数 $\dot{A}_{uo} \to \infty$，而输出电压 u_o 是一个有限的数值，故可知

$$u_+ = u_- = \frac{u_o}{A_{uo}} \approx 0$$

即

$$u_+ \approx u_- \tag{4-2}$$

若理想运放仅在反相端加入输入信号时，同相端接"地"，$u_+ = 0$，根据式（4-2）得 $u_- \approx 0$，这个输入端实际并未接"地"，而有"地"电位的输入端，通常称为"虚地"端。

2. 运放工作在非线性区的特点 工作在开环状态或正反馈状态下的运算放大器，由于 $\dot{A}_{uo}$ 非常高，运放的输出达到正向或负向饱和值，此时运放已是一个非线性元件，它不满足 $u_o = A_{uo}(u_+ - u_-)$，有自己的特点：

1）由于理想运放 $R_i \to \infty$，所以 $i_+ = i_- = 0$。

2）运放的输出只有两种可能：$+U_{o(sat)}$ 或 $-U_{o(sat)}$。

当 $u_+ > u_-$ 时，$u_o = +U_{o(sat)}$。

当 $u_+ < u_-$ 时，$u_o = -U_{o(sat)}$。

$u_+ = u_-$ 时刻，正是输出电压跃变的时刻。是正向突变还是负向突变，则由 $u_+ - u_-$ 的极性而定。

4.1.2 信号运算电路

集成运放在深度负反馈的情况下可构成各种信号运算电路，如比例、加减、积分、微分、乘除、对数、反对数等运算。分析信号运算电路时，将集成运放当作理想运放，采用 4.1.1 节中得到的理想运放的两个重要结论，即 $u_+ \approx u_-$ 和 $i_+ = i_- = 0$ 来推导输出电压与输入电压的关系。

1. 比例运算电路 对输入信号实现比例运算的电路称为比例运算电路。根据输入信号加在不同的输入端，比例运算电路可分为反相比例运算电路和同相比例运算电路。

（1）反相输入 反相比例运算放大电路如图 4-1 所示。电压 u_i 从反相输入端输入，同

相输入端接地。输出端通过反馈电阻 R_F 接入反相输入端，构成电压并联负反馈。

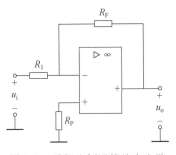

图 4-1　反相比例运算放大电路

同相输入端接地使得 $u_+ = 0$。根据"虚短"的概念，$u_- \approx u_+ = 0$，即反相输入端的电位约为零，但并没有真正接地，故将反相输入端称之为"虚地"。"虚地"这一概念是分析所有反相输入电路的基础。于是可得

$$i_1 = \frac{u_i - u_-}{R_1} = \frac{u_i}{R_1}$$

i_1 是由输入电压产生的，是输入电流。

$$i_F = \frac{u_- - u_o}{R_F} = -\frac{u_o}{R_F}$$

i_F 是由输出电压产生而又引入输入端的，是反馈电流。又因为 $i_- = 0$，所以 $i_1 = i_F + i_- = i_F$，即

$$\frac{u_i}{R_1} = -\frac{u_o}{R_F}$$

得

$$u_o = -\frac{R_F}{R_1} u_i \tag{4-3}$$

电路的闭环电压放大倍数为

$$A_{uf} = \frac{u_o}{u_i} = -\frac{R_F}{R_1} \tag{4-4}$$

式（4-4）表明，输出电压与输入电压是比例运算关系，即 u_o 是 u_i 的 R_F/R_1 倍，负号表示 u_o 与 u_i 反相。

反相比例运算电路可以进行 $y = ax$ 的运算，运算式中的系数 $a < 0$。当 $R_1 = R_F$ 时，$u_o = -u_{i_i}$，此电路称为反相器。

由于集成运放的开环放大倍数非常大，只要引入负反馈，反馈深度 $1 + AF \gg 1$，均是深度负反馈。从反馈类型看，反相比例运算电路是一个并联电压负反馈电路，其闭环输入电阻为

$$r_{if} = \frac{u_i}{i_i} = R_1$$

输出电阻为

$$r_o = 0$$

图 4-1 中 R_P 为平衡电阻，为保证集成运算放大器第一级差分电路中结构的对称性，在选择参数时应使 $R_P = R_1 /\!/ R_F$。

（2）同相输入　同相比例运算放大电路如图 4-2 所示，电压 u_i 从同相输入端输入，反相输入端接地。输出端仍然通过反馈电阻 R_F 接入反相输入端，构成负反馈。

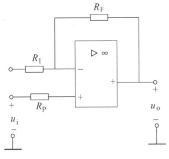

图 4-2　同相比例运算放大电路

根据"虚短"的概念可知，从同相输入端输入信号时，实际上是对集成运放输入一对接近共模的输入信号：

$$u_+ \approx u_- = u_i$$

$$i_1 = \frac{u_-}{R_1} = \frac{u_+}{R_1}$$

$$i_F = \frac{u_o - u_-}{R_F} = \frac{u_o - u_+}{R_F}$$

由"虚断"的概念有

$$i_1 = i_F$$

$$\frac{u_+}{R_1} = \frac{u_o - u_+}{R_F}$$

整理得输出电压与同相输入端电位的关系为

$$u_o = u_+\left(1 + \frac{R_F}{R_1}\right) = u_i\left(1 + \frac{R_F}{R_1}\right) \tag{4-5}$$

同相比例运算放大电路的闭环电压放大倍数为

$$\dot{A}_{uf} = \frac{u_o}{u_i} = 1 + \frac{R_F}{R_1} \tag{4-6}$$

由式（4-6）可知，同相比例运算放大电路的电压放大倍数大于或等于1，而且输出电压与输入电压同相。

同相比例运算电路可以进行 $y = ax$ 的运算，式中系数 $a \geq 1$。当 $R_1 \to \infty$ 或 $R_F = 0$ 时，$\dot{A}_{uf} = 1$，此电路称为跟随器。其性能和用途与前面所介绍的分立元件组成的射极跟随器完全相同。

同相输入运算电路属于深度电压串联负反馈。同相输入运算电路的闭环输入电阻为

$$r_{if} = \frac{u_i}{i_i} \to \infty$$

输出电阻为

$$r_o = 0$$

同相比例运算电路的输入端本身加有共模输入电压 $u_- = u_+ = u_i$，要求运放有较高共模抑制能力，所以同相比例运算电路的共模电压较高。

图4-2中，R_P 也是平衡电阻，其大小为，$R_P = R_1 /\!/ R_F$，作用与反相比例运算电路相同。

【例4-1】　图4-3所示为反相比例放大器，若 $R_1 = 40\text{k}\Omega$，$R_F = 60\text{k}\Omega$，$R_L = 10\text{k}\Omega$，$u_i = 2\text{V}$。求该放大电路的电压放大倍数 A_{uf}、平衡电阻 R_P 的值及运放的输出电流 i_o。

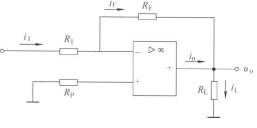

图4-3　例4-1图

解：

$$\dot{A}_{uf} = -\frac{R_F}{R_1} = -\frac{60}{40} = -1.5$$

$$R_P = R_1 /\!/ R_F = (40 /\!/ 60)\text{k}\Omega = 24\text{k}\Omega$$

$$u_o = \dot{A}_{uf} u_i = (-1.5) \times 2\text{V} = -3\text{V}$$

$$i_F = -\frac{u_o}{R_F} = -\frac{-3}{60}\text{mA} = 0.05\text{mA}$$

$$i_L = \frac{u_o}{R_L} = \frac{-3}{10}\text{mA} = -0.3\text{mA}$$

$$i_o = i_L - i_F = \left[(-0.3) - 0.05 \right] \text{mA} = -0.35 \text{mA}$$

【例 4-2】 图 4-4a 为同相比例运算放大电路，已知 $u_i = 3\text{V}$ 时，求输出电压 u_o 是多少？

解： 将与同相输入端相连的电路进行戴维宁等效，结果如图 4-4b 所示，其中

$$u_i' = \frac{R_3}{R_2 + R_3} u_i, \quad R' = R_2 /\!/ R_3$$

由图 4-4b 可得

$$u_o = \frac{R_1 + R_F}{R_1} u_i' = \frac{R_1 + R_F}{R_1} \frac{R_3}{R_2 + R_3} u_i = \frac{10 + 20}{10} \times \frac{10}{20 + 10} \times 3\text{V} = 3\text{V}$$

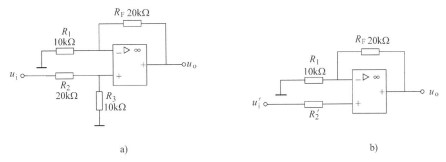

a)   b)

图 4-4　例 4-2 图

2. 加法运算电路　在反相比例运算电路的基础上，增加一条（或几条）输入支路共接于反相输入端，便组成反相加法运算电路，如图 4-5 所示。设两个输入信号电压产生的电流都流向 R_F。由于理想集成运放有"虚短""虚断"的特点，又由于输入电压加在反相输入端，还有"虚地"的特点，所以

由"虚地"的特点，可知 $u_- \approx 0$。

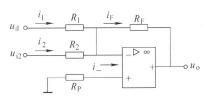

图 4-5　反相加法运算电路

$$i_1 = \frac{u_{i1}}{R_1}$$

$$i_2 = \frac{u_{i2}}{R_2}$$

又因为"虚断"，可知 $i_F = i_1 + i_2$

则

$$u_o = -i_F R_F = -(i_1 + i_2) R_F = -\left(\frac{R_F}{R_1} u_{i1} + \frac{R_F}{R_2} u_{i2} \right) \tag{4-7}$$

由式（4-7）可见，两个输入信号电压，各以一定的比例参与求和运算。

当 $R_1 = R_2 = R_F$，输出等于两输入反相之和

$$u_o = -(u_{i1} + u_{i2})$$

图中平衡电阻 $R_P = R_1 /\!/ R_2 /\!/ R_F$。

由上列式子可见，当改变某一路信号输入电阻时，不会影响其他输入信号与输出信号间的比例关系。只要把电阻阻值选的足够精确，就可保证反相加法运算的精度和稳定性。

反相加法运算电路可以实现 $y = -(a_1 x_1 + a_2 x_2)$ 运算，其中所有系数均大于零。

【例 4-3】　如图 4-6 所示，求输出电压 u_o。

解： 据分析此电路既有反相加法运算，又有同相加法运算，则采用叠加原理，得

$$u_o = \left\{ -\frac{30}{30}[1 + (-2)] + \frac{1}{2}\left(1 + \frac{30}{30//30}\right)[(-1) + 3] \right\}V = 4V$$

3. 减法运算电路　集成运算放大电路采用双端输入方式就可实现减法运算，如图 4-7 所示，输入信号 u_{i1} 和 u_{i2} 分别从反相输入端和同相输入端输入，输出端仍然通过反馈电阻 R_F 接入反相输入端，构成负反馈。

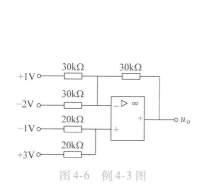

图 4-6　例 4-3 图

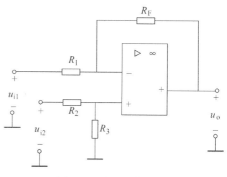

图 4-7　减法运算电路

在图 4-7 中，根据"虚短"和"虚断"的特点，可知

$$i_1 = i_F$$

$$u_+ = u_-$$

根据图 4-7 可得

$$u_+ = \frac{R_3}{R_2 + R_3} u_{i2}$$

$$i_1 = \frac{u_{i1} - u_-}{R_1}$$

$$i_F = \frac{u_- - u_o}{R_F}$$

经整理，得

$$u_o = \left(1 + \frac{R_F}{R_1}\right)\frac{R_3}{R_2 + R_3} u_{i2} - \frac{R_F}{R_1} u_{i1} \tag{4-8}$$

当 $R_1 = R_2 = R_3 = R_F$ 时

$$u_o = u_{i2} - u_{i1} \tag{4-9}$$

双端输入电路可以进行 $y = a_1 x_1 - a_2 x_2$ 的运算，即又称之为减法运算电路。双端输入运算放大电路常作为比较放大器用。其输出电压的大小正比于两输入电压的差值，其极性也由输入电压的差值决定。当 $u_{i1} > u_{i2}$ 时，输出电压极性为正，反之，输出电压极性为负。比较放大器在自动控制中得到广泛应用。

观察式（4-8），可发现减法运算结果由两部分组成，第一部分是 u_{i2} 经同相比例运算后所得出的输出分量；第二部分是 u_{i1} 经反相比例运算后所得出的输出分量，两个分量叠加的结果就是减法运算的最后输出。由于减法运算电路引入深度负反馈，其闭环电压放大倍数仅与反馈环节有关，输出与输入为线性关系，所以输出电压 u_o 与输入电压 u_i 的关系满足叠加原理。因此，只要熟练掌握反相和同相比例运算的分析方法，对差分输入的运算电路的分析是非常容易的。

应当注意，由于电路存在共模电压，应当选用共模抑制比较高的集成运放，才能保证一定的运算精度。

4. 积分和微分运算

（1）积分运算　图4-8为反相积分运算电路。与反相比例运算电路相比较，用电容 C_F 代替电阻 R_F 作为反馈元件。在反相积分运算电路中，"虚地"的概念仍然成立，则

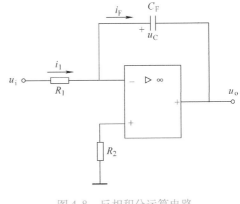

$$u_- = 0$$
$$i_1 = i_F$$
$$u_- = u_+ = 0$$

由图4-8，得

图4-8　反相积分运算电路

$$i_1 = \frac{u_i - u_-}{R_1}$$

$$i_F = C_F \frac{\mathrm{d}u_C}{\mathrm{d}t} = -C_F \frac{\mathrm{d}u_o}{\mathrm{d}t}$$

经过整理，得

$$u_o = -\frac{1}{R_1 C_F} \int u_i \mathrm{d}t \tag{4-10}$$

上式表明，电路实现了输出电压 u_o 和输入电压 u_i 的积分运算功能，负号表示反相，$R_1 C_F$ 为积分时间常数。

当输入电压 u_i 为阶跃电压时，如图4-9a所示，则

$$u_o = -\frac{1}{R_1 C_F} u_i t$$

其输出波形如图4-9b所示，最后达到负饱和值，这时运放不能正常工作。

【例4-4】　试求图4-10所示电路输出电压 u_o 和输入电压 u_i 的关系式。

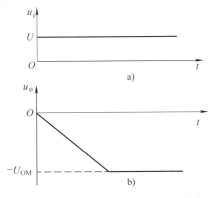

图4-9　反相积分运算电路的阶跃响应

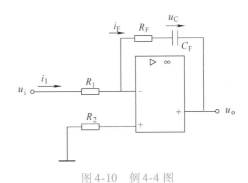

图4-10　例4-4图

解： 根据"虚短""虚断"的特点，可知

$$i_1 = i_F$$
$$u_- = u_+ = 0$$

由电路图4-10得

$$u_o - u_- = u_o = -i_F R_F - \int \frac{1}{C_F} i_F \mathrm{d}t$$

$$i_1 = \frac{u_i - u_-}{R_1} = \frac{u_i}{R_1}$$

经过整理得

$$u_o = -\frac{R_F}{R_1}u_i - \frac{1}{R_1 C_F}\int u_i \mathrm{d}t$$

由上式可知，图4-10所示电路是由反相比例运算和积分运算两者组合起来的，所以称它为比例—积分调节器（简称PI调节器）。在自动控制系统中需要有调节器，以保证系统的稳定性和控制的精度。

（2）微分运算　图4-11所示是反相微分器。积分运算的逆运算，在电路结构上只要将反馈电容和输入端的电阻相互对调便构成微分运算电路。根据"虚短""虚断"可知

$$i_C = i_F$$
$$u_- = u_+ = 0$$

根据电路图4-11，可知

$$i_C = C\frac{\mathrm{d}u_C}{\mathrm{d}t} = C\frac{\mathrm{d}u_i}{\mathrm{d}t}$$

$$i_F = \frac{u_- - u_o}{R_F}$$

经整理得

$$u_o = -R_F C\frac{\mathrm{d}u_i}{\mathrm{d}t} \tag{4-11}$$

由式（4-11）表明，输出电压u_o和输入电压u_i的变化率成正比，实现了微分运算。

当u_i为阶跃电压时，u_o为尖脉冲电压，如图4-12所示。当u_i为正弦电压时，$u_o = -\omega RC\cos\omega t$，输出幅度将随频率的增加而线性增加，微分电路对高频噪声特别敏感，因此，电路工作时稳定性不高，很少应用。

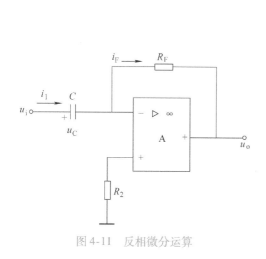

图4-11　反相微分运算

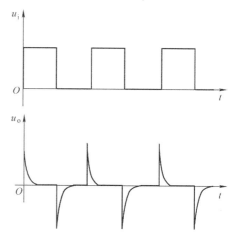

图4-12　微分运算电路的阶跃响应

【例4-5】　试求图4-13所示电路u_o和u_i的关系。

解：由图4-13所示电路可知

$$i_C + i_R = i_F$$
$$u_- = u_+ = 0$$

又

$$u_o = -i_F R_F = -(i_C + i_R)R_F = -R_F\left(C\frac{du_i}{dt} + \frac{u_i}{R_1}\right) = -\left(\frac{R_F}{R_1}u_i + R_F C\frac{du_i}{dt}\right) \quad (4\text{-}12)$$

由式（4-12）可知，图4-13的电路是由反相比例运算和微分运算两者组合起来的，所以称它为比例—微分调节器（简称 PD 调节器），也用于控制系统中，使调节过程起加速作用。

5. 对数和反对数运算 对数、反对数运算电路与加、减、比例等运算电路的组合，能实现乘、除和不同阶次的幂（非线性）等函数的运算，因此这两种电路有很广泛的应用。

（1）对数运算 对数运算电路的输出是输入电压的对数函数，也可以说，它的输入电压是输出电压的指数函数。因为半导体 PN 结的伏安特性为指数形式，将晶体管 V 代替反相比例运算电路中的反馈电阻 R_F，便可以实现对数运算，如图4-14所示。

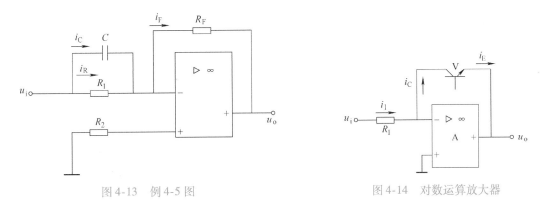

图 4-13 例 4-5 图   图 4-14 对数运算放大器

由电路结构可知，晶体管的发射结处于正向偏置状态，而集电极的电位为"虚地"，集电结电压约为零，集电极电流与发射结电压的关系为

$$i_C \approx i_E = I_s(e^{u_{BE}/U_T} - 1) \approx I_s e^{u_{BE}/U_T}$$

式中，I_s 为发射极反相饱和电流；一般情况下，$u_{BE} \gg U_T$。

根据前面所讲"虚地"知识，得

$$i_1 = i_C$$
$$u_- = u_+ = 0$$

根据电路图，可以列出

$$i_1 = \frac{u_i - u_-}{R_1} = \frac{u_i}{R_1}$$

$$u_o = -u_{CE} = -u_{BE}$$

$$i_C \approx i_E = I_s(e^{u_{BE}/U_T} - 1) \approx I_s e^{u_{BE}/U_T}$$

最后整理，可得

$$u_o = -u_{BE} = -U_T \ln\frac{u_i}{R_1} + U_T \ln I_s \quad (4\text{-}13)$$

由式（4-13）可知，输出电压与输入电压成对数关系，输出电压的幅值不能超过 0.7V。

（2）反对数运算 将图4-14中的 R_1 与晶体管 V 相互调换位置便得到了反对数运算电路，如图4-15所示，根据"虚短""虚断"可知

$$i_E = i_F$$

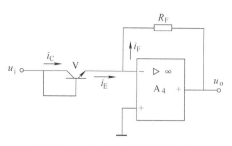

图 4-15　反对数运算放大电路

$$u_- = u_+ = 0$$

根据电路图 4-15，可列出

$$u_o = -i_F R_F = -i_E R_F = I_s e^{u_{BE}/U_T} R_F = -I_s R_F e^{u_i/U_T}$$

$$(4\text{-}14)$$

式中，$u_{BE} = u_i$。

由此可见，输出电压与输入电压成反对数（指数）运算关系。此时 u_i 必须为正值。

思考题

1. 什么是理想运算放大器？理想运算放大器工作在线性区和非线性区时各有何特点？分析方法有何不同？

2. 要使运算放大器工作在饱和区时，为什么通常要引入深度电压负反馈？

3. 同相输入和反相输入放大器，二者的输入电阻和输入共模电压各有何特点？

4. 在反相求和电路中，集成运算放大电路的输入端是如何形成虚地的？该电路属于何种反馈类型？

5. 在分析反相加法、反相积分和微分等电路中，所依据的基本概念是什么？KCL 是否得到应用？如何推导出输出电压和输入电压的关系？

4.2　测量放大器

集成运算放大电路除了可以用在信号的运算方面以外，还可以用于测量系统中，本节简单介绍有关测量放大器的工作原理。

在测量控制系统中，用来放大传感器输出的微弱电压、电流或电荷信号的放大电路称为测量放大电路，也称为仪用放大电路。对其基本要求是：

1）输入阻抗应与传感器输出阻抗相匹配。

2）一定的放大倍数和稳定的增益。

3）低噪声。

4）低的输入失调电压和输入失调电流以及低的漂移。

5）足够的带宽和转换速率（无畸变的放大瞬态信号）。

6）高输入共模范围（如达几百伏）和高共模抑制比。

7）可调的闭环增益。

8）线性好、精度高。

9）成本低。

测量放大器是用途很广、精度很高的放大器。常用的测量放大器如图 4-16 所示，它由三个集成运放构成。运放 A_1、A_2 组成第一级对称的放大级，都是同相输入方式，电路结构对称，具有高输入电阻和高共模抑制比的性能，A_3 是差分式输入减法器。u_i 为有效的输入信号。

A_1、A_2、A_3 可认为是理想运算放大

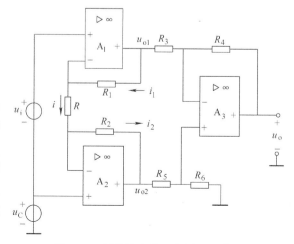

图 4-16　测量放大器工作原理电路图

器，电路工作原理如下：

$$u_{1-} = u_{1+} = u_i + u_C$$

$$u_{2-} = u_{2+} = u_C$$

$$i = \frac{u_{1-} - u_{2-}}{R} = \frac{u_i}{R}$$

$$i_1 = i_2 = i$$

根据电路图 4-16，得到

$$u_{o1} = R_1 i_1 + u_{1-} = \frac{R_1}{R} u_i + u_i + u_C$$

$$u_{o2} = -R_2 i_2 + u_{2-} = -\frac{R_2}{R} u_i + u_C$$

从而得到

$$u_o = -\frac{R_4}{R_3} u_{o1} + \frac{R_3 + R_4}{R_3} \frac{R_6}{R_5 + R_6} u_{o2}$$

将电阻匹配为

$$R_3 = R_4 = R_5 = R_6$$

则

$$u_o = -u_{o1} + u_{o2}$$

经整理得出

$$A_{uf} = \frac{u_o}{u_i} = -\left(1 + \frac{R_1 + R_2}{R}\right) \tag{4-15}$$

因为集成测量放大器容易实现集成运算放大器及电阻的良好匹配，所以具有优异的性能。常用的集成测量放大器有 AD522、AD624 等。

在测量放大器前面接入一个电桥可构成电桥放大器，如图 4-17 所示。

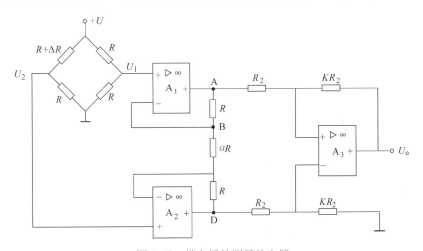

图 4-17 带电桥的测量放大器

在非电量测量中，非电量通过传感装置变成电阻（或电抗），用这个电阻（或电抗）构成电桥，此电桥与测量放大器一起组成电桥放大器，便很容易实现电阻或电抗到输出电压的线性转变。在非电量的测量过程中，非电量的变化通过传感装置转换成电阻（或电抗）的变化（ΔR 或 ΔZ），使电桥失去平衡，而这一变化反映到输出电压（$\Delta U = U_2 - U_1$）上，再通过测量放大器放大以后来确定非电量的变化情况。

✏️ **思考题**

何谓测量放大电路？对其基本要求是什么？

4.3 集成运算放大器在信号处理方面的应用

在自动控制系统中，集成运算放大器在信号处理方面有广泛的应用，如常用的有：有源滤波器、限幅器、采样保持及电压比较器，这里重点介绍其处理功能。

4.3.1 滤波器的概念

滤波器是用来获得信号中有用的频率成分、滤除信号中无用的频率成分的电子装置。滤波电路具有选频作用，但它不是选择某一个频率，而是选择某一段频率范围。滤波电路能让某一段频率范围的信号顺利通过，而抑制其他频率范围的信号，使之衰减很快。一般称可以通过滤波电路的频率范围为通带，不能通过的频率范围为阻带。通带和阻带之间的界限频率为截止频率或临界频率。工程上将输出信号的幅值衰减到正常输出值的 70.7%（即 $1/\sqrt{2}$）时的频率称为截止频率，在低频段的截止频率称为下限频率 f_l，在高频段的截止频率称为上限频率 f_h。

按滤波电路结构可分为无源滤波电路和有源滤波电路两类：

1）无源滤波电路是由 R、C 或 R、L 等元件组成，经常接在整流电路后以减小单向脉动电压的脉动程度，或者作抗干扰用。

2）有源滤波电路由 R、C 元件和运算放大器共同组成，因为运放是有源元件，所以称为有源滤波器。有源滤波电路除了滤波以外，还能起到一定的电压放大作用，可以增强电路带负载的能力，在电子电路中得到广泛应用。有源滤波器的分析方法与无源滤波器一样，先求传递函数，再分析其幅频特性和相频特性。

当放大器工作在线性区时，滤波器电路就是线性电路，传递函数为

$$\check{A}(s) = \frac{u_o(s)}{u_i(s)}$$

令 $s = j\omega$，研究域由 s 域变到复数域，研究问题由零初始状态下任意激励的全响应，转换到求解正弦稳态响应，此时

$$\dot{A}(j\omega) = \frac{\dot{U}_o(j\omega)}{\dot{U}_i(j\omega)} = |\dot{A}(j\omega)| \underline{/\varphi(j\omega)}$$

$\dot{A}(j\omega)$ 是复数，其模为 $|\dot{A}(j\omega)|$，幅角为 $\varphi(\omega)$，均是频率 ω 的函数，以模为纵坐标，以频率 ω 为横坐标，得幅频特性；以幅角为纵坐标，以频率为横坐标，得相频特性。

按允许通过的频率范围分，滤波电路可分为以下几种：

1）低通滤波电路（Low Pass Filter，LPF）：允许低于某一上限截止频率 f_h 以下的信号通过，阻止高于此频率的信号通过。

2）高通滤波电路（High Pass Filter，HPF）：允许高于某一下限截止频率 f_l 以上的信号通过，阻止低于此频率的信号通过。

3）带通滤波电路（Band Pass Filter，BPF）：允许通过的信号频率仅在某两个截止频率之间的一段范围内。

4）带阻滤波电路（Band Elimination Filter，BEF）：在某两个截止频率之间的一段范围内的信号不能通过。

各类滤波电路的理想幅频特性如图 4-18 所示。

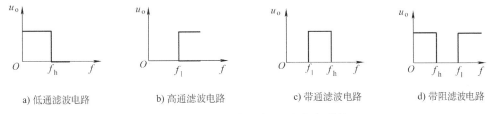

a) 低通滤波电路   b) 高通滤波电路   c) 带通滤波电路   d) 带阻滤波电路

图 4-18　各类滤波电路的理想幅频特性

4.3.2　有源滤波器

1. 有源低通滤波器　选频电路由一个 RC 环节构成的滤波电路称为一阶滤波电路。常用的一阶低通滤波电路如图 4-19 所示，该电路用来通过低频信号，抑制或衰减高频信号。

由所给电路图可知，同相比例输入电路中

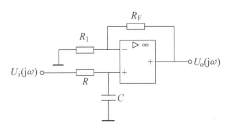

图 4-19　一阶有源 RC 低通滤波器

$$\dot{U}_+ = \dot{U}_- = \dot{U}_C = \frac{\dfrac{1}{\mathrm{j}\omega C}}{R + \dfrac{1}{\mathrm{j}\omega C}} U_i$$

由同相比例输入、输出关系可知

$$\dot{U}_o = \left(1 + \frac{R_F}{R_1}\right)\dot{U}_+ = \frac{1 + \dfrac{R_F}{R_1}}{1 + \mathrm{j}R\omega C}\dot{U}_C$$

电压放大倍数为

$$\dot{A}_{uf} = \frac{\dot{U}_o}{\dot{U}_i} = \frac{1 + \dfrac{R_F}{R_1}}{1 + \mathrm{j}R\omega C} = \left(1 + \frac{R_F}{R_1}\right)\frac{1}{1 + \mathrm{j}\dfrac{\omega}{\omega_c}}$$

其中

$$\omega_c = \frac{1}{\omega C} \quad 或 \quad f_c = \frac{1}{2\pi RC}$$

$$\dot{A}_{FP} = 1 + \frac{R_F}{R_1}$$

即一阶有源低通滤波器传递函数为

$$\dot{A}(\mathrm{j}\omega) = \frac{\dot{U}_o(\mathrm{j}\omega)}{\dot{U}_i(\mathrm{j}\omega)} = \frac{1 + \dfrac{R_F}{R_1}}{1 + \mathrm{j}R\omega C} = \left(1 + \frac{R_F}{R_1}\right)\frac{1}{1 + \mathrm{j}\dfrac{\omega}{\omega_c}} \tag{4-16}$$

其幅频特性为

$$|\dot{A}(j\omega)| = \frac{1 + \dfrac{R_F}{R_1}}{\sqrt{1 + \left(\dfrac{\omega}{\omega_c}\right)^2}} \tag{4-17}$$

式中，ω_c 称为截止角频率，$\omega_c = 1/(\omega C)$。

由式（4-17）可知，当 $\omega = 0$ 或 $\omega << \omega_c$ 时，滤波器的闭环电压放大倍数为

$$|\dot{A}_{uf0}| = 1 + \frac{R_F}{R_1} \tag{4-18}$$

式（4-18）也称为通带电压放大倍数。

随着 ω 的增大，$\dot{A}_{uf}$ 将减小，当 $\omega = \omega_c$ 时

$$|\dot{A}_{uf}| = \frac{1 + \dfrac{R_F}{R_1}}{\sqrt{2}} = \frac{|\dot{A}_{uf0}|}{\sqrt{2}}$$

幅频特性如图 4-20 所示，当 $\omega > \omega_c$ 时，曲线按 $-20\mathrm{dB}/10$ 倍频下降。

相频特性为

$$\varphi(\omega) = -\arctan\frac{\omega}{\omega_c} \tag{4-19}$$

一阶低通滤波电路结构简单。其缺点是通带和阻带界线不明显，即进入阻带区后 $\dot{A}(j\omega)$ 衰减的过慢，与理想幅频特性相差很远。

选频电路由两个 RC 环节构成的滤波电路称为二阶滤波电路。二阶有源低通滤波器有很多形式，图 4-21 是其中的一种，该电路既有负反馈，又有正反馈，输出电压经 R_F 引到反相输入端为负反馈，输出电压经电容 C_1 引到 P 点为正反馈。正反馈的目的是为了增加在 $\omega = \omega_c$ 频率处的放大倍数，但滤波器的参数要配合得当，因为正反馈过强会引起自激振荡。二

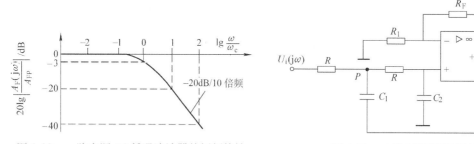

图 4-20　一阶有源 RC 低通滤波器的幅频特性　　　　图 4-21　二阶有源低通滤波器

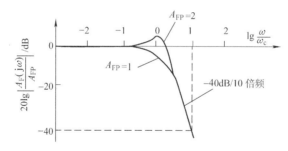

图 4-22　二阶有源低通滤波器的幅频特性

阶有源低通滤波器的幅频特性如图 4-22 所示，对高频信号的衰减速率可达 $-40\text{dB}/10$ 倍频，比一阶滤波器下降的要快，所以增加滤波器电路的阶数，滤波特性会进一步接近理想特性。

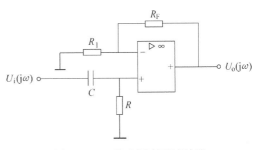

图 4-23　一阶有源高通滤波器

2. 有源高通滤波器　若将图 4-19 所示的一阶有源低通滤波器中的电阻 R 和电容 C 的位置交换，就得到了一阶有源高通滤波器，如图 4-23 所示。其传递函数为

$$\dot{A}(j\omega) = \frac{\dot{U}_o(j\omega)}{\dot{U}_i(j\omega)} = \left(1 + \frac{R_F}{R_1}\right)\frac{1}{1 - j\dfrac{\omega_c}{\omega}}$$

$$= \frac{\dot{A}_{FP}}{1 - j\dfrac{\omega_c}{\omega}} \tag{4-20}$$

其中幅频特性为

$$|\dot{A}(j\omega)| = \frac{1 + \dfrac{R_F}{R_1}}{\sqrt{1 + \left(\dfrac{\omega_c}{\omega}\right)^2}} \tag{4-21}$$

由式 (4-21) 可知，当 $\omega = \infty$ 时，滤波器的闭环电压放大倍数为

$$|\dot{A}_{uf0}| = 1 + \frac{R_F}{R_1} \tag{4-22}$$

式 (4-22) 也称为通带电压放大倍数。

其相频特性为

$$\varphi(\omega) = \arctan\frac{\omega_c}{\omega} \tag{4-23}$$

式中，ω_c 称为截止角频率，$\omega_c = 1/(\omega C)$。

该滤波器的幅频特性如图 4-24 所示，当 $\omega < \omega_c$ 时，曲线按 $-20\text{dB}/10$ 倍频下降。

同一阶低通滤波电路一样，一阶高通滤波电路的幅频特性与理想状况相差很远，也只适用于要求不高的场合。

和低通滤波器一样，高通滤波器也有一阶和高阶之分，将图 4-21 所示的二阶有源低通滤波器的电阻 R 和电容 C 的位置交换，就变成了二阶有源高通滤波器，如图 4-25 所示，二

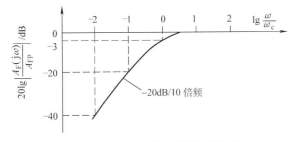

图 4-24　一阶高通滤波器的幅频特性

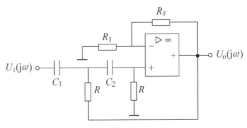

图 4-25　二阶有源高通滤波器

阶有源高通滤波器的幅频特性如图 4-26 所示。

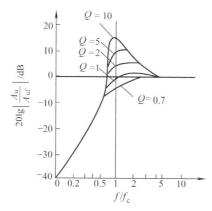

图 4-26　二阶有源高通滤波器的幅频特性

4.3.3　带通滤波器

　　带通滤波器由高通滤波器和低通滤波器串联而成。由于低通滤波器的截止角频率 ω_h 大于高通滤波器的截止频率 ω_1，两者的通带有一段重复，因而提供了带通的特性。其理想幅频特性如图 4-27 所示。

　　图 4-28 所示的带通滤波器，由低通 RC 滤波电路和高通滤波电路串联而成。上限截止角频率 ω_h 为

$$\omega_h = \omega_c\left(1 + \frac{1}{2Q}\right) \tag{4-24}$$

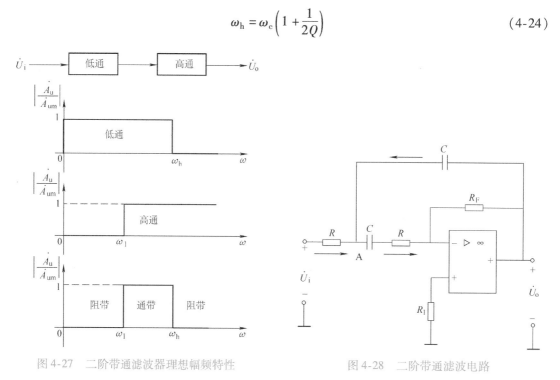

图 4-27　二阶带通滤波器理想幅频特性　　　　　图 4-28　二阶带通滤波电路

　　下限截止角频率 ω_1 为

$$\omega_1 = \omega_c\left(1 - \frac{1}{2Q}\right) \tag{4-25}$$

通频带宽为

$$\omega_{BW} = \omega_h - \omega_l = \frac{\omega_c}{Q} \tag{4-26}$$

式（4-24）~ 式（4-26）中，Q 为品质因数，并且 $Q = \frac{1}{3}\sqrt{1 + \frac{R_F}{R}} \gg 1$。

频率在通频带范围内的信号可以通过，通频带以外的信号被阻止。

4.3.4 带阻滤波器

带阻滤波器是由高通滤波电路和低通滤波电路并联而成。低于低通滤波电路的截止角频率 ω_h 的信号从低通滤波电路通过，高于高通滤波电路的截止角频率 ω_l，而 $\omega_h < \omega < \omega_l$ 的信号无法通过电路，因而提供了带阻的特性。其理想幅频特性如图4-29所示，而图4-30所示是一种常见的双 T 形带阻滤波电路。上限截止角频率为

$$\omega_h = \frac{\omega_c}{2Q}(\sqrt{1 + 4Q^2} - 1) \tag{4-27}$$

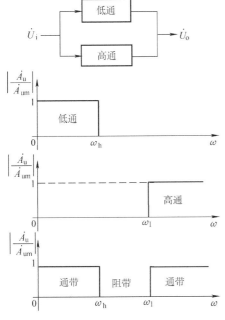

图 4-29 二阶带阻滤波器理想幅频特性

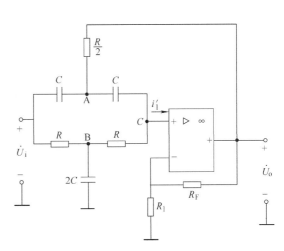

图 4-30 双 T 形带阻滤波电路

下限截止角频率为

$$\omega_l = \frac{\omega_c}{2Q}(\sqrt{1 + 4Q^2} + 1) \tag{4-28}$$

从而得到带阻滤波电路的带宽为

$$\omega_{BW} = \omega_l - \omega_h = \frac{\omega_c}{Q} \tag{4-29}$$

式（4-27）~ 式（4-29）中，Q 为品质因数，并且 $Q = \dfrac{1}{\left[2\left(2 - \dfrac{R_F + R_1}{R_1}\right)\right]}$，说明 Q 越大，带宽越

窄，选择性能越好。

4.3.5 电压比较器

电压比较器是用来判断输入电压和基准电压之间数值大小的电路，通常由集成运算放大器组成。

在前面讨论的运算放大电路中，集成运放工作在线性放大状态，运算放大电路处于深度负反馈中，其输入电压与输出电压成正比。作为电压比较器时，集成运放工作在开环状态。由于其自身的电压放大倍数很大，只要有微小的净输入电压就足以使集成运放处于饱和工作状态，所以它的输出只有两种可能：当 $u_+ > u_-$ 时，输出高电位 U_{OH}，其极性为正，数值接近正电源电压值；当 $u_+ < u_-$ 时，输出低电位 U_{OL}，其极性为负，数值接近负电源电压值。工作时，电压比较器的一个输入端输入基准电压 U_B，另一端则输入要与基准电压进行比较的电压 u_i。

电压比较器广泛应用于数字仪表、模/数转换、自动检测、自动控制、波形变换等方面。在电压比较电路中，集成运算放大器工作在非线性区。

1. 单门限电压比较器 只有一个门限（阈值）电压的比较电路称为单门限电压比较电路。

（1）过零电压比较器 门限电压等于零的比较器称为过零电压比较器，如图 4-31 所示。如果输入信号从运放的同相输入端输入，则称这种比较器为同相输入比较器；如果输入信号从运放的反相输入端输入，则称这种比较器为反相输入比较器。

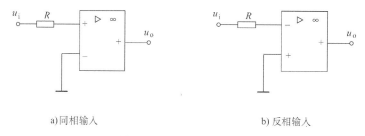

a)同相输入　　　　　　　　　　b)反相输入

图 4-31　过零电压比较器

由于理想集成运放的开环电压放大倍数 A_{od} 等于无穷大，因此，根据图 4-31 可知：当 $u_i > 0$ 时，输出正饱和电压 $u_o = U_{OM}$，当 $u_i < 0$ 时，输出负饱和电压 $u_o = -U_{OM}$，U_{OM} 为集成运放的最大输出电压。

电压比较器可以将输入的连续变化量（模拟量）变成跃变的矩形波（数字量）输出，所以它往往作为联系模拟电路与数字电路的桥梁。

从电压比较器的工作原理还可以看出，输出电压的大小仅与输入电压的大小有关，而与输入电压的波形无关。若以输入电压为横坐标、输出电压为纵坐标，可画出输出电压随输入电压变化的关系曲线，称之为传输特性。图 4-31 所示的过零电压比较器的传输特性，如图 4-32 所示。传输特性实质地反映了电压比较器的特性，是分析这类电路的依据。

（2）一般电压比较器 在很多情况下，电压比较器检测的不是零电位，而是某一固定的参考电压 U_R，也就是说此时电压比较器是对两个电压的相对大小进行比较，其中一个电压为参考电压或基准电压 U_R，另一个电压为被比较的输入信号电压 u_i。一般电压比较器如图 4-33 所示，集成运算放大器处在开环状态，由于电压放大倍数极高，因而，输入端电压只要有微小的差值，运算放大器便进入非线性工作区域，输出电压 u_o 即达到最大值。其传输特性如图 4-34 所示，当 $u_i < U_R$ 时，$u_o = U_{OM}$；当 $u_i > U_R$ 时，$u_o = -U_{OM}$。根据输出电压 u_o 的状态，便可判断输入电压 u_i 相对 U_R 的大小。

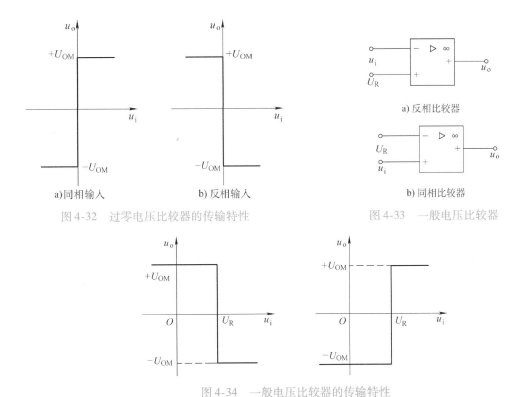

a)同相输入　　　　　b) 反相输入

图 4-32　过零电压比较器的传输特性

a) 反相比较器

b) 同相比较器

图 4-33　一般电压比较器

图 4-34　一般电压比较器的传输特性

为了限制和稳定电压比较器输出电压的幅值，以便和连接的负载相匹配，常在比较器的输出端加接稳压二极管限幅电路。如图 4-35a 所示电路中，用两个稳压二极管反向串联，将电压比较器的输出电压限制在稳压二极管的稳定电压 $+U_Z$ 和 $-U_Z$ 之间，电压传输特性如图 4-35b 所示。根据负载电压的要求，也可以采用单个稳压二极管限幅，电路如图 4-36a 所示，电压比较器的输出电压限制在 0V 和稳压二极管的稳定电压 U_Z 之间，电压传输特性如图 4-36b 所示。

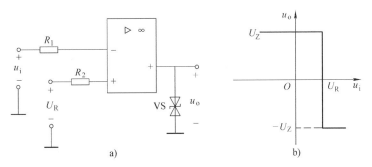

图 4-35　电压比较器的改进及改进后的波形（一）

2. 滞回电压比较器　单门限电压比较器的优点是结构简单、灵敏度高，但是其最大缺点是抗干扰能力差。当其输入电压正好在参考电压附近，则由于有零点漂移的存在，u_o 将不断地跳变，造成输出状态可能随干扰信号翻转。为了克服这一缺点，一般采用滞回电压比较器。

滞回电压比较电路是在基本电压比较器中引入了正反馈而形成的，图 4-37a 所示为反相端输入的滞回电压比较器。它可加速比较电路的转换过程，而且图 4-37a 所示的正反馈电路会使比较器的电压传输特性具有迟滞特性。图 4-37b 和 c 为反相端输入的滞回比较器的电压传输特性。

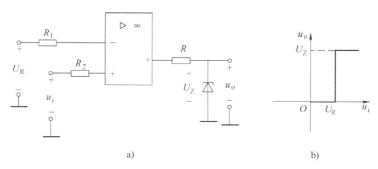

a)

b)

图 4-36　电压比较器的改进及改进后的波形（二）

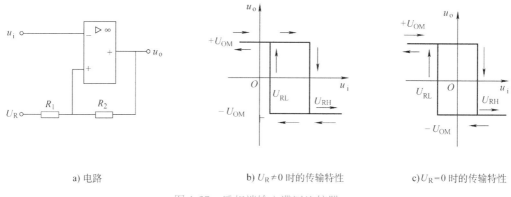

a) 电路　　　　　　　　b) $U_R \neq 0$ 时的传输特性　　　　　c) $U_R = 0$ 时的传输特性

图 4-37　反相端输入滞回比较器

3. 采样-保持电路　采样-保持电路的功能是实现对信号采样并能在一定的时间内保持该采样值。基本的采样-保持电路如图 4-38a 所示。增强型 PMOS 管 V 在电路中起开关作用，由外加控制信号来决定场效应晶体管的导通或截止，集成运算放大器 A 接成电压跟随器。电路的工作过程分采样和保持两个阶段。当控制信号为低电平时，场效应晶体管 V 导通，u_i 通过 V 向存储电容 C 充电，由于场效应晶体管导通后漏源之间的电阻很小，故 $u_C = u_i$，电压跟随器的输出电压 u_o 跟随输入信号 u_i 变化，所以此时电路处于采样阶段。当控制信号为高电平时，场效应晶体管截止，u_i 不能通过 V 向存储电容 C 充电，而电压跟随器又具有很高的输入电阻，电容上电荷无法释放，故电容 C 上的电压仍保持场效应晶体管截止前一瞬间的数值，从而输出端也保持采样阶段最后一瞬间的电压值，所以此时电路处于保持阶段。电路的输入、输出电压波形如图 4-38b 所示。

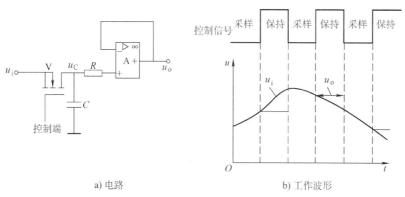

a) 电路　　　　　　　　　　b) 工作波形

图 4-38　基本采样-保持电路

上述采样-保持电路由于电容的充电电流直接由输入信号源提供，因而信号源内阻的存在影响 u_C 和 u_i 的精度。

图 4-39 为一种改进电路，图中运放 A_1 和 A_2 共同构成一个电压跟随器，在场效应晶体管 V 导通时，电路的输出电压直接等于 u_i，故提高了采样精度。另外，电容由闭环输出电阻几乎为零的电压跟随器提供充电电流，这样提高了 u_C 和 u_i 的精度。在 V 截止时进入保持阶段，电路的输出电压 u_o 跟随 u_C。

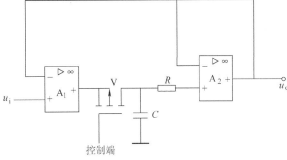

图 4-39　一种改进的采样-保持电路

图 4-38 和图 4-39 所示电路中，由于电容器具有漏电流，所以会影响保持精度，为此应选择漏电流小的电容器和偏置电流小的集成组件。

目前，采样-保持电路大都制成块，如 LF398，保持电容 C 需外接，C 容量的大小视采样频率而定。

思考题

1. 与无源滤波器相比，有源滤波器有何优点？
2. 电压比较器工作在什么区域？输出电压 u_o 的大小和波形有何特点？

4.4　集成运算放大器在信号产生方面的应用

在自动化的设备和系统中，经常需要进行性能的测试和信息的传送，这些都离不开一定的波形作为测试和传送的依据。在模拟系统中，常用的波形有正弦波、矩形波（方波）和锯齿波。这些波形的产生常常要使用反馈电路。在放大电路中曾学过负反馈电路，引入负反馈可以改善放大器的性能指标。但如果反馈引入不当，也会造成一些不良影响，除使增益降低之外，还有可能产生自激振荡，破坏放大器的正常工作，自激振荡对于反馈放大器来说是一件坏事。但是，它在无输入信号的情况下却有信号输出，这种特性若能加以利用，即构成了一种全新的电子电路——振荡电路。振荡电路是通过自激方式把直流电压转变为按一定规律变化的电压（如正弦波、矩形波和锯齿波等）的一种电子线路，它不需要外加任何激励，就能产生一定振幅的振荡信号。本节将分别介绍非正弦信号（方波、锯齿波、三角波）以及正弦波信号电路，包括 LC、RC 以及石英晶体振荡电路等几种形式。

4.4.1　方波产生电路

方波产生电路是一种应用非常广泛的非正弦信号发生电路，由于方波包含丰富的谐波，因此，这种电路又称为多谐振荡电路。基本电路如图 4-40a 所示，它包含一个滞回比较器以及一个由 R_f、C 组成的积分电路。输出电压 u_o 经 R_f、C 反馈到集成运放的反相端，在集成运放的输出端引入限流电阻 R 和一对背靠背的双向稳压管就组成了一个如图 4-40b 所示的双向限幅方波产生电路。

由图可知，电路的正反馈系数 F 为

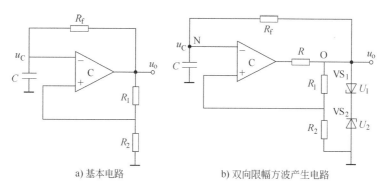

a) 基本电路 b) 双向限幅方波产生电路

图 4-40 方波产生电路

$$\dot{F} \approx \frac{R_2}{R_1 + R_2}$$

接通电源时，设输出电压 u_o 偏于正饱和值，即 $u_o = +U_Z$，加到电压比较器同相端的电压为 $+FU_Z$，而加到反相端的电压，由于电容 C 上的电压 u_C 不能突变，只能由输出电压 u_o 通过电阻 R_f 向 C 充电来建立，如图 4-41a 所示，充电电流为 i^+。显然，当加到反相端的电压 u_C 大于 $+FU_Z$ 时，输出电压便立即从正饱和值（$+U_Z$）迅速翻转到负饱和值（$-U_Z$），$-U_Z$ 又通过 R_f 对 C 进行反向充电，如图 4-41b 所示，充电电流为 i^-，直到 u_C 小于 $-FU_Z$ 时，输出状态再翻转回来。如此循环，形成一系列的方波输出。

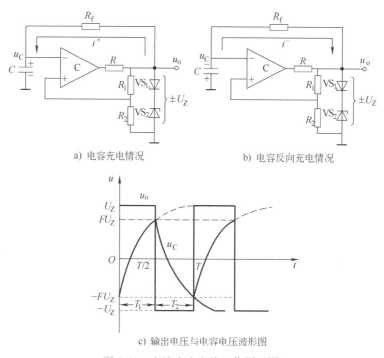

a) 电容充电情况 b) 电容反向充电情况

c) 输出电压与电容电压波形图

图 4-41 方波产生电路工作原理图

在一个方波的典型周期内，输出端及电容 C 上的电压波形如图 4-41c 所示。设 $t=0$ 时，$u_C = -\dot{F}U_Z$，则 $\frac{T}{2}$ 的时间内，电容 C 上的电压 u_C 将由 $-\dot{F}U_Z$ 向 $+U_Z$ 方向变化，电容 C 上的电压随时间变化规律为

$$u_C(t) = U_Z[1 - (1 + F)e^{-\frac{t}{R_f C}}]$$

设 T 为方波的周期，当 $t = \dfrac{T}{2}$ 时，$u_C\left(\dfrac{T}{2}\right) = \dot{F}U_Z$，代入上式，可得

$$u_C\left(\frac{T}{2}\right) = U_Z[1 - (1 + F)e^{-\frac{T}{2R_f C}}] = FU_Z$$

对 T 求解，可得

$$T = 2R_f C \ln\frac{1 + F}{1 - F} = 2R_f C \ln\left(1 + 2\frac{R_2}{R_1}\right)$$

若适当选取 R_1 和 R_2 的值，则可使 $\dot{F} = 0.462$，此时振荡周期可简化为 $T = 2R_f C$，或者振荡频率为

$$f = \frac{1}{T} = \frac{1}{2R_f C}$$

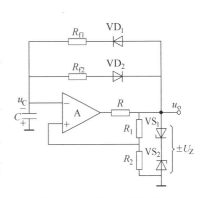

当振荡频率较高（ >10kHz）时，为了获得高精度的方波，通常选择转换速率较高的集成电压比较器代替集成运放。

通常将矩形波为高电平的持续时间与振荡周期的比称为占空比。对称方波的占空比为 50%。如需产生占空比小于或大于 50% 的矩形波，只需适当改变电容 C 的正、反向充电时间常数即可。实现此目标的一个方案如图 4-42 所示。

当 u_o 为正时，VD_1 导通而 VD_2 截止，正向充电时间常数为 $R_{f1}C$；当 u_o 为负时，VD_1 截止而 VD_2 导通，反向

图 4-42　改变正、反向充电
时间常数的电路

充电时间常数为 $R_{f2}C$，选取 $\dfrac{R_{f1}}{R_{f2}}$ 的比值不同，就改变了占空比。设忽略了二极管的正向电阻，此时的振荡周期为

$$T = (R_{f1} + R_{f2})C \ln\left(1 + 2\frac{R_2}{R_1}\right)$$

4.4.2　锯齿波产生电路

与正弦波、方波相同，锯齿波和三角波也是最常用的基本测试信号之一。锯齿波电压产生电路如图 4-43 所示，它包括同相输入滞回比较器（C_1）和充放电时间常数不等的积分器（A_2）两部分，共同组成锯齿波电压产生器电路。

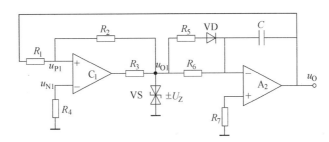

图 4-43　锯齿波电压产生电路

由图 4-43 中的同相输入滞回比较器可得

$$u_{P1} = u_O - \frac{u_O - u_{O1}}{R_1 + R_2}R_1$$

当电路翻转时，有 $u_{N1} \approx u_{P1} = 0$，即得

$$u_O = -\frac{R_1}{R_2}u_{O1}$$

由于 $u_{O1} = \pm U_Z$，由上式可以分别求出上、下门限电压和门限宽度为

$$U_{T+} = \frac{R_1}{R_2}U_Z$$

$$U_{T-} = -\frac{R_1}{R_2}U_Z$$

$$\Delta U_T = U_{T+} - U_{T-} = 2\frac{R_1}{R_2}U_Z$$

当 $t = 0$ 时接通电源，设有 $u_{O1} = -U_Z$，则 $-U_Z$ 经 R_6 向 C 充电，使输出电压按线性规律增长。当 u_O 上升到门限电压 U_{T+} 使 $u_{P1} = u_{N1} = 0$ 时，比较器输出 u_{O1} 由 $-U_Z$ 翻转为 $+U_Z$，同时门限电压翻转为 U_{T-} 值。以后 $u_{O1} = +U_Z$ 经 R_6 和 VD、R_5 两支路向 C 反向充电，由于时间常数减小，u_O 迅速下降到负值。当 u_O 下降到门限电压 U_{T-} 使 $u_{P1} = u_{N1} = 0$ 时，比较器输出 u_{O1} 又由 $+U_Z$ 翻转为 $-U_Z$。如此周而复始，产生振荡。由于电容 C 的正向与反向充电时间常数不相等，输出波形 u_O 为锯齿波电压，u_{O1} 为矩形波电压，如图 4-44 所示。

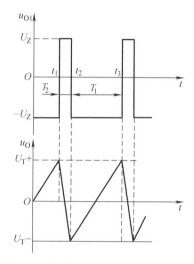

图 4-44　锯齿波电压产生电路的波形

可以证明，当忽略二极管的正向电阻时，其振荡周期为

$$T = T_1 + T_2 = \frac{2R_1R_6C}{R_2} + \frac{2R_1(R_6 /\!/ R_5)C}{R_2} = \frac{2R_1R_6C(R_6 + 2R_5)}{R_2(R_5 + R_6)}$$

显然，在图 4-43 所示电路中，当 R_5、VD 支路开路，电容 C 的正、反向充电时间常数相等时，此时锯齿波就变成三角波，其振荡周期变为

$$T = \frac{4R_1R_6C}{R_2}$$

4.4.3　三角波变锯齿波电路

三角波电压如图 4-45a 所示，经波形变换电路所获得的二倍频锯齿波电压如图 4-45b 所示。分析两个波形的关系可知，当三角波上升时，锯齿波与之相等，即 $u_O = u_I$，当三角波下降时，锯齿波与之相反，即 $u_O = -u_I$。

因此，波形变换电路应为比例运算电路，当三角波上升时，比例系数为 1；当三角波下降时，比例系数为 -1。利用可控的电子开关，可以实现比例系数的变化。

三角波变锯齿波电路如图 4-46 所示，其中电子开关为示意图，u_C 是电子开关的控制电压。当 u_C 为低电平时，开关断开；当 u_C 为高电平时，开关闭合。为了简单起见，忽略开关断开时的漏电流和闭合时的压降。

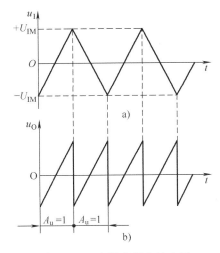

图 4-45　三角波变锯齿波电压

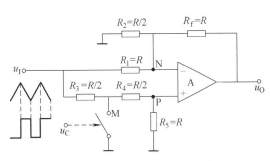

图 4-46　三角波变锯齿波电路

当开关断开时，u_I 同时作用于集成运放的反向输入端和同相输入端。根据"虚短"和"虚断"的概念，可得

$$u_N = u_P = \frac{R_5}{R_3 + R_4 + R_5}u_1 = \frac{u_1}{2}$$

$$\frac{u_I - u_N}{R_1} = \frac{u_N}{R_2} + \frac{u_N - u_O}{R_f}$$

将 $R_1 = R$、$R_2 = R/2$、$R_f = R$ 代入，可得

$$u_O = u_I$$

当开关闭合时，集成运放的同相输入端和反相输入端为"虚地"，即 $u_N = u_P = 0$，电阻 R_2 中电流为零，等效电路为反相比例运算放大电路，于是有

$$u_O = -u_I$$

在实际电路中，可以利用图 4-47 所示电路取代图 4-46 中的电子开关。在电路参数一定的情况下，控制电压的幅值应足够大，以保证管子工作在开关状态。

4.4.4　自激振荡的条件和组成

前面几章介绍了多种类型的放大电路，其作用是把输入的电压或功率信号加以放大。从能量的观念出发，它们是在输入信号的控制下，把直流能量转化为按信号规律变化的交流电能。

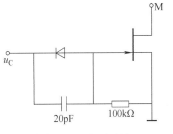

图 4-47　电子开关

在电子技术里面，还广泛使用另一种电路，它不需要外加任何激励，就可以把直流电能转化为具有一定频率、一定波形、一定振幅的交流电能，这一类电路叫自激振荡电路，或称波形发生器。

振荡电路在多个领域得到了广泛的应用。如通信系统使用的高频载波信号、工业上使用的高频感应加热器、实验室使用的各种信号发生器等都是振荡电路的应用。

1. 自激振荡的条件　通过反馈电路的学习可知，电路中如果存在负反馈，反馈信号会使得放大器输入端的净输入信号减弱，故引入负反馈后，电路的闭环增益会下降；如果存在正反馈，则反馈信号会使放大器输入端的净输入信号增强，电路闭环增益会增大。自激振荡是一种强烈的正反馈过程，也就是说，自激振荡电路是正反馈原理的应用。

振荡电路由放大电路和反馈电路两个基本环节组成，其基本结构如图4-48所示。

在电路达到平衡之前的任一瞬间，必须满足 u_f 与 u_i 的相位相同，且 $u_f > u_i$，电路才能起振，这是电路起振首先必须满足的条件。

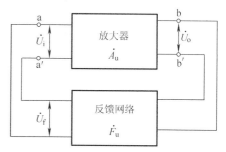

图 4-48　自激振荡原理图

电路起振后，由于放大管的非线性，使得 u_f 由大于 u_i 而逐渐变到 $u_f = u_i$，此时，振荡电路达到平衡。

振荡电路达到平衡时，满足：

$$u_f = u_i, \quad u_o = A_u u_i, \quad u_f = F_u u_o$$

相量形式为

$$\dot{U}_f = \dot{U}_i, \quad \dot{U}_o = \dot{A}_u \dot{U}_i, \quad \dot{U}_f = \dot{F}_u \dot{U}_o \qquad (4\text{-}30)$$

所以，振荡电路要维持等幅振荡，必须满足一定条件：

1）相位平衡条件——反馈信号必须与输入信号同相，即反馈必须为正反馈；

2）振幅条件——反馈信号振幅 $U_{fm} = U_{im}$。

由 $U_f = F_u U_o = A_u F_u U_i$，可得

振幅平衡条件

$$\dot{A}_u F_u = 1$$

相位平衡条件

$$\varphi_A + \varphi_B = 2n\pi \qquad (n = 0,\ 1,\ 2,\ 3,\ \cdots) \qquad (4\text{-}31)$$

式中，φ_A 为放大器的相移；φ_B 为反馈网络的相移。

由式（4-30）可知，$\varphi_A = \varphi_{u_o} - \varphi_{u_i}$，$\varphi_B = \varphi_{u_f} - \varphi_{u_o}$，故式（4-31）也可以表示成：

$$\varphi_{u_f} - \varphi_{u_i} = 2n\pi \qquad (n = 0,\ 1,\ 2,\ 3,\ \cdots) \qquad (4\text{-}32)$$

式（4-32）表明，若要满足相位平衡条件，则反馈电压 u_f 的相位必须与输入电压 u_i 的相位一致。

2. 振荡电路的组成　通过上述分析可知，要使放大电路转化为振荡电路，电路结构必须合理。振荡一般应包括以下几个基本环节：

（1）放大电路　这是满足幅度平衡必不可少的环节。在振荡过程中，必然存在能量的损耗。放大电路可以控制电源不断地向振荡器提供能量。故放大电路实际是一个换能器，起到补充能量损耗的作用。

（2）正反馈网络　这是满足相位平衡条件必不可少的部分。它将输出信号的部分或全部返送到输入端，完成自激振荡器。

（3）选频网络　选频网络的功能是在很宽的频谱信号中选择其中一个单频 f_0 信号通过网络，且衰减量最小，未被选中的幅度全部使其衰减到最小。通常选频网络本身固有的频率为 f_0，当外来信号中有 $f = f_0$ 的信号输入时，选频网络产生谐振，此时，被选中的信号通过选频网络并有最大幅度输出。选频网络所确定的频率一般就是振荡电路的振荡频率 f。

（4）稳幅电路　自激振荡一旦建立起来，它的振幅达到最大时要受到电路非线性因素（饱和）的限制，使其正弦波波形失真，这样就要引入负反馈网络，限制振幅增大，使其稳定在一定的数值。稳幅电路如与放大电路结合，利用非线性稳幅，称内稳幅；外加负反馈稳幅电路称外稳幅。总之，稳幅电路是正弦波振荡器中不可缺少的环节。

3. 分析方法　判断能否产生正弦波振荡，要求熟悉电路结构，关键问题是掌握选频网络的特性，然后判断是否满足正弦波振荡条件。其步骤如下：

（1）判断相位平衡条件　判断方法与分析负反馈的方法相同，用瞬时极性法判断反馈极性。其具体做法是：

1）在电路中找到基本放大器的输入端，也是反馈信号的连接端。例如，共射电路，基极为输入端；共基电路，发射极为输入端；运放有同相和反相输入端。找到输入端后，假设在此处将反馈信号"断开"，并加输入信号 $\dot{U}_i$（假设的），再标定极性。

2）用瞬时极性法传递信号 $\dot{U}_i$，遇到不同的选频网络，其特性不同，分析方法各异。

3）将反馈信号引回到"断开"点处，与假设的 $\dot{U}_i$ 比较，如极性相同，则为"同相"，即满足产生正弦振荡的相位平衡条件。若相位条件不满足，则不必判断幅度条件，认定该电路不振荡。

（2）判断产生正反馈的幅度平衡条件　分析是否满足幅度平衡条件，有3种情况：

1）若 $|\dot{A}\dot{F}| < 1$，则不起振。

2）若 $|\dot{A}\dot{F}| \gg 1$，则不能振荡。需加稳幅电路，否则，产生波形失真。

3）若 $|\dot{A}\dot{F}|$ 略大于1，则能振荡。振荡稳幅后，$|\dot{A}\dot{F}| = 1$。

（3）求振荡频率和起振条件　如果电路能振荡，要计算振荡频率，一般选频网络的固有频率 f_0 即为电路的振荡频率。

起振条件由 $|\dot{A}\dot{F}| > 1$ 结合具体电路求得，通过实际电路调试均可满足起振条件，一般不必进行计算。

在判断正弦振荡器能否正常工作时，除了看其组成是否包含以上几个环节外，还要注意放大器的静态工作点是否合适，最好看正弦振荡器是否引入了正反馈，有时还要考虑是否满足幅度平衡条件。正弦振荡器由选频环节分成 RC 正弦振荡器和 LC 正弦振荡器两大类。下面分别介绍。

4.4.5　LC 正弦振荡器

用 LC 回路的谐振特性进行选频的振荡电路称为 LC 正弦振荡电路。LC 型正弦波信号发生器主要用于产生高频信号。由于集成运放的频带较窄，所以 LC 正弦振荡电路一般用分立元件组成。

根据采用的反馈形式不同，LC 正弦振荡电路可分为变压器反馈式、电感式、电容式等不同类型。其共同特点是以 LC 并联谐振回路做选频网络。

1. LC 并联回路的特性　图 4-49 是一个 LC 并联回路，图中 R 代表回路自身和回路所带负载的总损耗等效电阻。其复阻抗为

$$Z = \frac{(R + j\omega L)\left(-j\dfrac{1}{\omega C}\right)}{R + j\left(\omega L - \dfrac{1}{\omega C}\right)}$$

在 $R \ll \omega L$ 时，忽略式中分子的 R，则

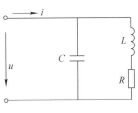

图 4-49　LC 并联回路

$$Z = \frac{\dfrac{L}{C}}{R + j\left(\omega L - \dfrac{1}{\omega C}\right)} \tag{4-33}$$

根据式（4-33），当 $\omega L - \dfrac{1}{\omega C} = 0$ 时，并联回路处于谐振状态，谐振时的阻抗最大，$Z = Z_0 = Z_{max} = \dfrac{L}{RC}$是纯阻性。由 $\omega L - \dfrac{1}{\omega C} = 0$，得 $\omega_0 = \dfrac{1}{\sqrt{LC}}$，所以谐振频率为

$$f_0 = \frac{1}{2\pi \sqrt{LC}} \tag{4-34}$$

由式（4-33）可以得到复阻抗的另一种表达式

$$Z = \frac{\dfrac{L}{RC}}{1 + j\dfrac{\omega_0 L}{R}\left(\dfrac{\omega}{\omega_0} - \dfrac{\omega_0}{\omega}\right)} = \frac{Z_0}{1 + jQ\left(\dfrac{f}{f_0} - \dfrac{f_0}{f}\right)} \tag{4-35}$$

式中，Q 称为品质因数，$Q = \dfrac{\omega_0 L}{R} = \dfrac{1}{R}\sqrt{\dfrac{L}{C}}$。

$$|Z| = \frac{Z_0}{\sqrt{1 + Q^2\left(\dfrac{f}{f_0} - \dfrac{f_0}{f}\right)^2}} \tag{4-36}$$

$$\varphi_0 = -\arctan Q\left(\frac{f}{f_0} - \frac{f_0}{f}\right) \tag{4-37}$$

根据式（4-36）和式（4-37）可以画出图4-50所示的 Z 的频率特性。由图4-50可以看出，在谐振频率 $f = f_0$ 处，并联电路阻抗 Z 的幅值最大，相移为零。而且 Q 值越大，谐振时的阻抗 Z_0 越大，Z 的幅频特性曲线越尖锐，在 $f = f_0$ 附近相频特性变化也越快，选频性能越好。对相同的 $\Delta\varphi_0$ 来说，Q 值越大，对应的频率变化 Δf 越小，因此频率的稳定性越好。

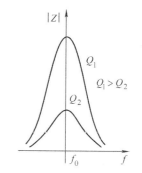

图 4-50　LC 并联回路的频率特性

2. 变压器反馈式 LC 振荡电路

（1）电路结构　变压器反馈式 LC 正弦振荡器如图4-51 所示。图中选频放大电路为前述的稳定静态工作点电路，承担选频和放大任务；变压器一次侧的 L_1 匝数为 N_1；变压器二次侧的 L_2 匝数为 N_2，L_3 的匝数为 N_3。

（2）平衡条件分析

1）相位平衡条件。根据式（4-31）可知，要满足相位平衡条件，u_f 与 u_i 的相位相同。分析 u_f 与 u_i 相位是否相同，一般采用瞬时极性法。

设 V 基极输入信号瞬时极性对地为正，经 V 放大，在其集电极端得到一个反相信号（相移180°），故 V 集电极瞬时极性为负，反馈信号的相位可由变压器绕组 L_1、L_2 的同名端来判断，如图4-51b 所示，L_1、L_2 的同名端均为负，则反馈信号 u_f 与 u_i 同相，也就是说，电路满足振荡的相位平衡条件。

2）幅度平衡条件。要满足幅度平衡条件，需 $AF \geqslant 1$。由此证明，满足幅度平衡条件时，

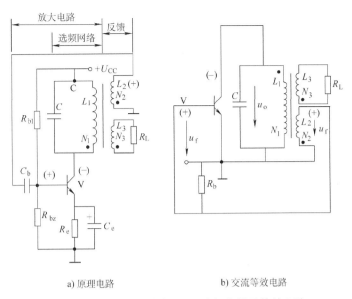

a) 原理电路   b) 交流等效电路

图4-51 变压器反馈式 *LC* 正弦振荡器及等效电路

对晶体管放大倍数的要求为

$$\beta \geqslant \frac{r_{be}RC}{M} \tag{4-38}$$

式中，*M* 为电感 L_1 和 L_2 的互感；r_{be} 为晶体管的输入电阻值；β 为晶体管的电流放大系数；*R* 为谐振回路中全部能量损耗的等效电阻值。

在满足上述两条件的情况下，电路即可谐振。

（3）振荡频率 图4-51 所示的变压器反馈式 *LC* 正弦振荡电路的正弦振荡频率由谐振回路的参数决定：

$$f_0 = \frac{1}{2\pi \sqrt{L_1 C}}$$

此频率即为振荡器输出的正弦波的频率。

（4）变压器反馈式 *LC* 正弦振荡器特点 变压器反馈式 *LC* 正弦振荡器只要线圈的同名端连接正确，调节 N_2 便很容易起振。但由于变压器分布参数的限制，振荡频率不是很高，约为几千至几兆赫。

3. 电感反馈式振荡电路 图4-52a 是一个电感反馈式振荡电路，4-52b 是其交流等效电路。并联选频网络是由 *C* 及具有中间抽头的电感线圈 L_1 和 L_2 组成，L_2 为反馈元件。先判断电路是否满足相位平衡条件。将反馈线圈 L_2 与晶体管 V 的基极连接点选为 A 点，设输入信号 u_i 的极性为正，电路对 u_i 中 f_0 的谐波信号呈现电阻性，根据"射同集反"的原则可知，L_1 和 L_2 带有"·"标记同名端①和③的极性均为负，则 L_2 的另一端，即反馈到与 A 连接的端点②极性为正，与原假设的输入极性相同。L_2 两端电压通过电容 C_B、C_E 加在晶体管的输入端，故满足相位平衡条件，引入的是正反馈。这种电路的振荡频率为

$$f_0 \approx \frac{1}{2\pi \sqrt{LC}} \tag{4-39}$$

式中，$L = L_1 + L_2 + 2M$，*M* 为 L_1 和 L_2 之间的互感，$M = k\sqrt{L_1 L_2}$，$L = L_1 + L_2 + 2\sqrt{L_1 L_2}$。

图4-52 所示电路是由电感线圈 L_2 引回反馈电压，所以称为电感反馈式振荡电路。而且由于并联选频网络中电感线圈的①、②、③分别将振荡信号与晶体管 V 的三个极 C、E、B

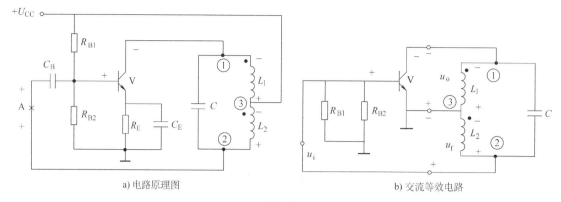

a) 电路原理图　　　　　　　　　　　b) 交流等效电路

图 4-52　电感反馈式振荡电路

相连，故又称为电感三点式振荡电路。

4. 电容反馈式振荡电路　在电感三点式振荡电路中，若用 L 代替 C，C_1、C_2 分别代替 L_1、L_2，便构成电容反馈式振荡电路，也称为电容三点式振荡电路，如图 4-53 所示。此时，反馈电压取自电容。由于电容对高次谐波呈低阻抗，高次谐波分量受到抑制，振荡波形的质量得到改善。

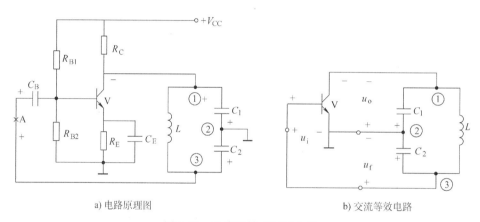

a) 电路原理图　　　　　　　　　　　b) 交流等效电路

图 4-53　电容反馈式振荡电路

工作原理和电感反馈式相同，电路的振荡频率为

$$f_0 \approx \frac{1}{2\pi\sqrt{LC}} \tag{4-40}$$

式中，$C = \dfrac{C_1 C_2}{C_1 + C_2}$。

4.4.6　*RC* 正弦振荡器

RC 正弦振荡器的选频网络由电阻和电容组成。从上节内容可以看到，*LC* 振荡器的振荡频率为 $f_0 = \dfrac{1}{2\pi\sqrt{LC}}$。如果用它产生频率很低的正弦信号，必须增大 L 和 C，其结果不仅使振荡器体积增大，而且漏电，损耗也随之加大。所以 *LC* 振荡器多用于几十千赫以上频率较高的振荡电路中。振荡频率在几十千赫以下的振荡器多采用 *RC* 正弦波振荡器。

RC 正弦振荡器的类型很多，如 *RC* 桥式振荡器，*RC* 双 T 形网络振荡器，*RC* 移相式振

荡器等。下面仅就应用最多的 RC 桥式振荡器作一些介绍。

1. RC 串并联网络的频率特性　图 4-54 是 RC 串并联选频网络。当 $f \to 0$ 时，$1/(\omega C_1) \gg R_1$，$1/(\omega C_2) \gg R_2$，因此 R_1 和 C_2 的作用可以忽略，这时电路可以看成是 C_1 和 R_2 串联，相当于一个相位超前的移相电路。而又由于 $1/(\omega C_1) \gg R_2$，所以输入信号 $|\dot{U}_1|$ 几乎全部落到 C_1 上，R_2 上的电压降 $|\dot{U}_2| \approx 0$。$\dot{U}_2$ 超前 $\dot{U}_1$ 的相位角接近为 $90°$，随着频率的增加，C_1 的容抗逐渐减小，R_2 上的电压降逐渐增加，$\dot{U}_2$ 超前 $\dot{U}_1$ 的相位角也逐渐减小。

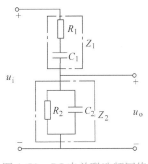

图 4-54　RC 串并联选频网络

当 $f \to \infty$ 时，$1/(\omega C_1) \ll R_1$，$1/(\omega C_2) \ll R_2$，因此 R_2 和 C_1 的作用可以忽略，这时的电路可以看成是由 R_1 和 C_2 串联，相当于一个相位滞后的 RC 移相电路。而由于 $R_1 \gg 1/(\omega C_2)$，所以输入信号 $|\dot{U}_1|$ 几乎全部落到 R_1 上，C_2 上的电压降 $|\dot{U}_{C_2}| \approx 0$，$\dot{U}_2$ 滞后 $\dot{U}_1$ 的相位角接近为 $90°$，随着频率的减小，C_2 的容抗逐渐增大，R_2 上的电压降逐渐增加，$\dot{U}_2$ 滞后 $\dot{U}_1$ 的相位角也逐渐减小。

对图 4-54 的电路进行定量分析可得

$$\dot{F} = \frac{\dot{U}_2}{\dot{U}_1} = \frac{Z_2}{Z_1 + Z_2} = \frac{1}{\left(1 + \dfrac{R_1}{R_2} + \dfrac{C_2}{C_1}\right) + j\left(\omega R_1 C_2 - \dfrac{1}{\omega R_2 C_1}\right)} \tag{4-41}$$

为了频率调节方便，通常取 $R_2 = R_1 = R$，$C_2 = C_1 = C$。令 $\omega_0 = \dfrac{1}{RC}$，则

$$\dot{F} = \frac{1}{3 + j\left(\dfrac{\omega}{\omega_0} - \dfrac{\omega_0}{\omega}\right)} \tag{4-42}$$

$$|\dot{F}| = F = \frac{1}{\sqrt{3^2 + j\left(\dfrac{\omega}{\omega_0} - \dfrac{\omega_0}{\omega}\right)^2}} \tag{4-43}$$

$$\varphi_{\mathrm{F}} = \arctan \frac{\dfrac{\omega}{\omega_0} - \dfrac{\omega_0}{\omega}}{3} \tag{4-44}$$

式（4-43）、式（4-44）所代表的 RC 串并联选频网络的幅频特性和相频特性表示在图 4-55 中，由图 4-55 可以看出，当 $\omega = \omega_0 = 1/(RC)$，即 $f = f_0 = 1/(2\pi RC)$ 时，$|\dot{F}| = F_{\max} = 1/3$，$\varphi_{\mathrm{F}} = 0°$。这时 $\dot{U}_2$ 的幅值最大，是 $\dot{U}_1$ 幅值的 $1/3$，且 $\dot{U}_2$ 与 $\dot{U}_1$ 同相位。

2. 文氏电桥振荡器

（1）振荡频率　反馈网络由 RC 串、并联网络构成，由于 RC 串、并联网络的选频特性为：$f = f_0$ 时，$\varphi_{\mathrm{F}} = 0$，$|\dot{F}| = 1/3$。为了满足振荡电路的自激条件，放大器应用 $|\dot{A}| = 3$，$\varphi_{\mathrm{A}} = 0$，即输出与输入同相，为此应选用同相比例运算电路或两级共射放大电路，如图 4-56 所示。因此，电路在 f_0 时 $\varphi_{\mathrm{A}} + \varphi_{\mathrm{F}} = 0$，而

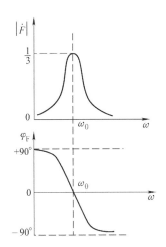

图 4-55　RC 串并联选频网络的
幅频特性和频率特性

对于其他任何频率，则不满足振荡的相位平衡条件，所以电路的振荡频率为

$$f_0 = \frac{1}{2\pi RC} \tag{4-45}$$

由于选频网络与 R_F、R_1 正好形成一个四臂电桥，因此又叫作文氏电桥振荡器。

（2）起振条件　已经知道，当 $f = f_0$ 时，$|\dot{F}| = 1/3$。为了满足振荡的幅度平衡条件，必须使 $|\dot{A}\dot{F}| > 1$，由此可以求得振荡电路的起振条件为

$$|\dot{A}| > 3 \tag{4-46}$$

因同相比例运算电路的电压放大倍数为 $A_{uf} = 1 + (R_F/R')$，为了使 $|\dot{A}| = A_{uf} > 3$，图4-56所示振荡电路中负反馈支路的参数应满足以下关系：

$$R_F > 2R' \tag{4-47}$$

（3）振荡电路中的负反馈　根据以上分析可知，RC 串并联网络振荡电路中，只要达到 $|\dot{A}| > 3$，即可满足产生正弦波振荡的起振条件。如果 $|\dot{A}|$ 的值过大，由于振荡幅度超出放大电路的线性放大范围而进入非线性区，输出波形将产生明显的失真。另外，放大电路的放大倍数因受环境温度及元件老化等因素影响，也要发生波动。以上情况都将直接影响振荡电路输出波形的质量，因此，通常都在放大电路中引入负反馈以改善振荡波形。在图4-56所示的文氏电桥振荡电路中，电阻 R_F 和 R' 引入一个电压串联负反馈，它的作用不仅可以提高放大倍数的稳定性，改善振荡电路的输出波形，而且能够进一步提高放大电路的输入电阻，降低输出电阻，从而减小放大电路对 RC 串并联网络选频特性的影响，提高振荡电路的带负载能力。

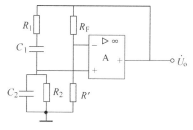

图4-56　文氏电桥振荡器

改变电阻 R_F 或 R' 阻值的大小可以调节负反馈的深度。R_F 越小，则负反馈系数 $F = R'/(R_F + R')$ 越大，负反馈深度越深，放大电路的电压放大倍数越小；反之，R_F 越大，则负反馈系数 F 越小，即负反馈越弱，电压放大倍数越大。如电压放大倍数太小，不能满足 $|\dot{A}| > 3$ 的条件，则振荡电路不能起振；如电压放大倍数太大，则可能输出幅度太大，使振荡波形产生明显的非线性失真，应调整 R_F 和 R' 的阻值，使振荡电路产生比较稳定而失真较小的正弦波信号。

4.5　应用 Multisim 对集成运算放大电路进行仿真分析

集成运算放大器简称集成运放是一种具有高增益、高输入阻抗、低输出阻抗、功耗低、可靠性高等特点的模拟集成器件。集成运放加负反馈时工作于线性放大状态，常见的应用有各种运算电路，如比例运算电路、加减法运算电路、微积分运算电路等，还可用于测量放大电路、滤波电路等；集成运放不加反馈或加正反馈时工作在非线性状态，主要用于比较器和振荡器。本节主要介绍利用仿真软件 Multisim 14.0 设计集成运放工作在线性区的应用，如常见的比例运算电路，以及集成运放工作在非线性区的应用，如电压比较器。

4.5.1　同相比例运算电路的仿真与分析

常见的比例运算电路有同相比例运算电路和反相比例运算电路，本节介绍同相比例运算

电路、反相加法运算电路的仿真分析，其步骤如下：

1）选择理想集成运算放大器、电阻、交流信号源和双踪示波器等，创建同相比例运算放大电路，如图4-57所示。其中输入为1V/1kHz正弦信号，运放为理想集成运算放大器OPAMP_3T_VIRTUAL，R_1是负反馈电阻，R_3是平衡电阻。同相比例运算放大电路的输入输出关系为：$u_o = \left(1 + \dfrac{R_1}{R_2}\right)u_i$。

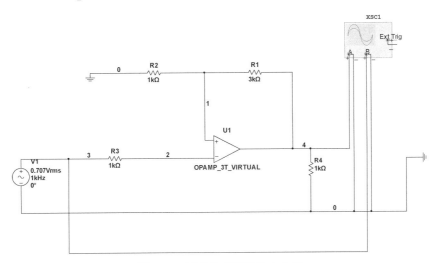

图4-57 同相比例运算放大电路

2）单击"运行"按钮，双击示波器图标XSC1，得到如图4-58所示的输入输出波形。从波形上可以看到输入输出同相位，调整幅值测试线1（T1对应垂直线）或2（T2对应垂直线），1处显示输入信号幅值为992.863mV，输出信号幅值为3.972V，输出与输入的比值约为4，与同相比例运算放大电路理论计算值相同，可见仿真结果与理论结果相符。

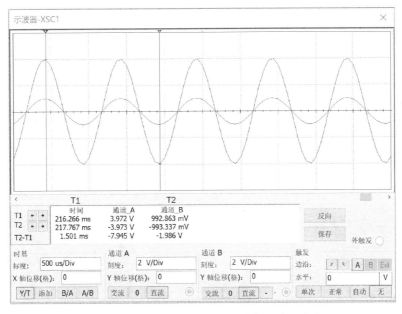

图4-58 同相比例运算放大电路输入输出波形

如果在一定范围内调整负载电阻 R_4，输出波形的形状和幅值基本不会变化，可见该电路具有较强带负载的能力。

调整反馈电阻 R_1 的大小，可以研究反馈深度对放大器性能的影响。对单运放且带有负反馈的放大器而言，反馈电阻 R_1 的大小直接决定了反馈的深度。R_1 大反馈深度浅，R_1 小反馈深度深。具体可以采用参数扫描分析，令反馈电阻 R_1 的值从小到大改变，通过输出节点的交流扫描分析结果即可分析电路频率响应特性随 R_1 变化的情况。

4.5.2　电压比较器的仿真与分析

在本设计中，利用电压比较器的原理来产生方波信号，如图 4-59 所示。图中，集成运算放大器工作在开环状态下，且工作在非线性去区，输入和输出不是线性关系。函数发生器产生频率为 300Hz、幅值为 10V 的正弦波，作为电压比较器的输入信号，输出端接两只稳压二极管，目的是稳定输出电压，输出为方波信号，输出结果如图 4-60 所示。

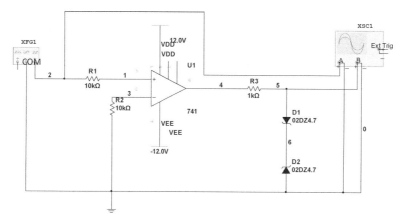

图 4-59　电压比较器产生方波信号

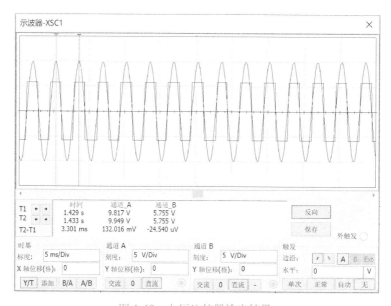

图 4-60　电压比较器输出结果

思考题

1. 非正弦产生电路中集成运算放大器工作在哪种状态下?

2. 什么是占空比? 它的物理意义是什么?

3. 简述自激振荡的条件。

4. 为什么只有当 $|\dot{A}\dot{F}| > 1$ 时振荡器才能起振? 简述起振过程。

5. 正弦振荡器一般包括哪几部分? 各部分作用是什么? 试举例说明。

6. 利用 Multisim 14.0 对同相比例运算电路和电压比较器进行仿真与分析。

7. 设计、使用集成运算放大器时需要注意哪些问题?

本章小结

1. 集成运算放大器的基本运算放大电路可分为比例运算、加法运算、减法运算、积分与微分运算、对数与指数运算等。其中比例运算和加法运算又可分为反相输入电路和同相输入电路两种类型。

2. 滤波电路具有选频的作用,但它不是选择某一个频率,而是选择某一段频率范围。由选择的频率范围可将滤波器分为低通、高通、带阻等类型。

3. 电压比较器是集成运算放大器工作于非线性状态下的应用。由于输入通常为模拟量,输出为数字量,所以电压比较器往往是联系模拟电路和数字电路的桥梁。

4. 非正弦信号(方波、锯齿波、三角波)产生电路是电压比较器与积分器相结合的典型应用,在该类电路中,集成运算放大器均工作于非线性区。

5. 振荡器维持振荡的条件包含以下两方面的内容:

1) 相位平衡条件:电路必须引入正反馈,以保证反馈信号与原输入信号相位相同,即 $\varphi_A + \varphi_B = 2n\pi$, $n = 0$, ± 1, ± 2, $\cdots$

2) 幅度平衡条件:应使 $|\dot{A}\dot{F}| = 1$,以保证反馈信号的大小与原输入信号相等。

6. 振荡器自激振荡的条件为 $\dot{A}\dot{F} > 1$。

自测题

4.1 填空题

1. 理想集成运算放大器工作于线性区时的特性是_____,工作于非线性区时的特性是_____。

2. 简述低通滤波器、高通滤波器、带阻滤波器、带通滤波器的功能,并分别画出它们的理想幅频特性。

4.2 选择题

1. 在图 4-61 所示电路中,已知: $R_1 = 10\text{k}\Omega$, $R_2 = 100\text{k}\Omega$,若 $u_o = 6\text{V}$,则 $u_i = ($)。

(a) 6V   (b) 3V   (c) 6/11V

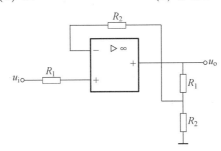

图 4-61 选择题 1 图

2. 在图 4-62 所示电路中，当 R_L 的值由小变大时，I_L 将（　　）。

（a）变大 　　　　　　　（b）变小 　　　　　　　（c）不变

3. 在图 4-63 所示电路中，若 R_1、R_2、R_3 及 u_i 一定，当运算放大器负载电阻 R_L 适当增加时，负载电流 i_L 将（　　）。

（a）增加 　　　　　　　（b）减小 　　　　　　　（c）不变

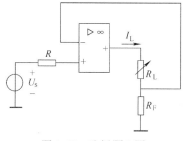

图 4-62　选择题 2 图

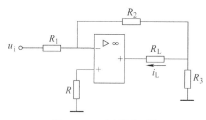

图 4-63　选择题 3 图

4. 在图 4-64 所示电路中，运算放大器的最大输出电压为 ±15V，稳压管 VS 的稳定电压为 6V，设正向电压降为零，当输入电压 $u_i = 1V$ 时，输出电压 $u_o =$（　　）。

（a）−15V 　　　　　　（b）−6V 　　　　　　（c）0V

5. 在图 4-65 所示电路中，运算放大器的最大输出为 ±15V，双向稳压管 VS 的稳定电压为 ±6V，正向电压降为零，当输入电压 $u_i = \sin\omega t$ V 时，输出电压 u_o 的波形为（　　）。

（a）幅值为 ±6V 的方波 　（b）幅值为 ±15V 的方波 　　（c）正弦波

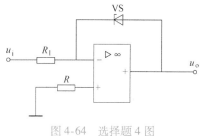

图 4-64　选择题 4 图

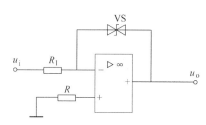

图 4-65　选择题 5 图

6. 一个正弦振荡器的反馈系数 $\dot{F} = \frac{1}{5} \underline{/180°}$，若该振荡器能够维持稳定振荡，则开环电压放大倍数 $\dot{A}_u$ 必须等于（　　）。

（a）$\frac{1}{5} \underline{/360°}$ 　　（b）$\frac{1}{5} \underline{/0°}$ 　　（c）$5 \underline{/-180°}$

4.3　在图 4-66 所示电路中，求 $\dot{U}_o$、$\dot{U}_{i1}$、$\dot{U}_{i2}$ 的表达式。

4.4　在图 4-67 所示电路中，试证明 $\dot{U}_o = \dfrac{R_2 R_4 + R_3 R_4 + R_2 R_3}{R_1 R_4} U_i$。

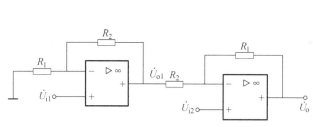

图 4-66　选择题 4.3 图

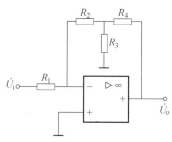

图 4-67　选择题 4.4 图

习题

4.1 在图 4-68 所示电路中，已知：$R_1 = 10\text{k}\Omega$，$R_2 = 50\text{k}\Omega$，$u_i = -1\text{V}$，求输出电压 u_o。

4.2 在图 4-69 所示电路中，稳压二极管稳定电压 $U_Z = 6\text{V}$，$R_1 = 10\text{k}\Omega$，$R_F = 10\text{k}\Omega$，试求调节 R_F 时，输出电压 u_o 的变化范围，并说明改变负载电阻 R_L 对 u_o 有无影响。

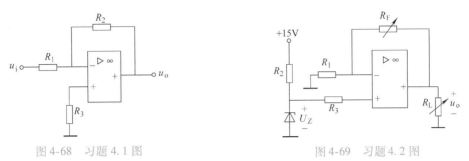

图 4-68 习题 4.1 图   图 4-69 习题 4.2 图

4.3 在图 4-70 所示电路中，稳压二极管稳定电压 $U_Z = 6\text{V}$，$R_1 = 10\text{k}\Omega$，$R_F = 10\text{k}\Omega$，试求调节 R_F 时，输出电压 u_o 的变化范围，并说明改变负载电阻 R_L 对 u_o 有无影响。

4.4 在图 4-71 所示电路中，已知输入电压 $u_i = 10\text{V}$，求输出电压 u_o。

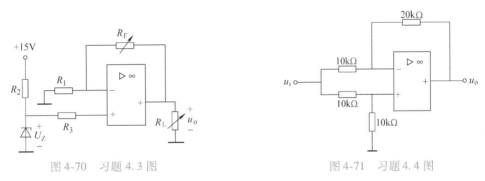

图 4-70 习题 4.3 图   图 4-71 习题 4.4 图

4.5 在图 4-72 所示电路中，求输出电压 u_o 与输入电压 u_i 的运算关系。

4.6 在图 4-73 所示电路中，求输出电压 u_o 与输入电压 u_i 的运算关系。

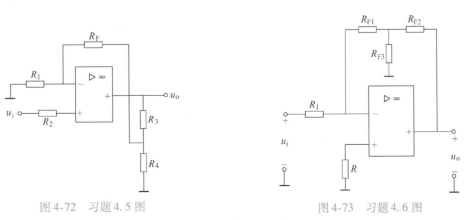

图 4-72 习题 4.5 图   图 4-73 习题 4.6 图

4.7 已知加法器的运算关系为 $\dot{U}_o = -(5\dot{U}_{i1} + 10\dot{U}_{i2} + 0.2\dot{U}_{i3})$，且反馈电阻 $R_f = 100\text{k}\Omega$，试画出电路图并计算电路中各电阻的阻值。

4.8 求解图 4-74 所示电路中输出电压与输入电压间的运算关系。

4.9 在图 4-75 所示电路中，求输出电压 u_o，并说明当 $R_1 = R_2 = R_3 = R_4$ 时，该电路完成的功能。

4.10 在图 4-76 所示电路中，电压放大倍数由开关 S 控制，试求 S 闭合和断开时的电压放大倍数。

4.11 为了获得较高的电压放大倍数，而又可避免采用高阻值电阻 R_f，将反相比例运算电路改为图 4-77 所示电路，并设 $R_{f1} \gg R_{f3}$，试证明 $\dfrac{u_o}{u_I} = -\dfrac{R_{f1}}{R_1}\left(1 + \dfrac{R_{f2}}{R_{f3}}\right)$。

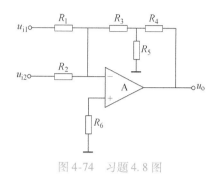

图 4-74 习题 4.8 图

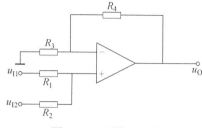

图 4-75 习题 4.9 图

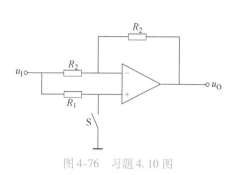

图 4-76 习题 4.10 图

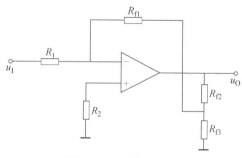

图 4-77 习题 4.11 图

4.12 图 4-78 所示电路为典型的三运放测量电路，若运放 A_1、A_2、A_3 均为理想运放，试求输出电压 u_o 与输入电压 u_{i1}、u_{i2} 之间的关系。

4.13 在图 4-79 所示电路中，求输出电压 u_o 与输入电压 u_i 的关系。

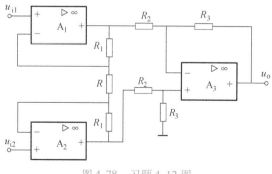

图 4-78 习题 4.12 图

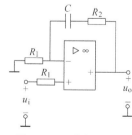

图 4-79 习题 4.13 图

4.14 在图 4-80 所示电路中，求输出电压 u_o 与输入电压 u_i 的关系。

4.15 在图 4-81 所示电路中，已知 $R_1 = 10\text{k}\Omega$，$R_2 = 100\text{k}\Omega$，$R_4 = R_3 = 1\text{M}\Omega$，$C = 1\mu\text{F}$，$u_{i1} = 0.5\text{V}$，$u_{i2} = 0.4\text{V}$，$u_C(0) = 0.1\text{V}$。求 $t = 10\text{s}$ 时，输出电压 u_o 为多少。

4.16 图 4-82 所示电路为测量放大器，电桥电阻 R_x 从 $2\text{k}\Omega$ 变化到 $2.1\text{k}\Omega$ 时，输出电压 u_o 变化多少？

4.17 下列几种情况，应分别采用哪种类型的滤波电路（低通、高通、带通、带阻）？

（1）有用信号频率为 100Hz。

（2）有用信号频率低于 400Hz。

（3）希望抑制 50Hz 交流电源干扰。

（4）希望抑制 500Hz 以下的信号。

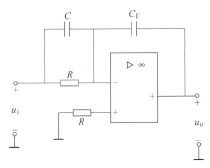

图 4-80 习题 4.14 图

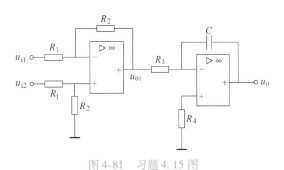

图 4-81 习题 4.15 图

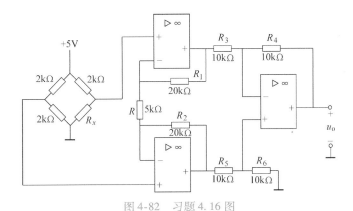

图 4-82 习题 4.16 图

4.18 在图 4-83 所示电路中，（1）求 $\dot{A}_1\,(\mathrm{j}\omega) = \dfrac{\dot{U}_{O1}\,(\mathrm{j}\omega)}{\dot{U}_I\,(\mathrm{j}\omega)}$、$\dot{A}\,(\mathrm{j}\omega) = \dfrac{\dot{U}_O\,(\mathrm{j}\omega)}{\dot{U}_I\,(\mathrm{j}\omega)}$；

（2）根据导出的 $\dot{A}_1\,(\mathrm{j}\omega)$ 和 $\dot{A}\,(\mathrm{j}\omega)$ 的表达式，判断它们属于什么类型的滤波电路。

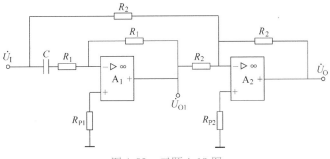

图 4-83 习题 4.18 图

4.19 在图 4-84 所示电路中，设集成运放的最大输出电压为 ±12V，稳压管稳定电压为 $U_Z = \pm 6\mathrm{V}$，输入电压 u_i 是幅值为 ±3V 的对称三角波。试分别画出 U_{REF} 为 +2V、0V、－2V 三种情况下的电压传输特性和 u_o 的波形。

4.20 在图 4-85 所示电路中，A 为理想运放，输出电压的两个极限值为 $\pm U_{\mathrm{OM}}$，且 $U_{\mathrm{OM}} > U_B = 5\mathrm{V}$。VD 为理想二极管，求输入电压的高、低门限电压值 U_H、U_L。

4.21 图 4-86 所示电路为反相滞回比较器，A 为理想运放，输出电压的两个极限值为 ±5V，VD 为理想二极管，$U_B = －8\mathrm{V}$，试求 $U_H － U_L$ 的值。（提示：二极管始终导通。）

4.22 图 4-87a 所示电路为反相滞回比较器，A 为理想运放，输出电压的两个极限值为 ±5V，VD 为理想二极管，输入电压 u_i 的波形如图 4-87b，试画出相应的输出波形。

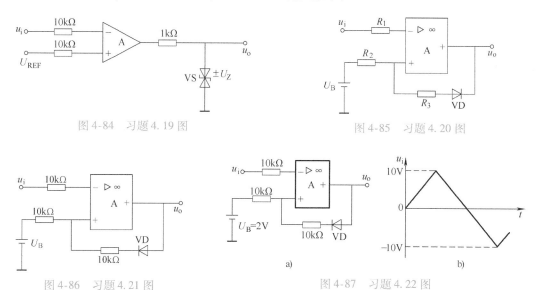

图 4-84 习题 4.19 图

图 4-85 习题 4.20 图

图 4-86 习题 4.21 图

图 4-87 习题 4.22 图

4.23 在图 4-88 所示电路中，A 为理想运放，电源电压为 ±15V，u_i 的幅值足够大，画出图中所示电路的电压传输特性。

4.24 图 4-89 所示电路为有源滤波器，说明该滤波器属于哪种类型，并画出幅频特性曲线。

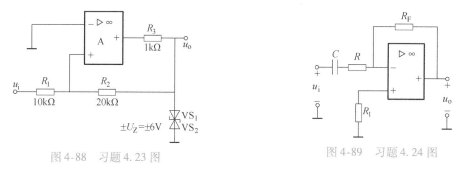

图 4-88 习题 4.23 图

图 4-89 习题 4.24 图

4.25 在图 4-90 所示电路中，设 A_1、A_2 为理想运放，VS_1、VS_2 组成后的稳定电压为 ±6V，且电容初始电压 $u_C(0) = 0$，u_i 为正弦波电压，周期 $T = 2ms$，峰峰值 $U_{im} = 1V$。

（1）由 u_i 画出 u_{o1} 和 u_o 的波形。

（2）计算 u_o 的幅值。

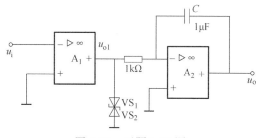

图 4-90 习题 4.25 图

4.26 在图 4-91 所示电路中，已知 $R_1 = 10k\Omega$，$R_2 = 20k\Omega$，$C = 0.01\mu F$，集成运放的最大输出电压幅值为 ±12V，二极管的动态电阻可以忽略不计。

（1）求出电路的振荡周期。

（2）画出 u_o 和 u_C 的波形。

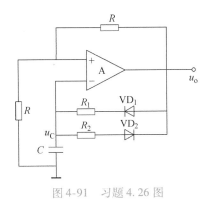

图 4-91　习题 4.26 图

第 **5** 章

直流电源

知识单元目标

- 能够正确绘制单相半波整流、单相全波整流的电路结构和输出波形，并能进行性能参数分析和计算。
- 能够分析对比电容滤波电路、电感电容滤波电路、π形滤波电路的性能差异，并能根据应用需求进行滤波电路选择。
- 能够分析稳压管稳压电路、串联型晶体管稳压电路的稳压过程，掌握三端集成稳压模块电路的应用。

讨论问题

- 直流稳压电源的基本构成。
- 单相半波整流电路的组成、工作原理和性能参数的计算。
- 单相桥式整流电路的组成、工作原理和性能参数的计算。
- 滤波电路的原理、组成和性能参数的计算。
- 稳压电路的原理、组成和串联型晶体管稳压电路的稳压过程分析。
- 三端集成稳压器的应用电路。

电网供电是交流电，但在工农业生产及科学实验中，经常需要直流电源供电。特别是在电子线路和自动控制装置中需要电压非常稳定的直流电源。如图5-1所示是一直流稳压电源的原理框图，可将交流电变成需要的稳定的直流电压输出。

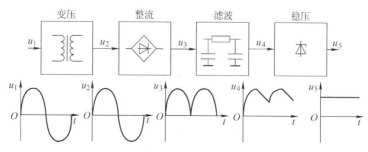

图 5-1　直流稳压电源的原理框图

图中各环节的作用是：

变压器：其一次电压 u_1 一般是 220V 工频交流，二次电压根据所需直流电压大小确定，变压器的作用是将 u_1 变成 u_2。

整流电路：利用二极管的单向导电性将交流电变成脉动直流。

滤波电路：利用电感、电容等电路元件的频率特性，将脉动直流变成较恒定的直流电压。

稳压电路：当电网电压波动或负载变动时，滤波后的直流电压大小还会变化，稳压电路的作用是使输出电压不受上述因素的影响。

5.1　整流电路

整流电路的作用是将交流电变成直流电，它是利用二极管的单向导电性来实现，因此二极管是构成整流电路的核心元件。对于小功率整流电路，一般采用单相半波、单相全波、单相桥式及倍压整流等电路。对于大功率整流电路，一般采用三相半波或三相桥式整流电路。本节主要讨论单相整流电路，各种整流电路的性能比较如表 5-1 所示。

表 5-1　各种整流电路的性能比较

电路形式	整流输出 u_o 波形	输出平均电压 U_o	整流元件中的平均电流 I_o	元件承受最高反向电压 U_{DRM}	变压器二次电流有效值 I_2
单相半波	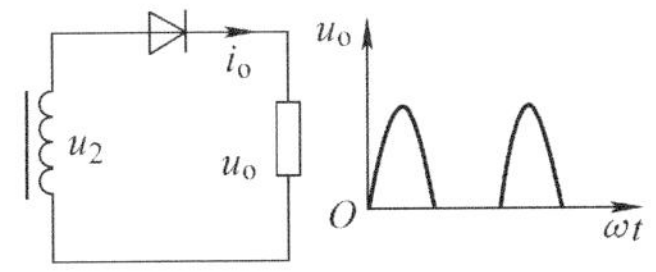	$0.45U_2$	I_o	$\sqrt{2}U_2$	$1.57I_o$
单相全波	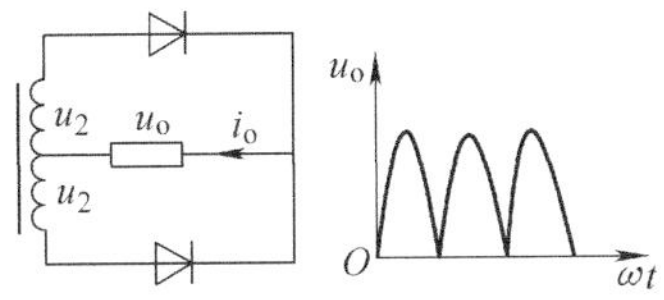	$0.9U_2$	$\frac{1}{2}I_o$	$2\sqrt{2}U_2$	$0.79I_o$
单相桥式	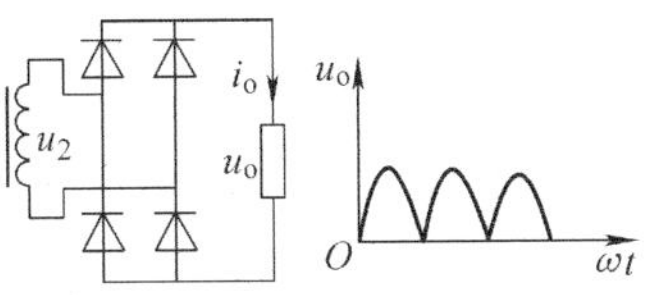	$0.9U_2$	$\frac{1}{2}I_o$	$\sqrt{2}U_2$	$1.11I_o$
三相半波	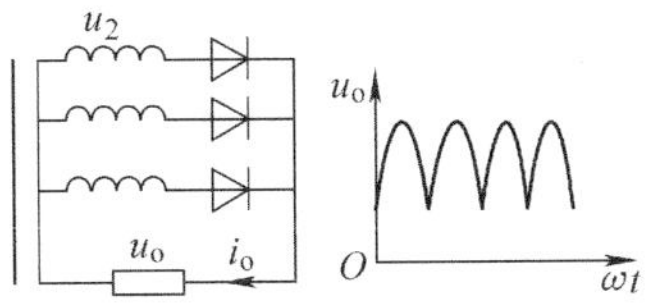	$1.17U_2$	$\frac{1}{3}I_o$	$\sqrt{6}U_2$	$0.57I_o$
三相全波	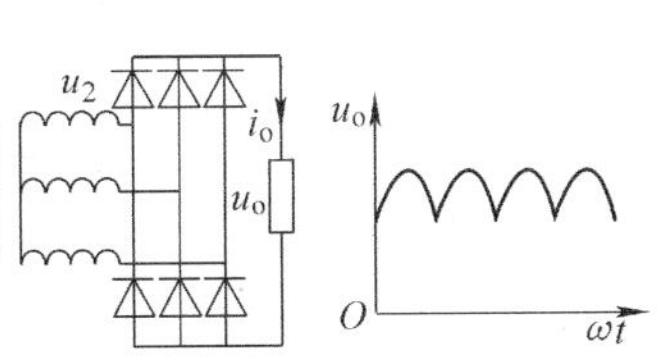	$2.34U_2$	$\frac{1}{3}I_o$	$\sqrt{6}U_2$	$0.82I_o$

5.1.1　单相半波整流电路

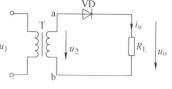

图 5-2 所示是单相半波整流电路。它是最简单的整流电路，由整流变压器 T、整流二极管 VD 及负载 R_L 组成。设整流变压器二次电压为

$$u_2 = \sqrt{2}\,U_2 \sin\omega t$$

其波形如图 5-3 所示。

由于二极管 VD 具有单相导电性，只当它的阳极电位高于阴极电位时才能导通。在变压器二次电压 u_2 的正半周时，其极性为上正下负，即 a 点的电位高于 b 点的电位，二极管因正向偏置而导通。这时负载电阻 R_L 上的电压为 u_o，通过的电流为 i_o。在电压 u_2 的负半周时，a 点的电位低于 b 点的电位，二极管因反向偏置而截止，负载电阻 R_L 上没有电压。因此，在负载电阻 R_L 上得到的是半波整流电压。在导通时，二极管的正向压降很小，可以忽略不计。因此，可以认为 u_o 的这个半波和 u_2 的正半波是相同的（见图 5-3）。

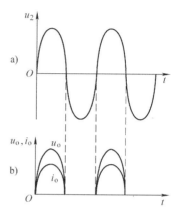

图 5-3　单相半波整流电路的电压和电流的波形

负载上得到的整流电压虽然是单方向（极性一定），但其大小是变化的，这就是单相脉动电压。常用一个周期的平均值来说明它的大小。单相半波整流电压的平均值为

$$U_o = \frac{1}{2\pi}\int_0^\pi \sqrt{2}\,U_2 \sin\omega t\,\mathrm{d}(\omega t) = \frac{\sqrt{2}}{\pi}U_2 = 0.45U_2 \tag{5-1}$$

从图 5-4 所示的波形可看出，如果使半个正弦波与横轴所包围的面积等于一个矩形的面积，矩形的宽度为周期 T，则矩形的高度就是这半波的平均值，或者称为半波的直流分量。

式（5-1）表示整流电压平均值与交流电压有效值之间的关系。由此得出整流电流的平均值

$$I_o = \frac{U_o}{R_L} = 0.45\frac{U_2}{R_L} \tag{5-2}$$

图 5-4　半波整流电路输出电压 u_o 的平均值计算

除根据所需要的直流电压（即整流电压 U_o）和直流电流（即整流电流 I_o）选择整流元件外，还要考虑整流元件截止时所承受的最高反向电压 U_{DRM}。显然，在单相半波整流电路中，二极管不导通时承受的反向电压就是变压器二次交流电压 u_2 的最大值 $\sqrt{2}\,U_2$，即

$$U_{DRM} = U_{2m} = \sqrt{2}\,U_2 \tag{5-3}$$

这样，根据 U_o、I_o 和 U_{DRM} 就可以选择合适的整流元件。

【例 5-1】　有一单相半波整流电路，如图 5-2 所示。已知负载电阻 $R_L = 450\Omega$，变压器二次电压 $U_2 = 10\text{V}$，试求 U_o、I_o 及 U_{DRM}，并选择需要的二极管。

　　解：
$$U_o = 0.45U_2 = (0.45 \times 10)\text{V} = 4.5\text{V}$$

$$I_o = \frac{U_o}{R_L} = \frac{4.5}{450}A = 10mA$$

$$U_{DRM} = \sqrt{2}\,U_2 = (\sqrt{2} \times 10)V = 14.1V$$

查器件手册,二极管选用 2AP2(16mA,30V)。为了使用安全,二极管的反向工作峰值电压要选得比 U_{DRM} 大一倍左右。

5.1.2 单相桥式整流电路

单相半波整流电路的缺点是只利用了电源的半个周期,同时整流电压的脉动较大,为了克服这些缺点,常采用全波整流电路,其中最常用的是单相桥式整流电路。它由 4 个二极管接成电桥的形式构成,图 5-5a 所示就是一单相桥式整流电路。图 5-5b 是一种简易画法。

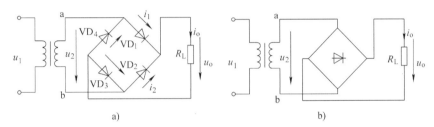

图 5-5 单相桥式整流电路

下面对照如图 5-5 所示电路分析单相桥式整流电路的工作情况:

在变压器二次电压 u_2 的正半周时,其极性为上正下负,即 a 点的电位高于 b 点电位,二极管 VD$_1$ 和 VD$_3$ 处于正向偏置而导通,VD$_2$ 和 VD$_4$ 处于反向偏置而截止,电流 i_1 的通路是 a→VD$_1$→R_L→VD$_3$→b。这时,负载电阻 R_L 上得到一个半波电压,如图 5-6 中的 $0 \sim \pi$ 段所示。

在电压 u_2 的负半周时,变压器二次侧的极性为上负下正,即 b 点电位高于 a 点电位,因此 VD$_1$ 和 VD$_3$ 处于反向偏置而截止,VD$_2$ 和 VD$_4$ 处于正向偏置而导通,电流 i_2 的通路是 b→VD$_2$→R_L→VD$_4$→a。同样,在负载电阻 R_L 上得到一个半波电压,如图 5-6 中的 $\pi \sim 2\pi$ 段所示。

无论电压 u_2 是在正半周还是在负半周,负载电阻 R_L 上都有电流流过,而且方向相同。完整的波形如图 5-6 所示。桥式整流电路的整流电压的平均值 U_o 为

$$U_o = 2 \times 0.45 U_2 = 0.9 U_2 \qquad (5-4)$$

负载电阻 R_L 中的电流平均值为

$$I_o = \frac{U_o}{R_L} = 0.9 \frac{U_2}{R_L} \qquad (5-5)$$

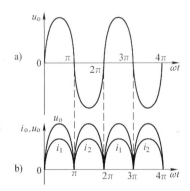

图 5-6 单相桥式整流电路的
电压与电流的波形

显然,桥式整流电路的整流电压的平均值 U_o 比半波整流时增加了一倍,负载电阻中的电流平均值也增加了一倍。

在桥式整流电路中,每两个二极管串联导通半周,因此,每个二极管中流过的平均电流只有负载电流的一半,即

$$I_D = \frac{1}{2}I_o = 0.45 \frac{U_2}{R_L} \qquad (5-6)$$

至于二极管截止时所承受的最高反向电压，从图5-5可以看出。当 VD_1 和 VD_3 导通时，如果忽略二极管的正向压降，二极管 VD_2 和 VD_4 截止时阴极电位就等于a点的电位，阳极电位就等于b点的电位。所以二极管截止时所承受的最高反向电压就是变压器二次电压的最大值，即

$$U_{DRM} = \sqrt{2}\,U_2 \tag{5-7}$$

这一点与半波整流电路相同。

【例5-2】 已知负载电阻 $R_L = 75\Omega$，负载电压 $U_o = 24V$。今采用单相桥式整流电路，交流电源电压为220V。（1）如何选择适用的二极管？（2）求变压器的电压比及容量。

解：（1）负载电流

$$I_o = \frac{U_o}{R_L} = \frac{24}{75}A = 320mA$$

每个二极管通过的平均电流

$$I_D = \frac{1}{2}I_o = 160mA$$

变压器二次电压的有效值为

$$U_2 = \frac{U_o}{0.9} = \frac{24}{0.9}V = 26.7V$$

考虑变压器二次绕组及二极管上的压降，变压器二次电压大约要高出10%，于是

$$U_{DRM} = \sqrt{2} \times 1.1 \times U_2 = 41.5V$$

因此可以选用4只二极管2CZ11A，其最大整流电流为1A，反向工作峰值电压为100V。

（2）变压器的电压比

$$K = \frac{220}{41.5} = 5.3$$

变压器二次电流的有效值为

$$I = 1.11I_o = (1.11 \times 320)mA = 355mA$$

变压器的容量为

$$S = UI = (26.7 \times 0.355)V \cdot A = 9.48V \cdot A$$

由于单相桥式整流电路应用普遍，现在已有集成整流桥模块，就是将4个二极管（PN结）集成在一个硅片上，只引出4根线，如图5-7所示。这样集成整流桥模块只有交流输入和直流输出的4个管脚，减少了接线，提高了可靠性，使用起来非常方便。

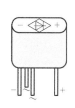 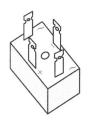

图5-7　整流桥模块

思考题

1. 在桥式整流电路中，如果二极管的特性不对称，对输出波形有何影响？

2. 在桥式整流电路中，如果二极管接反了，会出现什么现象？如果一个二极管虚焊了，会出现什么现

象？当其中一个二极管损坏而造成短路时，又会出现什么现象？

5.2 滤波电路

前一节分析的几种整流电路虽然都可以把交流电转换为直流电，但是所得到的输出电压是单向脉动电压，在某些设备（如电镀、蓄电池充电等设备）中，这种电压的脉动是允许的。但是在多数电子设备中，整流电路中都要加接滤波电路，以改善输出电压的脉动程度。下面介绍几种常用的滤波电路。

5.2.1 电容滤波电路

与负载并联一个电容就是一个简单的电容滤波电路，如图5-8所示。电容滤波是利用电容的储能特性来实现的。下面分析电容滤波电路的工作情况。

如果在单相半波整流电路中不接滤波电容，输出电压 u_o 的波形如图5-9a所示。加接滤波电容之后，输出电压 u_o 的波形就变成图5-9b所示的形状。

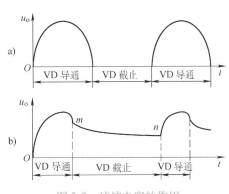

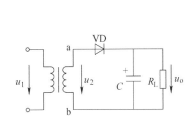

图5-8 接有滤波电容的单相半波整流电路

图5-9 滤波电容的作用

从图5-9b中可以看出，在二极管正向导通时，电源给负载供电的同时，也对电容 C 充电。在忽略二极管正向压降的情况下，充电电压 u_C 与变压器二次电压 u_2 一致，如图5-9b中 Om 段波形所示。电源电压在达到最大值后，u_2 和 u_C 都开始下降，u_2 按正弦规律下降，当 $u_2 \leqslant u_C$ 时，二极管反向偏置而截止，电容 C 对负载电阻 R_L 放电，负载 R_L 中仍有电流，而 u_C 按放电曲线（e 指数规律）下降，如图5-9b中 mn 段波形所示。在 u_2 的下一个正半周内，当 $u_2 > u_C$ 时，二极管再次导通，电容再次被充电，重复上述过程。

电容两端电压 u_C 就是输出电压 u_o，其波形如图5-9b所示。可见输出电压 u_o 的脉动大为减小，并且整流电压平均值较高。在空载和忽略二极管正向压降的情况下，$U_o = \sqrt{2}\, U_2$，U_2 是图5-8中变压器二次绕组的电压有效值。但是随着负载的增加（R_L 减小，I_o 增大），放电时间常数 $R_L C$ 减小，放电加快，输出电压平均值 U_o 也就下降。

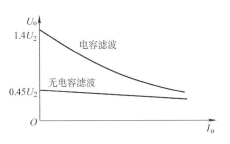

图5-10 电阻负载和电容滤波的
单相半波整流电路的外特性曲线

整流电路的输出电压 U_o 与输出电流 I_o 的变化关系曲线称为整流电路的外特性曲线，如图5-10所示，由此可见，与无电容滤波时比较，输出电压 U_o 随负载电阻的变化有较大的变化，即外特性较差，或者说带负载能力较差。通常取

$$\begin{cases} U_o = U_2（半波） \\ U_o = 1.2U_2（全波） \end{cases} \qquad (5\text{-}8)$$

采用电容滤波时，输出电压 U_o 的脉动程度与电容器的放电时间常数 $R_L C$ 有关。$R_L C$ 增大，脉动就减小。为了得到比较平直的输出电压，一般要求 $R_L \geq (10 \sim 15)\dfrac{1}{\omega C}$，即

$$R_L C \geq (3 \sim 5)\frac{T}{2} \qquad (5\text{-}9)$$

式中，T 是电源电压的周期。

此外由于二极管的导通时间短（导通角小于 $180°$），但在一个周期内电容的充电电荷等于放电电荷，即通过电容的电流平均值为零，可见在二极管导通期间其电流 i_D 的平均值近似等于负载电流的平均值 I_o。因此，i_D 的峰值必然较大，产生电流冲击，容易使二极管损坏。

单相半波整流电路，二极管截止时所承受的最高反向电压为

$$U_{DRM} = \sqrt{2}\,U_2（无滤波电容）$$

$$U_{DRM} = 2\sqrt{2}\,U_2（有滤波电容）$$

对单相半波带有滤波电容的整流电路而言，当负载端开路时，$U_{DRM} = 2\sqrt{2}\,U_2$，为最高。因为在变压器二次电压的正半周时，电容上的电压充到等于变压器二次电压的最大值 $\sqrt{2}\,U_2$，由于开路，电容不能放电，这个电压维持不变；而在负半周的最大值时，二极管截止时所承受的反向电压为变压器二次电压的最大值 $\sqrt{2}\,U_2$ 与电容上电压 $\sqrt{2}\,U_2$ 之和，即等于 $2\sqrt{2}\,U_2$。

对单相桥式整流电路而言，有滤波电容后，不影响 U_{DRM}。有无滤波电容，二极管截止时所承受的最高反向电压均为

$$U_{DRM} = \sqrt{2}\,U_2$$

总之，电容滤波电路简单，输出电压 U_o 较高，脉动也较小；但是外特性较差，且有电流冲击。因此，电容滤波电路一般用于要求输出电压较高、负载电流较小并且变化也较小的场合。

滤波电容的数值一般在几十微法到几千微法之间，视负载电流的大小而定，其耐压应大于输出电压的最大值，通常都采用极性电解电容。

【例 5-3】 对于带滤波电容的单相半波整流电路（见图 5-8），若负载电阻 $R_L = 330\Omega$，要求输出电压 $U_o = 45V$，电源频率 $f = 50Hz$，试选择适用的二极管及电容。

解：（1）选择整流二极管
二极管的平均电流为

$$I_D = \frac{1}{2}I_o = \frac{1}{2} \times \frac{U_o}{R_L} = \left(\frac{1}{2} \times \frac{45}{330}\right)mA = 68.2mA$$

变压器二次电压的有效值为

$$U_2 = \frac{U_o}{1.2} = \frac{45}{1.2}V = 37.5V$$

二极管所承受的最高反向电压为

$$U_{DRM} = \sqrt{2}\,U_2 = (\sqrt{2} \times 37.5)V = 53V$$

因此选用最大整流电流为 100mA，反向工作峰值电压为 100V 的二极管 2CP12。
（2）选择滤波电容

取 $R_L C = 5 \times T/2$，则

$$C = 5 \times \frac{T}{2R_L} = 5 \times \frac{1/50}{2 \times 330} F = 151.5 \mu F$$

因此可选用 $C = 160 \mu F$，耐压为 100V 的电解电容。

5.2.2 电感电容滤波电路（*LC* 滤波）

为了进一步减小输出电压的脉动程度，在滤波电容之前串接一个铁心电感线圈 L，这样就组成了电感电容滤波电路（见图 5-11）。

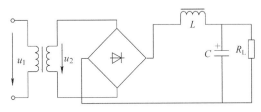

图 5-11 电感电容滤波电路

利用电感的储能作用，当通过电感线圈的电流发生时，电感要产生感应电动势阻碍电流的变化，因而使负载电流和负载电压的脉动大为减小。频率越高，电感越大，滤波效果越好。

电感滤波也可以从另一个角度来理解：因为电感对整流电流中的交流分量具有阻抗，谐波频率越高，阻抗越大，所以它可以减小整流电压中的交流分量，ωL 比 R_L 大得越多，则滤波效果越好；而后又经过滤波电容滤波，再一次滤掉交流分量，这样，便可以得到更为平直的直流输出电压。但是，由于电感线圈的电感较大（一般在几亨到几十亨），其匝数较多，电阻也较大，因而其上会有一定的直流压降，造成输出电压的下降。

具有 *LC* 滤波器的整流电路适用于输出电流较大，要求输出电压脉动很小的场合。在电流较大、负载变动较大、并对输出电压的脉动程度要求不太高的场合下（如晶闸管电源），也可将电容器除去，而采用电感滤波电路（*L* 滤波）。

5.2.3 π形滤波电路

如果要求输出电压的脉动更小，可以在 *LC* 滤波的前面再并联一个滤波电容 C，这样便构成 π形 *LC* 滤波电路（见图 5-12）。它的滤波效果比 *LC* 滤波电路更好，但整流二极管的冲击电流较大。

由于电感线圈的体积大，成本又高，所以有时候用电阻去代替 π形滤波器中的电感线圈，这样便构成了 π形 *RC* 滤波电路，如图 5-13 所示。电阻对于交、直流电都具有同样的降压作用，但是当它和电容配合之后，就使脉动电压的交流分量较多地降落在电阻上，从而起到滤波作用。R 越大，C_2 越大，滤波效果越好。但 R 太大，将使直流压降增加，所以 π形 *RC* 滤波电路主要适用于负载电流较小而要求输出电压脉动很小的场合。

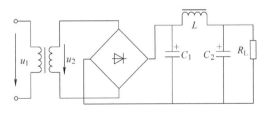

图 5-12 π形 *LC* 滤波电路

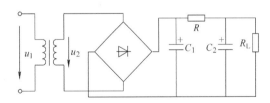

图 5-13 π形 *RC* 滤波电路

思考题

在采用电容滤波的电路中，电容 C 的数值如果太小的话，对输出电压 U_o 及其波形有什么影响？

5.3　直流稳压电路

5.3.1　稳压管稳压电路

经整流和滤波后的电压往往会随着交流电源电压的波动或负载的变化而变化。电压的不稳定有时会产生测量和计算的误差，引起控制装置的工作不稳定，甚至根本无法正常工作。特别是精密电子测量仪器、自动控制、计算装置及晶闸管的触发电路等都要求有很稳定的直流电源供电。最简单的直流稳压电源是采用稳压管来稳定电压的。

如图 5-14 所示的电路是一种稳压管稳压电路，经过桥式整流电路整流和电容滤波器滤波得到直流电压，再经过限流电阻 R 和稳压管组成的稳压电路接到负载电阻上。这样，负载上得到的就是一个比较稳定的电压。

引起负载上电压不稳定的原因是交流电源电压的波动和负载电流的变化。下面分析在这两种情况下稳压电路的作用。例如，当交流电源电压增加而使整流输出电压随着增加时，负载电压 U_o 也要增加。U_o 即为稳压管两端的反向电压。当负载电压 U_o 稍有增加时，稳压管的电流 I_Z 就显著增

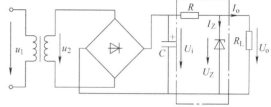

图 5-14　稳压管稳压电路

加，因此电阻 R 上的压降增加，以抵偿 U_i 的增加，从而使负载电压 U_o 保持近似不变。相反，如果交流电源电压减低而使 U_i 减低时，负载电压 U_o 也要减低，因而稳压管电流 I_Z 显著减小，电阻 R 上的压降也减小，仍然保持负载电压 U_o 近似不变。同理，如果当电源电压保持不变而负载电流变化引起负载电压改变时，上述稳压电路仍能起到稳压的作用。例如，当负载电流增大时，电阻 R 上的压降增大，负载电压因而下降。只要 U_o 下降一点，稳压管的电流 I_Z 就显著减小，通过电阻 R 的电流和电阻上的压降保持近似不变，因此负载电压也就近似稳定不变。当负载电流减小时，稳压过程相反。

选取稳压管时，一般取：

$$U_Z = U_o$$
$$I_{Zmax} = (1.5 \sim 3)I_{omax}$$
$$U_i = (2 \sim 3)U_o \tag{5-10}$$

【例 5-4】　稳压管稳压电路如图 5-14 所示。负载电阻 R_L 由开路变到 3kΩ，交流电压经整流滤波后得到 $U_i = 48V$。若要求输出直流电压 $U_o = 15V$，试选择适用的稳压管。

解：根据输出直流电压的要求，负载电流最大值

$$I_{omax} = \frac{U_o}{R_L} = \frac{15}{3}mA = 5mA$$

查器件手册，选取稳压管 2CW20，其稳定电压 $U_Z = (13.5 \sim 17)V$，稳定电流 $I_Z = 5mA$，最大稳定电流 $I_{Zmax} = 15mA$。

5.3.2 串联型晶体管稳压电路

稳压管稳压电路的稳压效果不够理想，并且它只能用于负载电流较小的场合。为此，实践中常用串联型晶体管稳压电路，如图 5-15 所示。虽然分立元件稳压电路已基本上被集成稳压电源所替代，但其电路原理仍为后者内部电路的基础。

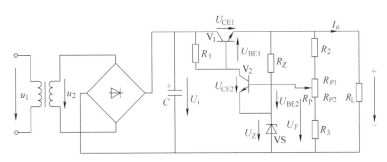

图 5-15 串联型晶体管稳压电路

图 5-15 所示的串联型稳压电路包括以下 4 个部分：

（1）采样环节 它将输出电压的一部分

$$U_F = \frac{R_3 + R_{P2}}{R_2 + R_3 + R_P} U_o \tag{5-11}$$

取出送到放大环节。电位器是调节输出电压用的。

（2）基准电压 由稳压管 VS 和其限流电阻 R_Z 构成的电路中取得，即稳压管的电压 U_Z，它是一个稳定性较高的直流电压，作为调整、比较的标准。

（3）放大环节 是一个由晶体管 V_2 构成的直流放大电路，它的基-射极电压 U_{BE2} 是采样电压 U_F 与基准电压 U_Z 之差，即 $U_{BE2} = U_F - U_Z$。将这个电压差值放大后去控制调整管 V_1。R_1 是 V_2 的负载电阻，同时也是调整管 V_1 的偏置电阻。

（4）调整环节 一般由工作于线性区的功率管组成，它的基极电流受放大环节输出信号控制。图 5-15 所示串联型稳压电路的工作情况如下：当输出电压 U_o 升高时，采样电压 U_F 增大，V_2 的基-射极电压 U_{BE2} 增大，其基极电流 I_{B2} 增大，集电极电流 I_{C2} 上升，集-射极电压 U_{CE2} 下降。因此，V_1 的 U_{BE1} 减小，I_{C1} 减小，U_{CE1} 增大，输出电压 U_o 下降，使之保持稳定。这个自动调整过程可以表示如下：

$$U_o \uparrow \longrightarrow U_{BE2} \uparrow \longrightarrow I_{B2} \uparrow \longrightarrow I_{C2} \uparrow \longrightarrow U_{CE2} \downarrow$$
$$U_o \downarrow \longleftarrow U_{CE1} \uparrow \longleftarrow I_{C1} \downarrow \longleftarrow I_{B1} \downarrow \longleftarrow U_{BE1} \downarrow$$

当输出电压降低时，调整过程相反。从调整过程看来，如图 5-15 所示的串联型稳压电路是一种串联电压负反馈电路。放大环节也可采用运算放大器，如图 5-16 所示。

5.3.3 集成稳压器

即使采用运算放大器的串联型稳压电路，仍有不少外接元件，还要注意共模电压的保护，使用复杂，当前已经广泛应用单片集成稳压器。它具有体积小，可靠性好，使

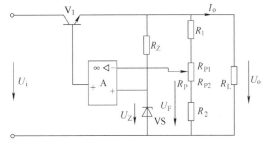

图 5-16 采用运算放大器的串联型稳压电路

用灵活，价格低廉等优点。

本节主要讨论的是 CW78×× （输出正压）和 CW79×× 系列（输出负电压）稳压器的使用。如图 5-17 所示是 CW78×× 系列稳压器的外形、管脚和接线图，其内部电路也是串联型晶体管稳压电路。这种稳压器只有输入端 1、输出端 2 和公共端 3 三个引出端，故也称为三端集成稳压器。使用时只需在其输入端和输出端之间各并联一个电容即可。C_i 用以抵消输入端较长接线的电感效应，防止产生自激振荡，接线不长时也可以不用。C_o 是用来消除高频噪声和改善输出的瞬时特性，即为了在瞬时增减负载电流时不致引起输出电压有较大的波动。C_i 一般在 0.1~1μF 之间；C_o 可以用 1μF。CW78×× 系列输出固定的正电压，有 5V、9V、12V、15V、18V、24V 多种。如 CW7815 的输出电压为 15V；最高输入电压为 35V；最小输入、输出电压差为 2~3V；最大输出电流为 2.2A；输出电阻为 0.03~0.15Ω；电压变化率为 0.1%~0.2%。CW79×× 系列输出固定的负电压，其参数与 CW78×× 基本相同。使用时三端稳压器接在整流滤波电路之后。下面介绍几种三端集成稳压器的应用电路。

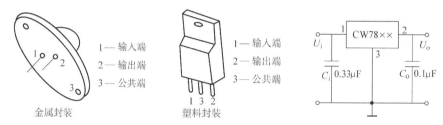

图 5-17　CW78×× 系列三端集成稳压器

（1）正负电压输出的电路　同时输出正、负电压的电路如图 5-18 所示。

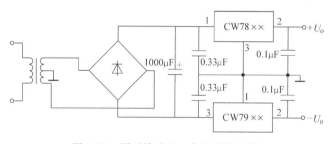

图 5-18　同时输出正、负电压的电路

（2）提高输出电压的电路　如图 5-19 所示的电路能使输出电压高于固定输出电压。图中，U_x 为 CW78×× 稳压器的固定输出电压，显然，$U_o = U_x + U_Z$。

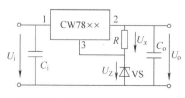

图 5-19　提高输出电压的电路

（3）扩大输出电流的电路（见图 5-20）　当电路所需电流大于 2A 时，可采用外接功率管 V 的方法来扩大输出电流。在图 5-20 所示电路中，I_2 为稳压器的输出电流，I_C 是功率管的集电极电流，I_R 是电阻 R 上的电流。一般 I_3 很小，可忽略不计，则可得出

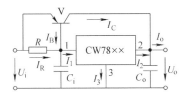

图 5-20 扩大输出电流的电路

$$I_2 \approx I_1 = I_R + I_B = -\frac{U_{BE}}{R} + \frac{I_C}{\beta}$$

$$I_o = I_2 + I_C$$

式中，β 是功率管的电流放大系数。由上式可见输出电流扩大了。图 5-20 中的电阻 R 的阻值要使功率管只能在输出电流较大时才能导通。

5.3.4 开关型稳压电源

上述各种稳压电路中的调整管均工作在线性放大区，这种线性调整式稳压器结构简单、输出电压纹波小、稳压性能好。但由于调整管的压降和集电极电流均较大，因而调整管功耗也较大，使整个稳压电源的效率较低，通常在 40% 以下。同时为了解决调整管的散热问题，必然增大电源的体积和重量。

近年来，开关型稳压电源得到广泛使用。这种电源中调整管工作在开关状态，截止时电流近似为零，饱和时 U_{CES} 很小，因此开关型电源具有效率高（可达 85% 以上）、体积小、重量轻等优点，目前已被广泛应用于计算机等许多电子设备中。其缺点是输出电压的脉动成分较大。

如图 5-21a 所示电路是一种开关型稳压电路的原理框图。图中 V 是开关管，LC 是滤波电感电容，VD 是续流二极管，A_1 是误差比较放大器，反馈电压 U_F 取自于取样电阻 R_1、R_2，U_{REF} 为基准电压，A_2 是电压比较器，U_T 为由三角波发生器 TG 产生的固定频率的三角波电压。利用比较器 A_2 的输出 U_B 控制开关管 V 的导通与截止，开关管的输出电压 U_E 将变为矩形波电压。当 U_B 为高电平时，V 饱和导通，$U_E \approx U_i$，二极管 VD 反偏截止，输入电压通过 LC 滤波电路向负载 R_L 提供电流。当 U_B 变为低电平时，V 截止，电感 L 中的储能经负载 R_L、二极管 VD 形成回路释放，使继续流过电流，此时，由于 VD 的续流作用及 LC 的滤波作用，使负载上得到比较稳定的电压。U_E 的波形如图 5-21b 所示。其中 t_1 为开关管工作在开关状态的导通时间，t_2 为开关管的截止时间，T 为开关动作周期。开关导通时间 t_1 与周期 T 之比定义为占空比 K，即

$$K = \frac{t_1}{T} = \frac{t_1}{t_1 + t_2}$$

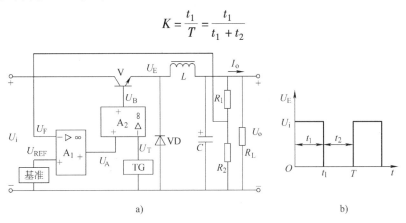

a)   b)

图 5-21 开关型稳压电路的原理框图及波形

开关型稳压电路是当输出电压变化时，通过反馈电路自动调整占空比来实现稳压的。设图 5-21a 所示的电路工作在某一占空比 K，当输出电压 U_o 由于 U_i 上升或 R_L 增大而升高时，取样电路将 U_o 的变化送到误差比较器 A_1，由于 U_F 增大，U_A 将减小，经电压比较器 A_2 与三角波电压 U_T 比较后，使 U_B 为低电平的时间增加，U_B 为高电平的时间减少，从而使 U_E 维持高电平时间 t_1 减少，U_E 维持低电平的时间 t_2 增加，即占空比 K 减小，因而使输出电压 U_o 下降，维持基本不变。反之，由于某种原因使 U_o 下降时，反馈电路调整占空比 K 增大，从而维持输出电压基本不变。

开关稳压电源的开关频率一般在 10～1000kHz 之间，开关频率越高，滤波元件 L、C 所需数值越小，可减小体积和重量，但开关转换次数在单位时间内的增加会使开关管功耗增加，效率下降。分立元件组成的开关稳压电源所需元器件数量较多，体积较大，因此集成开关稳压电源的应用越来越广泛。

📝 思考题

1. 在稳压管稳压电路中，如果负载电阻较小时，会出现什么情况？
2. 在图 5-15 所示的串联型晶体管稳压电路中，R_1 应该如何取值？
3. 在图 5-17 所示的稳压电路中，输入电压 U_i 应该比输出电压 U_o 大多少？如果输入电压小于要求的数字时，会出现什么情况？
4. 在图 5-17 所示的稳压电路中，如果负载较重（负载电阻阻值较小）时，会出现什么情况？

5.4　应用 Multisim 对直流电源电路进行仿真分析

5.4.1　单相桥式全波整流电路仿真

连接如图 5-22 所示的单相桥式全波整流电路。变压器 T1 调用 Basic（基础元件）库中的 TRANSFORMER，整流桥调用 Diodes（二极管）库中的 FWB。电路连接完成后，单击"仿真开始"按钮，示波器波形如图 5-23 所示。

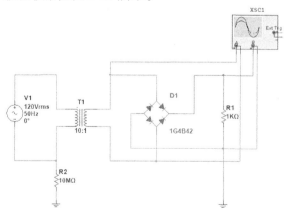

图 5-22　单相桥式全波整流电路

为了减小输出电压的脉动程度，在与负载并联电容元件的基础上，串入电感元件组成电感电容滤波电路，如图 5-24 所示。图 5-25 为加入电感电容滤波后的单相桥式全波整流电路的输出波形。

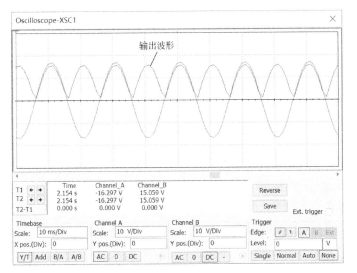

图 5-23　单相桥式全波整流电路输出波形

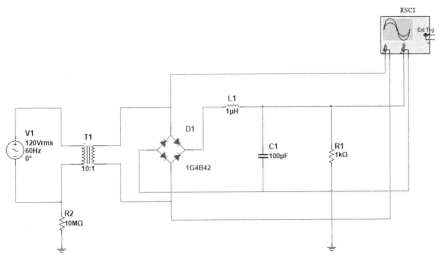

图 5-24　带电感电容滤波的单相桥式全波整流电路

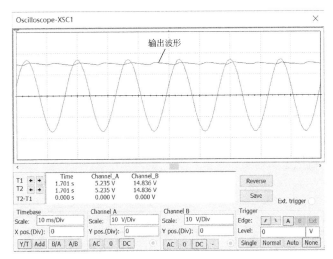

图 5-25　加入电感电容滤波后的单相桥式全波整流电路输出波形

5.4.2　集成稳压芯片电路分析

图 5-26 为三端稳压器 LM7805CT 构成的 5V 电压供电电路，从 Power ⊡ 库中的 VOLT-AGE_ REGULATOR 调用三端稳压器 7805。

为了分析输出电压随电源电压的变化关系，对图 5-26 所示电路进行 DC Sweep（直流扫描）分析。在 Simulate 菜单下点击 Analyses and Simulation，在打开的窗口中选择 DC Sweep 进行扫描参数和输出变量设置。图 5-27 为直流扫描参数设置界面，图 5-28 为输出变量设置界面。

参数设置和输出变量设置完成后，运行仿真得到如图 5-29 所示的直流扫描分析结果。

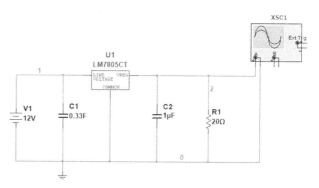

图 5-26　7805 供电电路

图 5-27　直流扫描参数设置界面

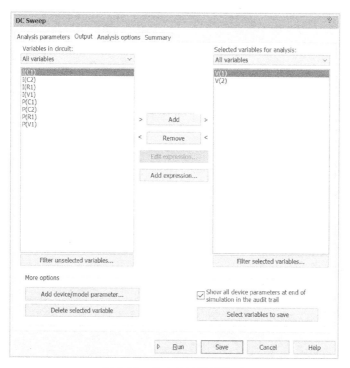

图 5-28　输出变量设置界面

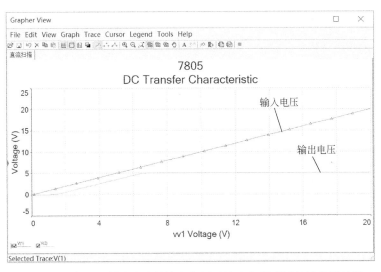

图 5-29 图 5-26 所示电路的输出电压对输入电压直流扫描分析结果

本章小结

直流稳压电路的作用是将交流电转换为输出比较稳定的直流电，一般由变压、整流电路、滤波电路和稳压电路 4 部分构成。

1. 变压是用变压器将交流电网的电压变换为整流电路输入所需要的电压。

2. 整流电路是利用二极管的单向导电性将交流电变换为脉动的直流电。单相桥式整流电路利用率高，输出脉动小，是小功率（一般小于 1kW）场合下应用较多的一种整流电路。对于要求整流功率较大或要求脉动更小的场合，则可采用三相整流电路。

3. 滤波电路是利用电容、电感等储能元件的储能作用来减小整流电压的脉动程度，有电容滤波、电感滤波及电感电容的 π 形滤波等多种形式的滤波电路。各种滤波电路具有不同的特点，适用于不同场合。电容滤波电路适用于负载电流较小的场合，电感滤波电路适用于负载变动频繁且电流比较大的场合，而 π 形滤波电路则适用于对滤波要求较高的场合。

4. 稳压电路的作用是保持输出的直流电压稳定，使输出电压受电网电压、负载和环境温度等因素变化的影响较小。用稳压二极管可构成简单的稳压电路，在输出电流不大，输出电压固定，稳定性要求不高的场合应用较多。串联型晶体管稳压电路输出电压稳定度较高，且输出电压可调。

5. 集成稳压器具有体积小、重量轻、使用电路简单、可靠性高等优点，在实际应用中得到广泛的采用。

 自测题

5.1 填空题

1. 常用的小功率直流稳压电源是由_____、_____、_____和_____四部分组成。

2. 在如图 5-2 所示的半波整流电路中，负载电阻上的输出电压 U_o 与变压器二次电压有效值 U_2 的关系为_____，二极管承受的最高反向电压 U_{DRM} 为_____。

3. 在如图 5-5 所示的桥式整流电路中，负载电阻上的输出电压 U_o 与变压器二次电压有效值 U_2 的关系

为_____，二极管承受的最高反向电压 U_{DRM} 为_____。

4. 电容滤波电路中，电容具有对交流电的阻抗_____，对直流电的阻抗_____的特性。整流后的脉动直流电中的交流分量电容_____，只剩下直流分量加到负载两端。

5. 在单相桥式整流电路中，如果负载电流为20A，则流过每只二极管的平均电流是_____。

6. 在稳压管稳压电路中，稳压管与负载电阻_____。

7. 在稳压管稳压电路中，限流电阻不仅有_____作用，而且还有_____作用。

8. 在如图5-15所示的串联型晶体管稳压电路中，R_1 起_____和_____作用。

9. 串联型晶体管稳压电源由_____、_____、_____和_____组成。

10. 三端集成稳压器的三个端是_____、_____和_____。

5.2 选择题

1. 在单相半波整流电路中，如果变压器二次绕组的电压为100V，则负载电压将是（ ）。

(a) 100V　　　　　(b) 45V　　　　　(c) 90V

2. 在单相桥式整流电路中，若负载电流为20A，则流过每只二极管的平均电流是（ ）。

(a) 10A　　　　　(b) 5A　　　　　(c) 4.5A

3. 在变压器二次绕组电压相同的情况下，桥式整流电路的输出电压是半波整流电路的（ ）。

(a) 2倍　　　　　(b) 0.45倍　　　　　(c) 0.5倍

4. 在整流电路的负载两端并联一只电容，其输出电压脉动的大小，将随负载电阻和电容的增大而（ ）。

(a) 增大　　　　　(b) 减小　　　　　(c) 不变

5. 单相桥式整流电路负载 R_L 上的电压 U_o 与变压器二次电压有效值 U_2 的关系为（ ）。

(a) $0.9U_2$　　　　　(b) $1.2U_2$　　　　　(c) $\sqrt{2}U_2$

6. 单相桥式整流电路加上电容滤波后，负载 R_L 上的电压 U_o 与变压器二次电压有效值 U_2 的关系变为（ ）。

(a) $0.9U_2$　　　　　(b) $1.2U_2$　　　　　(c) $\sqrt{2}U_2$

7. 在如图5-15所示的串联型晶体管稳压电路中，输入电压 U_i 至少应该比输出电压 U_o 大（ ）？

(a) 0.7V　　　　　(b) 2V　　　　　(c) 5V

8. 在如图5-17所示的稳压电路中，输入电压 U_i 应该比输出电压 U_o 大（ ）？

(a) 0.7V以上　　　　　(b) 2.2V以上　　　　　(c) 1.5V以上

9. W7805的输出电压为（ ）。

(a) 0.7V　　　　　(b) 78V　　　　　(c) 5V

10. W7805的最大输出电流为（ ）。

(a) 0.7A　　　　　(b) 2.2A　　　　　(c) 5A

✍ 习题

5.1 在图5-30所示电路中，已知 $R_L = 75\Omega$，直流电压表V的读数为110V，二极管的正向压降忽略不计，试求：(1) 直流电流表A的读数；(2) 整流电流的最大值；(3) 交流电压表的读数；(4) 变压器二次绕组电流的有效值。

5.2 一电压为110V，阻值为75Ω的直流负载，采用单相桥式整流电路（不带滤波器）供电，求变压器二次电压和电流的有效值，并选择适用的二极管。

5.3 现要求负载电压 $U_o = 15V$，负载电流 $I_o = 50mA$。采用带滤波电容的单相桥式整流电路，已知交流电的频率为50Hz，试选择二极管的型号和滤波电容的电容值，并与单相半波整流电路比较，带滤波电容后，二极管承受的最高反向电压是否相同。

5.4 在图5-31所示为二倍压整流电路中，$U_o = 2\sqrt{2}U_2$，试分析其工作原理，并标出 U_o 的极性。

5.5 有一小功率稳压电源如图5-32所示，稳压管VS的稳定电流 $I_Z = 5mA$，试问：(1) 输出电压 U_o 的大小和极性；(2) C_1 和 C_2 的极性应如何接法；(3) 负载电阻 R_L 的最小阻值可以是多少？(4) 如果稳压管 VS 接反，结果会如何？

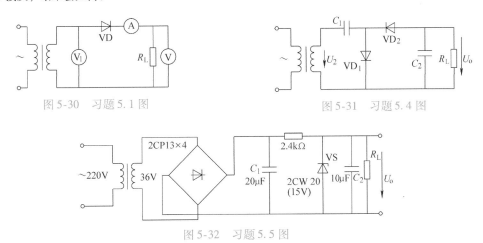

图 5-30 习题 5.1 图 图 5-31 习题 5.4 图

图 5-32 习题 5.5 图

5.6 图 5-33 所示是一具有整流、滤波的串联型晶体管稳压电路。试求：（1）若 $U_i = 24V$，估计变压器二次的电压有效值 $U_2 = ?$（2）若 $U_i = 24V$，$U_Z = 5V$，$U_{BE2} = 0.7V$，$U_{CES1} = 2V$，$R_2 = R_3 = R_P = 330\Omega$，试计算 U_o 的可调范围；（3）若改变 $R_2 = 560\Omega$，调整 RP，U_o 最大为多少？

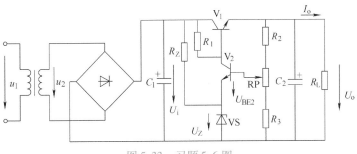

图 5-33 习题 5.6 图

5.7 图 5-34 所示为三端集成稳压器提高输出电压的应用电路，试说明其工作原理。

5.8 现有三端集成稳压器 CW7812 一个，通用集成运放 5G24 一个，电阻和电容若干（阻值和电容值可自选定），试画出可输出 +12V 和 +24V 稳压电源的电路图，需标明元件值和直流输入电压的值和极性。

5.9 桥式整流电容滤波稳压电路如图 5-35 所示，已知交流电源电压 $u_1 = 220V$，$f = 50Hz$，$R_L = 75\Omega$，要求输出直流电压 $U_L = 24V$，纹波较小。

（1）选择整流管的型号；

（2）选择滤波电容 C 的容量和耐压；

（3）确定电源变压器的二次电压 U_2 和电流 I_2。

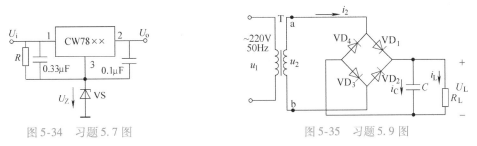

图 5-34 习题 5.7 图 图 5-35 习题 5.9 图

5.10 串联型稳压电路如图 5-36 所示，假设 A 为理想运算放大器，试求：

（1）流过稳压管的电流 I_Z；

（2）输出电压 U_o；

（3）将 R_3 改为 $0\sim3\mathrm{k}\Omega$ 可调电阻时，最小的输出电压 U_{omin} 和最大的输出电压 U_{omax}。

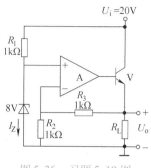

图 5-36　习题 5.10 图

第 6 章

电力电子技术

知识单元目标

- 了解晶闸管的基本构造、工作原理、特性曲线和主要参数。
- 了解一些全控型电力电子器件的工作原理。
- 了解单相可控整流电路的可控原理和整流电压与电流的波形。
- 了解有源逆变电路和无源逆变电路的工作原理。
- 了解脉宽调制（PWM）技术的基本思想与应用。

讨论问题

- 晶闸管的导通和关断条件是什么？
- 为什么晶闸管导通之后，控制极就失去控制作用？在什么条件下晶闸管才能从导通转为截止？
- 有哪些全控型电力电子器件？它们各自有什么优缺点？
- 有源逆变电路和无源逆变电路的区别是什么？
- PWM 是如何应用在逆变电路中的？单极性 PWM 波与双极性 PWM 波的区别是什么？

电力电子技术是近年来发展起来的新型学科，随着电力电子技术的不断发展，电力电子器件的性能不断得到改进和完善，一些新兴器件不断涌现，由额定电流大、耐压高、速度快、控制性能好的电力电子器件构成的各种电力电子电路的应用范围与日俱增，应用越来越广泛。电力电子技术主要包含电力电子器件、可控整流电路、逆变电路。本章介绍部分电力电子器件以及可控整流电路、逆变电路等。

在现实生活中，经常需要实现电动机的调速（如电梯、水泵、机床等）。电机转速与工作电源输入频率成正比的关系，如下式所示：

$$n = 60f(1-s)/p$$

式中，n 为电动机转速；f 为输入电源频率；s 为电机转差率；p 为电机磁极对数。

那么，如何将工频电源（50Hz）变换成各种频率的交流电源呢？需要用到什么样的器件呢？学习完本章，这个问题将会迎刃而解。

6.1 电力电子器件

6.1.1 电力电子器件概述

在电气设备或电力系统中，直接承担电能的变换或控制任务的电路称为主电路（Power Circuit）。电力电子器件（Power Electronic Device）是指可直接用于处理电能的主电路中，实现电能的变换或控制的电子器件。它一般具有如下的特征：

1）电力电子器件所能处理电功率的大小，也就是其承受电压和电流的能力，是其最重要的参数；其处理电功率的能力小至毫瓦级，大至兆瓦级，一般都远大于处理信息的电子器件。

2）因为处理的电功率较大，所以为了减小本身的损耗，提高效率，电力电子器件一般都工作在开关状态。导通（通态）时，阻抗很小，接近于短路，管压降接近于零，而电流由外电路决定；阻断（断态）时，阻抗很大，接近于断路，电流几乎为零，而管子两端电压由外电路决定；就像普通晶体管的饱和与截止状态一样。

3）在实际应用中，电力电子器件往往需要由信息电子电路控制。

4）尽管工作在开关状态，但是电力电子器件自身的功率损耗通常仍大于信息电子器件，为了保证不至于因损耗散发的热量导致器件温度过高而损坏，不仅在器件封装上比较讲究散热设计，而且在其工作时一般都还需要安装散热器。

按照电力电子器件能够被控制电路信号所控制的程度，可以将电力电子器件分为以下三类：

1）通过控制信号可以控制其导通而不能控制其关断的电力电子器件称为半控型器件，这类器件主要是指晶闸管（Thyristor）及其大部分派生器件，器件的关断完全由其在主电路中承受的电压和电流决定。

2）通过控制信号既可以控制其导通，又可以控制其关断的电力电子器件称为全控型器件，由于与半控型器件相比，可以由控制信号控制其关断，因此又称为自关断器件。这类器件的品种很多，目前最常用的是绝缘栅双极型晶体管（IGBT）和电力场效应晶体管（P-MOSFET）。在处理兆瓦级大功率电能的场合，门极可关断（GTO）晶闸管应用也较多。

3）也有不用控制信号来控制其通断的电力电子器件，这就是电力二极管（Power Diode），又称为不可控器件。这种器件只有两个端子，其基本特性与信息电子电路中的二极管一样，器件的导通和关断完全由其在主电路中承受的电压和电流决定。

6.1.2 晶闸管

晶闸管是晶体闸流管的简称，又称为可控硅（Silicon Control Rectifier，SCR）。晶闸管的出现，使半导体器件从弱电领域进入强电领域。由于它具有体积小、容量大、耐压高、寿命长、控制方便、维护简单等特点，故广泛应用于大功率的整流、逆变和变换电路。随着电力电子技术应用领域的拓展，晶闸管又派生出许多不同的类型。当前，晶闸管正朝着高电压、大电流、快速、模块化、功率集成化、低成本的方向发展。

晶闸管的种类有普通型、双向型、可关断型和快速型等。本节主要介绍普通晶闸管的基本结构、特性及应用。

1. 晶闸管的结构与工作原理　晶闸管是用硅材料制成的半导体器件。普通晶闸管的外形有两种形式：一种是螺栓式，另一种是平板式。图 6-1 所示为晶闸管的外形、内部结构及电气符号。晶闸管的这两种封装结构均引出阳极 A、阴极 K 和门极（控制极）G 三个连接端。螺栓式晶闸管的阳极是一个螺栓，使用时把它拧紧在散热器上，另一端有两根引出线，其中粗的一根是阴极引线，细的一根是门极引线。目前，100A 以下的晶闸管多采用这种结构。平板式晶闸管的中间金属环是门极，上面是阴极，下面是阳极，区分的方法是阴极距控制极比阳极近。使用时两个散热器把晶闸管紧紧地夹在中间，这种结构散热效果好，但更换不方便。目前，200A 以上的晶闸管多采用这种结构。

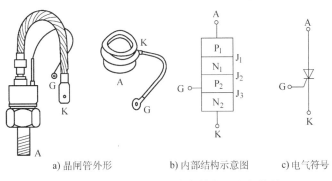

a) 晶闸管外形　　　　b) 内部结构示意图　　　c) 电气符号

图 6-1　晶闸管外形、内部结构及电气符号

晶闸管内部是 PNPN 四层半导体结构，分别命名为 P_1、N_1、P_2、N_2 共 4 个区。P_1 区引出阳极 A，N_2 区引出阴极 K，P_2 区引出门极 G。4 个区形成 J_1、J_2、J_3 三个 PN 结。

在分析晶闸管的性能时，应该着重理解门极的作用。

1）如果在晶闸管的阳极和阴极之间加正向电压（阳极电位高于阴极电位）而门极不加电压时，因为 N_2P_1 之间的 PN 结反偏，所以晶闸管不导通，称为正向阻断状态。

2）当阳极和阴极之间加反向电压（阳极电位低于阴极电位）时，由于 N_1P_1 和 N_2P_2 之间的 PN 结反偏，晶闸管仍然不导通，称为反向阻断状态。无论是正向阻断状态还是反向阻断状态，均相当于开关处于断开状态。

3）如果在阳极和阴极之间加正向电压的同时，在门极与阴极之间也加一个正向电压（门极电位高于阴极电位），此时晶闸管就由阻断变为导通，而且晶闸管的管压降（阳极和阴极之间的电压）很小（一般在 1V 左右），相当于开关处于闭合状态。

4）在阳极和阴极之间加反向电压，无论门极电压如何加，晶闸管都不导通。

可见，晶闸管相当于一个可以控制的单向导通的开关。与二极管相比，其相同点在于都具有单向导电性能，其差别在于晶闸管的单向导电性能受门极电压的控制；与三极管相比，其差别在于晶闸管不具有阳极电流随门极电流按比例增大的特性，只有当阳极和阴极之间加正向电压，门极电流达到某一数值时（一般为几十毫安），阳极与阴极之间由阻断变为导通。晶闸管导通后，可以通过几十安到上千安的电流（这一点半导体三极管是达不到的），并且一旦晶闸管导通后，门极就不再起作用，从而保持其导通状态。如果欲使其关断（又不导通），可通过将阳极电流减小到某一数值或加上反向电压来实现，关断后可重新恢复门极的控制能力。

为了分析方便，把晶闸管看成由一个 NPN 型的晶体管 V_1 和一个 PNP 型的晶体管 V_2 组合而成，中间的 P_2 层、N_1 层半导体为两管共用，阳极 A 相当于 V_2 的发射极，阴极 K 相当于 V_1 的发射极，如图 6-2 所示。

当阳极 A 和阴极 K 之间加正向电压（A 接电源正极、K 接电源负极）、门极 G 不加电压

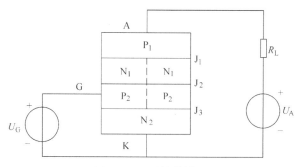

图 6-2 双晶体管模型

时，由图 6-2 可知，虽然 PN 结 J_1 和 J_3 处于正向偏置，且 $I_G = 0$，故 V_1 不能导通，晶闸管处于截止（阻断）状态。如果阳极 A 和阴极 K 之间加反向电压（A 接负极、K 接正极），门极仍不能加压，则 J_2 处于正向偏置，而 J_1 和 J_3 处于反向偏置，V_1 更是不能导通，故晶闸管也处于阻断状态。可见，在门极 G 不加电压时，无论阳极和阴极之间所加电压的极性如何，晶闸管总是不能导通，即处于阻断状态。

只有阳极 A 和阴极 K 之间加上正向电压、门极 G 与阴极 K 之间也加正向电压，如图 6-3 所示，这时产生门极电流 I_G 使 V_1、V_2 导通，故晶闸管处于导通状态。门极电流 I_G 就是开始 V_1 的基极电流 I_{B1}，经 V_1 放大，V_1 集电极电流 $I_{C1} = \beta_1 I_{B1} = \beta_1 I_G$，而它又是 V_2 的基极电流 I_{B2}，又经 V_2 放大，V_2 的集电极电流 $I_{C2} \approx \beta_2 I_{B2} \approx \beta_1 \beta_2 I_{B1} = \beta_1 \beta_2 I_G$，此电流又作为 V_1 的基极电流再行放大，如此循环下去，形成正反馈，使 V_1、V_2 很快达到饱和导通，这就是晶闸管导通的过程。

当晶闸管导通后，V_1 的基极始终有 V_2 的集电极电流流过，因此管子导通后，V_1 的基极电流比开始外加的 I_G 大得多，门极就失去控制作用，即使去掉门极电压，仍可依靠管子本身的正反馈作用保持导通。可见，欲使晶闸管由阻断变为导通，门极需要一个正的触发脉冲信号。晶闸管导通后，其阳极和阴极间的正向压降很小，一般在 1V 左右，电源电压差不多全部加在负载电阻 R_L 上。

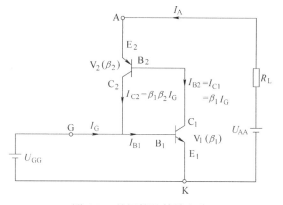

图 6-3 晶闸管的等效电路

晶闸管导通后，要想使它由导通变为阻断，必须降低阳极电源电压或在阳极和阴极间加反向电压，也可以把负载电阻加大，使其阳极电流减小到维持电流以下，这样晶闸管重新被阻断。

综上所述，晶闸管的导通条件是阳极和阴极间、门极和阴极间均加正向电压以及晶闸管的阳极电流大于维持电流，满足这三个条件的晶闸管才能导通，否则，管子处于阻断状态。晶闸管一旦触发导通后，门极失去控制作用，故晶闸管是一个可控的单向导电元件。

2. 晶闸管的伏安特性曲线　晶闸管的伏安特性如图 6-4 所示。它用来表示阳极和阴极之间的电压 U_{AK}、阳极电流 I_A 以及门极电流 I_G 之间的关系。

晶闸管的正向特性是在阳极和阴极之间加正向电压，门极不加电压，$I_G = 0$，此时图 6-2 中的 J_1、J_3 处于正向偏置，J_2 处于反向偏置，其中只流过很小的正向漏电流，晶闸管处于正常的阻断状态，称为正向阻断状态，见图6-4中特性曲线的 OA 段。当正向电压增大到某一电压 U_{BO} 后，J_2 被击穿，因漏电流的增大，管子从阻断状态转变为导通状态。特性曲线突然由 A 点跳到 B 点。电压 U_{BO} 称为正向转折电压。晶闸管导通后，它本身的管压降很小，只有 1V 左右。导通后的正向特性与一般二极管的正向特性相似，特性曲线靠近纵轴而且陡直，如图中 BC 段所示管子导通后，如果减小正向电压或增大负载电阻时，其阳极电流降低到某一数值 I_H，管子将由导通状态转变为阻断状态，特性曲线由 B 点跳到 A 点，此电流 I_H 称为维持电流。

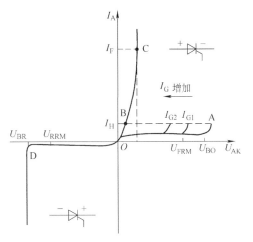

图6-4　晶闸管的伏安特性曲线

正常工作时，晶闸管的门极必须加正向控制电压 U_{GC}，其导通受门极电流 I_G 大小的控制。由于有门极电流，管子在较低的阳极电压作用下就可以导通，门极电流越大，特性曲线越向右移，如图6-4所示。

晶闸管的反向特性是指阳极和阴极间加反向电压，J_1、J_3 处于反向偏置，J_2 处于正向偏置时的伏安特性，如图6-4中的 OD 段，其反向特性与二极管的反向特性相似。由于管子处于反向阻断状态，其中只流过很小的反向漏电流。如果再增加反向电压，反向漏电流急剧增大，此时所对应的反向电压 U_{BR} 称为反向击穿（转折）电压。管子由反向阻断状态转变为反向导通，造成永久性的损坏。这种在阳极和阴极间加很高的正向或反向电压，门极不加电压迫使管子导通的方法，会造成元件的正、反向击穿导通，实际上是不允许的。

3. 晶闸管的主要技术参数　为了正确地选择和使用晶闸管，还必须了解晶闸管的电压、电流等主要参数的意义。

（1）正向重复峰值电压 U_{FRM}　在门极开路、晶闸管结温为额定值、晶闸管未导通前，允许重复加在晶闸管阳极和阴极之间的正向峰值电压而又不使晶闸管导通的电压值，称为正向重复峰值电压，用 U_{FRM} 表示。该电压一般规定为正向转折电压 U_{BO} 的 80%。

如果工作电压大于正向重复峰值电压 U_{FRM}，晶闸管很容易不用触发就发生导通的现象，不仅失去了控制性能，而且容易损坏器件。因此，为了避免工作时瞬间过电压引起误导通现象，应选用正向重复峰值电压为工作电压 1.5～2 倍的晶闸管。

（2）反向阻断峰值电压 U_{RRM}　在门极开路、晶闸管结温为额定值时，允许重复加在晶闸管阳极和阴极之间不会使其击穿的反向最大电压，称为反向阻断峰值电压，用 U_{RRM} 表示。一般规定它为反向击穿电压 U_{BR} 的 80%。

（3）额定电压 U_N　通常把正向重复峰值电压和反向阻断峰值电压中较小的一个数值作为该型号器件的额定电压，用 U_N 表示。由于瞬时过电压会使晶闸管遭到破坏，因而选用时，额定电压值应为正常工作峰值电压的 2～3 倍，以此作为安全系数。

（4）额定正向平均电流 I_F　在规定的环境温度和标准散热条件下，允许通过工频正弦半波电流在一个周期内的平均值叫作额定正向平均电流，用 I_F 表示。晶闸管允许通过的电流数值不是固定不变的，它受到冷却条件、环境温度、元件导通角、元件每个周期的导电次数等因素的影响。在使用时，对全导通的晶闸管，必须使流过管子电流的有效值 I_T 不超过其额定正向平均电流 I_F 的 1.57 倍。

$$I_F = \frac{1}{2\pi} \int_0^\pi I_m \sin\omega t \mathrm{d}(\omega t) = \frac{I_m}{\pi} \tag{6-1}$$

由于正弦半波电流的有效值 I_T 和平均值 I_F 的关系为

$$I_T = \sqrt{\frac{1}{2\pi} \int_0^T (I_m \sin\omega t)^2 \mathrm{d}(\omega t)} = \frac{I_m}{2} \tag{6-2}$$

因此，电流有效值和平均值之比为

$$\frac{I_T}{I_F} = \frac{\pi}{2} = 1.57 \tag{6-3}$$

选择晶闸管时，额定正向平均电流

$$I_F = (1.5 \sim 2)\frac{I_T}{1.57} \tag{6-4}$$

式（6-4）中的 1.5~2 是安全余量。

（5）擎住电流 I_L 　晶闸管从阻断状态转换到导通状态，去掉触发信号之后，维持器件导通所需的最小电流称为擎住电流，用 I_L 表示，它是由阻断状态转换到导通状态的临界电流。

（6）维持电流 I_H 　维持电流 I_H 是在规定的环境温度下，门极开路，晶闸管已经触发导通时，从较大的导通状态电流降至维持晶闸管导通所必需的最小电流，所以它是由导通状态到截止状态的临界电流。对同一晶闸管而言，其值为擎住电流的 1/4~1/2。当阳极电流小于维持电流 I_H 时，晶闸管自行关断。

（7）浪涌电流 I_{FSM} 　当结温为额定值时，在工频正半周内，器件所能承受的最大过载电流称为浪涌电流，用 I_{FSM} 表示。在器件的寿命期内，对浪涌次数有一定的限制。

（8）通态平均电压（管压降）U_P 　通态平均电压 U_P 是指在规定条件下，通过正弦半波的额定通态平均电流时，晶闸管阳极和阴极间电压降的平均值。一般称为"管压降"，其数值大小约为 1V。

（9）门极触发电压 U_G 和门极触发电流 I_G 　规定的环境温度下，在阳极和阴极间加一定正向电压的条件下，使晶闸管从阻断状态转变为导通状态所需的最小门极直流电压和电流，称为触发电压 U_G 和触发电流 I_G。一般 U_G 为 1~5V，I_G 为几十到几百毫安，为保证可靠触发，实际值应大于额定值。

另外，对门极的瞬时最大电压、瞬时最大电流和平均功率也有一定的限制。

6.1.3　典型全控型电力半导体器件

在晶闸管问世后不久，门极可关断晶闸管就已经出现。20 世纪 80 年代以来，电子信息技术与电力电子技术在各自发展的基础上相结合产生了一代高频化、全控型、采用集成电路制造工艺的电力电子器件，从而将电力电子技术又带入了一个新的时代。门极可关断晶闸管、电力晶体管、电力场效应晶体管和绝缘栅双极型晶体管就是全控型电力电子器件的典型代表。

1. 门极可关断晶闸管　门极可关断晶闸管是在普通晶闸管的基础上发展起来的自关断电力半导体器件。

（1）结构特点和关断原理　图 6-5 所示为门极可关断晶闸管的内部结构和电气符号。GTO 晶闸管可看成是多个小的 SCR 的阳极共有，门极和阴极形成多个独立的 PN 结单元。每个门极和阴极单独引线，成为单元 GTO 晶闸管。一个单元 GTO 晶闸管阴极与门极的面积差不多，阴极是被门极包围的条状小岛，条状阴极的宽度越窄，通态电流越容易被关断。组成一个 GTO 晶闸管器件的所有单元 GTO 晶闸管的开关特性应该一致，否则对于先开通和后关断的单元 GTO 晶闸管，将由于电流集中通过而被烧毁。

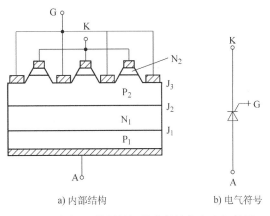

GTO 晶闸管的开通过程和 SCR 一样，关断过程也可用双晶体管模型来分析，如图 6-6 所示。如果在门极相对阴极加负电压时，晶体管 $P_1N_1P_2$ 集电极电流 I_{C1} 的一部分被抽出，形成了门极负电流 I_G。由于 I_{C1} 被抽走，$N_1P_2N_2$ 晶体管基极电流减小，因而它的集电极电流 I_{C2} 也减小，于是引起 I_{C1} 的进一步下降。因为 GTO 晶闸管导通时 α_1

a) 内部结构　　　　b) 电气符号

图 6-5　门极可关断晶闸管内部结构和电气符号

（PNP 型晶体管的共基极电流放大系数）远小于 1，所以 $P_1N_1P_2$ 晶体管电流 I_{C1} 只是发射极电流的很小一部分，抽走了这部分电流就可以使两个晶体管截止，即 GTO 晶闸管关断。相比之下，SCR 之所以不能用门极关断，从结构上说，是因为它的阴极面积太大，当门极相对于阴极加负电压时，只有靠近门极的那部分电流能从门极抽走（见图 6-7 中的电流 I_1），而远离门极的那部分电流（见图 6-7 中的电流 I_2 和 I_3），由于 P_2 区的横向电阻很大而不能抽走。GTO 晶闸管的关断条件为 $\alpha_1 + \alpha_2 < 1$。

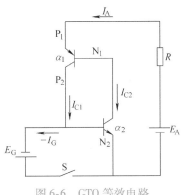

图 6-6　GTO 等效电路

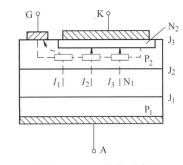

图 6-7　SCR 结构示意图

与普通晶体管相比，GTO 晶闸管有如下优点：

1）用 GTO 晶闸管构成电力电子装置时，主电路器件少，效率高。

2）GTO 晶闸管具有比普通晶闸管高得多的电流跃变承受能力。

3）容易实现脉宽调制，改善输出波形。

4）GTO 晶闸管的开关速度远比普通晶闸管高，工作频率可达 100kHz。

目前，GTO 晶闸管已逐步取代了普通晶闸管，成为 10kHz 以下频率的大、中容量逆变器和斩波器的主要开关器件。

（2）GTO 晶闸管的主要参数　GTO 晶闸管的参数与普通晶闸管的参数基本相同，但是也有部分与普通晶闸管意义不同：

1）最大可关断阳极电流 I_{ATO}。它也是用来标称 GTO 晶闸管额定电流的参数。这一点与普通晶闸管用额定正向平均电流作为额定电流是不同的。

2）电流关断增益 β_{off}。最大可关断阳极电流与门极负脉冲电流最大值 I_{GM} 之比称为电流

关断增益，即

$$\beta_{\text{off}} = \frac{I_{\text{ATO}}}{I_{\text{GM}}}$$

β_{off} 一般很小，只有 5 左右，这是 GTO 晶闸管的一个主要缺点。一个 1000A 的 GTO，负脉冲电流的峰值高达 200A，这是一个相当大的数值。

3）开通时间 t_{on}。开通时间指延迟时间与上升时间之和。

4）关断时间 t_{off}。关断时间一般指储存时间和下降时间之和，而不包括尾部时间。

2. 电力晶体管 电力晶体管（GTR）又称为功率晶体管，它与普通晶体管的结构、工作原理基本相同，同样具有 NPN 型和 PNP 型两类，电路符号与普通晶体管相同。

电力晶体管和晶闸管一样，属于电流控制型器件，当基极电流 $I_{\text{B}} \geq I_{\text{BS}}$ 时，晶体管饱和导通，当基极电流 $I_{\text{B}} = 0$ 或基、射极反向偏置时，晶体管关断，因而电力晶体管为全控型器件。

电力晶体管与普通晶体管相比，电流放大系数 β 较小，如高压电力晶体管的电流放大系数通常均小于 10。在结构上，一般采用复合管形式，一方面可以提高电流放大系数，另一方面又可以减小驱动电流 I_{B}。电力晶体管作为开关使用，只允许工作在饱和和截止区域，为了降低开关损耗，提高开关速度，在导通时应处在浅饱和状态。电力晶体管导通压降小，允许通过相当大的功率，目前容量已有超过 10^6V·A 的管子出现。

3. 电力场效应晶体管 电力场效应晶体管（MOSFET）通常主要指金属-氧化物-半导体场效应晶体管。MOSFET 有 N 沟道管和 P 沟道管，如图 6-8 所示。每一种沟道中又有耗尽型管和增强型管之分。P-MOSFET 在导通时，只有一种极性的载流子参与导电，是单极性晶体管。N 沟道管的载流子是电子，P 沟道管的载流子是空穴。

电力场效应晶体管的优点是：驱动功率小，能与集成电路直接连接；开关频率高；由于不存在少数载流子积蓄效应，开关速度高；通过器件的合理设计可避免产生二次击穿等。

电力场效应晶体管的缺点是：输入阻抗高，抗静电干扰能力低，在阻断电压较高时，限制了它的承载能力；功率损耗高于大功率 GTR。

电力场效应晶体管大多用于 500V 以下的低功率高频能量变换装置，如开关电源、不间断电源（UPS）等。近年来，在发展较快的功率集成电路中，开关器件几乎都采用了低通态电阻的电力场效应晶体管。

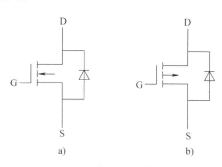

图 6-8　N 沟道和 P 沟道 MOSFET

主要技术参数如下：

漏极电压 U_{DS}：这是标称电力场效应晶体管电压额定参数。

漏极直流电流 I_{D} 和漏极脉冲电流幅值 I_{DM}：这是标称电力场效应晶体管电流额定参数。

栅源电压 U_{GS}：栅源之间的绝缘层很薄，$|U_{\text{GS}}| > 20$V 将导致绝缘层击穿。

4. 绝缘栅双极型晶体管 GTR 和 GTO 是双极型电流驱动器件，由于具有电导调制效应，所以其通流能力很强，但开关速度较低，所需驱动功率大，驱动电路复杂。P-MOSFET 是单极型电压驱动器件，开关速度快，输入阻抗高，热稳定性好，所需驱动功率小，而且驱动电路简单。将这两类器件相互取长补短适当结合而成的复合器件，通常称为 Bi-MOS 器件。绝缘栅双极型晶体管（IGBT）综合了 GTR 和 P-MOSFET 的优点，因而具有良好的特

性。因此，自其 1986 年开始投入市场，就迅速扩展了其应用领域，目前已取代了原来 GTR
和一部分电力场效应晶体管的市场，成为中小功率电力电子设备的主导器件，并在继续努力
提高电压和电流容量，以期再取代 GTO 的地位。

IGBT 是一种多元结构的功率集成器件，IGBT 也是三端元件，具有栅极 G、集电极 C 和
发射极 E。图 6-9 为 IGBT 的电气图形符号和简化等效电路。

（1）主要技术参数　除了前面提到的各
参数之外，IGBT 的主要参数还包括：

1）最大集射极间电压 U_{CES}。该参数是由
器件内部的 PNP 晶体管所能承受的击穿电压
来确定的。

2）最大集电极电流包括额定直流电流 I_C
和 1ms 脉宽最大电流 I_{CP}。

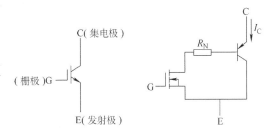

图 6-9　IGBT 的电气图形符号和简化等效电路

3）最大集电极功耗 P_{CM} 是在正常工作温
度下允许的最大耗散功率。

（2）IGBT 的特性和参数特点

1）IGBT 开关速度高，开关损耗小。

2）在相同电压和电流定额的情况下，IGBT 的安全工作区比 GTR 大，而且具有耐脉冲
电流冲击的能力。

3）IGBT 的通态压降比 VDMOSFET 低，特别是在电流较大的区域。

4）IGBT 的输入阻抗高，其输入特性与 P-MOSFET 类似。

5）与 P-MOSFET 和 GTR 相比，IGBT 的耐压和通流能力还可以进一步提高，同时可保
持开关频率高的特点。

5. MOS 控制晶闸管　MOS 控制晶闸管（MCT）由 SCR 与 MOSFET 复合而成，它的输
入侧为 MOSFET 结构，输出侧为 SCR 结构。因此兼有 MOSFET 的高输入阻抗、低驱动功率
和开关速度快以及 SCR 耐压高、电流容量大的特点。同时，它又克服了 SCR 不能自关断和
MOSFET 通态压降大的缺点，是 SCR 的升级换代产品。

图 6-10 所示为 P-MCT 和 N-MCT 的电路图形符号。目前应用较多的为 P-MCT，图 6-11
所示为 P-MCT 的等效电路图。MCT 是在 SCR 结构中集成 MOSFET 管，这对 MOSFET 的作用
是控制 SCR 的开通和关断。使 SCR 开通的 MOSFET 称为 ON-FET，使 SCR 关断的 MOSFET
称为 OFF-FET，这两个 MOSFET 的栅极连在一起构成 MCT 的门极 G。MCT 是电压控制器
件，对 P-MCT 而言，当门极相对于阳极加一负
触发脉冲时，ON-FET 导通，它的漏极电流使
NPN 晶体管导通，后者的集电极电流又使 PNP
晶体管导通，而 PNP 管的集电极电流反过来维
持 NPN 管的导通，形成正反馈自锁效应，MCT
保持导通状态。当门极与阳极之间加一正触发
脉冲时，OFF-FET 导通，使 PNP 晶体管的发射
结短路而立即截止，导致正反馈自锁效应不能
继续维持使 MCT 关断。

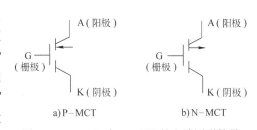

图 6-10　P-MCT 与 N-MCT 的电路图形符号

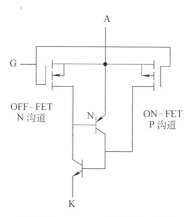

图 6-11　P-MCT 的等效电路图

N-MCT 的工作原理与 P-MCT 相似，只是用正脉冲使之开通，用负脉冲使之关断。

思考题

1. 不可控、半控、全控型电力电子器件的主要区别是什么？
2. 什么是电流控制型器件和电压控制型器件？它们各有什么特点？
3. 简述晶闸管导通后门极失去控制作用的原因？晶闸管导通后，由导通变为阻断的条件是什么？
4. 电力晶体管（GTR）和电力场效应晶体管（P-MOSFET）各有什么特点？各应用在什么场合？
5. 绝缘栅双极型晶体管（IGBT）的优点是什么？为什么具有这些优点？

6.2　可控整流电路

将交流电转换为直流电的变换称为整流，实现整流变换的装置称为整流器。可控整流分为单相半波、单相桥式、三相半波、三相桥式电路。一般大功率时采用三相半波、三相桥式可控整流；小功率时采用单相半波、单相桥式整流。本节只介绍单相半波、单相桥式可控整流。

6.2.1　单相半波可控整流电路

1. 电阻性负载单相半波可控整流电路

（1）工作原理　晶闸管作为大功率整流器件，当电流过零进入负半周时，晶闸管自行关断。如果到正半周时要再次导通，必须重新施加控制电压。将不可控的单相半波整流电路中的二极管换成晶闸管，就构成了单相半波可控整流电路（Single Phase Half Wave Controlled Rectifier）。

电阻性负载单相半波可控整流电路如图 6-12 所示，其波形如图 6-13 所示。变压器 T 起变换电压和隔离的作用，其一次和二次电压瞬时值分别用 u_1、u_2 表示，有效值分别用 U_1 和 U_2 表示，U_2 的大小根据需要的直流输出电压 u_d 的平均值 U_d 确定。

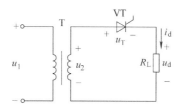

图 6-12　单相半波可控整流单路

在晶闸管 VT 处于断态时，电路中无电流，负载电阻两端的电压为零，u_2 全部施加于 VT 两端。如果在 u_2 正半周 VT 承受正向阳极电压期间的 ωt_1 时刻给 VT 门极加触发脉冲（见图 6-13），则 VT 导通。忽略晶闸管通态电压，则直流输出电压瞬时值 u_d 和 u_2 相等。至 $\omega t = \pi$ 即 u_2 降为零时，电路中的电流也降至零。VT 关断后，u_d、i_d 均为零。图 6-13 分别给出了 u_d 和晶闸管两端电压 u_T 的波形。i_d 的波形与 u_d 波形相同。改变触发时刻，u_d、i_d 的波形随之改变，直流输出电压 u_d 为极性不变但瞬时值变化的脉动直流，其波形只在 u_2 正半周内出现，故称"半波"整流；加之电路中采用了可控器件晶闸管，且交流输入为单相，故该电路称为单相半波可控整流电路。整流电路 u_d 波形在一个电源周期中只脉动 1 次，故该电路为单脉波整流电路。

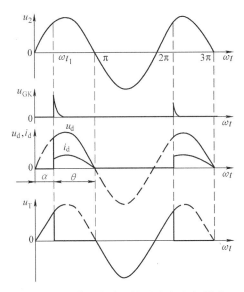

图 6-13　单相半波可控整流电路波形图

从晶闸管开始承受正向阳极电压起到施加触发脉冲止的电角度称为触发延迟角，用 α 表示，也称为触发角或控制角。晶闸管在一个电源周期中处于通态的电角度称为导通角，用 θ 表示，$\theta = \pi - \alpha$。显然 α 越小，θ 越大，输出电压均值越大。

（2）数量关系　整流输出电压平均值为

$$U_d = 0.45 U_2 \left(\frac{1 + \cos\alpha}{2} \right) \tag{6-5}$$

式中，U_2 为电源电压的有效值。

负载电流平均值：

$$I_d = \frac{U_d}{R} = 0.45 \frac{U_2}{R_L} \left(\frac{1 + \cos\alpha}{2} \right) \tag{6-6}$$

整流输出电压有效值：

$$U = U_2 \sqrt{\frac{\pi - \alpha}{2\pi} + \frac{\sin 2\alpha}{4\pi}} \tag{6-7}$$

负载电流有效值：

$$I = \frac{U}{R_L} = \frac{U_2}{R_L} \sqrt{\frac{\pi - \alpha}{2\pi} + \frac{\sin 2\alpha}{4\pi}} \tag{6-8}$$

单相半波电路中，流过晶闸管的电流有效值：

$$I_T = I_2 = I = \frac{U_2}{R_L} \sqrt{\frac{\pi - \alpha}{2\pi} + \frac{\sin \alpha}{4\pi}} \tag{6-9}$$

流过晶闸管的电流平均值：

$$I_{dT} = I_d = \frac{U_d}{R_L} \tag{6-10}$$

当 $\alpha = 0$ 时，整流输出电压平均值为最大，用 U_{do} 表示，$U_{do} = 0.45 U_2$。随着 α 增大，U_d 减小，$\alpha = 90°$时，$U_d = 0$。α 角的移相范围为 180°。可见，调节 α 角即可控制 U_d 的大小。这种通过控制触发脉冲的相位来控制直流输出电压大小的方式称为相位控制方式，简称为相控方式。

【例6-1】 单相半波可控整流电路如图6-12所示，已知 $U_2 = 127V$，晶闸管的触发延迟角 $\alpha = 45°$，负载电阻 $R = 6\Omega$。求输出电压的平均值、输出电流的平均值和有效值。

解： 根据式（6-5），输出电压的平均值

$$U_d = 0.45 U_2 \left(\frac{1 + \cos\alpha}{2} \right)$$

$$= 0.45 \times 127 \times \frac{1 + \cos 45°}{2} V$$

$$= 48.78V$$

由式（6-10）得输出电流的平均值为

$$I_d = \frac{U_d}{R_L} = 0.45 \frac{U_2}{R_L} \left(\frac{1 + \cos\alpha}{2} \right)$$

$$= \frac{48.78}{6} A = 8.13A$$

由式（6-8）得输出电流的有效值为

$$I = \frac{U}{R_L} = \frac{U_2}{R_L} \sqrt{\frac{\pi - \alpha}{2\pi} + \frac{\sin 2\alpha}{4\pi}}$$

$$= \frac{127}{6} \sqrt{\frac{\pi - \frac{\pi}{4}}{2} + \frac{\sin(2 \times 45°)}{4\pi}} A$$

$$= 14.27A$$

2. 电感性负载单相半波可控整流电路 直流电动机的电枢绕组、励磁绕组都可以等效为一个电感与一个电阻串联，称为电感性负载。电感性负载单相半波可控整流电路如图6-14所示，波形如图6-15所示。由于电感中的电流不能跃变，所以在晶闸管刚导通输出电压 u_d 有一个跃变时，负载电流 i_d 并不跃变，而是从0开始逐渐增加，在相位上滞后于 u_d。当 u_d 为

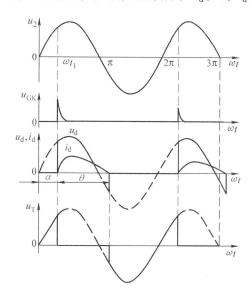

图 6-14 电感性负载单相半波可控整流电路　　　图 6-15 电感性负载单相半波可控整流电路波形

0 时，i_d 并不为 0。这是因为当 i_d 减小时，电感产生的感应电动势 $e = -L\dfrac{\mathrm{d}i}{\mathrm{d}t}$ 的实际方向为下正上负，在 u_2 过 0 变负后，只要 $|e| > |u_2|$，晶闸管仍承受正向电压，电流 i_d 仍能继续流过晶闸管，直到 i_d 小于维持电流后，晶闸管才关断。这样，晶闸管在电源电压 u_2 降到 0 时不能及时关断，而且负载上出现负电压。

在电感性负载两端并联一个续流二极管 VD（见图 6-16），就可解决晶闸管在电源电压 u_2 降到 0 时不能及时关断的问题。因为续流二极管给电感提供放电回路，当二极管导通时，流经晶闸管的电流会在 u_2 降到 0 时降低到维持电流以下而自行关断。至于 i_d 能持续多长时间才为 0，取决于感性负载的时间常数 $\tau = L/R$，时间常数越大，持续时间越长。图 6-16 所示电路的波形如图 6-17 所示。

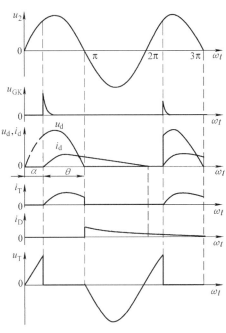

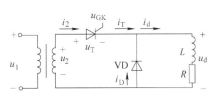

图 6-16 接有续流二极管的电感性负载
单相半波可控整流电路

图 6-17 图 6-16 的波形

6.2.2 单相桥式全控整流电路

单相整流电路中应用较多的是单相桥式全控整流电路（Single Phase Bridge Controlled Rectifier）。单相桥式可控整流电路克服了单相半波可控整流电路的缺点，消除了电源变压器中的直流分量，提高了电源变压器的利用率，输出电压或电流的脉动减小。

1. 电阻负载 负载为电阻的单相全控桥式整流电路及其相关波形如图 6-18 和图 6-19 所示。

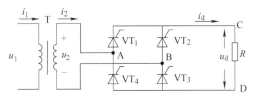

图 6-18 电阻负载单相全控桥式整流电路

（1）工作原理　图6-18为主电路图。图中 T 为电源变压器，u_1、i_1 分别为变压器一次电压和一次电流的瞬时值；u_2、i_2 分别为变压器二次电压和二次电流瞬时值。R 为负载电阻，用 u_d 表示负载电压瞬时值。

在图6-18中，4只晶闸管组成桥式电路，其中 VT_1、VT_3 为一组臂桥；VT_2、VT_4 为另一组臂桥。设图6-18中 A 点是正电位，B 点负电位为变压器二次电压 u_2 的正半周。如晶闸管 VT_1、VT_3 的门极同时在 $\omega t = \alpha$ 处分别同加触发电压，则在正电压作用下，VT_1、VT_3 导通，负载电压 $u_d = u_2$，直到 $\omega t = \pi$ 以后，由于电压源 u_2 进入负半周（B 端正，A 端负），使晶闸管 VT_1、VT_3 承受反压而关断，所以在 $\omega t = \alpha \sim \pi$ 区间，VT_1、VT_3 导通，而 VT_2、VT_4 承受反压。

在 $\omega t = \alpha \sim (\pi + \alpha)$ 区间，VT_1、VT_3 已被关断，VT_2、VT_4 尚未有触发脉冲，所以4只晶闸管均处于阻断状态，负载电流 $i_d = 0$，故 $u_d = 0$。这期间，晶闸管 VT_1、VT_2 和 VT_3、VT_4 分别串联分担电源电压 u_2。设4只晶闸管漏阻抗相等，则在此区间 VT_1、VT_2 和 VT_3、VT_4 各承担 $u_2/2$ 电压。

$\omega t = \pi + \alpha$ 时，同时分别对 VT_2、VT_4 门极加

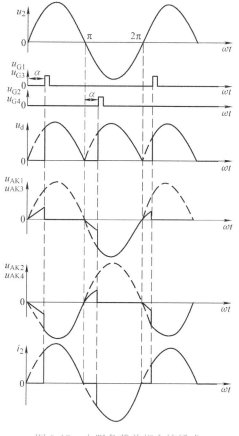

图6-19　电阻负载单相全控桥式整流电路波形

触发电压，则 VT_2、VT_4 导通，负载电压 $u_d = u_2$。应该注意，尽管电压已进入负半周，但由于桥路的作用，负载电压 u_d 的极性未变，图6-18中仍为 C 正 D 负，负载电流 i_d 的方向不变，其波形与 u_d 相似，而交流侧 i_2 方向却改变了，因此在变压器中没有直流电流分量流过，这可减小变压器的体积。这个过程直至 $\omega t = 2\pi$ 时结束，以后又继续循环。$0 \sim \alpha$ 区间与 $\pi \sim (\pi + \alpha)$ 区间波形分析类似。

在 $\omega t = (\pi + \alpha) \sim 2\pi$ 区间的波形分析与 $\omega t = \alpha \sim \pi$ 区间类似。图6-19画出门极脉冲 $u_{G1} \sim u_{G4}$ 波形以及画出晶闸管 $VT_1 \sim VT_4$ 的端电压 $u_{AK1} \sim u_{AK4}$ 波形，晶闸管承受的最大电压为电源电压峰值为 $\sqrt{2}U_2$，U_2 为变压器二次电压有效值。

（2）数量关系　由图6-19可计算出负载电压平均值 U_d

$$U_d = \frac{1}{2\pi} \int_0^{2\pi} u_d \mathrm{d}(\omega t) = \frac{1}{\pi} \int_0^{\pi} \sqrt{2} U_2 \sin\omega t \mathrm{d}(\omega t)$$

$$= \frac{\sqrt{2}}{\pi} U_2 (1 + \cos\alpha) = \frac{0.9 U_2 (1 + \cos\alpha)}{2} \tag{6-11}$$

负载电流平均值 I_d 为

$$I_d = \frac{U_d}{R} = 0.9 \frac{U_2}{R} \frac{1 + \cos\alpha}{2} \tag{6-12}$$

负载电流的有效值，即变压器二次电流的有效值 I_2 为

$$I_2 = \sqrt{\frac{1}{\pi}\int_0^{\pi}\left(\frac{\sqrt{2}U_2}{R}\sin\omega t\right)^2 d(\omega t)} = \frac{U_2}{R}\sqrt{\frac{1}{2\pi}\sin 2\alpha + \frac{\pi - \alpha}{\pi}} \qquad (6\text{-}13)$$

流过晶闸管电流的有效值 I_{dT} 为

$$I_{dT} = \sqrt{\frac{1}{2\pi}\int_0^{\pi}\left(\frac{\sqrt{2}U_2}{R}\sin\omega t\right)^2 d(\omega t)} = \frac{U_2}{\sqrt{2}R}\sqrt{\frac{1}{2\pi}\sin 2\alpha + \frac{\pi - \alpha}{\pi}} \qquad (6\text{-}14)$$

应该注意到，单相全控桥式整流电路接电阻负载时整流电流平均值是单相半波电路（电阻负载）整流电流平均值的 2 倍；其整流电流的有效值不是 2 倍却是 $\sqrt{2}$ 倍关系；而在这两个电路中流过晶闸管的电流有效值是相等的。

变压器二次电流的波形系数由式（6-12）、式（6-13）可得

$$\frac{I_2}{I_d} = \frac{\sqrt{\pi\sin 2\alpha + 2\pi(\pi - \alpha)}}{2(1 + \cos\alpha)} \qquad (6\text{-}15)$$

当 $\alpha = 0°$ 时，由式（6-15）得变压器二次电流的波形系数为 1.11。

晶闸管电流波形系数，即流过晶闸管的电流有效值 I_{dT} 与负载电流平均值 I_d 之比为

$$\frac{I_{dT}}{I_d} = \frac{\sqrt{\pi\sin 2\alpha + 2\pi(\pi - \alpha)}}{2\sqrt{2}(1 + \cos\alpha)} \qquad (6\text{-}16)$$

当 $\alpha = 0°$ 时，$\dfrac{I_{dT}}{I_d} = \dfrac{\pi}{4} = 0.785$。

2. 电阻、电感负载

（1）负载电流连续　图 6-20 为电阻电感负载单相全控桥式整流电路。这里假设电感感抗 $\omega L \gg R$，电路电流连续而平直。

在 $\omega t = \alpha$ 时，若晶闸管 VT_1、VT_3 门极有触发电压，则它们导通工作过程与电阻负载一样。但当 $\omega t = \pi$ 以后，由于电感能量的存在，电流连续，负载电压出现负半波；当 $\omega t = \pi + \alpha$

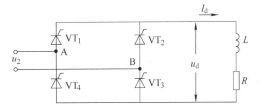

图 6-20　电阻电感负载单相全控桥式整流电路

时，晶闸管 VT_2、VT_4 正向偏置，若门极施加触发脉冲，则 VT_2、VT_4 触发导通。由于 VT_2、VT_4 的导通，使 VT_1、VT_3 承受反压而关断，负载电流从 VT_1、VT_3 转移到 VT_2、VT_4，这个过程称为晶闸管换流。其后过程与 $\alpha \sim (\pi + \alpha)$ 区间重复。负载端电压 u_d、晶闸管端电压 u_{AK} 及流过晶闸管的电流 i_{DT} 波形如图 6-21 所示。

负载电压平均值 U_d 由图 6-21 可求得

$$U_d = \frac{1}{\pi}\int_{\alpha}^{\pi+\alpha}\sqrt{2}U_2\sin\omega t\, d(\omega t) = \frac{2\sqrt{2}}{\pi}U_2\cos\alpha$$

当 $\alpha = 90°$ 时，$U_d = 0$，从图 6-21 也可看出，当 $\alpha = 90°$ 时，负载电压正半波和负半波面积相等，平均值为零，所以对电感负载，移相范围只需 90° 就够了。

负载电流因电感感抗很大，电流纹波很小，因而可认为负载电流 I_d 是水平直线（恒定直流电流）。流过变压器的二次电流 i_2 是对称的正负方波，晶闸管导通角 $\theta = 180°$，所以变压器二次电流有效值 $I_2 = I_d$。

流过晶闸管电流有效值为

$$I_{VT} = \frac{I_d}{\sqrt{2}}$$

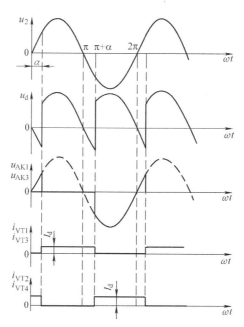

图 6-21　电阻电感负载单相全控桥式整流电路波形图

（2）负载电流断续　当负载电感 L 较小，而触发延迟角 α 又较大时，由于电感中存储的能量较少，故当 VT_1、VT_3 导通后，在 VT_2、VT_4 导通前负载电流 i_d 就已下降为零，VT_1、VT_3 随之关断，出现了晶闸管元件导通角 $\theta < \pi$、电流断续的情况（见图 6-22）。进一步分析表明，当 $\alpha > \varphi$ 时 $\left(\varphi = \arctan\dfrac{\omega L}{R}\right.$ 为负载阻抗角$\left.\right)$ 负载电流断续，其导通角 θ 由下式求得

$$\sin(\theta + \alpha - \varphi) - \sin(\alpha - \varphi)\exp\left(-\frac{R}{\omega L}\theta\right) = 0 \tag{6-17}$$

负载电压平均值 U_d 的计算与连续时不同，由图 6-21 可得

$$U_d = \frac{1}{\pi}\int_{\alpha}^{\alpha+\theta}\sqrt{2}U_2\sin\omega t\,\mathrm{d}(\omega t) = \frac{\sqrt{2}U_2}{\pi}\left[\cos\alpha - \cos(\alpha + \theta)\right]$$

负载电流平均值 I_d 为

$$I_d = U_d/R = \frac{\sqrt{2}U_2}{\pi R}\left[\cos\alpha - \cos(\alpha + \theta)\right]$$

比较图 6-21 和图 6-22 不难看出，在相同 α 时电阻电感负载的输出平均电压比电阻负载的输出平均电压要低，这是由于后者 u_d 波形中出现负半波的缘故。为了提高输出整流电压，在负载端并接续流二极管（见图 6-23），构成带有续流二极管的电阻、电感负载电路。图中 VD 为续流二极管。由于它的存在改变了负载电流 i_d 的续流路径，故负载电压不再出现负电压而与电阻负载的电压波形一样。读者可自行分析并画出在负载电流连续和断续两种情况下 u_d、u_{AK}、i_d、i_{VT1}、i_{VD} 等电压、电流波形。

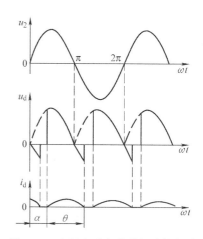

图 6-22　电阻电感负载单相全控桥式
整流电路负载电流断续波形

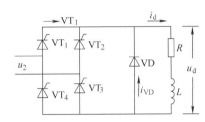

图 6-23　带续流二极管的电阻电感负载单相全控桥式整流电路

思考题

1. 设一半波整流电路和一桥式整流电路的输出电压平均值和所带负载大小完全相同，均不加滤波，试问两个整流电路中整流二极管的电流平均值和最高反向电压是否相同？

2. 晶闸管的门极输入较小的电流，阳极电流是较大的电流。这与晶体管的基极电流控制集电极电流有何不同？晶闸管能否作放为大元件？为什么？

3. 为什么可控整流电路的输出端不能直接并接滤波电容？

6.3　脉宽调制技术

脉宽调制（Pulse Width Modulation，PWM）技术是通过控制半导体开关器件的通断时间，在输出端获得幅度相等而宽度可调的输出波，从而实现控制输出电压的大小和频率来改善输出电流波形的一种技术。

功率晶体管、功率场效应晶体管和绝缘栅双极晶体管（GTR、MOSFET、IGBT）是自关断器件，用它们做开关元件构成的 PWM 变换器，可使装置体积小、斩波频率高、控制灵活、调节性能好、成本低。

1. PWM 基本思想　在采样控制理论中有一个重要结论：大小、波形不相同的窄脉冲变量作用于惯性系统时，只要它们的冲量（即变量对时间的积分）相等，其作用效果基本相同。该原理被称为冲量（面积）等效原理。

根据该原理可知，大小、波形不相同的两个窄脉冲电压作用于 L、R 电路时，只要两个窄脉冲电压的面积（冲量）相等，则它们形成的电流响应就相同。如图 6-24 所示，图中 a）、b）、c）分别为矩形脉冲、三角形脉冲和正弦波脉冲，它们的冲量都等于 1，那么，它们分别加在具有惯性的同一环节上时，其输出响应基本相同。

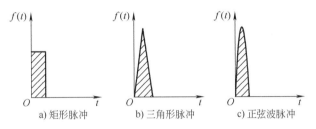

图 6-24　形状不同而冲量相同的各种窄脉冲

1964 年，德国人 A. Schonung 等人率先提出了脉宽调制变频的思想。他们把通信系统中的调制技术推广应用于交流变频器。图 6-25 绘出了交-直-交变压变频器的原理框图，整流器 UR 整流后的电压经电容滤波后形成稳定幅值的直流电压，加在逆变器 UI 上，逆变器的功率开关器件采用全控式器件，按一定规律控制其导通或关断，使输出端获得一系列宽度不等的矩形脉冲电压波形。通过改变脉冲的不同宽度，可以控制逆变器输出交流电

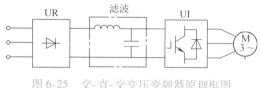

图 6-25　交-直-交变压变频器原理框图

压的幅值，通过改变调制周期可以控制其输出频率，从而同时实现变压和变频。

　　由于期望逆变器可以变压、变频，而且逆变器的输出电压是正弦的，为此可以把一个正弦半波波形分成 N 等份，如图 6-26a 所示。把正弦半波看成由 N 个彼此相连的脉冲组成的波形。这些脉冲宽度相等，都等于 π/N，但幅值不等，且脉冲顶部都不是水平直线，各脉冲的幅值按正弦规律变化。如果把上述脉冲序列用同样数量的等幅而不等宽的矩形脉冲序列代替，矩形脉冲和相应正弦部分的面积（冲量）相等，就得到了如图 6-26b 所示的脉冲序列，这就是 PWM 波形。可以看出，各脉冲的宽度是按正弦规律变化的，对于正弦波的负半周，也可以用同样的方法得到 PWM 波形。像这种脉冲的宽度按正弦规律变化并和正弦波等效的 PWM 波形，也称为 SPWM（Sinusoidal PWM）波形。

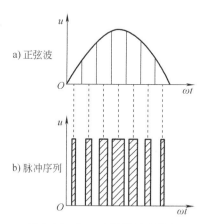

图 6-26　与正弦波等效的等幅
矩形脉冲序列波

2. PWM 波的计算

　　（1）计算法　上节说明了 PWM 控制的基本思想，按照上述思想，在给出了正弦波频率、幅值和半个周期内的脉冲数后，就可以准确计算出 PWM 波形各脉冲的宽度和间隔。按照计算结果，控制电路中各开关器件的通断，就可以得到所需要的 PWM 波形，这种方法称为计算法。可以看出，这种计算非常烦琐，当正弦波的频率、幅值等变化时，结果都要变化。

　　（2）调制法　与计算法相对应的较为实用的方法是调制法，即把希望输出的波形按比例缩小作为调制信号，把接受调制的信号作为载波，通过对载波的调制得到所希望的 PWM 波形。通常采用等腰三角形或锯齿波来作为调制波，其中等腰三角形的应用最多。因为等腰三角形上任一点的水平宽度和高度呈线性关系而且左右对称，当它与任何一个平缓变化的调制信号波相交时，如在交点时刻控制电路中开关器件的通断，就可以得到宽度正比于信号波幅值的脉冲，这正好符合 PWM 控制的要求。当调制信号是正弦波时，所得到的就是 SPWM 波形，这种情况应用最广。对于 SPWM 波形，根据输出电压的极性不同，又可分为单极性 SPWM 波和双极性 SPWM 波。

思考题

1. 脉宽调制技术的基本思想是什么？
2. PWM 波的常用计算方法有哪些？各自的优缺点是什么？

6.4　逆变电路

将交流电转变为直流电的过程称为整流，利用电力电子器件将直流电变为交流电的过程则称为逆变。能实现逆变的电路称为逆变电路或逆变器。既可以工作于整流状态，又可以工作于逆变状态的电路称为交流电路或变流器。变流器工作于逆变状态时，根据输出交流电的去向，逆变电路可分为有源逆变和无源逆变两种。

1. 有源逆变　变流器将直流电逆变为与电网同频率的交流电并反馈回电网，称为有源逆变。有源逆变用于直流可逆调速系统、交流绕线转子异步电机的串激调速和高压直流输电等。

变流装置要实现有源逆变，必须满足以下两个条件：

1）要有直流电动势，其极性需与晶闸管的导通方向一致，其值应大于变流电路直流侧的平均电压。

2）要求晶闸管的触发延迟角 $\alpha > \pi/2$，使 U_d 为负值。

必须同时具备上述两个条件，才能实现有源逆变。一个变流装置能否实现有源逆变，取决于该装置能否输出负值直流平均电压和直流侧是否存在反极性的直流电源。因为半控桥式或带有续流二极管的整流电路不会输出负值电压，也不允许直流侧出现负极性的电动势，所以不能实现有源逆变。只有全控电路才能实现有源逆变。

2. 无源逆变　当交流侧直接与负载连接时，称为无源逆变。逆变电路的应用非常广泛。在已有的各种电源中，蓄电池、干电池、太阳能电池等都是直流电源，当需要用这些电源向交流负载供电时，就需要逆变电路。另外，交流电动机调速用变频器、不间断电源（UPS）、感应加热电源等电力电子装置的使用非常广泛，其电路的核心部分都是逆变电路。

下面以图 6-27a 的单桥式逆变电路为例说明其最基本的工作原理。图中，$S_1 \sim S_4$ 是桥式电路的 4 个臂，它们由电力电子器件及其辅助电路组成。当开关 S_1、S_4 闭合，S_2、S_3 断开时，负载电压 u_o 为正；当开关 S_1、S_4 断开，S_2、S_3 闭合时，u_o 为负，其波形如图 6-27b 所示。这样，就把直流电变成了交流电，改变两组开关的切换频率，即可改变输出交流电的频率。这就是逆变电路最基本的工作原理。当负载为电阻时，负载电流 i_o 和电压 u_o 的波形形状相同，相位也相同。当负载为感性负载时，i_o 相位滞后于 u_o，两者波形的形状也不同，图 6-27b 给出的就是感性负载时的 i_o 的波形。

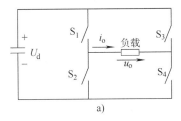
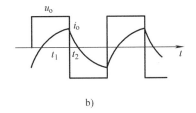

图 6-27　逆变电路及波形图

3. 逆变电路的类型　逆变电路根据直流侧电源性质的不同可分为两种：直流侧是电压源的称为电压性逆变电路，直流侧是电流源的称为电流型逆变电路。它们也分别称为电压源型逆变电路（Voltage Source Type Inverter，VSTI）和电流源型逆变电路（Current Source Type Inverter，CSTI）。

（1）单相半桥电压型逆变电路　单相半桥电压型逆变电路如图 6-28a 所示，它有两个桥臂，每个桥臂由一个可控器件和一个反并联二极管组成。在直流侧接有两个相互串联的足够大的电容，两个电容的连接点便成为直流电源的中性点。负载连接在直流电源中点和两个桥臂连接点之间。

设开关器件 VT_1 和 VT_2 的栅极信号在一个周期内各有半周正偏，半周反偏，并且二者互补。当负载为感性时，其工作波形如图 6-28b 所示，输出电压 u_o 为矩形波，其幅值为 $U_m = U_d/2$。输出电流 i_o 波形随负载情况而异。设 t_2 时刻以前 VT_1 为通态，VT_2 为断态。t_2 时刻给 VT_1 关断信号，给 VT_2 开通信号，则 VT_1 关断，但感性负载中的电流 i_o 不能立即改变方向，于是 VD_2 导通续流。当 t_3 时刻 i_o 降为零时，VD_2 截止，VT_2 开通，i_o 开始反向。同样，t_4 时刻给 VT_2 关断信号，给 VT_1 开通信号后，VT_2 关断，VD_1 先导通续流，t_5 时刻 VT_1 才开通。各段时间内导通器件的名称标于图 6-28b 的下部。

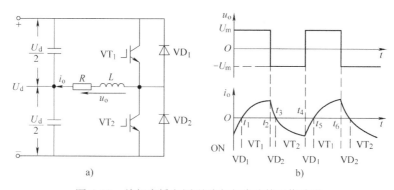

图 6-28　单相半桥电压型逆变电路及其工作波形

当 VT_1、VT_2 为通态时，负载电流和电压同方向，直流侧向负载提供能量；而当 VD_1 或 VD_2 为通态时，负载电流和电压反向，负载电感中存储的能量向直流侧反馈，即负载电感将其吸收的无功能量反馈回直流侧。反馈回的能量暂时储存在直流侧电容器中，直流侧电容器起着缓冲这种无功能量的作用。因为二极管 VD_1、VD_2 是负载向直流侧反馈能量的通道，故称为反馈二极管；又因为 VD_1、VD_2 起着使负载电流连续的作用，因此又称为续流二极管。

（2）正弦波脉冲调制（SPWM）全桥逆变电路　PWM 控制技术在逆变电路中的应用最为广泛，对逆变电路的影响也最为深刻。现在大量应用的逆变电路中，绝大部分都是 PWM 型逆变电路。可以说 PWM 控制技术正是有赖于在逆变电路中的应用，才发展的比较成熟，才确定了它在电力电子技术中的重要地位。

图 6-29 是采用 IGBT 作为开关器件的单相桥式 PWM 逆变电路。设负载为阻感负载，工作时 VT_1 和 VT_2 的通断状态互补，VT_3 和 VT_4 的通断状态也互补。具体的控制规律如下：在输出电压 u_o 的正半周，让 VT_1 保持通态，VT_2 保持断态，VT_3 和 VT_4 交替通断。由于负载电流比电压滞后，因此在电压的正半周，电流有一段时间为正，有一段时间为负。在负载电流为正的区间，VT_1、VT_4 导通时，负载电压 u_o 等于直流电压 U_d；VT_4 关断时，负载电流通过 VT_1 和 VD_3 续流，$u_o = 0$。这样，u_o 总可以得到 U_d 和零两种电平。同样，在 u_o 的负半周，让 VT_2 保持通态，VT_1 保持断态，VT_3 和 VT_4 交替通断，负载电压 u_o 可以得到 $-U_d$ 和零两种电平。控制 VT_3 和 VT_4 通断的方法如图 6-30 所示。调制信号 u_r 为正弦波，载波 u_c 在 u_r 的正半周为正极性的三角波，在 u_r 的负半周为负极性的三角波。在 u_r 和 u_c 的交点时刻控制 IGBT 的通断。在 u_r 的正半周，VT_1 保持通态，VT_2 保

持断态，当 $u_r > u_c$ 时使 VT_4 导通，VT_3 关断，$u_o = U_d$；当 $u_r < u_c$ 时使 VT_4 关断，$u_o = 0$。在 u_r 的负半周，VT_1 保持断态，VT_2 保持通态，当 $u_r < u_c$ 时 VT_3 导通，VT_4 关断，$u_o = -U_d$；当 $u_r > u_c$ 时使 VT_3 关断，VT_4 导通，$u_r = 0$。这样，就得到了 SPWM 波形 u_o。图中虚线 u_{of} 表示 u_o 中的基波分量。

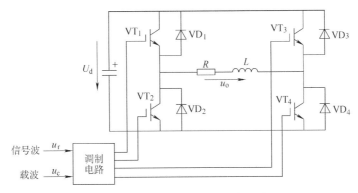

图 6-29　单相桥式 PWM 逆变电路

与图 6-30 产生的单极性 SPWM 控制方式对应，另外一种 SPWM 控制方式称为双极性 SPWM 控制方式，其频率信号还是三角波，基准信号是正弦波时，它与单极性正弦波脉宽调制的不同之处，在于它们的极性随时间不断地正、负变化，如图 6-31 所示，不需要如上述单极性调制那样加倒向控制信号。

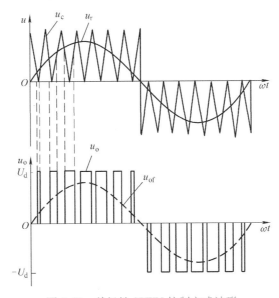

图 6-30　单极性 SPWM 控制方式波形

各晶体管控制规律如下：

在 u_r 的正、负半周内，对各晶体管控制规律与单极性 SPWM 控制方式相同，同样在调制信号 u_r 和载波信号 u_c 的交点时刻控制各开关器件的通断。当 $u_r > u_c$ 时，使晶体管 VT_1、VT_4 导通，VT_2、VT_3 关断，此时 $u_o = U_d$；当 $u_r < u_c$ 时，使晶体管 VT_2、VT_3 导通，VT_1、VT_4 关断，此时 $u_o = -U_d$。

在双极性 SPWM 控制方式中，三角载波在正、负两个方向变化，所得到的 SPWM 波形

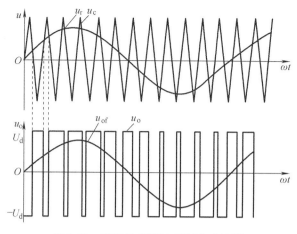

图 6-31　双极性 SPWM 控制方式波形

也在正、负两个方向变化，在 u_r 的一个周期内，SPWM 输出只有 $\pm U_d$ 两种电平，变频电路同一相上、下两臂的驱动信号是互补的。

在实际应用中，为了防止上、下两个桥臂同时导通而造成短路，在给一个桥臂的开关器件加关断信号后，必须延迟 Δt 时间再给另一个桥臂的开关器件施加导通信号，即有一段 4 个晶体管都关断的时间。延迟时间 Δt 的长短取决于功率开关器件的关断时间。需要指出的是，这个延迟时间将会给输出的 SPWM 波形带来不利影响，使其输出偏离正弦波。

（3）三相电压型逆变电路　三个单相逆变电路可组合成一个三相逆变电路，三相桥式逆变电路可看成由 3 个半桥逆变电路组成。每个桥臂导通 $180°$，同一相上、下两臂交替导通，各相开始导通的角度差为 $120°$，任一瞬间有 3 个桥臂同时导通。每次换流都是在同一相上、下两臂之间进行，因此也称为纵向换流。三相电压型桥式逆变电路如图 6-32 所示。

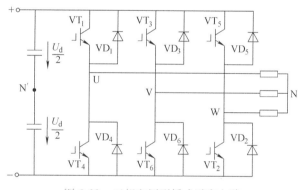

图 6-32　三相电压型桥式逆变电路

三相电压型桥式逆变电路的波形如图 6-33 所示，负载各相到电源中性点 N' 的电压：在 U 相，VT_1 导通，$u_{UN'} = U_d/2$；VT_4 导通，$u_{UN'} = -U_d/2$。

负载线电压为

$$\begin{cases} u_{UV} = u_{UN'} - u_{VN'} \\ u_{VW} = u_{VN'} - u_{WN'} \\ u_{WU} = u_{WN'} - u_{UN'} \end{cases}$$

负载相电压为

$$\begin{cases} u_{UN} = u_{UN'} - u_{NN'} \\ u_{VN} = u_{VN'} - u_{NN'} \\ u_{WN} = u_{WN'} - u_{NN'} \end{cases}$$

负载中性点和电源中性点间的电压为

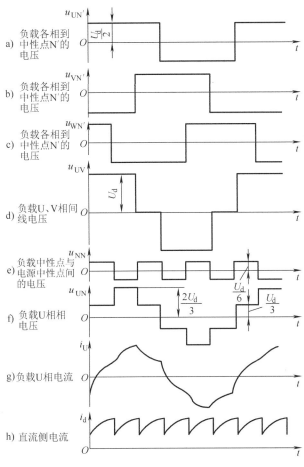

图 6-33 三相电压型桥式逆变电路的波形

$$u_{NN'} = \frac{1}{3}(u_{UN'} + u_{VN'} + u_{WN'}) - \frac{1}{3}(u_{UN} + u_{VN} + u_{WN})$$

负载三相对称时，有 $u_{UN} + u_{VN} + u_{WN} = 0$，于是

$$u_{NN'} = \frac{1}{3}(u_{UN'} + u_{VN'} + u_{WN'})$$

根据以上分析可绘出 u_{UN}、u_{VN}、u_{WN} 的波形。负载已知时，可由 u_{UN} 波形求出 I_U 的波形。

三相电压型桥式逆变电路的任一相上、下两桥臂间的换流和半桥电路相似，桥臂 1、3、5 的电流相加可得到直流侧电流 I_d 的波形，I_d 每 60° 脉动一次（直流电压基本无脉动），因此逆变器从直流侧向交流侧传送的功率是脉动的。

（4）单相电流型逆变电路　单相电流型桥式逆变电路如图 6-34a 所示，在直流电源侧接有大电感 L_d，以维持电流的恒定。当 VT_1、VT_4 导通，VT_2、VT_3 关断时，$I_o = I_d$。当 VT_1、VT_4 关断，VT_2、VT_3 导通时，$I_o = -I_d$。若以频率 f 交替使开关管 VT_1、VT_4 和 VT_2、VT_3 导通，则在负载上面产生如图 6-34b 所示的电流波形图。不论电路负载性质如何，其输出电流波形不变，均为矩形波。而输出电压波形由负载性质决定。主电路开关管采用自关断器件时，如果其反向不能承受高电压，则需要在各开关器件支路中串入二极管。

将图 6-34b 所示的电流 i_o 展开成傅里叶级数，则有

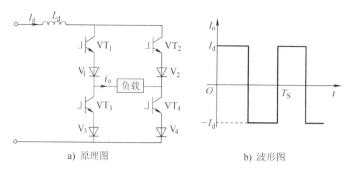

a) 原理图　　　　　　　　b) 波形图

图 6-34　单相电流型桥式逆变电路和波形

$$i_o = \frac{4}{\pi}I_d\left(\sin\omega t + \frac{1}{3}\sin3\omega t + \frac{1}{5}\sin5\omega t + \cdots\right)$$

由此可以算得其基波幅值 I_{o1m} 和基波有效值 I_{o1} 分别为

$$I_{o1m} = \frac{4}{\pi}I_d \approx 1.27I_d$$

$$I_{o1} = \frac{4}{\sqrt{2}\,\pi}I_d \approx 0.9I_d$$

（5）三相电流型逆变电路　图 6-35a 为开关器件采用 IGBT 的三相电流型桥式逆变电路。三相电流型桥式逆变电路的基本工作方式是 $\frac{2\pi}{3}$ 导通方式，即每个 IGBT 导通为 $\frac{2\pi}{3}$，

$VT_1 \sim VT_6$ 依次间隔 $\frac{\pi}{3}$ 导通。任意瞬间只有两个桥臂导通，但不会发生同一桥臂直通现象。这样，每个时刻上桥臂组和下桥臂组中各有一个臂导通。换流时，是在上桥臂组或下桥臂组内依次换流，属于横向换流。图 6-35b 所示为三相电流型桥式逆变电路的输出波形，它与负载性质无关，其输出电压波形由负载的性质决定。

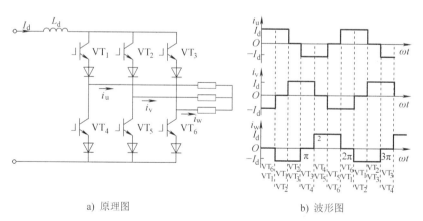

a) 原理图　　　　　　　　b) 波形图

图 6-35　三相电流型桥式逆变电路和波形

输出电流的基波有效值 I_{o1} 和直流电流 I_d 的关系式为

$$I_{o1} = \frac{\sqrt{6}}{\pi}I_d \approx 0.78I_d$$

（6）电压型逆变器和电流型逆变器的比较　电压型逆变器和电流型逆变器的特点与区别，以及分别适用的场合如表 6-1 所列。

表6-1 电压型逆变器与电流型逆变器对比

项　目	电压型逆变器	电流型逆变器
中间滤波环节	电容器 C	电抗器 L
直流侧电源	电压源	电流源
电源阻抗	小	大
负载电压波形	矩形波	近似正弦波
负载电流波形	近似正弦波	矩形波
二极管的位置	与功率开关器件并联	与功率开关器件串联
对开关器件要求	耐压要求低，关断时间短，需要快速元件	耐压要求高，关断时间要求不高，不需要快速元件
电流保护实现	困难	容易
再生运行	由于电压极性不能变，难以实现再生运行	便于改变电压极性，容易实现再生运行
常用制动方式	能耗制动	再生制动
适用场合	向多电机供电，不可逆传动或稳速系统以及对快速性要求不高的场合	单机传动，加、减速频繁运行或需要经常反向的场合

思考题

1. 什么是逆变器？逆变器的输出电压与一般的交流电源电压有何区别？
2. 何为有源逆变？何为无源逆变？两者有何区别？
3. 说明正弦脉冲宽度调制（SPWM）的功能及其特点。

6.5 应用 Multisim 对单相半波可控整流电路进行仿真分析

本节在前面介绍的整流电路、变换电路和逆变电路工作原理基础上，主要介绍 Multisim 14.0 在电力电子技术中整流电路的应用和仿真。整流电路的分类方法有很多种，按组成的器件可以分为不可控、半控和全控 3 种，本节主要介绍单相半波可控整流电路的仿真与分析，其方法如下：

1）在 Multisim 14.0 元件库中选择晶闸管 D1（2N3898），220V 交流电源 V_1，电压控制电压源 V_2 以及脉冲电压源 V_3，负载为 1kΩ 电阻，外加示波器，就构成了单相半波可控整流电路，如图 6-36 所示。

2）设置各个元器件参数。其中，晶闸管 D1 栅极受压控电压源 V_2 控制，V_2 又受脉冲电压源 V_3 控制。双击 V_3，可以打开 V_3 的参数设置窗口界面，如图 6-37 所示，在对话框中可以修改各个参数，如"脉冲宽度""上升时间""下降时

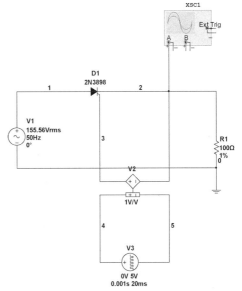

图 6-36 单相半波可控整流电路

间"以及"脉冲电压"等。需要特别注意的是，触发脉冲周期设置为20ms，对应为360°，即2π。控制角或触发角α与参数"延迟时间"相对应，修改参数"延迟时间"即可修改控制角α。本次实验将参数"延迟时间"设置为2ms，单击"运行"按钮，单击示波器，即可看到单相半波可控整流电路的输出电压变化曲线，如图6-38所示，可见输入为交变电压量，输出为单方向脉动的电压，达到了整流的效果。

图6-37 脉冲电压源V_3参数值设置

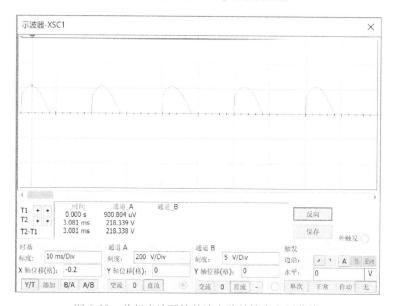

图6-38 单相半波可控整流电路的输出电压曲线

在此基础上，在图 6-36 的电路中增加一个滤波电容 C_1，即可达到滤波效果，电路如图 6-39 所示。该电路输出电压变化曲线如图 6-40 所示，与图 6-38 相比使得输出电压脉动变化减小。

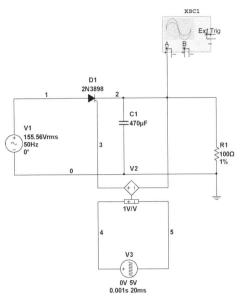

图 6-39   带滤波电容的单相半波可控整流电路

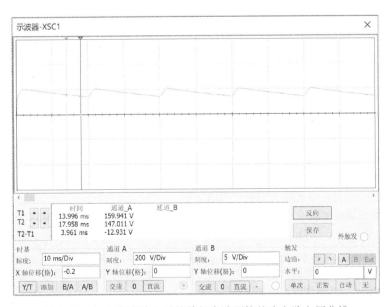

图 6-40   经电容滤波之后的单相半波可控整流电路电压曲线

本章小结

1. 本章重点介绍了主要电力电子器件的基本结构、工作原理、基本特性和主要参数等，简单介绍了一些其他的全控型电力电子器件，分析主要电力电子器件的特性和应用等。

晶闸管（SCR）导通的条件是在阳极、阴极之间加正向电压和栅极、阴极之间也加正向电压（有栅极电流出现）。当阳极电流小于维持电流或阳极、阴极之间加反向电压时便可关断。目前，晶闸管的容量在所有电力电子器件中是最高的。

电力场效应晶体管（P‑MOSFET）的工作原理与普通MOS场效应晶体管相似，是电压控制型器件，驱动功率小，工作频率在所有电力电子器件中是最高的。但通态压降和静态损耗大，且容量小。

绝缘栅双极型晶体管（IGBT）是MOS管和晶体管的复合器件，集电极电流受栅极、射极之间电压的控制，是一种电压控制（场控）器件，与GTR相比，容量相当，但驱动功率小，工作频率高，有取代GTR的趋势。

MOS控制晶闸管（MCT）是MOS管和晶闸管的复合器件，输入侧为MOS管结构，输出侧为晶闸管结构，集中了两者的优点，即通态压降小，驱动功率小，工作频率高，并克服了普通晶闸管不能自关断的缺点，是最有发展前途的一种器件。

2. 整流电路是电力电子电路中出现和应用最早的形式之一，本章重点讲述了单相半波可控整流电路和单相桥式整流电路的结构、工作原理及定量关系。

3. 脉宽调制（PWM）技术在逆变电路中的应用最为广泛，本章详细介绍了PWM的基本思想、计算方法。

4. 简单介绍了逆变电路的概念、分类以及单相半桥电压型逆变电路的结构、工作原理，电压型逆变电路具有以下几个特点：

1）直流侧为电压源，或并联有大电容，相当于电压源。直流侧电压基本无驱动，直流回路呈现低阻抗。

2）由于直流电压源的钳位作用，交流侧输出电压波形为矩形波。

3）当交流侧为阻感负载时需要提供无功功率，直流侧电容起缓冲无功能量的作用。

5. 简单介绍了利用Multisim 14.0仿真软件对单相半波可控整流电路的仿真与分析过程。

自测题

6.1　判断以下说法正确与否，并说明原因。

（1）逆变器的任务是把交流电变换成直流电。

（2）PWM电路是靠改变脉冲频率来控制输出电压的，通过改变脉冲宽度来控制其输出频率。

（3）PWM逆变电路的控制方式分为单极性和多极性。

6.2　晶闸管的导通条件是（　　　）。

（a）阳极加正向电压　　　　（b）栅极加正向电压　　　　（c）阳极和栅极都加正向电压

6.3　绝缘栅双极晶体管是一种新型复合器件，它具有的特点是（　　　）。

（a）驱动功率小，工作频率高，通态压降大　　　　（b）驱动功率小，工作频率高，通态压降小

（c）驱动功率小，工作频率低，通态压降小

6.4　续流二极管的作用是什么？试结合图6‑29单相桥式PWM逆变电路进行阐述。

习题

6.1　晶闸管的导通条件和关断条件分别是什么？

6.2　整流与逆变的区别是什么？

6.3　在所学的电力电子器件中，哪些是非自关断器件？哪些是自关断器件？它们的导通和关断是如何控制的？

6.4 某一电阻性负载，需要直流电压60V，电流30A。今采用单相半波可控整流电路，直接由220V电网供电。试计算：晶闸管的导通角、电流的有效值。

6.5 有一单相半波可控整流电路，负载电阻 $R_L = 10\Omega$，直接由220V电网供电，触发延迟角 $\alpha = 60°$，试计算整流电压平均值、整流电流平均值和电流的有效值。

6.6 一单相半波可控整流电路，输入有效值为220V的交流电压。电阻性负载，要求负载电压在0～90V范围内调节，求触发延迟角 α 的调节范围。

6.7 已知单相半控桥式整流电路如图6-41a所示，若 $u = 30\sin\omega t$ V，$E = 10$V，二极管 VD 及晶闸管 VT 的导通压降忽略不计，门极触发信号如图6-41b所示，试画出电压 u_o 和电流 i_o 的波形。

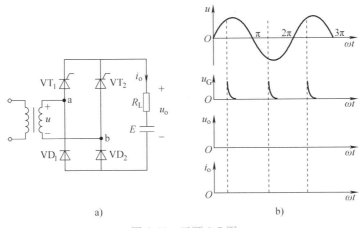

图6-41 习题6.7图

6.8 单相桥式可控整流电路，直接由220V交流电源供电，负载电阻10Ω，试选用晶闸管和整流二极管。

6.9 有电源变压器的单相桥式可控整流电路，电阻性负载，需要可调的直流电压平均值为0～100V，直流电流平均值为0～25A。求变压器二次电压，并选用晶闸管和整流二极管。设晶闸管的最大导通角 $\theta_{max} = 160°$。

6.10 图6-42所示电路为单相桥式可控整流电路，感性负载，已知 $r = 2\Omega$，$L = 0.4$H，变压器一次侧输入220V工频交流电，变压器电压比为2:1，晶闸管触发延迟角调节范围 $\alpha = 10° \sim 180°$。求输出电压和输出电流的平均值的调节范围，选用晶闸管。

6.11 在图6-43所示整流电路中，已知 $R_{L1} = R_{L2} = 100\Omega$，试求：

（1）输出电压平均值 U_{o1} 和 U_{o2}；

（2）流过各个二极管的平均电流 I_{D1}、I_{D2}、I_{D3}。

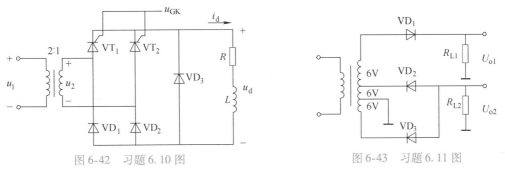

图6-42 习题6.10图   图6-43 习题6.11图

6.12 在图6-44所示可控整流电路中，已知交流电压 $u = U_m\sin\omega t$ V，当触发延迟角 $\alpha = 0°$ 时，输出电压平均值 $U_o = 100$V。若要得到 $U_o = 50$V，则触发延迟角 α 应该是多少？

6.13 说明图 6-45 所示电路中电位器 RP 上、下移动，对输出 u_{BO} 大小的影响，画出 u_{AO}、u_{BO} 波形；若不接 VD_5，输出电压能否进行控制？为什么？

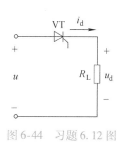

图 6-44 习题 6.12 图

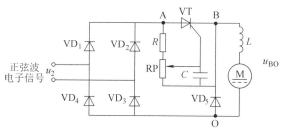

图 6-45 习题 6.13 图

第 **7** 章

逻辑门电路和组合逻辑电路

☑ 知识单元目标

● 能够识别基本逻辑关系与逻辑门电路，并能熟练地进行逻辑表达式与逻辑图之间的相互转换。

● 能够熟练分析集成门电路的传输延迟与工作速度的关系、带负载能力和抗干扰能力。

● 能够熟练应用基础知识进行逻辑函数的表示和化简，应用所学方法进行组合逻辑电路的分析与设计。

● 能够熟练应用常用集成组合逻辑电路。

● 能够使用 Multisim 仿真软件，分析与设计组合逻辑电路。

🔍 讨论问题

● 如何描述数字信号？

● 在应用集成门电路设计实际的数字电路时，要注意哪些电气特性？

● 如何应用逻辑代数的公式和定理化简逻辑函数？

● 如何分析以及设计组合逻辑电路？

在生活、科学研究、工程实际中，组合逻辑电路的应用非常广泛。

如火车站有特快、直快和慢车三种列车进出，需要控制不同的信号灯指示列车等待进站。

设进站请求优先顺序分别是特快、直快和慢车，分别用三个指示灯 L0、L1、L2 指示相应的列车进站（灯亮表示允许进站）。

只要特快列车请求进站，则只有 L0 指示灯亮；当没有特快列车请求进站，只要直快列车请求进站，则只有 L1 指示灯亮；当只有慢车请求进站，则只有 L2 指示灯亮。当没有列车请求进站，则所有灯全灭。

可以设计组合逻辑电路实现上述所要求的功能。用列车请求进站作为电路的输入信号，组合逻辑电路根据上述逻辑功能控制相应信号灯的亮灭。

7.1 数字电路概述

7.1.1 模拟信号与数字信号

电子电路处理的信号分为模拟信号和数字信号。

模拟信号是在时间和数值（幅度）上均连续的信号。客观世界是一个"模拟"的世界，存在大量的模拟信号，如声音、温度、大气压力、交流电等。电子电路处理的是电信号，对于非电的模拟信号可以通过相应的传感器转换成模拟电信号以后再进行处理。数字信号是一种在时间上和数值（幅度）上都不连续（离散）的信号。数字信号的重要特点是离散与量化。

离散与连续是模拟信号与数字信号的重要区别。如果对模拟信号与数字信号进行数学抽象，连续的模拟信号可以表示为实数，离散的数字信号可以表示为整数。数字信号是对模拟信号的采样结果，是对离散时间信号的数字化表示，即每隔一定的时间间隔读取一个模拟信号的值。因此，离散信号的取值只在某些固定的时间点上有意义，其他时间没有定义，而不像模拟信号那样在时间轴上具有连续不断的取值。

因为原来的模拟信号取值是一个实数，可能需要无限长的数字来表示，如果离散时间信号在各个采样点上的取值只是原来模拟信号取值的一个近似，可以用有限长的数字来近似表示所有的采样点取值，因此，字长长度就决定了精度。将无限长的数值用有限字长的数值来表示的过程称为量化。

从概念上讲，数字信号是量化的离散时间信号，而离散时间信号是已经采样的模拟信号。

随着电子技术的飞速发展，数字信号的应用也日益广泛。很多现代的媒体处理工具，尤其是需要和计算机相连的仪器都从原来的模拟信号表示方式改为使用数字信号表示方式。如手机、视频或音频播放器和数码相机等。

7.1.2 数制与码制

数制也称为计数制，是用一组固定的符号和统一的规则来表示数值的方法。人们通常采用的数制有十进制、二进制、八进制和十六进制。数制是由数码、基数和位权组成的。

数码：数制中用来表示数值大小的符号。例如，二进制有两个数码：0，1；八进制有8个数码：0，1，2，3，4，5，6，7；十进制有10个数码：0，1，2，3，4，5，6，7，8，9；十六进制有16个数码：0，1，2，3，4，5，6，7，8，9，A，B，C，D，E，F。

基数：数制使用数码的个数。例如，二进制的基数为2；十进制的基数为10。

位权：数制中某一位上的1所表示数值的大小。具体大小为：基数的n次幂（n与数码的位置有关，从小数点左边第一位开始，向左依次为0，1，2，3，…；从小数点右边第一位开始，向右依次记为 -1，-2，-3，…）。

数制的本质是用来表示数值大小的，同一个数值可以用不同的数制形式来表示。因此，不同数制之间是可以相互转换的，数制转换的本质是数值大小相等。

在数字电路中，使用的数制是二进制。

码制就是将信息转换成另一种表示形式的规则。编码就是将信息从一种格式转换成另一种格式，其目的是为便于通信或信息处理；解码是编码的逆过程。

码制也是用一组码元的组合来表示信息，与数制的区别在于权，有些为有权码，且权是各自定义的。如为了用二进制代码表示十进制数的 0~9 这十个状态，二进制代码至少应当有 4 位，用码制的概念来表示时，则有多种方案（见表7-1），而用数制表示时，则只有一种方案。

7.1.3 数字信号的表示方法

在数字电路中，用"0"和"1"来描述数字信号的电气特征，也称为逻辑 0 和逻辑 1。逻辑 0 和逻辑 1 在电气上表现为不同的电压范围，这个电压范围称为电平，或称为逻辑电平；电压高的逻辑电平称为高电平，电压低的逻辑电平称为低电平。

表 7-1 几种常见的十进制编码

十进制数	编码种类				
	有 权 码			无 权 码	
	8421 码	5421 码	2421 码	余 3 码	BCD 格雷码
0	0000	0000	0000	0011	0000
1	0001	0001	0001	0100	0001
2	0010	0010	0010	0101	0011
3	0011	0011	0011	0110	0010
4	0100	0100	0100	0111	0110
5	0101	1000	1011	1000	0111
6	0110	1001	1100	1001	0101
7	0111	1010	1101	1010	0100
8	1000	1011	1110	1011	1100
9	1001	1100	1111	1100	1101

对电平的逻辑定义有两种：一种为正逻辑，一种为负逻辑。正逻辑规定：高电平为逻辑1，低电平为逻辑0。负逻辑规定：高电平为逻辑0，低电平为逻辑1。正逻辑和负逻辑只是看问题的角度或分析问题的方法不同而已，事物表达的实质是不变的，即电路输入与输出的电平关系始终是不变的，本书如无特殊说明，一律采用正逻辑。

数字电路的逻辑电平是一个非常重要的概念，其实质是一个规定的电压范围。如果采用正逻辑，逻辑 1 表示高电平，逻辑 0 表示低电平。需要强调的是，不同的数字系统对电平的电压范围的规定是不同的，但在逻辑上是一样的。即其数字逻辑相同，但电气参数不同。这一点对于硬件电路的设计非常重要。如表7-2 给出的 TTL 与 RS-232 逻辑电平，在相同的数字逻辑下具有不同的电压范围。

表 7-2 TTL 与 RS-232 的逻辑电平规定

逻辑系列	逻辑 1	逻辑 0
TTL 逻辑	2.0V ~ 电源电压	0 ~ 0.8V
RS-232 逻辑	-15 ~ -3V	+3 ~ +15V

图 7-1 解释了数字电路逻辑电平的定义方法。$V_{H(max)}$ 表示高电平的最大值，$V_{H(min)}$ 表示高电平的最小值。$V_{L(max)}$ 表示低电平的最大值，$V_{L(min)}$ 表示低电平的最小值。在正常运算

中，$V_{L(max)}$ 和 $V_{H(min)}$ 之间的电压值是非定义的，也就是说数字电路的稳定电压不能为这个区间的电压值。

数字信号的另一种表示方法是数字波形。数字波形由高低电平之间来回变化的电平组成。图 7-2a 表示一个从低电平出发，到高电平，再回到低电平所产生的一个正向脉冲，也称为正脉冲。图 7-2b 表示一个从高电平出发，到低电平，再回到高电平所产生的一个反向脉冲，也称为负脉冲。这一系列的脉冲形成了一个数字波形。

电平发生变化的地方称为边沿，由低电平变成高电平的边沿称为上升沿，反之称为下降沿。图 7-2 所示的脉冲为理想状态下的，因为它假设上升沿和下降沿的变化是在 0s 内完成的（即瞬间）。

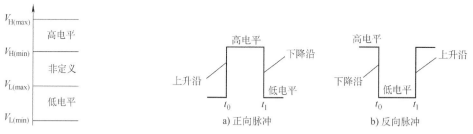

图 7-1　数字电路逻辑电平的电压范围　　　　　　　图 7-2　理想脉冲

图 7-3 所示的则是一个非理想状态下的脉冲。从低电平到高电平所需的时间称为上升时间（rise time，t_r），从高电平到低电平所需的时间称为下降时间（fall time，t_f）。在实际运用中，上升时间通常是指脉冲幅度的 10%（相对于基线的高度）到 90% 之间的时间，下降时间则是从脉冲幅度 90% 到 10% 之间的时间。一般将上升沿和下降沿之间脉冲幅度 50% 之间的宽度定义为脉冲宽度（pulse width，t_w），即持续时间，如图 7-3 所示。

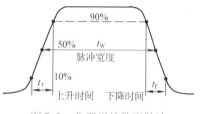

图 7-3　非理想的数字脉冲

在数字系统中，大多数波形都是由一系列的脉冲所组成的，有时称为脉冲序列，可分为周期性脉冲序列和非周期性脉冲序列。周期性波形也就是在一个固定的间隔里不断重复，称这个间隔为周期 T。频率 f 则是重复的速度，单位是 Hz。而一个非周期性脉冲波形则不会在一个固定的间隔里重复，它可能由脉冲宽度不定的脉冲组成，也可能由时间间隔不定的脉冲组成，如图 7-4 所示。

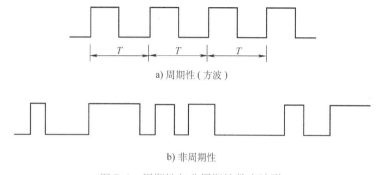

a) 周期性（方波）

b) 非周期性

图 7-4　周期性与非周期性数字波形

脉冲波形的频率就是其周期的倒数，它们之间的关系如下：

$$f = \frac{1}{T}, \quad T = \frac{1}{f}$$

周期性数字波形的一个重要特征就是它的占空比，占空比是脉冲宽度（t_w）占周期（T）的百分比，即

$$占空比 = \left(\frac{t_w}{T}\right)100\%$$

在数字信号的传输系统中，被传输的数字信号波形都与一个称为时钟的信号同步，它是周期性波形，其周期等于传输一位数字信号的时间。

图7-5所示为一个时钟波形以及数字信号 A 在该波形下的变化，图中波形 A 的变化都是在时钟波形的前沿发生的。

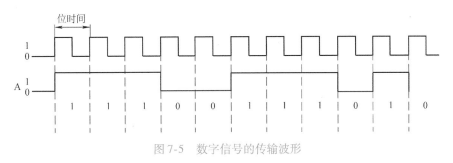

图7-5　数字信号的传输波形

7.1.4　数字电路及其特点

对数字信号进行算术运算和逻辑运算的电路称为数字电路，或数字系统。由于它具有逻辑运算和逻辑处理功能，所以又称数字逻辑电路。按功能分为组合逻辑电路与时序逻辑电路。

数字电路的特点：

1）稳定性好。数字电路不像模拟电路那样易受噪声的干扰。

2）可靠性高。数字电路中只需分辨出信号的有与无，故电路的元件参数，可以允许有较大的变化（漂移）范围。

3）能长期存储。数字信息可以利用某种媒介，如磁带、磁盘、光盘等进行长期的存储。

4）便于计算机处理。数字信号的输出除了具有直观、准确的优点外，最主要的还是便于利用电子计算机来进行信息的处理。

5）便于高度集成化。由于数字电路中基本单元电路的结构比较简单，而且又允许元件有较大的分散性，这就使得不仅可把众多的基本单元做在同一块硅片上，同时又能达到大批量生产所需要的效率。

思考题

1. 数字信号与模拟信号的区别是什么？
2. 数字信号的重要特点是什么？
3. 分别用 5421 码与余 3 码表示十进制数 123。

4. 什么是逻辑电平？什么是正逻辑？什么是负逻辑？

5. 什么是脉冲？脉冲有哪些参数？

7.2 基本逻辑关系和逻辑门电路

逻辑代数是分析和设计数字电路必不可少的数学工具。逻辑代数中的变量称为逻辑变量，用字母表示，这一点与普通代数相同，但逻辑变量只能取两个值，即 0 和 1。在逻辑代数中，0 和 1 并不表示数量的多少，而只是表示两个对立的逻辑状态。

在逻辑代数中，有 3 种基本逻辑运算，与运算、或运算、非运算。很多复杂的逻辑运算最后都可以用这 3 种基本逻辑运算表示。

在数字电路中，输入与输出之间的逻辑关系是通过逻辑运算电路来实现的，实现逻辑运算的电子电路称为逻辑门电路。实现与、或、非逻辑运算的电子电路分别称为与门、或门、非门。这 3 种基本门电路还可以组成其他多种复合门电路。

7.2.1 与逻辑运算及与门电路

与逻辑运算的定义：只有当所有条件全部满足时，结果才成立；只要有一个条件不满足，结果就不成立。

与逻辑关系可用图 7-6a 所示开关电路来表示，图 7-6c 是与逻辑的逻辑符号。

由于所有开关是串联，因此，只有当所有开关都合上时，灯泡才亮；只要有一个开关断开，灯泡都不会亮。

设用逻辑变量 Y 来描述灯的亮灭，用逻辑变量 A、B 分别描述两个开关的开关状态，则可用与逻辑表达式来描述这种逻辑关系：

$$Y = A \cdot B = AB$$

式中"·"称为逻辑乘，读作 A 与 B。在不发生误解时，逻辑乘"·"符号可以省略。

图 7-6b 给出二极管组成的与门电路，假定两个二极管均为理想二极管，只有当输入 A、B 均为高电平时，输出 Y 才是高电平，如果其中一个输入或全部输入为低电平时，输出 Y 则为低电平。

可以定义：Y = 1 表示灯泡亮，Y = 0 表示灯泡灭，表示开关状态的逻辑变量取 1 时表示开关闭合，取 0 时表示开关断开，则可用列表方式将开关和灯的状态罗列出来，所得的表称为与逻辑的真值表，如表 7-3 所示。

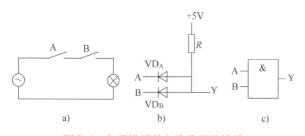

表 7-3 与逻辑真值表

A	B	Y
0	0	0
0	1	0
1	0	0
1	1	1

图 7-6 与逻辑开关电路及逻辑符号

与逻辑的逻辑特点为"有 0 为 0，全 1 为 1"。

逻辑变量含义的定义是任意的，不管逻辑变量如何定义，最后的逻辑含义都一样。

图 7-6c 逻辑符号中的"&"表示输出与输入是"与"逻辑。

7.2.2　或逻辑运算及或门电路

或逻辑运算的定义：只要有一个条件得到满足，结果就成立；只有当所有条件都不满足，结果才不成立。

或逻辑关系可用图7-7a所示开关电路来表示，图7-7c是或逻辑的逻辑符号。

由于所有开关是并联，因此，只要有一个开关闭合时，灯泡就亮；只有当全部开关断开时，灯泡才灭。

设用逻辑变量 Y 来描述灯的亮灭，用逻辑变量 A、B 分别描述两个开关的开关状态，则可用或逻辑表达式来描述这种逻辑关系：

$$Y = A + B$$

式中，"＋"称为逻辑加，读作 A 或 B。

图7-7b是二极管组成的或门电路，只有输入有一个为高电平时，输出必为高电平，有两个输入全为低电平时，输出才为低电平。

可以定义：Y = 1 表示灯泡亮，Y = 0 表示灯泡灭，表示开关状态的逻辑变量取 1 时表示开关闭合，取 0 时表示开关断开，则可用列表方式将开关和灯的状态罗列出来，所得的表称为或逻辑的真值表，如表7-4所示。

或逻辑的逻辑特点为"有 1 为 1，全 0 为 0"。

图7-7c 逻辑符号中的"≥1"表示输出与输入是或逻辑关系。

表 7-4　或逻辑真值表

A	B	Y
0	0	0
0	1	1
1	0	1
1	1	1

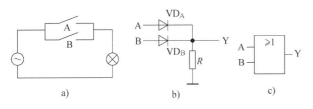

图 7-7　或逻辑开关电路及逻辑符号

7.2.3　非逻辑运算及非门电路

非逻辑关系可用图7-8a所示开关电路来表示，图7-8c是非逻辑的逻辑符号。若开关 K 断开，灯亮；开关 K 闭合，灯熄灭。

图7-8b是由晶体管组成的非门电路，当输入为高电平时，晶体管处于饱和状态，输出为低电平，当输入为低电平时，晶体管处于截止状态，输出为高电平。输入与输出之间满足非的逻辑关系。

"非"逻辑真值表如表7-5所示。

表 7-5　"非"逻辑真值表

K	Y
0	1
1	0

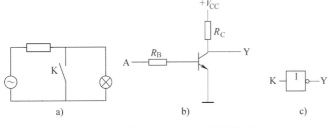

图 7-8　非逻辑开关电路及逻辑符号

由表 7-5 可以看出，输入和输出之间逻辑值互相相反。逻辑符号中的小圆圈表示取反。

7.2.4 复合逻辑门电路

除上述基本逻辑运算外，实际应用中经常用到由基本逻辑运算构成的复合逻辑运算，常用复合逻辑运算有“与非”“或非”“异或”等。

1. “与非”运算 “与非”逻辑运算是先进行“与”运算再进行“非”运算的两级逻辑运算。“与非”运算可表示为

$$Y=\overline{AB}$$

图 7-9 和表 7-6 分别是与非逻辑符号和真值表。

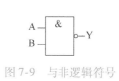

图 7-9 与非逻辑符号

表 7-6 与非逻辑真值表

A	B	Y
0	0	1
0	1	1
1	0	1
1	1	0

分析与非真值表可知，与非运算具有“有 0 为 1，全 1 为 0”的逻辑特点。

2. “或非”运算 “或非”逻辑运算是先进行“或”运算再进行“非”运算的两级逻辑运算。“或非”运算可表示为

$$Y=\overline{A+B}$$

或非逻辑符号和真值表如图 7-10 和表 7-7 所示。

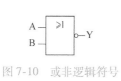

图 7-10 或非逻辑符号

表 7-7 或非逻辑真值表

A	B	Y
0	0	1
0	1	0
1	0	0
1	1	0

由表 7-7 得知或非逻辑运算有“有 1 为 0，全 0 为 1”的逻辑特点。

3. “异或”运算 “异或”运算的逻辑函数表达式为

$$\begin{aligned}Y&=A\overline{B}+\overline{A}B\\&=A\oplus B\end{aligned}$$

“异或”逻辑符号及真值表如图 7-11 和表 7-8 所示。由真值表可知“异或”逻辑有“相异为 1，相同为 0”的逻辑特点，而且 $0\oplus A=A$，$1\oplus A=\overline{A}$。

图 7-11 异或逻辑符号

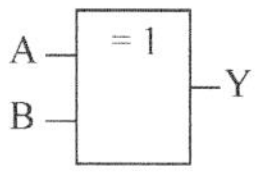

表 7-8 异或逻辑真值表

A	B	Y
0	0	0
0	1	1
1	0	1
1	1	0

异或运算后再进行非运算具有“相同为 1，相异为 0”的逻辑特点，故称为“同或”，记为

$$Y = \overline{A \oplus B} = AB + \overline{A}\,\overline{B} = A \odot B$$

思考题

1. 3 种基本逻辑关系的逻辑含义是什么？
2. 同或的逻辑含义是什么？异或的逻辑含义是什么？
3. 同或和异或的关系是什么？

7.3　集成门电路

在数字电路中，集成门电路根据晶体管类型不同，可分为双极型和单极型（又称为 MOS 型）两大类。双极型集成电路主要为晶体管-晶体管逻辑，即 TTL 逻辑；MOS 型集成电路则分为 NMOS 电路与 PMOS 电路和互补 MOS（即 CMOS）集成门电路。

本节通过 TTL 与非门电路讲解 TTL 集成门电路的主要功能及特点；对于单极型集成逻辑门电路，重点介绍 NMOS 和 CMOS 集成门电路。

7.3.1　TTL 与非门电路

1. TTL 与非门电路的基本结构与工作原理　TTL 与非门的典型电路如图 7-12 所示。它包括输入级、中间级和输出级 3 个部分。

TTL 输入级的逻辑等效电路如图 7-13 所示。由图可知，只要 A、B、C 3 个输入信号有一个为低电平，则 F 为低电平，当全部输入信号均为高电平时，F 才为高电平。因此，TTL 输入级是与逻辑关系。

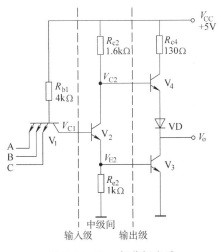

图 7-12　TTL 与非门电路

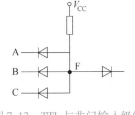

图 7-13　TTL 与非门输入级的
逻辑等效电路

该电路的设计要求是：输出的高低电平分别为 0.6V 和 0.3V，根据这个要求，电路图及元件参数如图 7-12 所示。设输入级输入的高低电平也分别为 3.6V 和 0.3V，PN 结的导通电压为 0.7V，晶体管的饱和导通电压为 0.3V，晶体管的共射电流放大系数 β 为 150。

（1）输入全为高电平 3.6V 时　假设 V_1 的发射结正向导通，则 V_1 的基极电位 $V_{B1} = (3.6 + 0.7)V = 4.3V$，这个电压会导致 V_1 的集电结，V_2、V_3 的发射结这 3 个 PN 结都正向导通，则 V_1 的基极电位 $V_{B1} = (0.7 \times 3)V = 2.1V$，因此 V_1 的基极电位应为 $2.1V$，V_1 的集电极电位 $V_{C1} = (0.7 \times 2)V = 1.4V$，所以 V_1 的发射结反偏，而集电结正偏，这种状态称为倒置放大工作状态。当晶体管处于倒置放大工作状态时，其电流放大系数大约为原来的 $0.01 \sim 0.1$。可以计算出 V_1 的基极电流为 $725\mu A$，假设其共射电流放大系数 β 为 150，倒置放大时电流放大系数为原来的 0.01，则计算得 V_1 的集电极电流约为 $1mA$，这个电流作为 V_2 的基极输入电流使得 V_2 导通，以 β 为 150，基极电流为 $1mA$，可以计算 V_2 的集电极电位 $V_{C2} = -235V$，显然，V_2 处于深度饱和，又由于 V_3 发射结正向导通，因此，V_2 的发射极电位 $V_{E2} = 0.7V$，则其集电极电位 $V_{C2} = 1V$。可以计算得 V_2 的发射极电流与集电极电流约为 $2.5mA$，则可计算得 V_3 的基极电流约为 $1.8mA$，由于基极电流很大，当外接负载时，这个电流必然因此使得 V_3 处于深度饱和，所以输出电压为 $0.3V$。

这时，V_4 和二极管 VD 都截止。

可见，该电路实现了与非门的逻辑功能之一：输入全为高电平时，输出为低电平。

（2）输入有低电平 $0.3V$ 时　V_1 的发射结必然导通，V_1 的基极电位被钳位到 $V_{B1} = 1V$。如前所述，这个电压不足以令 V_2、V_3 的发射结都导通，因此，V_2、V_3 都截止。由于 V_2 截止，流过 R_{C2} 的电流仅为 V_4 的基极电流，这个电流较小，在 R_{C2} 上产生的压降也较小，可以忽略，所以 V_4 的基极电位约为 $5V$，使 V_4 和 VD 导通，则有：

$$V_o \approx V_{CC} - V_{BE4} - V_D = (5 - 0.7 - 0.7)V = 3.6V$$

可见，该电路实现了与非门的逻辑功能的另一方面：输入有低电平时，输出为高电平。

综合上述两种情况，该电路满足与非的逻辑功能，是一个与非门。

2. TTL 与非门传输延迟时间 t_{pd}　当与非门输入一个脉冲波形时，其输出波形有一定的延迟，如图 7-14 所示。

导通延迟时间 t_{PHL}——从输入波形上升沿的中点到输出波形下降沿的中点所经历的时间。

截止延迟时间 t_{PLH}——从输入波形下降沿的中点到输出波形上升沿的中点所经历的时间。

与非门的传输延迟时间 t_{pd} 是 t_{PHL} 和 t_{PLH} 的平均值，即

$$t_{pd} = \frac{t_{PLH} + t_{PHL}}{2}$$

一般 TTL 与非门传输延迟时间 t_{pd} 的值为几纳秒至十几个纳秒。

3. TTL 与非门的电压传输特性及抗干扰能力

（1）电压传输特性曲线　与非门的电压传输特性曲线是指与非门的输出电压与输入电压之间的对应关系曲线，它反映了电路的静态特性，如图 7-15 所示。

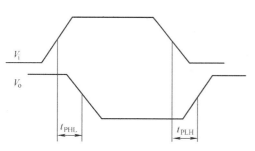

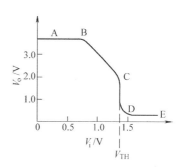

图 7-14　TTL 与非门的传输延迟时间　　　　图 7-15　TTL 与非门的电压传输特性曲线

在曲线 AB 段，因为输入电压小于 0.6V，所以 V_1 的基极电位小于 1.3V，则 V_2、V_3 截止而 V_4 导通，故输出高电平。这一段曲线称为截止区。

在 BC 段，由于输入电压大于 0.7V，但小于 1.3V，所以 V_2 导通，V_3 截止，这时，V_2 工作在放大区，随着输入电压的增大，输出电压则线性减小，这一段称为线性区。

当输入电压上升到 1.4V 左右时，V_1 的基极电位约为 2.1V，这时 V_2 和 V_3 同时导通，V_4 截止，输出电位急剧下降为低电平，这段称为转折区，转折区中点对应的输入电压称为阈值电压，用 V_{TH} 表示。

此后，输入电压继续增大，输出电压不再变化，进入 DE 段，这段称为饱和区。

（2）重要参数

输出高电平电压 V_{OH}——在 TTL 的实际产品中，规定输出高电平的最小值 $V_{OH(min)} = 2.4V$，最大值为电源电压。

输出低电平电压 V_{OL}——在 TTL 的实际产品中，规定输出低电平的最大值 $V_{OL(max)} = 0.4V$，最小值为电源地。

由此可知，TTL 门电路的输出高低电平是一个规定的范围。

输入高电平电压 V_{IH}——在 TTL 的实际产品中，规定输入高电平的最小值 $V_{IH(min)} = 2.0V$，最大值为电源电压。

输入低电平电压 V_{IL}——在 TTL 的实际产品中，规定输入低电平的最大值 $V_{IL(max)} = 0.8V$，最小值为电源地。

（3）抗干扰能力　TTL 门电路的输出高低电平不是一个值，而是一个范围。同样，它的输入高低电平也有一个范围，如图 7-16 所示。

当输入低电平时，如果由于某种干扰，使输入的低电压大于了 TTL 的输出低电平的最大值 $V_{OL(max)}$，但仍然小于输入低电平的最大值 $V_{IL(max)}$，这时，TTL 的逻辑关系依然正确；当输入高电平时，如果由于某种干扰，使输入的高电压小于了 TTL 的输出高电平的最小值 $V_{OH(min)}$，但仍然大于输入高电平的最小值 $V_{IH(min)}$，这时，TTL 的逻辑关系依然正确。因此，正是因为相同逻辑电平的输入输出电压范围存在一个差值，使得存在一定的干扰条件下，TTL 仍然能够正常工作。

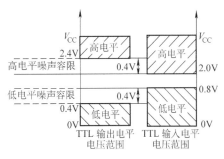

图 7-16　噪声容限图解

这个差值称为误差容限，TTL 的噪声容限为 0.4V。噪声容限表示门电路的抗干扰能力。显然，噪声容限越大，电路的抗干扰能力越强。

4. TTL 与非门的带负载能力　在数字系统中，门电路的输出端与其他门电路的输入端相连，称为带负载。由于 TTL 本身的电平电压范围规定以及功率限制，一个门电路的带负载能力是有限制的。

（1）输入低电平电流 I_{IL} 与输入高电平电流 I_{IH}　作为负载的门电路的输入低电平电流 I_{IL} 与输入高电平电流 I_{IH} 就是前级驱动门电路的负载电流。

1）输入低电平电流 I_{IL} 是指当门电路的输入端接低电平时，从门电路输入端流出的电流。

根据 TTL 的输入级电路，可以算出：

$$I_{IL} = \frac{V_{CC} - V_{B1}}{R_{b1}} = \frac{5-1}{4}mA = 1mA$$

产品规定 $I_{IL} < 1.6mA$。

2）输入高电平电流 I_{IH} 是指当门电路的输入端接高电平时，流入输入端的电流。

产品规定 $I_{IH} < 40\mu A$。

（2）带负载能力

1）灌电流负载。当驱动门输出低电平时，驱动门的 V_4、VD 截止，V_3 导通。这时有电流从负载门的输入端灌入驱动门的 V_3 管，形成灌电路。其示意图如图 7-17 所示。这时，驱动门的负载为负载门的输入低电平电流 I_{IL}。显然，负载门的个数增加，灌电流增大，即驱动门的 V_3 管集电极电流 I_{C3} 增加，输出电压 V_o 也增加。当 $I_{C3} > \beta I_{B3}$ 时，V_3 脱离饱和，输出低电平升高，由于输出低电平不得高于 $V_{OL(max)} = 0.4V$，因此，把驱动门输出低电平时允许灌入的电流定义为输出低电平电流 I_{OL}，产品规定 $I_{OL} = 16mA$。由此可得出，输出低电平时所能驱动同类门的个数为

$$N_{OL} = \frac{I_{OL}}{I_{IL}}$$

N_{OL} 称为输出低电平时的扇出系数。

2）拉电流负载。当驱动门输出高电平时，驱动门的 V_4、VD 导通，V_3 截止，如图 7-18 所示。这时有电流从驱动门的 V_4、VD 拉出而流至负载门的输入端，称为拉电流。由于拉电流是驱动门 V_4 的发射极电流 I_{E4}，同时又是负载门的输入高电平电流 I_{IH}，所以负载门的个数增加，拉电流增大，即驱动门的 V_4 管发射极电流 I_{E4} 增加，R_{C4} 上的压降增加。当 I_{E4} 增加到一定的数值时，V_4 进入饱和，输出高电平降低。由于输出高电平不得低于 $V_{OH(min)} = 2.4V$。因此，把驱动门输出高电平时允许拉出输出端的电流定义为输出高电平电流 I_{OH}，产品规定 $I_{OH} = 0.4mA$。由此可得出，输出高电平时所能驱动同类门的个数为

$$N_{OH} = \frac{I_{OH}}{I_{IH}}$$

N_{OH} 称为输出高电平时的扇出系数。

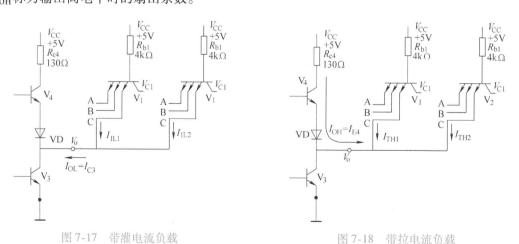

图 7-17　带灌电流负载　　　　　　　　　图 7-18　带拉电流负载

一般 $N_{OL} \neq N_{OH}$，常取两者中的较小值作为门电路的扇出系数，用 N_o 表示。

7.3.2　其他 TTL 门电路

1. 集电极开路门　在工程实践中，有时需要将几个门的输出端并联使用，以实现与逻

辑，称为线与。TTL门电路的输出结构决定了它不能进行线与。

如果将两个TTL与非门的输出直接连接起来，如图7-19所示，当门电路G_1输出V_o为高，门电路G_2输出V_o为低电平时，从G_1的电源V_{CC}通过G_1的晶闸管V_4、二极管VD到门电路G_2的V_3，形成一个低阻通路，产生很大的电流，两个门电路的输出既不是规定的高电平也不是规定的低电平，而是非定义电平，因此逻辑功能将被破坏，还可能烧毁器件。所以普通的TTL门电路是不能进行线与的。

为满足实际应用中实现线与的要求，专门生产了一种可以进行线与的门电路——集电极开路门，简称OC门（Open Collector）。

由于V_3是集电极开路，即相当于输出级没有二极管与晶体管V_4，因此，OC门只能输出低电平，如果要输出高电平，必须外接上拉电阻。

OC门主要有以下几方面的应用：

（1）输出端线与 两个OC门实现线与的电路如图7-20所示。此时的逻辑关系为

$$Y = \overline{AB} \cdot \overline{CD} = \overline{AB + CD}$$

即在输出线上实现了与运算，通过逻辑变换可转换为与或非运算。

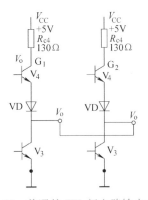

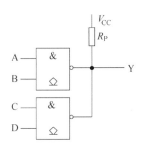

图7-19 普通的TTL门电路输出并联   图7-20 OC门线与电路

在使用OC门进行线与时，外接上拉电阻R_P的选择非常重要。当OC门输出低电平时，流过R_P的电流是OC门的负载电流的组成部分，当OC门关闭时，流过R_P的电流是负载的驱动电流。因此，必须选择合适的阻值，才能保证OC门输出满足要求的高电平和低电平。

假定有n个OC门，将其n个输出端并联，后面接m个普通TTL逻辑的输入端作为负载。取两种极限情况讨论：

1）所有OC门都截止。这时，输出为高电平，流过R_P的电流是负载的驱动电流，该驱动电流为

$$I_{LH} = mI_{IH}$$

则，电阻必须满足：

$$V_{OH(min)} \leqslant V_{CC} - R_P m I_{IH}$$

则

$$R_P \leqslant \frac{V_{CC} - V_{OH(min)}}{m I_{IH}}$$

2）只有一个OC门导通。当OC门中至少有一个导通时，输出V_o应为低电平。考虑最坏情况，即只有一个OC门导通，这时OC门的负载电流由流过R_P的电流以及所有负载门电路的I_{IL}组成。

则有：

$$I_{\text{OL(max)}} \geq \frac{V_{\text{CC}} - V_{\text{OL(max)}}}{R_{\text{P}}} + m I_{\text{IL}}$$

即

$$R_{\text{P}} \geq \frac{V_{\text{CC}} - V_{\text{OL(max)}}}{I_{\text{OL(max)}} - m I_{\text{IL}}}$$

综合以上两种情况，R_{P} 的取值范围为

$$\frac{V_{\text{CC}} - V_{\text{OL(max)}}}{I_{\text{OL(max)}} - m I_{\text{IL}}} \leq R_{\text{P}} \leq \frac{V_{\text{CC}} - V_{\text{OH(min)}}}{m I_{\text{IH}}}$$

（2）实现电平转换　在数字系统的接口设计中，如果驱动与负载的低电平兼容，而高电平不兼容时，可以采用 OC 门实现高电平的兼容转换，具体方法为 OC 门外接上拉电阻，其电源接负载电源即可。上拉电阻的计算方法如前所述，另外，需要注意的是，上拉电源必须在 OC 门截止时所能承受的反向击穿电压范围内。

2. 三态门

（1）三态门的结构及工作原理　三态输出门的电路与逻辑符号如图 7-21 所示，当 EN = 0 时，G 输出为 1，VD_1 截止，V_1 相当于有一个输入端为高电平，这时三态门的功能是一个二输入端与非门。

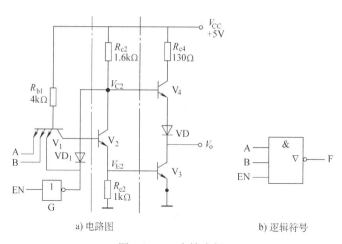

a) 电路图　　　　　b) 逻辑符号

图 7-21　三态输出门

当 EN = 1 时，G 输出为 0，对于与非门的输入级，相当于有一个输入端为 0，即低电平，则 $V_{\text{B1}} = 1\text{V}$，$V_2$、$V_3$ 也截止；假设 VD_1 截止，则 VD_1 两端的电压接近 V_{CC}，因此，VD_1 应该导通，因此，V_{C2} 被钳位于 1V，从而导致 V_4、VD 截止。因此，与非门输出级中的两个晶体管都截止，这时，既不输出高电平，也不输出低电平，既不对负载提供电流，也不吸收负载的电流。这种状态就像输出级的电源与地之间开路一样，呈现高阻。所以称这种状态为高阻态。

一般将 EN 端称为三态门的使能端，当使能端有效，三态门处于高阻状态。实际器件中，使能端的有效电平分为低电平与高电平两种。

（2）三态门的应用　三态门在计算机总线结构中有着广泛的应用。所谓总线，就是多个器件通过同一数据通道传输数据，这些器件的输出端通过线与的方式连接至总线上。一般来说，总线上进行数据传输时，任意时刻，只有一个驱动器驱动总线，其他驱动器的输出处

于高阻状态。

7.3.3　TTL 集成门电路的类型

TTL 集成门电路根据工作温度、工作速度的不同分成了不同类型。在实际电路设计中，不仅要注意逻辑功能，同时，还要注意器件的工作温度与工作速度，这一点是非常重要的。一般来说，在实际产品中，都有逻辑功能相同而工作温度与工作速度不同的 TTL 集成供用户选择。一般来说，器件的工作速度越高，其驱动能力就越强，当然，功耗就越高。

以工作温度分类，一般来说，TTL 集成器件分为 74 系列与 54 系列。74 代表民用工作温度，其温度范围为 0 ~ 70℃。54 代表军用工作温度，其温度范围一般为 − 45 ~ + 155℃。

以工作速度分类，用字母表示其工作速度，以 74 系列为例：

74LS 系列：LS 表示低功耗肖特基。其主要特点是功耗低、品种多、价格便宜。

74S 系列：高速型 TTL，其特点是速度较高，但功耗大。

74ALS 系列：速度比 LS TTL 高，功耗比 LS TTL 低。

74AS 系列：速度比 S TTL 高，功耗比 S TTL 低。

7.3.4　MOS 逻辑门电路

由单极型场效应晶体管组成的集成电路称为 MOS 门电路。MOS 管有 P 沟道和 N 沟道两种，每种又有耗尽型和增强型两类。由增强型 N 沟道和增强型 P 沟道构成的互补 MOS 电路叫 CMOS 电路。CMOS 门电路由于其静态功耗低、抗干扰能力强、工作稳定性好、开关速度高等显著优点发展较快，在中、大规模集成电路中有着广泛的应用。

1. CMOS 反相器

（1）CMOS 反相器的电路组成　CMOS 反相器是由一个增强型 NMOS 管和一个增强型 PMOS 管组成，如图 7-22 所示。

输入电压必须保证两个管子不能同时导通，因为，当两个管子同时导通时，由于沟道电阻比较小，相当于在电源和地之间有一个低阻抗的导电路径，将产生很大的电流，如果电流持续时间较长，将导致管子烧坏。

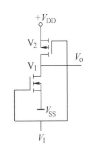

另外，电源电压又必须保证两个管子能够分别导通。设 V_1 的开启电压为 U_{th1}，V_2 的开启电压为 U_{th2}，则应该有

$$V_{DD} - V_I > U_{th2}$$
$$V_I > U_{th1}$$

将上述两式相加，则有

图 7-22　CMOS 反相器

$$V_{DD} > U_{th1} + U_{th2}$$

因此，要保证两个管子能够分别导通，则电源电压必须大于两个管子开启电压之和。

当输入满足下式时，两个管子会同时导通。

$$U_{th1} < V_I < V_{DD} - U_{th2}$$

因此，输入电压不能满足上式。

当 $V_I = 0$ 时，显然 V_2 导通，而 V_1 不导通，因此，V_o 为高电平。

当 $V_I = V_{DD}$ 时，显然 V_1 导通，而 V_2 不导通，因此，V_o 为低电平。

可见，输入与输出之间为逻辑非的关系，通常也将非门称为反相器。

无论输入电压为高电平还是为低电平，两个管子总是工作在一个导通而另一个截止的状态，称为互补状态，把这种电路称为 CMOS 电路。

在静态时，由于两个管子总是有一个截止，而且截止内阻非常高，CMOS 本身消耗的电流非常小，因此 CMOS 电路静态功耗极小。

（2）电压传输特性和电流传输特性　CMOS 反相器的电压传输特性如图 7-23 所示。

当输入电压处于 AB 段时，可知，输入电压满足

$$V_I < V_{DD} - U_{th2}$$

而不满足

$$V_I > U_{th1}$$

因此，V_2 导通，而 V_1 截止，由于 V_2 导通时，内阻很低，因此输出电压约为电源电压。

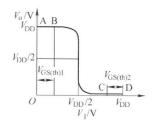

图 7-23　CMOS 反相器电压传输特性

当输入电压处于 BC 段时，由于输入电压满足

$$U_{th1} < V_I < V_{DD} - U_{th2}$$

因此，两个管子都导通，设两个管子的内阻相同，因此，输出电压为电源电压的一半。但此时，管子电流比较大，CMOS 不能长时间工作于这种状态。

当输入电压处于 CD 段时，由于输入电压满足

$$V_I > U_{th1}$$

而不满足

$$V_I < V_{DD} - U_{th2}$$

因此，V_1 导通，而 V_2 截止，由于 V_1 导通时，内阻很低，因此输出电压约为 0。

（3）CMOS 器件的噪声容限　一般来说，CMOS 器件的逻辑电平具有如下规定：

输出高电平电压 V_{OH}——规定输出高电平的最小值 $V_{OH(min)} = V_{DD} - 0.1V$，最大值为电源电压。

输出低电平电压 V_{OL}——规定输出低电平的最大值 $V_{OL(max)} = 0.1V$，最小值为电源地。

输入高电平电压 V_{IH}——规定输入高电平的最小值 $V_{IH(min)} = V_{DD} - 0.3 \times V_{DD}$，最大值为电源电压。

输入低电平电压 V_{IL}——规定输入低电平的最大值 $V_{IL(max)} = 0.3 \times V_{DD}$，最小值为电源地。

可以看出，CMOS 器件的噪声容限为 $0.3 \times V_{DD}$，电源电压越大，噪声容限越大，则抗干扰能力就越强。

另外，在实际应用中，CMOS 器件的逻辑电平规定应该以器件的数据手册为准。

2. CMOS 集成器件的使用注意

（1）输入电路的静电保护　一般来说，CMOS 电路的输入电路具有双向限幅二极管构成的保护电路，但其所能承受的静电电压和脉冲功率是有限制的。

由于静电电压比较高，有时可高达数千伏，静电电压容易损毁输入保护电路，并且击穿栅极电容，使 CMOS 电路损坏。因此，应该注意以下几点：

1）储存时不要使用易产生静电的高压的材料。

2）焊接时应使电烙铁良好接地。

3）不要用手接触器件管脚。

4）设计时不要使输入端悬空。

（2）限幅二极管的过电流保护　限幅二极管起保护作用时，其允许的电流一般最大为 1mA，所以在设计时，要考虑流过二极管的电流不能大于 1mA。因此，需要进行限流，输入

信号通过串接一个电阻后接入 CMOS 电路，如图 7-24 所示。

限流电阻阻值的计算方法是保证流过二极管的电流不大于 1mA。CMOS 输入端的输入电流可以认为是 0。

3. 其他类型的 MOS 集成电路

（1）NMOS 电路　全部使用 NMOS 管组成的集成电路称为 NMOS 电路。图 7-25 给出 NMOS 反相器的电路图。其中 V_2 为工作管，V_1 为负载管，都为增强型 MOSFET。

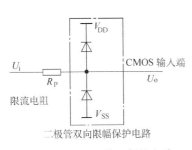
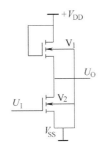

图 7-24　CMOS 输入保护电路　　　　图 7-25　NMOS 反相器电路

设两管的开启电压为 U_{th1} 与 U_{th2}，且 V_2 管的跨导 g_{m2} 远大于 V_1 管的跨导 g_{m1}，则导通电阻 r_{ds1} 远大于 r_{ds2}。

1）当输入 U_I 大于 U_{th2} 时，V_2 导通，由于 V_1 栅极接电源 V_{DD}，V_1 也导通。通常 r_{ds2} 为 $3 \sim 10\text{k}\Omega$，r_{ds1} 约为 $100 \sim 200\text{k}\Omega$，输出电压为

$$U_O = \frac{r_{ds2}}{r_{ds1} + r_{ds2}} V_{DD}$$

由于 r_{ds1} 远大于 r_{ds2}，所以输出为低电平。

2）当输入 U_I 为低电平时，V_2 截止，由于 V_1 栅极接电源 V_{DD}，V_1 总是导通的。所以输出电压为

$$U_O = V_{DD} - U_{th1}$$

即输出为高电平。所以电路实现了非逻辑。

NMOS 不仅功耗小，开关速度快，而且有很高的集成度，这种集成电路又称为高性能 MOS 电路（简称 HMOS 电路）。

（2）PMOS 电路　全部使用 PMOS 管组成的集成电路称为 PMOS 电路。

PMOS 电路的工作速度比较低，需要使用负电源，输出电平为负，不便于与 TTL 电路连接，在 NMOS 工艺成熟以后，PMOS 电路的应用非常少。

7.3.5　CMOS 电路与 TTL 电路的接口

两种不同类型的集成电路相互连接时，驱动门必须要为负载门提供符合要求的高低电平和足够的输入电流，必须同时满足下列条件：

驱动门的 $V_{OH(min)} \geqslant$ 负载门的 $V_{IH(min)}$；

驱动门的 $V_{OL(max)} \leqslant$ 负载门的 $V_{IL(max)}$；

驱动门的 $I_{OH(max)} \geqslant$ 所有负载门的 I_{IH} 之和；

驱动门的 $I_{OL(max)} \geqslant$ 所有负载门的 I_{IL} 之和。

在实际应用中，仔细阅读器件的数据手册，使驱动门的参数与负载的参数同时满足上述 4 个条件。

✎ **思考题**

1. TTL 与非门的工作原理是什么？
2. 实际产品中如何规定 TTL 的逻辑电平？TTL 的噪声容限是多少？抗干扰的原理是什么？
3. 理解三态门的工作原理。
4. 理解 TTL 的带负载能力。
5. 器件的输出端进行线与需要注意什么问题？如何确定 OC 门上拉电阻的阻值？
6. 理解 CMOS 反相器的工作原理。
7. 不同类型的数字器件之间进行接口要满足哪些条件？

7.4 逻辑函数的表示与化简

逻辑电路的输入与输出可以用逻辑函数来描述，根据逻辑函数的特点可以采用逻辑函数表达式、真值表、时序图、卡诺图和逻辑图 5 种方式，在分析或设计逻辑电路时，为使逻辑电路简单可靠，需要对逻辑函数进行化简，通常采用代数化简和卡诺图化简。

下面先介绍逻辑代数的基本知识，再介绍逻辑函数的表示和化简的方法。

7.4.1 逻辑代数基本公式和基本定律

逻辑代数是一门完整的科学，同普通代数一样，也有一些用于运算的基本定律。基本定律反映了逻辑运算的基本规律，是化简逻辑函数和设计逻辑电路的基本方法。在逻辑代数中，有逻辑乘（与运算）、逻辑加（或运算）和求反（非运算）三种基本运算。在逻辑代数中，运算优先顺序为：先算括号，再算非运算，然后是与运算，最后是或运算。

根据这三种基本运算可以推导出逻辑运算的一些法则，就是下面列出的逻辑代数运算的基本公式和基本定律。

1. 基本公式

（1）常量与常量

$$0 \cdot 0 = 0 \quad 0 \cdot 1 = 0 \quad 1 \cdot 1 = 1$$
$$0 + 0 - 0 \quad 0 + 1 - 1 \quad 1 + 1 = 1$$
$$\overline{0} = 1 \quad \overline{1} = 0$$

（2）常量与变量

$$0 \cdot A = 0 \quad 1 \cdot A = A$$
$$0 + A = A \quad 1 + A = 1$$

（3）变量与变量

$$A \cdot A = A \quad \overline{A} \cdot A = 0$$
$$A + A = A \quad \overline{A} + A = 1$$
$$\overline{\overline{A}} = A$$

2. 基本定律

（1）交换律

$$A + B = B + A$$
$$A \cdot B = B \cdot A$$

（2）结合律

$$A + (B + C) = (A + B) + C$$
$$A \cdot (B \cdot C) = (A \cdot B) \cdot C$$

（3）分配律

$$A \cdot (B + C) = A \cdot B + A \cdot C$$
$$(A + B) \cdot C = A \cdot C + B \cdot C$$

（4）反演律（摩根定理）

对于任意一个逻辑式 Y，若将其中所有的"·"换成"＋"，"＋"换成"·"，0 换成 1，1 换成 0，原变量换成反变量，反变量换成原变量，则将得到 Y 的反变量。

$$\overline{A + B} = \overline{A} \cdot \overline{B}$$
$$\overline{A \cdot B} = \overline{A} + \overline{B}$$

（5）吸收律

① $A(A + B) = A$

证： $A(A + B) = AA + AB = A + AB = A(1 + B) = A$

② $A + AB = A$

证： $A + AB = A(1 + B) = A$

③ $A + \overline{A}B = A + B$

证： $A + \overline{A}B = (A + \overline{A})(A + B) = A + B$

④ $(A + B)(A + C) = A + BC$

证： $(A + B)(A + C) = A + AC + AB + BC = A(1 + B + C) + BC = A + BC$

【例 7-1】 利用基本公式证明 $AB + \overline{A}C + BC = AB + \overline{A}C$

证： 左边 $= AB + \overline{A}C + (A + \overline{A})BC$

$= AB + \overline{A}C + ABC + \overline{A}BC$

$= AB(1 + C) + \overline{A}C(1 + B)$

$= AB + \overline{A}C = 右边$

7.4.2 逻辑函数的建立

如果以逻辑变量作为输入，以运算结果作为输出，那么输出与输入之间是一种函数关系。这种函数关系称为逻辑函数。

对任意逻辑关系都可以用逻辑函数来描述。

下面通过一个例子来说明逻辑函数和建立过程。

【例 7-2】 三人表决一件事情，结果按"少数服从多数"的原则决定，试建立该逻辑函数。

解：

第一步：设置自变量和因变量。

将三人的意见设置为自变量 A、B、C，将表决结果设置为因变量 Y。

第二步：定义逻辑变量取值的含义。

对于自变量 A、B、C，定义"同意"为逻辑 1，"不同意"为逻辑 0；对于因变量 Y，定义"通过"为逻辑 1，"没通过"为逻辑 0。

第三步：根据题意及上述规定列出函数的真值表，如表 7-9 所示。

表 7-9　三人表决的真值表

A	B	C	Y	A	B	C	Y
0	0	0	0	1	0	0	0
0	0	1	0	1	0	1	1
0	1	0	0	1	1	0	1
0	1	1	1	1	1	1	1

由真值表可以看出，当自变量 A、B、C 取确定值后，因变量 Y 的值就完全确定了，所以 Y 就是 A、B、C 的函数。

定义逻辑变量取值的含义时，定义是任意的，最后的逻辑含义是一样的。

一般来说，若输入逻辑变量 A、B、C、⋯的取值确定以后，输出逻辑变量 L 的值也唯一地确定了，就称 L 是 A、B、C、⋯的逻辑函数，写作：

$$L = F(A, B, C, \cdots)$$

逻辑函数与普通代数中的函数相比较，有两个突出的特点：

1）逻辑变量和逻辑函数只能取两个值 0 和 1。

2）函数和变量之间的关系是由"与""或""非"三种基本运算决定的。

7.4.3　逻辑函数的表示方法

逻辑函数用来描述逻辑电路输出与输入的逻辑关系，可以用下列 5 种方法来表示。

1. 真值表（逻辑状态表）　真值表是将输入逻辑变量的各种可能取值和相应的函数值排列在一起而组成的表格，输入变量的取值组合个数和输入变量的个数有关，一个逻辑变量有 0 和 1 两种可能的取值，那么，两个输入变量的取值组合有 4 种可能，三个输入变量的取值有 8 种可能⋯⋯，如果有 n 个输入变量，则有 2^n 种取值组合，为避免发生遗漏，各变量的取值组合应按照二进制递增的次序排列。

【例 7-3】用与非门设计一个交通报警控制电路。交通信号灯有红、绿、黄 3 种，3 种灯分别单独工作或黄、绿灯同时工作时属正常情况，其他情况均属故障，出现故障时输出报警信号。

解：设红、绿、黄灯分别用逻辑变量 A、B、C 表示，并定义灯亮时逻辑变量取值为 1，灯灭时取值为 0；输出报警信号用 F 表示，灯正常工作时其值为 0，灯出现故障时其值为 1。根据逻辑要求列出真值表，如表 7-10 所示。

表 7-10　交通报警真值表

A	B	C	F	A	B	C	F
0	0	0	1	1	0	0	0
0	0	1	0	1	0	1	1
0	1	0	0	1	1	0	1
0	1	1	0	1	1	1	1

真值表的主要特点是能够直观、清楚地反映变量取值和函数之间的对应关系。从已知的逻辑问题列真值表也比较容易，其主要缺点是，当输入变量的个数比较多时，列写真值表就显得比较烦琐，而且它不是逻辑运算式，不便运算和化简。

2. 逻辑函数表达式　逻辑函数表达式就是由逻辑变量和"与""或""非"三种运算符

所构成的表达式，真值表所示的逻辑函数也可以用逻辑表达式来表示，通常采用的是与或表达式。具体的方法是：

在真值表中依次找出函数值等于1的变量取值组合，写出与该取值组合对应的自变量乘积项，变量取值为0的用反变量（$\overline{A}$，$\overline{B}$，$\overline{C}$）来表示，变量取值为1的用原变量（A，B，C）来表示，组成与项，最后将各组为1的与项相加，写出逻辑函数表达式。上面例子就可以写出逻辑函数表达式为

$$F = \overline{A}\,\overline{B}\,\overline{C} + \overline{A}B\overline{C} + AB\overline{C} + ABC$$

这种方法的特点是形式简明，书写方便，便于利用逻辑代数的公式和定理进行运算和变换，也便于用逻辑图来实现函数关系；其缺点是不能直观地反映输入变量的取值和输出变量值之间的对应关系。

3. 逻辑图　逻辑图就是由表示逻辑运算的逻辑符号及它们之间的连线所构成的图形。在数字电路中，用逻辑符号表示基本逻辑门电路以及由这些基本门电路组成的部件。

由逻辑函数表达式可以画出其相应的逻辑图。其方法是根据逻辑函数表达式中各逻辑变量运算的优先级顺序，画出逻辑电路图，在上面的表达式中，优先级最高的是非运算，然后是与运算，最后是或运算，根据优先级顺序依次画出逻辑图如图7-26所示。

需要注意的是，逻辑图是根据逻辑式画出的逻辑电路，因为同一个逻辑函数可用不同的逻辑式表达，因此同一个逻辑函数的逻辑图是不唯一的。

逻辑图的优点是很容易用实际的电路来代替逻辑符号，比较接近工程实际；缺点是不能直接进行逻辑运算和变换。

4. 时序图（波形图）　在已知输入变量的所有可能组合的高低电平随时间变化的波形后，根据其逻辑函数的表达式或者逻辑真值表，找出输出变量随时间变化用高低电平来表示的时序规律，故称为时序图。由于这种规律是以波形形式表示的，所以又称为波形图。

例如：$F = \overline{A}\,\overline{B}\,\overline{C} + \overline{A}B\overline{C} + AB\overline{C} + ABC$。

根据表达式可以画出它所对应的时序图如图7-27所示。

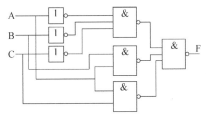
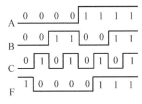

图7-26　交通报警逻辑图　　　　　图7-27　交通报警时序图

时序图的优点是从时间上能清楚地反映出变量之间的逻辑关系，实际中便于测量；缺点是难以进行逻辑运算和变换，不能直观地分析出输入、输出变量间的逻辑关系，当变量个数增加时，画图形比较烦琐。

5. 卡诺图　所谓卡诺图是由许多方格组成的陈列图，方格又称单元，单元的个数等于逻辑函数输入变量的状态数。每处单元表示输入变量的一种状态，该状态写在方格的左方和上方，而对应的输出变量状态填入单元中。

方格左方和上方输入状态的取值要遵循以下原则：两个位置相邻的单元，其输入变量的取值只允许有一位不同。如图7-28所给出的二变量、三变量和四变量取值的卡诺图。

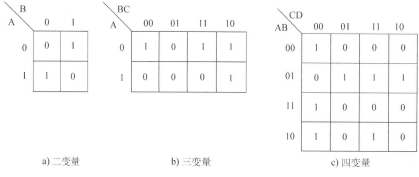

A \ B	0	1
0	0	1
1	1	0

a) 二变量

A \ BC	00	01	11	10
0	1	0	1	1
1	0	0	0	1

b) 三变量

AB \ CD	00	01	11	10
00	1	0	0	0
01	0	1	1	1
11	1	0	0	0
10	1	0	1	0

c) 四变量

图 7-28 卡诺图示意图

卡诺图的优点是排列方式比真值表紧凑，同时便于对函数进行化简；缺点是对于输入变量有 5 个以上的卡诺图，因变量太多，对应的卡诺图变得比较复杂，这时用卡诺图来对函数进行化简也变得比较困难。

由上面的讨论可以知道，任何逻辑函数都可以用以上五种方法来表示，对于同一个逻辑函数，它的几种表示方法可以互相转换，已知一种可以转换出其他几种。

（1）已知逻辑图求逻辑函数表达式和真值表 如果给出逻辑图，可以从图形上直观地列写出它所对应的逻辑表达式和真值表。列写方法是只要将逻辑图中每个逻辑符号所表示的逻辑运算依次写出来即可。

【例 7-4】 某逻辑函数的逻辑图如图 7-29 所示，试用逻辑函数表达式和真值表表示该逻辑函数。

解： 写逻辑表达式：$F_1 = A + B$

$$F_2 = \overline{BC}$$

$$F_3 = AC$$

$$F_4 = F_2 + F_3 = \overline{BC} + AC$$

$$F = \overline{F_1 F_4} = \overline{(A+B)(\overline{BC}+AC)}$$

$$= \overline{A+B} + \overline{\overline{BC}+AC}$$

$$= \overline{A}\,\overline{B} + BC\,\overline{AC} = \overline{A}\,\overline{B} + BC(\overline{A}+\overline{C}) = \overline{A}\,\overline{B} + \overline{A}BC$$

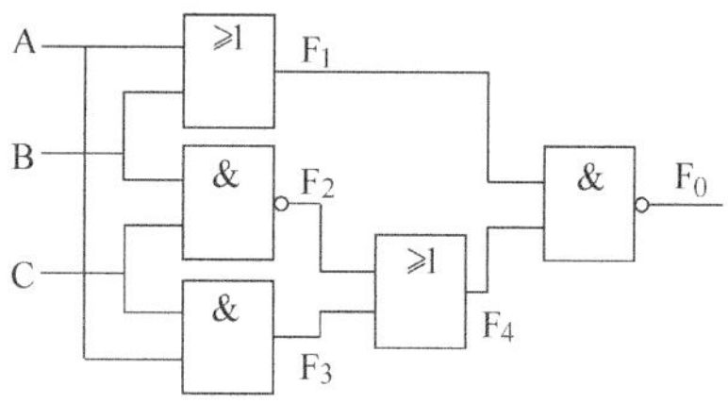

图 7-29 例 7-4 图

列真值表，如表 7-11 所示。

表 7-11 例 7-4 真值表

A	B	C	F	A	B	C	F
0	0	0	1	1	0	0	0
0	0	1	1	1	0	1	0
0	1	0	0	1	1	0	0
0	1	1	1	1	1	1	0

（2）已知逻辑函数表达式求真值表和逻辑图 如果已知逻辑函数表达式，同样可以求出真值表和逻辑图。把输入变量取值的所有组合逐一代入函数式中算出逻辑函数值，然后将输入变量与逻辑函数值对应地列成表，就得到逻辑函数的真值表。由函数式画逻辑图的方法

为，依照函数式，按先与后或的运算顺序，用逻辑符号表示，然后正确连接起来就可以画出逻辑图。

【例7-5】　已知逻辑函数式 $Y = AB + BC + AC$，求它所对应的真值表和逻辑图。

解：将输入变量的各组取值代入函数式并求出函数 Y 的值，列写真值表，如表7-12所示。

表7-12　例7-5真值表

A	B	C	Y	A	B	C	Y
0	0	0	0	1	0	0	0
0	0	1	0	1	0	1	1
0	1	0	0	1	1	0	1
0	1	1	1	1	1	1	1

根据逻辑函数，按照先与后或的原则画出的逻辑图如图7-30所示。

（3）已知真值表求逻辑表达式和逻辑图。

【例7-6】　已知下列真值表，如表7-13所示，求它所对应的逻辑表达式和逻辑图。

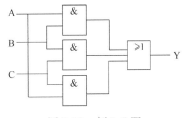

图7-30　例7-5图

表7-13　例7-6真值表

A	B	C	Y	A	B	C	Y
0	0	0	0	1	0	0	0
0	0	1	0	1	0	1	1
0	1	0	0	1	1	0	1
0	1	1	1	1	1	1	1

解：根据真值表可以列写出逻辑表达式为

$$Y = \overline{A}BC + A\overline{B}C + AB\overline{C} + ABC$$
$$= \overline{A}BC + A\overline{B}C + AB\overline{C} + ABC + ABC + ABC$$
$$= BC(A + \overline{A}) + AC(B + \overline{B}) + AB(C + \overline{C})$$
$$= BC + AC + AB$$

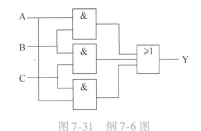

图7-31　例7-6图

根据逻辑表达式可以画出逻辑图，如图7-31所示。

在画逻辑图之前，应先对逻辑函数进行化简，得到最简逻辑函数式之后再画出对应的逻辑图。

7.4.4　逻辑函数的化简

同一逻辑函数有着不同的表达式，不同的表达式对应着实现此函数的不同逻辑电路。逻辑电路设计者总是希望在保证技术指标满足需求的条件下，选用最简的逻辑电路，这就要求得到的逻辑函数表达式最简。把逻辑函数转换成最简表达式的过程称为逻辑函数化简。而与-或表达式是逻辑函数的最基本表达形式，因此，在化简逻辑函数时，通常是将逻辑表达式化简成最简与或表达式，然后再根据需要转换成其他形式。

最简的与-或表达式应具备：

1）乘积项（即相与项）的数目最少。

2）在满足乘积项最少的条件下，要求每个乘积项中变量的个数也最少。

逻辑函数的化简方法有两种：代数法（公式法）、卡诺图法。代数法技巧性强，要求能熟练掌握并灵活运用逻辑代数的基本定律和规则。

1. 公式化简法（代数法）　公式法也称为代数法，它是逻辑函数化简中常用的方法之一，公式法实际上就是利用逻辑代数的基本公式和基本定律来简化逻辑函数表达式，来求出逻辑函数的最简形式。

公式法的特点是：没有固定的步骤，但通常根据吸收律消去多余项，当不能应用公式时，需要先将逻辑式进行变换，将某些项进行拆项或者配项等处理后，再利用公式法来进行化简。

公式法中经常采用的几种方法归纳如下：

（1）并项法　并项法主要是运用 $AB + A\bar{B} = A$ 实现化简的方法，该公式可以把两项合并成为一项，并且消去一个变量因子。

【例7-7】　化简下列逻辑函数。

$$Y = ABC + A\bar{B}\bar{C} + AB\bar{C} + A\bar{B}C$$

解：利用并项公式来进行化简

$$Y = ABC + A\bar{B}\bar{C} + AB\bar{C} + A\bar{B}C$$
$$= AB(C + \bar{C}) + A\bar{B}(C + \bar{C})$$
$$= AB + A\bar{B}$$
$$= A$$

【例7-8】　化简下列逻辑函数。

$$Y = AB\bar{C} + ABC + A\bar{B}$$

解：利用并项公式来进行化简

$$Y = AB\bar{C} + ABC + A\bar{B} = AB + A\bar{B} = A$$

（2）吸收法　运用吸收律 $A + AB = A$ 可以将 AB 吸收掉，消去多余的变量因子。

【例7-9】　化简下列逻辑函数。

$$Y_1 = \bar{B}C + A\bar{B}C(D + E)$$

$$Y_2 = A + \overline{\bar{B} + \overline{CD}} + AD + B$$

解：利用吸收法公式化简，

$$Y_1 = \bar{B}C + A\bar{B}C(D + E) = \bar{B}C$$

$$Y_2 = A + \overline{\bar{B} + \overline{CD}} + AD + B = A + BCD + AD + B = A（1 + D）+ B（1 + CD）= A + B$$

（3）消元法　消元法是根据公式 $A + \bar{A}B = A + B$ 来消去多余的变量因子。

【例7-10】　化简下列逻辑函数。

$$Y_1 = AB + \bar{A}C + \bar{B}C$$

$$Y_2 = \bar{A} + AB + \bar{B}E$$

解：利用上述公式化简可得

$$Y_1 = AB + \bar{A}C + \bar{B}C = AB + (\bar{A} + \bar{B})C = AB + \overline{AB}C = AB + C$$

$$Y_2 = \bar{A} + AB + \bar{B}E = \bar{A} + B + \bar{B}E = \bar{A} + B + E$$

（4）配项法 在不能直接利用公式、定律化简时，可通过乘 $A + \overline{A} = 1$ 或加入 $A \cdot \overline{A} = 0$ 进行配项进行化简。如：

$$Y = AB + \overline{A}\,\overline{C} + B\overline{C}$$
$$= AB + \overline{A}\,\overline{C} + B\overline{C}(A + \overline{A})$$
$$= AB + \overline{A}\,\overline{C} + AB\overline{C} + \overline{A}B\overline{C}$$
$$= AB(1 + \overline{C}) + \overline{A}\,\overline{C}(1 + B)$$
$$= AB + \overline{A}\,\overline{C}$$

在化简复杂逻辑函数时，要灵活、交替地综合运用上述方法，才能得到最后的化简结果。

2. 卡诺图化简法 卡诺图化简逻辑函数依据的基本原理就是具有相邻性的并且单元格内都标1时，可以将它们对应的输入变量合并，这样可以逐步将逻辑函数化简。

利用卡诺图化简逻辑函数可按以下步骤进行：

1）将逻辑函数正确地用卡诺图表示出来。

2）将取值为1的相邻小方格圈成矩形或方形。所谓相邻，是指逻辑变量的取值只有一个不同，其余相同。如四变量的取值 1010 和 0010 就是相邻的。相邻小方格的个数应为 2^n（1、2、3、…），即2、4、8、…，不允许3、6、10等。

3）圈的个数应最少，每个圈内小方格个数应尽可能多。每圈一个新的圈时，必须包含至少一个在已圈过的圈中没有出现过的小方格，否则重复而得不到最简单的表达式。每一个取值为1的小方格可被圈多次，但不能漏掉任何一个小方格。

4）将各个圈进行合并。合并的方法是"按行按列留同去异"，即变量取值不同的则被消去，取值相同的则留下，留下的变量形式如果其取值为1，则用原变量表示，如果其取值为0，则用反变量表示。最后将合并的结果相加，即为所求的最简与或表达式。

【例7-11】 将下示函数用卡诺图表示并化简。

$$Y = \overline{A}BC + A\overline{B}C + AB\overline{C} + ABC$$

解：（1）画卡诺图（见图7-32）。

（2）画圈合并（见图7-33）。

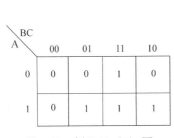

图 7-32 例 7-11（1）图

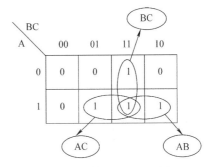

图 7-33 例 7-11（2）图

（3）相加

$$Y = AB + BC + AC$$

【例7-12】 用卡诺图化简下列函数。

$$Y = C + A\overline{C}\,\overline{D} + ABD + \overline{A}\,\overline{B}\,\overline{C}\,\overline{D}$$

解：（1）画卡诺图（见图7-34）。

（2）画圈合并（见图7-35）。

AB \ CD	00	01	11	10
00	1	0	1	1
01	0	0	1	1
11	1	1	1	1
10	1	0	1	1

图7-34 例7-12（1）图

图7-35 例7-12（2）图

（3）相加

$$Y = C + AB + \overline{B}\,\overline{D}$$

思考题

1. 逻辑函数有哪些表示方法？这些表示方法之间怎样转换？
2. 逻辑函数化简有哪些方法？
3. 如何用卡诺图进行化简？
4. 如何将逻辑函数化为与非形式？

7.5 组合逻辑电路的分析与设计

组合逻辑电路是数字电路中最简单的一类逻辑电路，其特点是功能上无记忆，结构上无反馈。即电路任一时刻的输出状态只决定于该时刻各输入状态的组合，而与电路的原状态无关。组合逻辑电路的框图如图7-36所示。

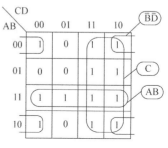

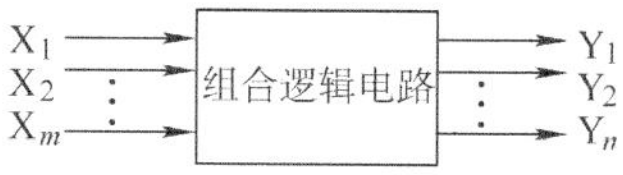

图7-36 组合逻辑电路框图

一个组合逻辑电路可以有多个输入，如 m 个输入；也可以有多个输出，如 n 个输出。因为组合逻辑电路中不存在反馈电路和记忆延迟单元，所以，某一时刻的输入决定这一时刻的输出，与这一时刻以前的输入（过程）无关。换句话说，即当时的输入决定当时的输出。组合逻辑电路的输出和输入关系可用逻辑函数来表示。即

$$Y_i(t) = F(X_1(t), X_2(t), \cdots, X_m(t)) \quad (i = 1, 2, \cdots, n)$$

讨论组合逻辑电路包括两方面内容：其一是分析给定逻辑电路的逻辑功能；其二是由给定的逻辑要求设计相应的逻辑电路。下面以实例就分析和设计两方面的问题来讨论组合逻辑电路。

1. 组合逻辑电路的分析 组合逻辑电路的分析，就是已知组合逻辑电路，通过分析得到该电路的逻辑功能。分析组合逻辑电路的解题步骤大致如下：

1）根据逻辑电路，从输入到输出，写出各级逻辑函数表达式，直到写出最后输出端与输入信号的逻辑函数表达式。

2）将各逻辑函数表达式化简和变换，得到最简单的表达式。

3）根据简化后的逻辑表达式列写真值表。

4）根据真值表和化简后的逻辑表达式对逻辑电路进行分析，最后再总结出组合逻辑电路的逻辑功能。

下面举例来说明组合逻辑电路的分析方法。

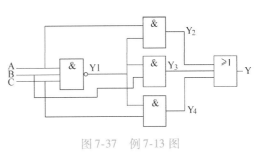

图 7-37　例 7-13 图

【例 7-13】　已知逻辑电路图如图 7-37 所示，分析该电路的逻辑功能。

解：（1）由逻辑图逐级写出逻辑表达式。

$$Y_1 = \overline{ABC}$$

$$Y = AY_1 + BY_1 + CY_1$$

$$= A\,\overline{ABC} + B\,\overline{ABC} + C\,\overline{ABC}$$

（2）化简与变换。

$$Y = \overline{ABC}(A + B + C)$$

$$= \overline{\overline{ABC} + \overline{A + B + C}} = \overline{ABC + \overline{A}\,\overline{B}\,\overline{C}}$$

（3）由表达式列出真值表，如表 7-14 所示。

（4）分析逻辑功能。由真值表可知，当 A、B、C 3 个变量不一致时，电路输出为"1"，所以这个电路称为"不一致电路"。

表 7-14　例 7-13 真值表

A	B	C	Y	A	B	C	Y
0	0	0	0	1	0	0	1
0	0	1	1	1	0	1	1
0	1	0	1	1	1	0	1
0	1	1	1	1	1	1	0

2. 组合逻辑电路的设计　组合逻辑电路的设计与分析过程相反，是根据实际逻辑问题，求出实现相应逻辑功能的最简单或者最合理的数字电路的过程。前面所介绍的逻辑函数的化简就是为了获得最简的逻辑表达式，有时还需要一定的变换，以便使用最少的门电路来组成逻辑电路。

组合逻辑电路的设计步骤如下：

1）根据电路逻辑功能的要求，列出逻辑状态表；2）由逻辑状态表写出逻辑表达式；3）化简逻辑表达式；4）画出逻辑图。

【例 7-14】　试设计一逻辑电路供 3 人表决使用。定义赞成的逻辑值为 1；不赞成表示为 0。表决结果用指示灯来指示，如果多数赞成，则指示灯亮，并定义逻辑值为 Y = 1；反之则不亮，Y = 0。

解：（1）列出逻辑真值表。设分别用 A、B、C 表示三人的表决态度，并且定义赞成为 1，不赞成为 0，指示灯为输出变量，用 Y 表示，多数赞成为逻辑 1，多数赞成为逻辑 0。逻辑真值表如表 7-15 所示。

表7-15 例7-14真值表

A	B	C	Y	A	B	C	Y
0	0	0	0	1	0	0	0
0	0	1	0	1	0	1	1
0	1	0	0	1	1	0	1
0	1	1	1	1	1	1	1

（2）由逻辑状态表写出逻辑式：

$$Y = \overline{A}BC + A\overline{B}C + AB\overline{C} + ABC$$

（3）化简逻辑式，如利用逻辑运算法则来化简，如下：

$$Y = \overline{A}BC + A\overline{B}C + AB\overline{C} + ABC$$
$$= \overline{A}BC + A\overline{B}C + AB\overline{C} + ABC + ABC + ABC$$
$$= BC(A + \overline{A}) + AC(B + \overline{B}) + AB(C + \overline{C})$$
$$= BC + AC + AB$$

（4）画出逻辑图，将化简后的逻辑关系用门电路来实现，如图7-38所示的逻辑图。

【例7-15】 在集成电路中，"与非"门是最为常见的逻辑门。求上例用"与非"实现的逻辑图。

解：将上例所得表达式变形为

$$Y = AB + BC + CA$$
$$= \overline{\overline{AB + BC + CA}}$$
$$= \overline{\overline{AB} \cdot \overline{BC} \cdot \overline{CA}}$$

然后，按此逻辑关系式画出"与非"实现的逻辑图，如图7-39所示。

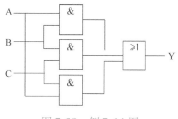

图7-38 例7-14图

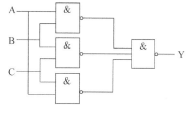

图7-39 例7-15图

【例7-16】 设计一个优先权控制器，设对3个部门进行服务的优先权由高到低按A、B、C排列，部门提出服务请求用1表示，分别用F_A、F_B、F_C为1表示对应部门的服务，为0表示不服务。

解：（1）根据逻辑要求列出真值表，如下表7-16所示。

表7-16 例7-16真值表

A	B	C	F_A	F_B	F_C	A	B	C	F_A	F_B	F_C
0	0	0	0	0	0	1	0	0	1	0	0
0	0	1	0	0	1	1	0	1	1	0	0

（续）

A	B	C	F_A	F_B	F_C	A	B	C	F_A	F_B	F_C
0	1	0	0	1	0	1	1	0	1	0	0
0	1	1	0	1	0	1	1	1	1	0	0

（2）由真值表写出逻辑表达式并化简：

$$F_A = A$$

$$F_B = \overline{A}B\overline{C} + \overline{A}BC = \overline{A}B$$

$$F_C = \overline{A}\,\overline{B}C$$

（3）画出逻辑图，如图 7-40 所示。

思考题

1. 组合逻辑电路的特点是什么？
2. 组合逻辑电路的分析的任务和步骤是什么？
3. 组合逻辑电路的设计的任务和步骤是什么？

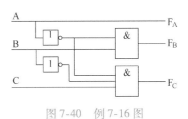

图 7-40 例 7-16 图

7.6 集成的组合逻辑电路及应用

随着微电子技术的发展，许多常用的组合逻辑电路被制作成集成芯片供设计使用，不需要再用门电路设计。本节将介绍常用的组合逻辑集成电路，如加法器、编码器、译码器、数据选择器等，并讨论这些集成电路的逻辑功能、实现原理及应用方法。

7.6.1 加法器

二进制加法电路是十分重要的组合数字电路，它是计算机中最基本的运算单元，从最基本的电路形式看，主要有半加器和全加器两种。

1. 半加器 将两个1位二进制数相加时，如果只考虑加数和被加数，而不考虑从低位来的进位，则称为半加运算，另一个是向高位的进位，把实现半加运算的逻辑电路称为半加器。

半加器的结果有两个，一个是加数与被加数的和，另一个是半加器向高位的进位。因此半加器有两个输入端，两个输出端，根据上述情况，可以列写其真值表如表 7-17 所示。

表 7-17 1 位半加器真值表

A	B	CO	S	A	B	CO	S
0	0	0	0	1	0	0	1
0	1	0	1	1	1	1	0

在表 7-17 中，A、B 表示的是 1 位二进制数的被加数和加数，S 表示的是半加器的和，CO 表示半加器向高位的进位。

从真值表可以看出：$S = \overline{A}B + A\overline{B} = A \oplus B$

$$C = AB$$

因此，半加器是由一个异或门及一个与门实现的，如图 7-41 所示。

2. 全加器 在将两个多位二进制数相加时，除了最低位以外，每一位都应该考虑来自低位的进位，这种运算称为全加运算，实现全加运算的电路称为全加器。

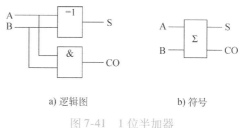

a) 逻辑图　　　　b) 符号

图 7-41　1 位半加器

对于 1 位全加器来说，有 3 个输入端，分别为加数、被加数以及低位进位位；两个输出端，分别为加法的和以及向高位的进位。根据二进制加法运算规则可得全加器的真值表，如表 7-18 所示。表中 A 及 B 分别是被加数及加数，CI 是低位来的进位，S 代表相加后得到的和位，CO 代表向高位的进位。

表 7-18　1 位全加器真值表

A	B	CI	S	CO	A	B	CI	S	CO
0	0	0	0	0	1	0	0	1	0
0	0	1	1	0	1	0	1	0	1
0	1	0	1	0	1	1	0	0	1
0	1	1	0	1	1	1	1	1	1

由真值表来列写逻辑表达式并加以化简和转换，可得

$$S = \overline{A}\,\overline{B}CI + \overline{A}B\overline{CI} + A\,\overline{B}\,\overline{CI} + ABCI$$
$$= A \oplus B \oplus CI$$
$$CO = \overline{A}BCI + A\overline{B}CI + AB\overline{CI} + ABCI$$
$$= (A \oplus B)CI + AB$$

由上述表达式可知，全加器可用两个半加器构成，如图 7-42 所示。

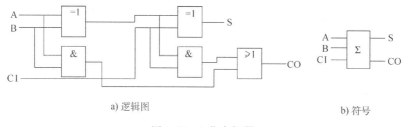

a) 逻辑图　　　　　　　　　b) 符号

图 7-42　1 位全加器

多位加法器是用多个全加器组成的，从最低位开始，依次将低位加法器的进位输出连接到高位加法器的进位输入，就可以构成多位加法器了。

7.6.2　数值比较器

在一些数字系统当中经常要求比较两个数字的大小，把用来比较两个位数相同的数的数值大小的逻辑电路称为数值比较器。

1. 1 位数值比较器 首先讨论两个 1 位二进制数 A 和 B 相比较的情况，结果有 3 种可能：A > B，A < B，A = B。列写其真值表如表 7-19 所示。

表7-19　1位数值比较器的真值表

A	B	$L_1(A>B)$	$L_2(A<B)$	$L_3(A=B)$	A	B	$L_1(A>B)$	$L_2(A<B)$	$L_3(A=B)$
0	0	0	0	1	1	0	1	0	0
0	1	0	1	0	1	1	0	0	1

由真值表可以写出逻辑表达式为

$$L_1 = A\overline{B}$$

$$L_2 = \overline{A}B$$

$$L_3 = \overline{A}\,\overline{B} + AB = \overline{\overline{A}B} + \overline{A\overline{B}}$$

从上面逻辑表达式可以画出逻辑图，如图7-43所示。

2. 多位数值比较器　在比较两个多位数的大小时，从高位向低位逐位进行比较，只有在高位数相等时，才需要比较低位数。只有当两个数的各位都相等时，两个数才相等。现在以比较两个4位二进制数 $A = A_3A_2A_1A_0$ 和 $B = B_3B_2B_1B_0$ 为例来说明多位数值比较器的设计方法。

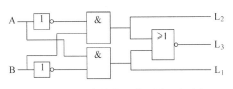

图7-43　1位数值比较器的逻辑图

首先从高位比较起，如果 $A_3 > B_3$，则不管其他几位数码各为何值，肯定是 A > B。如果 $A_3 < B_3$，则不管其他几位数码务为何值，肯定是 A < B。如果 $A_3 = B_3$，则以同样的方法比较次高位，依此类推，直到比较出结果，根据以上分析结果，可以列出4位数值比较器的真值表，如表7-20所示。

读者可以自行设计4位比较器的逻辑图。

表7-20　4位数值比较器的真值表

输　　　入				输　　出			输　　　入				输　　出		
A_3　B_3	A_2　B_2	A_1　B_1	A_0　B_0	$F_{A>B}$	$F_{A<B}$	$F_{A=B}$	A_3　B_3	A_2　B_2	A_1　B_1	A_0　B_0	$F_{A>B}$	$F_{A<B}$	$F_{A=B}$
$A_3 > B_3$	×　×	×　×	×　×	1	0	0	$A_3 = B_3$	$A_2 = B_2$	$A_1 < B_1$	×　×	0	1	0
$A_3 < B_3$	×　×	×　×	×　×	0	1	0	$A_3 = B_3$	$A_2 = B_2$	$A_1 = B_1$	$A_0 > B_0$	1	0	0
$A_3 = B_3$	$A_2 > B_2$	×　×	×　×	1	0	0	$A_3 = B_3$	$A_2 = B_2$	$A_1 = B_1$	$A_0 < B_0$	0	1	0
$A_3 = B_3$	$A_2 < B_2$	×　×	×　×	0	1	0	$A_3 = B_3$	$A_2 = B_2$	$A_1 = B_1$	$A_0 = B_0$	0	0	1
$A_3 = B_3$	$A_2 = B_2$	$A_1 > B_1$	×　×	1	0	0							

7.6.3　编码器

数字电路中广泛采用的二进制数只有0和1两个数码，相应的只能表示两个不同的信号，而实际中信号是多种多样的，怎样才能表示更多的数码、符号、字母呢？用编码可以解决此问题。用一定位数的二进制数来表示十进制数码、字母、符号等信息称为编码，即用一系列的0和1按一定的规律编排在一起，组成不同的代码来表示各种信号。

实现编码功能的电路称为编码器，编码器的特点是多个输入端的其中一个为有效电平时，编码器的输出端并行输出相应的多位二进制代码，按照被编码信号的不同特点和要求，有二进制编码器、BCD编码器、优先编码器等多种形式。

1. 二进制编码器　数字电路中，一般用的是二进制编码。二进制只有0和1两个数码，可以把若干个 0 和 1 按一定规律编排起来组成不同的代码（二进制数）来表示某一对象或信号。一位二进制代码有 0 和 1 两种，可以表示两个信号。n 位二进制代码有 2^n 种，可以表示 2^n 个信号。这种二进制编码在电路上容易实现。

首先以 3 位二进制编码器为例来分析其工作原理。

它有 8 个数据输入端，分别代表 8 种需要编码的信息，用 $I_0 \sim I_7$ 来表示，输出端是用来进行编码的 3 位二进制代码，用 Y_2、Y_1、Y_0 来表示，因此又将它称为 8 线-3 线编码器。由于编码器在任何时刻只能对一个输入端信号进行编码，所以不允许两个或两个以上输入端同时有效。编码器输出与输入的对应关系如表 7-21 所示。

这里假设输入端信号高电平有效，对输入信号进行编码，由于输入信号是一组互相排斥的变量，所以真值表采用简化形式来列写，如表 7-22 所示。

表 7-21　8 线-3 线编码器真值表

| 输　入 | | | | | | | | 输出 | | |
I_0	I_1	I_2	I_3	I_4	I_5	I_6	I_7	Y_2	Y_1	Y_0
1	0	0	0	0	0	0	0	0	0	0
0	1	0	0	0	0	0	0	0	0	1
0	0	1	0	0	0	0	0	0	1	0
0	0	0	1	0	0	0	0	0	1	1
0	0	0	0	1	0	0	0	1	0	0
0	0	0	0	0	1	0	0	1	0	1
0	0	0	0	0	0	1	0	1	1	0
0	0	0	0	0	0	0	1	1	1	1

表 7-22　8 线-3 线编码器简化真值表

| 输入 | 输　出 | | |
	Y_2	Y_1	Y_0
I_0	0	0	0
I_1	0	0	1
I_2	0	1	0
I_3	0	1	1
I_4	1	0	0
I_5	1	0	1
I_6	1	1	0
I_7	1	1	1

根据简化表可以写出输出端的最简表达式为

$$Y_2 = I_4 + I_5 + I_6 + I_7$$
$$Y_1 = I_2 + I_3 + I_6 + I_7$$
$$Y_0 = I_1 + I_3 + I_5 + I_7$$

根据上述表达式可以画出 3 位二进制编码器的逻辑电路图，如图 7-44 所示。

2. 优先编码器　前面所述的编码器的缺点是：只允许一个输入端有效。当有两个或两个以上的输入端有效时，输出编码就会出错，在实际应用中就需要采用一种对输入信号组合不那么严格的编码器，即优先编码器。在优先编码器中，对全部输入端规定了一个优先级别，它允许多个输入端可以同时有效，但只对其中级别最高的输入进行编码，而其他的输入信号并不影响结果，这样就解决了输出编码的出错问题。下

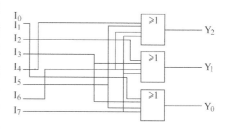

图 7-44　8 线-3 线编码器逻辑图

面用一个 8 线-3 线的二进制优先编码器为例来说明这种电路的工作原理。

将 $I_0 \sim I_7$ 共 8 个信号编成二进制代码，其中 I_7 的级别最高，I_6 次之，依此类推。当有几个信号同时有效时，要求只对优先级别最高的进行编码，且输入与输出都是高电平有效。

输入信号有 8 个，输出的是一组 3 位二进制代码，即在任意一个时刻只有一个输入信号被转换为 3 位二进制码。

列写真值表如表7-23所示。"×"表示取值为0和1都不起作用。

表7-23 8线-3线优先编码器真值表

I_7	I_6	I_5	I_4	I_3	I_2	I_1	I_0	Y_2	Y_1	Y_0	I_7	I_6	I_5	I_4	I_3	I_2	I_1	I_0	Y_2	Y_1	Y_0
1	×	×	×	×	×	×	×	1	1	1	0	0	0	0	1	×	×	×	0	1	1
0	1	×	×	×	×	×	×	1	1	0	0	0	0	0	0	1	×	×	0	1	0
0	0	1	×	×	×	×	×	1	0	1	0	0	0	0	0	0	1	×	0	0	1
0	0	0	1	×	×	×	×	1	0	0	0	0	0	0	0	0	0	1	0	0	0

通过真值表可以列写逻辑函数表达式并进行化简，得

$$Y_2 = I_7 + \overline{I_7}I_6 + \overline{I_7}\,\overline{I_6}I_5 + \overline{I_7}\,\overline{I_6}\,\overline{I_5}I_4 = I_7 + I_6 + I_5 + I_4$$

$$Y_1 = I_7 + \overline{I_7}I_6 + \overline{I_7}\,\overline{I_6}\,\overline{I_5}\,\overline{I_4}I_3 + \overline{I_7}\,\overline{I_6}\,\overline{I_5}\,\overline{I_4}\,\overline{I_3}I_2 = I_7 + I_6 + \overline{I_5}\,\overline{I_4}I_3 + \overline{I_5}\,\overline{I_4}I_2$$

$$Y_0 = I_7 + \overline{I_7}\,\overline{I_6}I_5 + \overline{I_7}\,\overline{I_6}\,\overline{I_5}\,\overline{I_4}I_3 + \overline{I_7}\,\overline{I_6}\,\overline{I_5}\,\overline{I_4}\,\overline{I_3}\,\overline{I_2}I_1 = I_7 + \overline{I_6}I_5 + \overline{I_6}\,\overline{I_4}I_3 + \overline{I_6}\,\overline{I_4}\,\overline{I_2}I_1$$

根据表达式画出逻辑图，如图7-45所示。

7.6.4 译码器

译码是编码的逆过程，在编码时，每一种二进制代码，都赋予了特定的含义，即都表示了一个确定的信号或者对象。把代码状态的特定含义"翻译"出来的过程叫作译码，实现译码操作的电路称为译码器。或者说，译码器是可以将输入二进制代码的状态翻译成输出信号，以表示其原来含义的电路。译码器也是一种多输入、多输出的组合逻辑器件。常用的译码器电路有二进制译码器、二-十进制译码器和显示译码器3类。

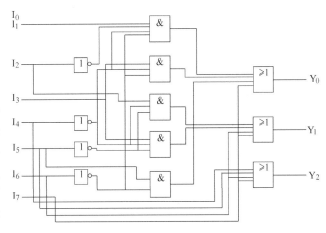

图7-45 8线-3线优先编码器逻辑图

1. 二进制译码器 二进制译码器的输入是一组二进制代码，输出是一组与输入代码一一相对应的信号。下面以3线-8线译码器为例来说明译码器的工作原理和电路结构。

3线-8线译码器真值表如表7-24所示，它有3个输入变量A、B、C，有8个输出信号$Y_0 \sim Y_7$，输出可以是高电平有效，也可以是低电平有效，本例输出为高电平有效。

表7-24 3线-8线译码器真值表

A	B	C	Y_0	Y_1	Y_2	Y_3	Y_4	Y_5	Y_6	Y_7
0	0	0	1	0	0	0	0	0	0	0
0	0	1	0	1	0	0	0	0	0	0
0	1	0	0	0	1	0	0	0	0	0
0	1	1	0	0	0	1	0	0	0	0
1	0	0	0	0	0	0	1	0	0	0

（续）

A	B	C	Y_0	Y_1	Y_2	Y_3	Y_4	Y_5	Y_6	Y_7
1	0	1	0	0	0	0	0	1	0	0
1	1	0	0	0	0	0	0	0	1	0
1	1	1	0	0	0	0	0	0	0	1

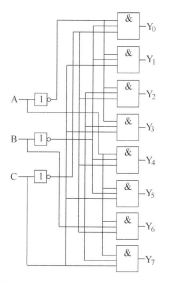

图 7-46　3 线-8 线译码器逻辑图

写出逻辑表达式：$Y_0 = \overline{A}\,\overline{B}\,\overline{C}$，$Y_1 = \overline{A}\,\overline{B}C$，$Y_2 = \overline{A}B\,\overline{C}$，$Y_3 = \overline{A}BC$，$Y_4 = A\,\overline{B}\,\overline{C}$，$Y_5 = A\,\overline{B}C$，$Y_6 = AB\,\overline{C}$，$Y_7 = ABC$。画出所对应的逻辑图如图 7-46 所示。

常用的集成电路译码器型号有 3 线-8 线译码器 74LS138，双 2 线-4 线译码器 74LS139 和 4 线-16 线译码器 74LS146 等，这些译码器的工作原理完全相同，下面以 74LS138 为例进行介绍。

74LS138 译码器有三个输入端 A_2、A_1、A_0，输入 3 位二进制代码，共有 8 种输入代码 000 ~ 111，每一种代码都有一种信号与之对应，这种对应的信号是通过输出端来表现的，共有 8 个输出端 Y_0 ~ Y_7，74LS138 输出信号为低电平有效。另外 74LS138 译码器还设置了 S_1、S_2 和 S_3 共 3 个使能输入端，可以满足扩展功能的需要。

74LS138 为 3 线-8 线译码器，其真值表如表 7-25 所示。

表 7-25　74LS138 译码器真值表

输　入					输　出							
使能		选择										
S_1	$\overline{S_2} + \overline{S_3}$	A_2	A_1	A_0	$\overline{Y_0}$	$\overline{Y_1}$	$\overline{Y_2}$	$\overline{Y_3}$	$\overline{Y_4}$	$\overline{Y_5}$	$\overline{Y_6}$	$\overline{Y_7}$
×	1	×	×	×	1	1	1	1	1	1	1	1
0	1	×	×	×	1	1	1	1	1	1	1	1
1	0	0	0	0	0	1	1	1	1	1	1	1
1	0	0	0	1	1	0	1	1	1	1	1	1
1	0	0	1	0	1	1	0	1	1	1	1	1
1	0	0	1	1	1	1	1	0	1	1	1	1
1	0	1	0	0	1	1	1	1	0	1	1	1
1	0	1	0	1	1	1	1	1	1	0	1	1
1	0	1	1	0	1	1	1	1	1	1	0	1
1	0	1	1	1	1	1	1	1	1	1	1	0

由真值表可知，只有当 S_1 为 1，且 S_2 和 S_3 均为 0 时，译码器才能处于工作状态，其输出表达式为：$\overline{Y_0} = \overline{\overline{A_2}\,\overline{A_1}\,\overline{A_0}}$，$\overline{Y_1} = \overline{\overline{A_2}\,\overline{A_1}\,A_0}$，$\overline{Y_2} = \overline{\overline{A_2}A_1\,\overline{A_0}}$，$\overline{Y_3} = \overline{\overline{A_2}A_1A_0}$，$\overline{Y_4} = \overline{A_2\,\overline{A_1}\,\overline{A_0}}$，$\overline{Y_5} = \overline{A_2\,\overline{A_1}A_0}$，$\overline{Y_6} = \overline{A_2A_1\,\overline{A_0}}$，$\overline{Y_7} = \overline{A_2A_1A_0}$。74LS138 外部引脚图如图 7-47 所示。

【例 7-17】　试用两片 3 线-8 线译码器 74LS138 组成 4 线-16 线译码器，将输入的 4 位二

进制代码 $D_3D_2D_1D_0$ 译成 16 个独立的低电平信号 $\overline{Y}_0 \sim \overline{Y}_{15}$。

解：将 D_2、D_1、D_0 分别连接两片 74LS138 的输入端 A_2、A_1、A_0，因为输出的 16 个状态只能有一个信号有效，所以，任意时刻，只能有一片 74LS138 工作，可以用 D_3 选择哪一片工作，将 D_3 连接至一片的高电平使能控制端，同时连接至另一片的低电平使能控制端，这样，就保证了只有一片工作。具体连接如图 7-48 所示。

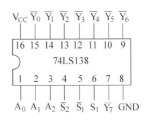

图 7-47 74LS138 外部引脚图

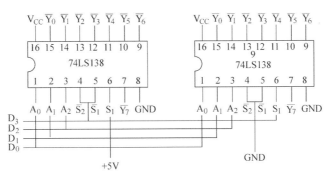

图 7-48 两片 74LS138 译码器构成的 4 线-16 线译码器电路图

2. 二-十进制译码器 把二-十进制代码翻译成 10 个十进制数字信号的电路，称为二-十进制译码器。二-十进制译码器的输入是十进制数的 4 位二进制编码（BCD 码），分别用 A_3、A_2、A_1、A_0 表示；输出的是与 10 个十进制数字相对应的 10 个信号，用 $Y_0 \sim Y_9$ 表示。由于二-十进制译码器有 4 根输入线，10 根输出线，所以又称为 4 线-10 线译码器。二-十进制译码器在工作原理上与二进制译码器基本相同，这里不再赘述。

3. 显示译码器 在数字系统中，常常需要将测量数据和运算结果直观地显示出来，根据习惯，这就要用数字显示译码器译成能用显示器件显示出的十进制数。

常用的数字显示器件有多种类型。按显示方式分为重叠式、点阵式和分段式，按发光材料分为半导体显示器、荧光显示器、液晶显示器等，目前工程上应用较多的是半导体发光二极管（LED）七段显示器。七段数码管其内部接法有两种，为共阴极和共阳极。共阴极显示器将各字段发光二极管的阴极连在一起，作为公共端，如图 7-49 所示，共阳极显示器将各字段发光二极管的阳极连在一起，作为公共端。

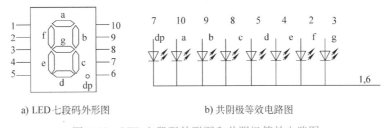

a) LED 七段码外形图　　　　　　b) 共阴极等效电路图

图 7-49 LED 七段码外形图和共阴极等效电路图

常用的显示译码器有 BCD-七段显示译码器。输入为 4 位 BCD 码，输出为七段显示码。以共阴极为例，如输入为 5 时，输出有：$a = 1$，$b = 0$，$c = 1$，$d = 1$，$e = 0$，$f = 1$，$g = 1$。需要注意的是，显示译码器的输出需要接一个限流电阻以后再接至七段显示器，限流电阻的大小需要进行计算，如：

$$R = \frac{V_{CC} - U_{LED}}{I_{LED}}$$

这里，V_{CC} 是译码器的电源电压，一般为 5V；U_{LED} 是七段码发光二极管的导通电压，一般来说不同颜色的发光二极管其导通电压不一样，可以用数字万用表测量其导通电压；I_{LED} 是流过二极管的电流，电流越大，显示亮度越高，但由于功率限制，不能太大，一般为 $1 \sim 5mA$。

7.6.5　数据选择器和数据分配器

1. 数据选择器　在多路数据传送过程中，能够根据需要将其中任意一路选出来的电路，叫作数据选择器，也称多路选择器或多路开关，这相当于一个多输入的单刀多掷开关，具有多个输入端和一个输出端，由数据选择控制端决定选择哪一路输入与输出相连。

数据选择器有 4 选 1 数据选择器、8 选 1 数据选择器等。如图 7-50 所示为 4 选 1 数据选择器的逻辑图，输入为 4 路数据 $D_0 \sim D_3$，A_0、A_1 为地址输入端，地址变量 A_0、A_1 的取值用于选择 4 路输入信号的其中一路作为输出。其真值表如表 7-26 所示。

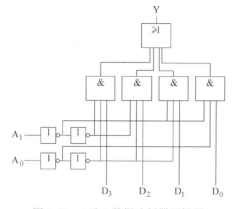

图 7-50　4 选 1 数据选择器逻辑图

表 7-26　4 选 1 数据选择器真值表

输　入			输　出
D	A_1	A_0	Y
D_0	0	0	D_0
D_1	0	1	D_1
D_2	1	0	D_2
D_3	1	1	D_3

根据真值表可以写出逻辑表达式：$Y = D_0 \overline{A_1}\,\overline{A_0} + D_1 \overline{A_1}A_0 + D_2A_1\overline{A_0} + D_3A_1A_0$。

8 选 1 数据选择器的原理与 4 选 1 一样，只是数据选择器的地址线由两位变为 3 位，多路选择器都有选择允许控制端 $\overline{S}$，当它为低电平时，实现选择允许控制的功能。

8 选 1 数据选择器 74LS151 的引脚图如图 7-51 所示，真值表如表 7-27 所示。

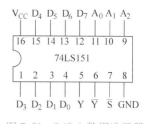

图 7-51　8 选 1 数据选择器 74LS151 引脚图

表 7-27　8 选 1 数据选择器 74LS151 译码器真值表

输　入					输　出	
D	A_2	A_1	A_0	$\overline{S}$	Y	$\overline{Y}$
×	×	×	×	1	0	1
D_0	0	0	0	0	D_0	$\overline{D_0}$
D_1	0	0	1	0	D_1	$\overline{D_1}$
D_2	0	1	0	0	D_2	$\overline{D_2}$

(续)

输入					输出	
D_3	0	1	1	0	D_3	$\overline{D_3}$
D_4	1	0	0	0	D_4	$\overline{D_4}$
D_5	1	0	1	0	D_5	$\overline{D_5}$
D_6	1	1	0	0	D_6	$\overline{D_6}$
D_7	1	1	1	0	D_7	$\overline{D_7}$

【例 7-18】 用 8 选 1 数据选择器 74LS151 实现逻辑函数：

$$Y = \overline{A}\,\overline{B}C + \overline{A}B\,\overline{C} + AB$$

解：列出函数的真值表，如表 7-28 所示。

将输入变量 A、B、C 分别对应地接到 8 选 1 数据选择器 74LS151 的 3 个地址输入端 A_2、A_1、A_0，并将 Y 的 8 个取值作为数据选择器的 8 个数据输入端的值，电路图如图 7-52 所示。

表 7-28　例 7-18 真值表

A	B	C	Y
0	0	0	0
0	0	1	1
0	1	0	1
0	1	1	0
1	0	0	0
1	0	1	0
1	1	0	1
1	1	1	1

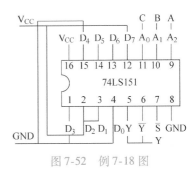

图 7-52　例 7-18 图

2. 数据分配器　数据分配器能把一路输入端信号根据需要分配到多路输出中的某一路输出上，它的作用相当于一个多输出的单刀多掷开关，即它通常有一个数据输入端，而有多个数据输出端。

图 7-53 所示为 1 线-4 线多路分配器的逻辑图，表 7-29 是其真值表。

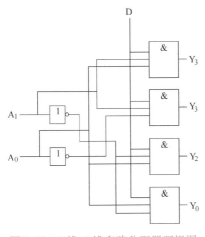

图 7-53　1 线-4 线多路分配器逻辑图

表 7-29　1 线-4 线多路分配器真值表

输入			输出			
	A_1	A_0	Y_3	Y_2	Y_1	Y_0
	0	0	0	0	0	D
D	0	1	0	0	D	0
	1	0	0	D	0	0
	1	1	D	0	0	0

思考题

1. 半加器和全加器的逻辑功能有何不同？
2. 为什么能用全加器实现三中取二（多数）表决功能？如何接电路？
3. 如何将双 2 线-4 线译码器 74LS139 连接成 3 线-8 线译码器？

7.7　应用 Multisim 对组合逻辑电路进行仿真分析

本节主要介绍使用仿真软件 Multisim 14.0 对逻辑电路进行仿真，如 TTL 与非门逻辑功能的验证，以及数据选择器在三人表决电路中的应用。

7.7.1　TTL 与非门逻辑功能的验证

以 74LS00 与非门集成芯片为例，介绍使用仿真软件 Multisim 14.0 对 TTL 与非门逻辑功能的仿真验证。

74LS00 集成芯片集成了 4 个 2 输入与非门逻辑单元，每个与非门逻辑单元用字母 A 和 B 表示输入引脚，字母 Y 表示输出引脚，字母前面的数字表示逻辑单元的序号。如第 1 个与非逻辑单元的引脚为两个输入引脚 1A、1B，一个输出引脚 1Y。

74LS00 与非门集成芯片逻辑功能的仿真验证电路图如图 7-54 所示。

1. 电路功能

1）用单刀双掷开关 S_1 和 S_2，确定 2 输入与非门的输入电平。用发光二极管表示输入为高电平还是低电平，发光二极管亮，表示对应的输入引脚为高电平；发光二极管灭，表示对应的输入引脚为低电平。

2）输出电平用于驱动发光二极管，输出为高电平时，发光二极管亮（为红色光），输出为低电平时，则发光二极管灭。

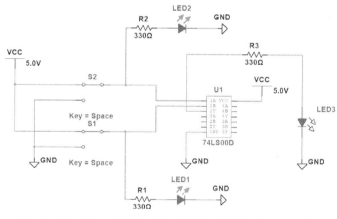

图 7-54　74LS00 与非门集成芯片逻辑功能的仿真验证电路图

2. 电路连接的分析与说明

1）芯片必须连接直流电压源，且电源电压必须在芯片所要求的范围内，其具体数值参考芯片的数据手册。如芯片的数据手册推荐的电源电压范围为 4.5~5.5V，典型值为 5V。

2）在工程实际中，使用组合逻辑门电路时，其输入一般不能悬空，必须输入确定的电平电压。

3）发光二极管必须连接限流电阻，以防止电流过大，烧坏芯片。

根据与非门的逻辑功能可知，只要任意一个输入电平为低电平，则输出为高电平，发光二极管亮；只有所有输入电平均为高电平时，输出才为低电平，发光二极管灭。

3. 仿真过程

1）单击开关，确定两个输入引脚的电平。

2）观察两个输入电平指示的发光二极管，如果亮，表示对应的输入引脚为高电平；如果灭，表示对应的输入引脚为低电平。

3）观察输出电平指示的发光二极管，如果亮，表示输出引脚为高电平；如果灭，表示输出引脚为低电平。

4. 仿真验证结论

1）两个输入电平指示灯，只要有一个灭（表示输入电平为低电平），则输出电平指示灯就会亮（表示输出电平为高电平）。

2）两个输入电平指示灯全亮时（表示两个输入引脚电平均为高电平），则输出电平指示灯就会灭（表示输出电平为低电平）。

对应上述两种不同结论的仿真电路如图 7-55 所示。

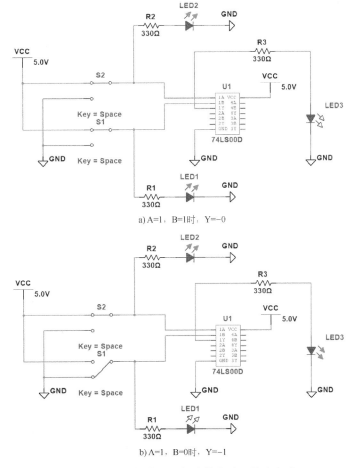

图 7-55 TTL 与非门逻辑功能的验证仿真电路

7.7.2 用数据选择器实现逻辑函数

以 74LS153 集成芯片为例，介绍使用仿真软件 Multisim 14.0 仿真数据选择器在三人表决电路中的应用。

74LS153 集成芯片集成了 2 个 4 选 1 数据选择器，每个 4 选 1 数据选择器用字母和数字后缀表示 4 个输入引脚，用数字前缀表示数据选择器的序号，如 1C0、1C1、1C2、1C3 表示第 1 个数据选择器的 4 个数据输入引脚，1Y 表示第 1 个数据选择器的输出引脚，1G 表示第 1 个数据选择器的使能端（低电平有效），A、B 表示输入数据选择端。

可以写出 74LS153 逻辑表达式为：$Y = \overline{A_1}\,\overline{A_0} C_0 + \overline{A_1} A_0 C_1 + A_1 \overline{A_0} C_2 + A_1 A_1 C_3$。其中，$A_0$、$A_1$ 表示两个数据选择端。

三人表决电路中，输入 A、B、C 中只要有两个或以上为 1 时，输出就为 1，否则，输出就为 0。根据要求可以写出对应的逻辑表达式为：$F = \overline{A}BC + A\overline{B}C + AB\overline{C} + ABC$。

对比上述两个表达式，可以得到 $A_1 = A$、$A_0 = B$，$C_0 = 0$、$C_1 = C$、$C_2 = C$、$C_3 = 1$。

三人表决电路的电路图如图 7-56 所示。

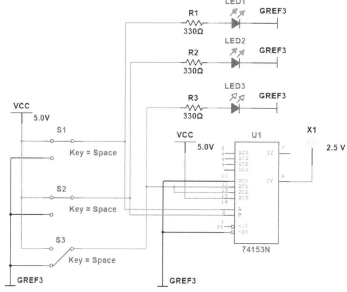

a) 输入 A=1、B=1、C=0，输出 Y=1

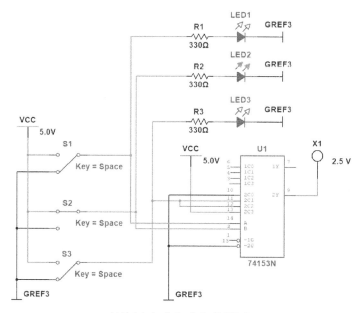

b) 输入 A=0、B=1、C=0，输出 Y=0

图 7-56　三人表决电路的电路图

本章小结

1. 数字信号可以用逻辑0与逻辑1表示，在正逻辑中，逻辑1表示高电平，逻辑0表示低电平，逻辑电平是一个规定的电压范围，不同的数字逻辑系统电平电压范围的规定不同。另外，还可以用波形来描述数字信号。

2. 基本的逻辑关系有与逻辑、或逻辑、非逻辑，任何复杂的逻辑关系都可以用这3种基本逻辑关系表示。门电路是构成各种复杂数字电路的基本逻辑单元，掌握各种门电路的逻辑功能和电气特性对于实际电路设计是非常重要的。

3. 目前应用最广泛的是CMOS和TTL集成门电路。学习时应该注重其外部特性，即逻辑功能与电气特性。电气特性包括输入特性、输出特性等，深刻理解输出驱动级的特性，理解输出端"线与"的条件，另外，特别重要的是要掌握门电路相互连接时必须满足电压电流的4个条件，这在工程实际中是非常重要的。

4. 逻辑电路的输出与输入关系可以用逻辑函数来描述，根据逻辑函数的特点可以采用逻辑函数表达式、真值表、卡诺图和逻辑图4种方式来表示。这4种表示方法可以相互转换。在画逻辑图时，需要将逻辑表达式进行化简，使得表达式最简，化简方法有公式法和卡诺图法。

5. 组合逻辑电路在逻辑功能上的特点是任意时刻的输出仅仅取决于该时刻的输入，而与电路过去的状态无关。它在电路结构上的特点是只包含门电路，而没有存储单元。

组合逻辑电路的分析方法是：

1）根据逻辑电路，写出输出端与输入信号的逻辑函数表达式。

2）将各逻辑函数表达式化简和变换，得到最简表达式。

3）根据简化后的逻辑表达式列写真值表。

4）根据真值表和化简后的逻辑表达式对逻辑电路进行分析，最后再总结出组合逻辑电路的逻辑功能。

组合逻辑电路的设计方法是：

1）进行逻辑抽象，列出逻辑状态表。

2）由逻辑状态表写出逻辑表达式。

3）化简逻辑表达式。

4）画出逻辑图。

自测题

7.1 选择题

1. 数字电路中，晶体管大多工作于（   ）。

（a）放大状态   （b）开关状态   （c）击穿状态

2. 由开关组成的逻辑电路如图7-57所示，设开关接通为"1"，断开为"0"，电灯亮为"1"，电灯暗为"0"，则该电路为（   ）。

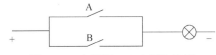

图7-57 自测题7.1中题2的图

（a）"与"门　　（b）"或"门　　（c）"非"门

3. 与 $\overline{A + B + C}$ 相等的为（　　）。

（a）$\overline{A}\ \overline{B}\ \overline{C}$　　（b）$\overline{\overline{A}\ \overline{B}\ \overline{C}}$　　（c）$\overline{A} + \overline{B} + \overline{C}$

4. 和函数式 $F = AB + \overline{A}C$ 相等的表达式为（　　）。

（a）$AB + C$　　　　（b）$AB + \overline{A}C + BCDE$　　（c）$A + BC$

5. 和式 $F = \overline{ABCD}$ 相等的表达式为（　　）。

（a）$\overline{AB}\ \overline{CD}$　　（b）$\overline{A} + \overline{B} + \overline{C} + \overline{D}$　　（c）$\overline{\overline{A} + \overline{B} + \overline{C} + \overline{D}}$

6. 已知逻辑函数的真值表如表7-30所示，则输出 F 的逻辑表达式是（　　）。

（a）$F = A + BC$　　（b）$F = A + \overline{B}C$　　（c）$F = A + B\overline{C}$

表7-30　自测题7.1中题6的表

A	B	C	F	A	B	C	F
0	0	0	0	1	0	0	1
0	0	1	0	1	0	1	1
0	1	0	1	1	1	0	1
0	1	1	0	1	1	1	1

7. 某逻辑电路的输入 A、B、C 及输出 F 的波形如图7-58所示，由 F 的函数表达式为（　　）。

（a）$\overline{A}C + AB\,\overline{C}$　　（b）$\overline{A}B + AB\,\overline{C}$　　（c）$AB + C$

8. 译码、显示（共阳极数码管）电路如图7-59所示，当 $Q_2Q_1Q_0 = 111$ 时，应显示数字7，此时译码器的输出 abcdefg 为（　　）。

（a）1110000　　（b）0001111　　（c）0000000

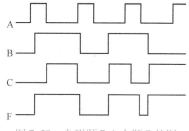

图7-58　自测题7.1中题7的图

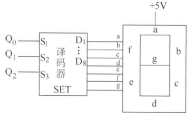

图7-59　自测题7.1中题8的图

9. 2线-4线译码器的逻辑符号如图7-60所示，若要求 $\overline{Y}_1$ 端输出为0，则 A_1、A_0、$\overline{G}$ 的电平为（　　）。

（a）010　　（b）011　　（c）000

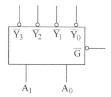

图7-60　自测题7.1中题9的图

10. 如图7-61所示的组合电路的逻辑式为（　　）。

（a）$Y = \overline{AB + BC + CA}$　　（b）$Y = AB + BC + CA$　　（c）$Y = \overline{AB} + \overline{BC} + \overline{CA}$

11. 如图7-62所示逻辑电路中，D 为数据输入端，A 为控制端，F 为输出端，则图 a、图 b 分别

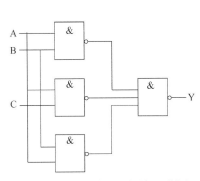

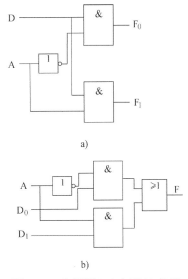

为(　　)。

　　（a）分配器、选择器　　　（b）选择器、分配器　　　（c）分配器、加法器

图 7-61　自测题 7.1 中题 10 的图　　　　图 7-62　自测题 7.1 中题 11 的图

12. 在图 7-63 中，能实现一位同比较的电路为（　　）。

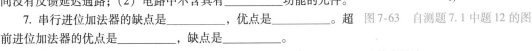

7.2　填空题

1. 数字信号是_____。

2. 逻辑代数中的 3 种基本逻辑运算是_____、_____和_____。

3. 在数字电路中，接近零的电平称为_____，接近电源的电平称为_____。

4. 三态门能够输出的 3 种状态是_____、_____和_____。

5. 组合逻辑电路的_____状态在任何时刻只取决于同一时刻的_____状态，而与电路_____的状态无关。

6. 组合逻辑电路的结构特点：（1）_____与_____之间没有反馈延迟通路；（2）电路中不含具有_____功能的元件。

图 7-63　自测题 7.1 中题 12 的图

7. 串行进位加法器的缺点是_____，优点是_____。超前进位加法器的优点是_____，缺点是_____。

8. 逻辑函数有_____、_____、_____和_____ 4 种表示法。

9. 16 选 1 数据选择器的地址输入端有_____个。

10. 优先编码器的两个或两个以上的输入同时为有效信号时，输出将对_____进行编码。

 习题

7.1　观察图 7-64 所示二极管门电路：

（1）写出输出 F_1、F_2 与输入 A、B、C 之间的逻辑关系；（2）画出图 a、图 b 电路的逻辑符号图；

（3）若 A、B、C 的波形如图 c 所示，请画出 F_1、F_2 的波形图。

7.2　图 7-65 所示逻辑电路，试分析其逻辑功能，并写出 F 的逻辑表达式。

7.3　常用 TTL 集成门电路如图 7-66 所示，已知输入 A、B 波形，试写出 F_1、F_2、F_3、F_4 的逻辑表达式，并画出各输出波形。

7.4　写出图 7-67 所示电路输出的逻辑表达式。

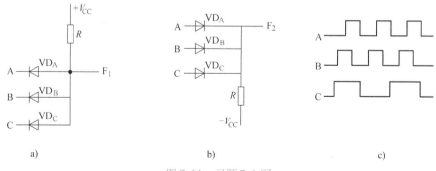

a)　　　　　　　　　　b)　　　　　　　　　　c)

图 7-64　习题 7.1 图

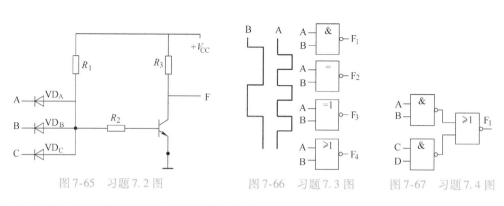

图 7-65　习题 7.2 图　　　图 7-66　习题 7.3 图　　　图 7-67　习题 7.4 图

7.5　应用公式法化简下列逻辑函数为最简与或式。

$(1)Y = A(\overline{A} + B) + B(B + C) + B$　$(2)Y = ABC + \overline{A}B + AB\overline{C}$　$(3)Y = (AB + A\overline{B} + \overline{A}B)(A + B + D + \overline{A}\overline{B}D)$

$(4)Y = \overline{A}B + B\overline{C} + ABD + BC\overline{D} + \overline{A}BD + ABCD$　$(5)Y = (A + B + C)(\overline{A} + \overline{B} + \overline{C})$

7.6　试证明下列各式。

$(1)ABC + \overline{A} + \overline{B} + \overline{C} = 1$　$(2)\overline{A}\overline{B} + A\overline{B} + \overline{A}B = \overline{A} + \overline{B}$　$(3)AB + \overline{A}\overline{B} = \overline{\overline{A}B + A\overline{B}}$

$(4)A(\overline{A} + B) + B(B + C) + B = B$　$(5)BC + A + \overline{B} = B(\overline{A} + C)$　$(6)\overline{A}\overline{B}\overline{C}D + B\overline{C}D + \overline{A}\overline{C} + A = A + \overline{C}$

7.7　根据下列逻辑式，分别画出逻辑图。

$(1)F = AB + \overline{\overline{A}C}$　$(2)F = \overline{A}\overline{B} + (\overline{A} + \overline{B})C$　$(3)F = A\overline{B} + A\overline{C} + \overline{\overline{ABC}}$

7.8　设某车间有四台电动机 A、B、C、D，要求：（1）A 必须开机；（2）其他三台中至少有两台开机。如果不满足上述条件，则指示灯熄灭。试写出指示灯亮的逻辑表达式，并用与非门实现。设指示灯亮为 1，电动机开机为 1。

7.9　设三台电动机 A、B、C，要求：（1）A 开机 B 也必须开机；（2）B 开机则 C 也必须开机，如果不满足上述要求则发出报警信号，试写出报警信号的逻辑式（电动机开机及输出报警均用 1 表示），并画出逻辑电路。

7.10　试用与非门设计一个有三个输入端和一个输出端的组合逻辑电路，其功能是输入的三个数码中有偶数个 1 时，电路输出为 1，否则为 0。

7.11　某公司 A、B、C 3 个股东，分别有 50%，30%，20% 的股份，设计表决器，用于开会时按股份大小记分输出表决结果，赞成、平局和否决分别用 X、Y、Z 来表示。（股东赞成和输出结果均用 1 来表示）

7.12　某足球评委会由一位教练和三位球迷组成，对裁判员的判罚进行表决。当满足以下条件时表示同意：有三人或三人以上同意，或者有两人同意，但其中一个是教练，试用 2 输入与非门设计该表决电路。

7.13 某选煤厂由煤仓到洗煤楼用三条传送带（A、B、C）运煤，煤流方向为 C—B—A，为了避免在停车时出现煤的堆积现象，要求三台电动机要顺煤流方向依次停车，即 A 停，B 必须停；B 停，C 必须停。如果不满足就立即发出报警信号，试写出报警信号逻辑表达式，并用与非门实现。设输出报警为 1，输入开机为 1。

7.14 有一个车间有两个红、黄两个故障指示灯，用来表示三台设备的工作情况，当有一台设备出现故障时，黄灯亮，当有两台设备出现故障时，红灯亮，若三台设备都出现故障时，红灯和黄灯都亮，试用与非门设计一个控制灯亮的逻辑电路。

7.15 设计用单刀双掷开关来控制楼梯照明灯的电路，要求在楼下开灯后，可以在楼上关灯，同样也可在楼上开灯，在楼下关灯，用与非门来实现上述逻辑功能。

7.16 试用三个 3 输入端与门、一个或门和非门实现"$A > B$"的逻辑表达式。

7.17 试设计一个由与非门组成的两位二进制编码电路。

7.18 试设计一个 8 位相同数值比较器，当两数相等时，输出 $L = 1$，否则 $L = 0$。

7.19 试说明下列各种门电路中哪些可以将输出端并联使用（输入端的状态不一定相同）：

（1）具有推拉式输出级的 TTL 电路；（2）TTL 电路的 OC 门；（3）TTL 电路的三态输出门；（4）普通的 CMOS 门；（5）漏极开路输出的 CMOS 门；（6）CMOS 电路的三态输出门。

7.20 试将双 2 线-4 线译码器 74LS139 连接成 3 线-8 线译码器。

7.21 试将 3 线-8 线译码器 74LS138 用作 1 ~ 8 分配器。

7.22 试设计一个能驱动七段 LED 数码管的译码电路，输入变量 A、B、C 来自计数器，按顺序 000 ~ 111 计数，当输入全部为 0 时，全灭以后要求依次显示 H、O、P、E、F、U、L 共 7 个字母，采用共阴极数码管。

7.23 试写出图 7-68 所示电路的逻辑表达式，并用真值表说明这是一个什么逻辑功能部件。

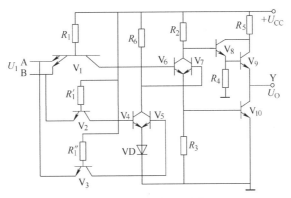

图 7-68 习题 7.23 图

第 **8** 章

触发器和时序逻辑电路

知识单元目标

● 能够识别基本 RS 触发器、可控 RS 触发器、JK 触发器、其他类型触发器的电路结构，并熟练地进行触发器的逻辑功能分析。

● 能够熟练应用时序逻辑电路的分析方法对计数器、寄存器、移位寄存器等常用时序逻辑电路进行分析。

● 能够熟练应用已学的触发器知识分析时序逻辑电路的功能，并能进行计数器电路的设计。

● 能够使用 Multisim 仿真软件，分析与设计时序逻辑电路。

讨论问题

● 触发器的稳态是如何定义的？

● 如何描述触发器的逻辑功能？

● 常用的几种触发器的逻辑功能是什么？其动作特点是什么？

● 时序逻辑电路的组成特点是什么？如何描述时序逻辑电路中输入信号、输出信号，存储器输出信号之间的关系？

● 如何列写时序逻辑电路的逻辑方程，状态转换表，状态转换图？如何分析逻辑功能？

● 同步与异步的动作特点是什么？

● 用集成计数器构成任意进制计数器的方法是什么？

在生活、科学研究、工程实际中，时序逻辑电路的应用非常广泛。

最常见的例子就是抢答器，通常用于知识竞赛、文体娱乐等的抢答活动中。通过抢答者所处位置的指示灯显示、语音提醒、数字显示、图片显示、警示显示等手段筛选出抢答违规者或者第一抢答成功者，但是一般抢答器都只需要筛选出第一抢答成功或者第一抢答违规者。

抢答器电路主要分为两部分：一部分是计时部分，另一部分是抢答电路。其中抢答电路由编码器电路、RS 触发电路、译码器电路、数码管显示电路组成，封锁电路由三个或门组成，其作用是只让先按下的有效，而后按下的无效，主持人用按钮将电路复位，并将输出清零和编码器电路解除封锁，译码器电路用来译出编码，数码管显示部分用来显示按下的选手号码，计时电路用来计算答题的时间。

8.1 双稳态触发器

在数字电路中，不仅需要对数字信号进行算术运算与逻辑运算，还需要对运算结果进行存储，能够存储 1 位二进制信号的基本单元电路统称为触发器，触发器也叫锁存器。

触发器具有两个能自行保持的稳定状态，这两个稳定状态分别用来表示逻辑 0 与逻辑 1，在触发信号的使能作用下，触发器能够根据不同的输入信号使输出为逻辑 0 或逻辑 1。

触发器两个非常重要的内容是触发方式与控制方式。控制方式是指触发器的输入信号如何控制触发器的输出状态，也就是触发器的逻辑功能；触发方式是指触发器的使能方式，也就是触发器的控制方式在什么条件下起作用。

根据控制方式的不同，触发器可分为 RS 触发器、JK 触发器、T 触发器、D 触发器等几种类型。

8.1.1 基本 RS 触发器

基本 RS 触发器是各种触发器中结构最简单的一种，虽然没有实用性，但它是构成其他各种具有实用功能的触发器的基本单元。

在讲解基本 RS 触发器之前，先理解触发器的输出状态。触发器具有两个输出端，分别为 Q、$\bar{Q}$，而触发器输出状态的定义为：当 $Q=0$ 并且 $\bar{Q}=1$ 时，称触发器为 0 状态；当 $Q=1$ 并且 $\bar{Q}=0$ 时，称触发器为 1 状态；Q、$\bar{Q}$ 状态相反。触发器的输出状态是由两个输出端的电平组合定义的，而不是一个输出端子；另外，除了定义的这两种电平组合，其他两种电平组合是非定义的，也就是说输出端子不允许出现其他两种电平组合。

基本 RS 触发器有两个输入端子，两个输出端子。其中一个输入端子的功能是将触发器置成 0 状态，这个端子称为置 0 端子，或清 0 端子，或复位端子；另一个输入端子的功能是将触发器置成 1 状态，这个端子称为置 1 端子，或置位端子。

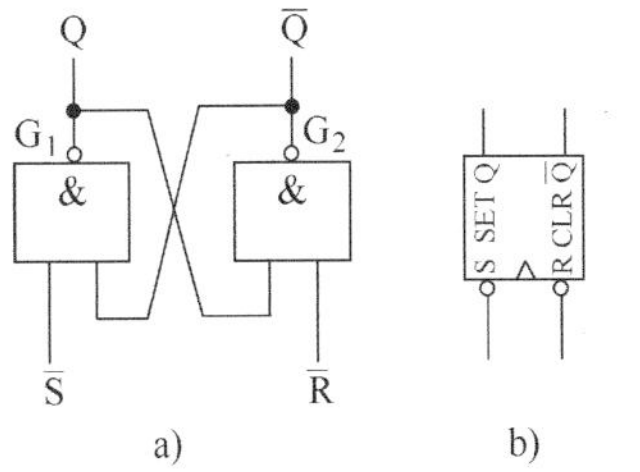

基本 RS 触发器可以有多种电路，图 8-1a 给出了由两个与非门电路构成的基本 RS 触发器，逻辑符号如图 8-1b 所示。图中 $\bar{S}$、$\bar{R}$ 是两个输入端，Q、$\bar{Q}$ 是基本 RS 触发器的两个输出端；$\bar{S}$、$\bar{R}$ 上的"非"号或 R、S 上的小圆圈都表示输入信号只在低电平时有效。

图 8-1 与非门构成的基本 RS 触发器

基本 RS 触发器输出与输入之间的逻辑关系：

1）$\bar{S}=1$、$\bar{R}=0$ 时，则 $\bar{Q}=1$，$Q=0$，即不论触发器原来的状态是 0 态还是 1 态，电路的输出一定为 0 态，因此 $\bar{R}$ 为置 0 端，$\bar{R}=0$ 表示置 0 端有效。

2）$\bar{S}=0$、$\bar{R}=1$ 时，则 $\bar{Q}=1$，$\bar{Q}=0$，即不论触发器原态是 0 态还是 1 态，电路的输出一定为 1 态，因此 $\bar{S}$ 为置 1 端，$\bar{S}=0$ 表示置 1 端有效。

3）$\bar{S}=1$、$\bar{R}=1$ 时，置 0 端与置 1 端均无效，因此，对触发器既不置 0 也不置 1，即触发器保持原来的状态，这种功能称为记忆功能。

4）$\bar{S}=0$、$\bar{R}=0$ 时，置 0 端与置 1 端均有效，既要让触发器为 0 状态，又要让触发器为 1 状态，显然这是不可能的。并且，当输入端从全有效变成全无效时，输出状态可能是 0 状态，也可能是 1 状态，这时基本 RS 触发器的输出状态不能确定，因此，对于基本 RS 触发器来说，这是不允许的。

与非门构成的基本 RS 触发器的功能表如表 8-1 所示。

表 8-1　与非门构成的基本 RS 触发器的功能表

输　　入		输　　出		功能说明
$\bar{S}$	$\bar{R}$	Q	$\bar{Q}$	
0	0	1	1	禁止
1	0	0	1	置0
0	1	1	0	置1
1	1	保持	保持	保持

设基本 RS 触发器的初始状态 Q 为 0，然后根据给定的输入信号波形，可以画出相应输出端 Q、$\bar{Q}$ 的波形，如图 8-2 所示。

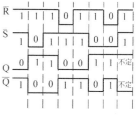

图 8-2　RS 触发器波形图

8.1.2　可控 RS 触发器

显然，基本 RS 触发器没有触发方式，其状态的变换完全由 $\bar{S}$、$\bar{R}$ 端输入信号直接控制。在实际数字系统中，经常要求几个触发器同时动作，即在某一指定的时刻，各个触发器按各自输入信号的状态决定触发器翻转，因此，实际的触发器是需要触发方式的，这个触发信号叫时钟脉冲，用 CP 表示。

对基本 RS 触发器的输入信号进行门控处理以后再接入基本 RS 触发器，就形成了可控 RS 触发器，如图 8-3a 所示，逻辑符号如图 8-3b 所示。

当 CP＝0 时，不论 R、S 如何变化，G3、G4 均输出高电平，因此，触发器输出保持不变。而 CP＝1 时，G3、G4 的输出分别等于 S、R 端的输入信号，这时，电路的功能就是一个 RS 触发器。

R、S 控制输出状态转换，CP 控制何时发生状态转换。因此，可控 RS 触发器的触发特点是脉冲触发，输入信号在触发脉冲为高电平期间控制触发器的输出，这就是可控 RS 触发器的动作特点。

触发器的功能可以通过输入输出波形表示。图 8-4 为可控 RS 触发器的波形图。

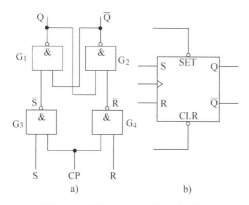

图 8-3　可控 RS 触发器电路结构

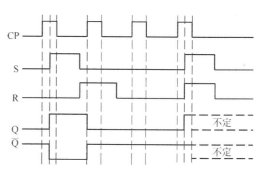

图 8-4　可控 RS 触发器的波形图

可控 RS 触发器的功能表如表 8-2 所示。

表8-2 可控 RS 触发器的功能表

输 入		输 出		功能说明
S	R	Q^n	Q^{n+1}	
0	0	0	0	保持
0	0	1	1	
1	0	0	1	置1
1	0	1	1	
0	1	0	0	置0
0	1	1	0	
1	1	0	不定	禁止
1	1	1	不定	

8.1.3 JK 触发器

无论是基本 RS 触发器还是可控 RS 触发器都存在不确定状态，并且可控 RS 触发器在 CP =1 的时间间隔内，R 和 S 状态变化会引起触发器的状态改变，因此可控 RS 触发器的触发翻转只能控制在一个时间间隔内，而不是控制在某一时刻进行，因此不能应用于实际电路。为了避免不确定状态，增强触发器的逻辑功能，在可控 RS 触发器的基础上，可组成 JK 触发器，如图 8-5b 所示。其逻辑符号如图 8-5a 所示。

首先根据图 8-5b 来分析它的结构特点和工作原理：该触发器由两个可控 RS 触发器组合而成，一个是由 G_1、G_2、G_3、G_4 构成的从触发器，另一个是由 G_5、G_6、G_7、G_8 所构成的主触发器，主触发器的时钟脉冲与从触发器的时钟脉冲通过一个非门连接，因此主从触发器的时钟脉冲反相，将从触发器的输出分别反馈到主触发器的输入端即构成 JK 触发器。

当 CP = 1 时，主触发器被打开，可以接收输入信号 J、K，其输出状态由输入信号的状态决定；而从触发器的时钟脉冲为 0，从触发器被封锁，无论主触发器的输出状态如何变化，对从触发器均无影响，即 JK 触发器的输出状态保持不变。

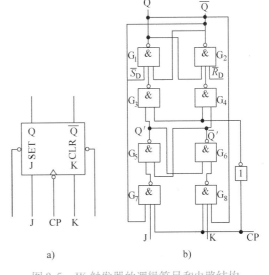

图 8-5 JK 触发器的逻辑符号和电路结构

当 CP 的下降沿到来时，即从 1 变为 0 时，主触发器被封锁，无论输入信号如何变化，对主触发器均无影响，它的输出同 CP = 1 期间的输出相同；同时，由于 CP 由 1 变为 0，从触发器被打开，可以接收由主触发器送来的信号，其输出状态由主触发器的输出状态决定。在 CP = 0 期间，由于主触发器保持状态不变，Q 的值当然不可能改变。

下面分析输入与输出的对应关系，可以根据可控 RS 触发器的输入输出来分析，令 S =

$J\overline{Q^n}$，$R=KQ^n$。

当 J = K = 0，CP = 1 时，R = S = 0，不管初态如何，当下降沿出现时，主从触发器的状态都不会变化，即保持原来的状态不变，那么触发器具有记忆即保持的功能。

当 J = 1，K = 0，即当触发器的初态为 0 时，CP = 1，R = 0，S = 1，根据可控 RS 触发器可以知道，下降沿来临时，该触发器的次态为 1。

当触发器的初态为 1 时，CP = 1，R = 0，S = 0，当时钟脉冲下降沿来临时，保持原来的 1 状态不变。

故 J = 1，K = 0，时钟脉冲出现下降沿时，触发器的状态变为 1 态。

当 J = 0，K = 1，即当触发器的初态为 0 时，CP = 1，R = 0，S = 0，当时钟脉冲下降沿来临时，保持原来的 0 状态不变。

当触发器的初态为 1 时，CP = 1，R = 1，S = 0，当时钟脉冲下降沿来临时，触发器的次态为 0 态。

故 J = 0，K = 1 时，时钟脉冲出现下降沿时，触发器的状态为 0 态。

当 J = 1，K = 1，即当触发器的初态为 0 时，CP = 1，R = 0，S = 1，当时钟脉冲下降沿来临时，触发器的状态翻转为 1 态。

当触发器的初态为 1 时，CP = 1，R = 1，S = 0，当时钟脉冲下降沿来临时，触发器的次态翻转为 0 态。

故 J = 1，K = 1 时，时钟脉冲出现下降沿时，触发器的状态发生翻转。

根据电路结构及功能分析得出 JK 触发器功能表如表 8-3 所示。

根据功能表可以得到 JK 触发器的特性方程为

$$Q^{n+1} = J\overline{Q^n} + \overline{K}Q^n$$

图 8-6 为 JK 触发器的波形图。设触发器初始状态为 0。

表 8-3　JK 触发器功能表

J	K	Q^n	Q^{n+1}	功能说明
0	0	0	0	保持
0	0	1	1	
0	1	0	0	置0
0	1	1	0	
1	0	0	1	置1
1	0	1	1	
1	1	0	1	翻转
1	1	1	0	

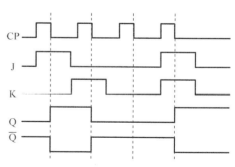

图 8-6　JK 触发器的波形图

根据以上分析知道在时钟的下降沿发生翻转，在该触发器的逻辑符号中，时钟脉冲处的小圆圈和三角表示触发器的输出状态在时钟脉冲的下降沿翻转。

8.1.4　其他类型的触发器

1. D 触发器　如图 8-7 所示，由 JK 触发器来构成 D 触发器，它只有一个触发输入端 D 和一个时钟 CP 输入端。

在 CP = 1 时，D 触发器的功能表如表 8-4 所示。

D 触发器在 CP = 1 时的特征方程为

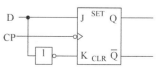

图 8-7　D 触发器的电路结构

$$Q^{n+1} = D$$

如果已知 CP 和 D 的波形，则可画出 D 触发器的波形图，图 8-8 为 D 触发器的波形图。设触发器初始状态为 0。

表 8-4 D 触发器的功能表

D	Q^n	Q^{n+1}	功能说明
1	0	1	置 1
1	1	1	
0	0	0	置 0
0	1	0	

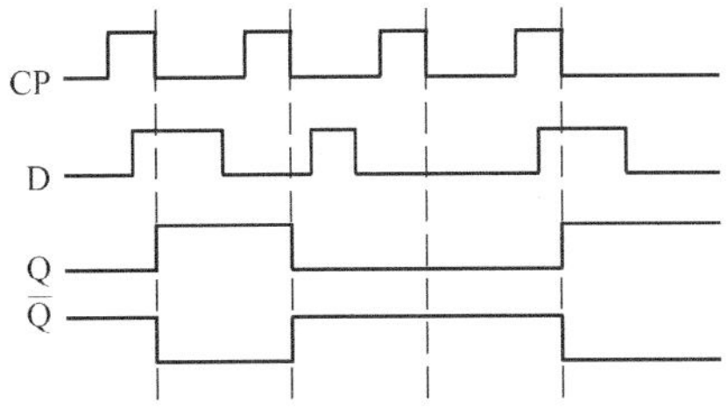

图 8-8 D 触发器的波形图

2. T 触发器　如果将 JK 触发器的 J 与 K 两端直接连接在一起作为一个输入端 T，则可得到 T 触发器。T 触发器的特征方程为

$$Q^{n+1} = T\overline{Q^n} + \overline{T}Q^n$$

也就是说，T 触发器只工作于 JK 触发器的保持与计数功能。T 触发器的功能是 T = 1 时，为计数状态；T = 0 时，为保持状态。

T 恒为 1 时，就形成了具有计数功能的 T′触发器。

思考题

1. 试说明可控 RS 触发器时钟脉冲 CP 的作用。

2. JK 触发器（或 D 触发器）的时钟脉冲 CP 上升沿触发和下降沿触发，对触发器的逻辑功能有无影响？

3. T 触发器和 T′触发器在逻辑功能上有何相同和不同之处？

8.2　时序逻辑电路的组成及分析

时序逻辑电路也称为时序电路，与组合逻辑电路最大的不同在于电路的组成结构中含有存储器件。组合逻辑电路的输出状态仅仅取决于输入信号的作用，而时序逻辑电路的输出状态不仅取决于输入信号，还取决于电路原来的状态。

8.2.1　时序逻辑电路的组成

时序逻辑电路的基本单元是触发器，因此时序逻辑电路任一时刻的输出状态不仅与当前的输入信号有关，还与电路原来的状态有关。故其电路结构具有以下特点：

1）时序电路由组合逻辑电路和存储电路组成，且存储电路是必须的组成部分。

2）存储电路输出的状态必须反馈到输入端，与输入信号一起共同控制组合电路。

时序逻辑电路的结构框图如图 8-9 所示。

图中 X（x_1、x_2、…、x_n）代表输入信号，Y（y_1、y_2、…、y_m）代表输出信号，Z（z_1、z_2、…、z_i）代表

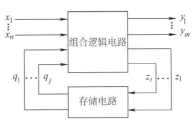

图 8-9　时序逻辑电路结构框图

存储电路的输入信号，$Q(q_1、q_2、\cdots、q_j)$ 代表存储电路的输出信号。这些信号之间的关系可用下列方程来描述：

$$Z = F(X, Q^n) \qquad 驱动方程$$

$$Q^{n+1} = F(Z, Q^n) \qquad 状态方程$$

$$Y = F(X, Q^n) \qquad 输出方程$$

由输出方程可知，电路的输出 Y 不仅取决于输入信号，而且还取决于存储电路的现时状态。

时序逻辑电路按逻辑功能划分有：计数器、寄存器、移位寄存器、读/写存储器、顺序脉冲发生器等。按其状态改变方式可分为同步时序逻辑电路和异步时序逻辑电路两种类型。

同步时序逻辑电路：电路中的存储器件为时钟控制触发器，各触发器共用同一时钟信号，即电路中各触发器状态的转移时刻在统一时钟信号控制下同步发生。

异步时序逻辑电路：电路中的存储器件可以是时钟控制触发器、非时钟控制触发器或延时元件，电路没有统一的时钟信号对状态变化进行同步控制。

8.2.2　时序逻辑电路的分析方法

1. 时序逻辑电路的表示方法　时序电路的逻辑功能可用逻辑方程式、状态表、状态图、时序图、卡诺图和逻辑图 6 种方式表示，这些表示方法在本质上是相同的，可以互相转换。

（1）逻辑方程式

输出方程：$\qquad\qquad\qquad Z = F_1(X, Q^n)$

驱动方程：$\qquad\qquad\qquad Y = F_2(X, Q^n)$

状态方程：$\qquad\qquad\qquad Q^{n+1} = F_3(Y, Q^n)$

（2）状态转换表　状态表以表格形式表示输入变量 X 和时序电路原状态 Q^n 与输出变量 Z 和时序电路次状态 Q^{n+1} 之间的转换关系。

（3）状态转换图　状态图则是以图形的形式来表示这种转换关系，比状态表更直观地描述状态转换与循环规律。如图 8-10 所示，Q_1、Q_2 分别表示两个状态变量，X 表示输入变量，Y 表示输出变量，具体描述为：

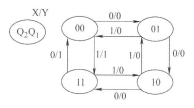

图 8-10　时序电路的状态图

当输入 X = 0 时，设状态变量原状态 $Q_2Q_1 = 00$，第 1 个脉冲后，输出 Y = 0，状态变量变为 $Q_2Q_1 = 01$，第 2 个脉冲后，输出 Y = 0，状态变量变为 $Q_2Q_1 = 10$，第 3 个脉冲后，输出 Y = 0，状态变量变为 $Q_2Q_1 = 11$，第 4 个脉冲后，输出 Y = 1，状态变量变为 $Q_2Q_1 = 00$，即状态变量每一个脉冲加 1，一共有 4 个状态，因此为四进制加法计数器。

当输入 X = 1 时，设状态变量原状态 $Q_2Q_1 = 11$，第 1 个脉冲后，输出 Y = 0，状态变量变为 $Q_2Q_1 = 10$，第 2 个脉冲后，输出 Y = 0，状态变量变为 $Q_2Q_1 = 01$，第 3 个脉冲后，输出 Y = 0，状态变量变为 $Q_2Q_1 = 00$，第 4 个脉冲后，输出 Y = 1，状态变量变为 $Q_2Q_1 = 11$，即状态变量每一个脉冲减 1，一共有 4 个状态，因此为四进制减法计数器。

这称为四进制可逆计数器，即可以为加法计数器，也可以为减法计数器，输入变量用于控制计数器是加法计数还是减法计数器。

（4）时序图　时序图是电路的工作波形图。它能直观地描述时序电路的输入信号、时钟信号、输出信号及电路的状态转换等时间上的对应关系。

如四进制可逆计数器，当 X = 0 时的时序图如图 8-11 所示。

2. 时序逻辑电路的分析方法 分析时序逻辑电路，目的就是要找出电路的输出状态在输入信号与时钟信号作用下的变化规律。分析的具体步骤为：

1）根据给定的时序电路图写出下列各逻辑方程式：

各触发器的时钟方程，时序电路的输出方程，各触发器的驱动方程。

2）将驱动方程代入相应触发器的特性方程，求得各触发器的次态方程，也就是时序逻辑电路的状态方程。

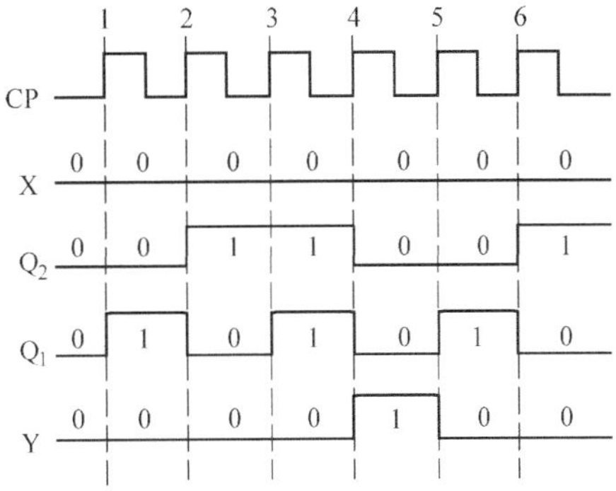

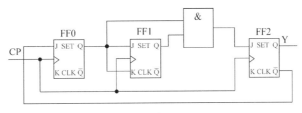

图 8-11 四进制可逆计数器的加法时序图

3）根据状态方程和输出方程，列出该时序电路的状态表，画出状态图或时序图。

4）根据电路的状态表或状态图说明给定时序逻辑电路的逻辑功能。

下面举例说明时序逻辑电路的具体分析方法。

【**例8-1**】 分析图8-12所示的时序逻辑电路功能。

图 8-12 例8-1图

解：（1）时钟方程为

FF0：$CP_0 = CP$

FF1：$CP_1 = CP$

FF2：$CP_2 = CP$

由于3个触发器的时钟信号为同一个时钟信号，因此这是一个同步时序逻辑电路。

（2）输出方程为

$$Y = Q_2^n$$

（3）驱动方程 如果触发器的输入端悬空，相当于接高电平。各触发器的驱动方程为

FF0：$\begin{cases} J_0 = \overline{Q_2^n} \\ K_0 = 1 \end{cases}$

FF1：$\begin{cases} J_1 = Q_0^n \\ K_1 = Q_0^n \end{cases}$

FF2：$\begin{cases} J_2 = Q_0^n Q_1^n \\ K_2 = 1 \end{cases}$

（4）状态方程 将各个触发器的驱动方程代入JK触发器特征方程为

$$Q^{n+1} = J\overline{Q^n} + \overline{K}Q^n$$

代入时注意更改特征方程Q的下标，使之与触发器的编号一致，得各个触发器状态方程为

FF0: $Q_0^{n+1} = \overline{Q_2^n}\ \overline{Q_0^n}$

FF1: $Q_1^{n+1} = Q_0^n\ \overline{Q_1^n} + \overline{Q_0^n}Q_1^n$

FF2: $Q_2^{n+1} = Q_0^n Q_1^n\ \overline{Q_2^n}$

（5）列状态转换表 将状态变量的所有取值组合分别代入状态方程，可得状态转换表，同时，计算输出变量的值，如表8-5所示。

表8-5 例8-1状态转换表

Q_2^n	Q_1^n	Q_0^n	Q_2^{n+1}	Q_1^{n+1}	Q_0^{n+1}	Y
0	0	0	0	0	1	0
0	0	1	0	1	0	0
0	1	0	0	1	1	0
0	1	1	1	0	0	0
1	0	0	0	0	0	1
1	0	1	0	1	0	1
1	1	0	0	1	0	1
1	1	1	0	0	0	1

（6）画状态转换图 根据状态表画出状态图，如图8-13所示。每个圆圈表示一个状态（即状态变量的一个取值组合），箭头指向的是该状态的次态。同样，状态图必须包含状态变量的所有取值组合。

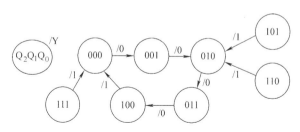

图8-13 例8-1状态转换图

从状态图可以看出，按照加1规律从000→001→010→011→100→000循环变化，并每当转换为100状态（最大数）时，输出Y=1。只要状态变量为000、001、010、011、100这5个状态中的任意一个，就一定在这5个状态中循环。通常这种时序逻辑电路称为五进制计数器，并且这5种状态称为有效状态，其余的3种状态称为无效状态。当处于其他3个无效状态时，也总是能够进入有效状态，称计数器具有自启动能力。因此本电路是一个具有自启动能力的带进位的五进制同步加法计数器。

【例8-2】 分析图8-14所示时序逻辑电路的逻辑功能。

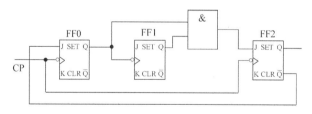

图8-14 例8-2的逻辑电路图

解：（1）时钟方程为

FF0：$CP_0 = CP$

FF1：$CP_1 = Q_0^n$

FF2：$CP_2 = CP$

由于三个触发器不是使用同一 CP 脉冲，所以是异步时序逻辑电路。

（2）驱动方程 各触发器的驱动方程为

FF0：$\begin{cases} J_0 = \overline{Q_2^n} \\ K_0 = 1 \end{cases}$

FF1：$\begin{cases} J_1 = 1 \\ K_1 = 1 \end{cases}$

FF2：$\begin{cases} J_2 = Q_0^n Q_1^n \\ K_2 = 1 \end{cases}$

（3）状态方程 将各个触发器的驱动方程代入 JK 触发器特征方程为

$$Q^{n+1} = J\,\overline{Q^n} + \overline{K}Q^n$$

得各个触发器状态方程为

FF0：$Q_0^{n+1} = \overline{Q_2^n}\,\overline{Q_0^n}$

FF1：$Q_1^{n+1} = \overline{Q_1^n}$

FF2：$Q_2^{n+1} = Q_0^n Q_1^n \overline{Q_2^n}$

（4）列状态转换表 将状态变量的所有取值组合分别代入状态方程，可得状态转换表，如表8-6所示。对于异步时序逻辑电路，需要特别注意的是，状态变量发生翻转是由哪个触发信号控制的，这一点非常重要。

表 8-6 例 8-2 状态转换表

Q_2^n	Q_1^n	Q_0^n	Q_2^{n+1}	Q_1^{n+1}	Q_0^{n+1}
0	0	0	0	0	1
0	0	1	0	1	0
0	1	0	0	1	1
0	1	1	1	0	0
1	0	0	0	0	0
1	0	1	0	1	0
1	1	0	0	1	0
1	1	1	0	0	0

（5）画状态转换图 根据状态表画出状态图，如图 8-15 所示。

从状态图可以看出，按照加 1 规律从 000→001→010→011→100→000 循环变化，只要状态变量为 000、001、010、011、100 这 5 个状态中的任意一个，就一定在这 5 个状态中循环。并且这 5 种状态称为有效状态，其余的三种状态称为无效状态。当处于其他三个无效状态时，也总

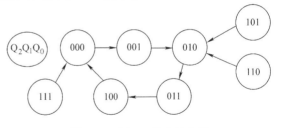

图 8-15 例 8-2 状态转换图

是能够进入有效状态，称计数器具有自启动能力。因此本电路也是一个具有自启动能力的五进制异步计数器。

【例8-3】 试分析图8-16所示的时序逻辑电路。

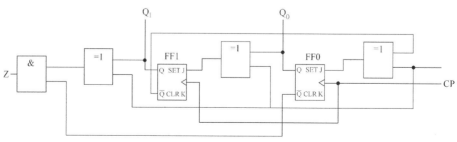

图8-16 例8-3的逻辑电路图

解：（1）由于两个触发器都接至同一个时钟脉冲CP，所以该电路为同步时序逻辑电路。对于同步时序逻辑电路，其时钟方程可以不写。

（2）输出方程为

$$Z = (X \oplus Q_1^n) \overline{Q_0^n}$$

（3）驱动方程。如果触发器的输入端悬空，相当于接高电平。各触发器的驱动方程为

FF0：$J_0 = X \oplus \overline{Q_1^n}$　　　$K_0 = 1$

FF1：$J_1 = X \oplus Q_0^n$　　　$K_1 = 1$

（4）状态方程。将各个触发器的驱动方程代入JK触发器特征方程为

$$Q^{n+1} = J \overline{Q^n} + \overline{K} Q^n$$

得各个触发器状态方程为

FF0：$Q_0^{n+1} = J_0 \overline{Q_0^n} + \overline{K_0} Q_0^n = (X \oplus \overline{Q_1^n}) \overline{Q_0^n}$

FF1：$Q_1^{n+1} = J_1 \overline{Q_1^n} + \overline{K_1} Q_1^n = (X \oplus Q_0^n) \overline{Q_1^n}$

（5）状态转换表及状态图。由于输入控制信号X可取1，也可取0，所以分两种情况列状态转换表和画状态图。

1）当X = 0时，将X = 0代入输出方程和触发器的次态方程，则输出方程简化为

$$Z = Q_1^n \overline{Q_0^n}$$

触发器的次态方程简化为

$$Q_0^{n+1} = \overline{Q_1^n} \, \overline{Q_0^n}$$

$$Q_1^{n+1} = Q_0^n \overline{Q_1^n}$$

因此可得状态转换表，如表8-7所示。根据表8-7所示的状态转换表可得状态转换图如图8-17所示。

表8-7 例8-3 X = 0时的状态表

Q_1^n	Q_0^n	Q_1^{n+1}	Q_0^{n+1}	Z
0	0	0	1	0
0	1	1	0	0
1	0	0	0	1
1	1	0	0	0

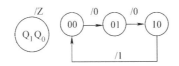

图 8-17　例 8-3 X = 0 时的状态图

2）当 X = 1 时，输出方程简化为

$$Z = \overline{Q_1^n} \ \overline{Q_0^n}$$

触发器的次态方程简化为

$$Q_0^{n+1} = Q_1^n \overline{Q_0^n}$$

$$Q_1^{n+1} = \overline{Q_0^n} \ \overline{Q_1^n}$$

因此可得状态转换表，如表 8-8 所示，状态转换图如图 8-18 所示。

表 8-8　例 8-3 X = 1 时的状态表

Q_1^n	Q_0^n	Q_1^{n+1}	Q_0^{n+1}	Z
0	0	1	0	1
0	1	0	0	0
1	0	0	1	0
1	1	0	0	0

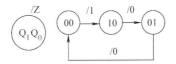

图 8-18　例 8-3 X = 1 时的状态图

将图 8-17 和图 8-18 合并起来，就得到电路完整的状态图，如图 8-19 所示。

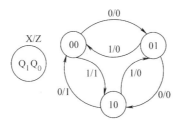

图 8-19　例 8-3 完整状态图

（6）逻辑功能分析　该电路一共有 3 个状态 00、01、10。当 X = 0 时，按照加 1 规律从 00→01→10→00 循环变化，并每当转换为 10 状态（最大数）时，输出 Z = 1。当 X = 1 时，按照减 1 规律从 10→01→00→10 循环变化，并每当转换为 00 状态（最小数）时，输出 Z = 1。所以该电路是一个三进制可逆计数器，当 X = 0 时，作加法计数，Z 是进位信号；当 X = 1 时，作减法计数，Z 是借位信号。

思考题

1. 何为二进制计数器？4 个触发器组成的二进制计数器能计几个数？n 个触发器组成的二进制计数器

能计几个数？

2. 同步计数器和异步计数器应如何区别？

3. 二进制计数器皆有 2 分频、4 分频等分频功能，要进行 10 分频应如何实现？

8.3　集成时序逻辑电路及应用

在数字电路的实际使用中，往往不需要用触发器去构成实际应用电路，现在已有许多 TTL 和 CMOS 集成芯片可供选择，使用非常方便。常用集成时序逻辑器件主要有计数器、寄存器和移位寄存器。对于集成时序逻辑器件只需要了解芯片的功能以及各使能端的使用。

8.3.1　计数器

在数字电路中，计数器是最基本的部件之一。

计数器的功能：对输入脉冲进行计数，用于定时、分频等。

计数器的分类：同步计数器和异步计数器，加法计数器、减法计数器和可逆计数器；有时也用计数器的计数容量（或称模数）来区分各种不同的计数器，如二进制计数器、十进制计数器、二-十进制计数器等。

下面以 TTL 和 CMOS 中规模集成计数器为例，介绍芯片的型号、功能及使用方法。

1. 集成计数器

（1）4 位二进制同步加法计数器 74LS161　74LS161 是 4 位二进制同步加法计数器。其逻辑符号如图 8-20 所示。功能表如表 8-9 所示。

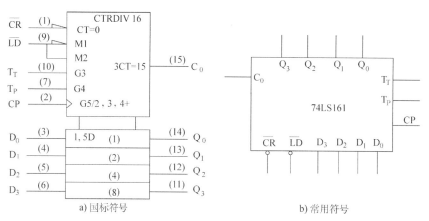

a) 国标符号　　　　　　　　　　b) 常用符号

图 8-20　74LS161 的逻辑符号

表 8-9　74LS161 功能表

输　入									输　出				功能说明
$\overline{CR}$	$\overline{LD}$	T_T	T_P	CP	D_3	D_2	D_1	D_0	Q_3	Q_2	Q_1	Q_0	
0	×	×	×	×	×	×	×	×	0	0	0	0	异步清零
1	0	×	×	↑	d_3	d_2	d_1	d_0	d_3	d_2	d_1	d_0	同步置数
1	1	0	×	×	×	×	×	×	保持				保持
1	1	×	0	×	×	×	×	×	保持				
1	1	1	1	↑	×	×	×	×	当计到 1111 时，$C_0 = 1$				计数

在实际应用中，非常重要的是分析功能表，理解器件的功能及其条件，当需要在几个功能之间进行切换时，其实质是改变其条件，因此，准确理解器件相关功能的工作条件是至关重要的。

由表8-9可以看出，74LS161具有4个功能，分别是异步清零、同步置数、保持与计数。

1）异步清零。

工作条件：$\overline{CR} = 0$；结果：4个输出同时为0。由于工作条件只取决于$\overline{CR}$的值，因此，清零功能与时钟信号无关，所以是异步清零。×表示信号可以为任何形式。显然，计数器不能一直处于异步清零状态，因此，$\overline{CR}$不能接固定的低电平，应该使用一个负脉冲实现异步清零功能。

2）同步置数。

工作条件：$\overline{CR} = 1$、$\overline{LD} = 0$，并且CP为上升沿；结果：$Q_3 = d_3$，$Q_2 = d_2$，$Q_1 = d_1$，$Q_0 = d_0$。由于置数功能与时钟信号有关，因此，为同步置数。由于计数器不能一直处于同步置数状态，因此，在$\overline{CR}$高电平以及CP为上升沿时，$\overline{LD}$应该使用一个负脉冲实现同步置数功能。

3）保持。

工作条件：$\overline{CR} = 1$、$\overline{LD} = 1$，并且$T_T T_P = 0$，即两个使能端中为0时；结果：计数器保持原来状态不变。作为计数器来说，如果计数器的值保持不变，即为停止计数。

4）计数。

工作条件：$\overline{CR} = 1$、$\overline{LD} = 1$、$T_T \cdot T_P = 1$，并且CP为上升沿；结果：计数器进行二进制加法计数，当计到$Q_3 Q_2 Q_1 Q_0$为1111时，C_0变为1。

（2）8421BCD码同步加法计数器74LS160　74LS160除了计数为十进制外，其他功能都与74LS161一样，其逻辑符号与74LS161相同，其功能表如表8-10所示。

表8-10　74LS160功能表

输　　入									输　　出				功能说明
$\overline{CR}$	$\overline{LD}$	T_T	T_P	CP	D_3	D_2	D_1	D_0	Q_3	Q_2	Q_1	Q_0	
0	×	×	×	×	×	×	×	×	0	0	0	0	异步清零
1	0	×	×	↑	d_3	d_2	d_1	d_0	d_3	d_2	d_1	d_0	同步置数
1	1	0	×	×	×	×	×	×	保持				保持
1	1	×	0	×	×	×	×	×	保持				
1	1	1	1	↑	×	×	×	×	十进制计数				计数

（3）4位二进制同步加法计数器74LS163　74LS163具有同步清零功能。当$\overline{CR} = 0$时，在CP脉冲的上升沿到来时，$Q_3 Q_2 Q_1 Q_0 = 0000$，即同步清零。进位输出端C_0当计到15(1111)时，产生进位输出，其他时刻为0，其余功能与74LS161相同。

（4）二-五-十进制异步加法计数器74LS290　74LS290分别实现二进制、五进制和十进制计数，具有清零、置数和计数功能。其逻辑符号如图8-21所示，功能表如表8-11所示。

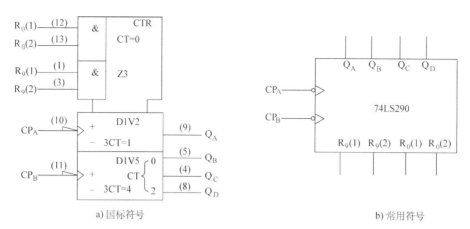

a) 国标符号　　　　　　　　　b) 常用符号

图 8-21　74LS290 的逻辑符号

表 8-11　74LS290 的功能表

输　　入				输　　出				功能
$R_0(1)$	$R_0(2)$	$R_9(1)$	$R_9(2)$	Q_D	Q_C	Q_B	Q_A	
1	1	0	×	0	0	0	0	异步清零
1	1	×	0	0	0	0	0	异步清零
×	×	1	1	1	0	0	1	异步置9
×	0	×	0					计数
0	×	0	×					
0	×	×	0					
×	0	0	×					

1）异步置 9。

工作条件：$R_9(1) = R_9(2) = 1$；结果：电路输出 $Q_D Q_C Q_B Q_A = 1001$。

2）异步清零。

工作条件：$R_9(1)R_9(2) = 0$ 并且 $R_0(1)R_0(2) = 1$；结果：电路输出全部为 0。

3）计数。

工作条件：$R_9(1)R_9(2) = 0$ 并且 $R_0(1) = R_0(2) = 0$；结果：电路为计数状态。此时计数器分为 A、B 两个完全独立计数器。

A 计数器：模为 2，CP_A 为计数脉冲输入端，Q_A 为计数状态输出端。

B 计数器：模为 5，CP_B 为计数脉冲输入端，Q_D、Q_C、Q_B 由高到低为计数状态输出端。

可以通过对两个计数器级联的方式构成十进制计数，分两种情况，若计数脉冲从 CP_A 端输入，将 Q_A 与 CP_B 端相连接，输出按 8421 码的顺序计数，从高位到低位依次是 Q_D、Q_C、Q_B、Q_A。当计数脉冲从 CP_B 端输入时，将 Q_D 与 CP_A 端相连接，输出按 5421 码的顺序计数，从高位到低位依次是 Q_A、Q_D、Q_C、Q_B。

2. 集成计数器的应用

（1）计数器的级联　为了获得计数容量更大的计数器，可以将多个集成计数器级联起来，级联后的计数器的模为各个计数器的模的乘积。计数器有下列两种常用的级联方式。

1）同步级联。同步级联的方法是，所有计数器使用同一个计数脉冲，用低位计数器的进位/借位输出信号作为高位计数器的计数启停控制端，使得有进位或借位时，才允许高位计数器进行计数。

【例 8-4】 用 74LS161 计数器，采用同步级联方式构成 8 位二进制同步加法计数器。

解： 由于 74LS161 计数器是 4 位二进制（即模为 16）的计数器，要构成 8 位，则需要两片 74LS161 计数器。又由于要求同步，因此，两片 74LS161 计数器使用同一个计数脉冲，用低位 74LS161 的进位输出信号作为高位 74LS161 的计数启停控制端，使得低位 74LS161 有进位时，才允许高位 74LS161 进行计数。电路如图 8-22 所示。

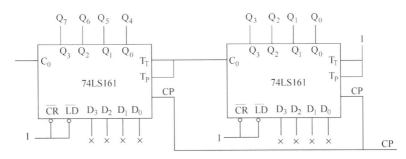

图 8-22 74LS161 同步级联组成 8 位二进制加法计数器

两个计数器共用同一个计数脉冲，因此这两个计数器为同步级联。低位计数器总是处于计数状态，当低位计数器的 $C_0 = 0$ 时，高位片的 $T_T = T_P = 0$，使得高位计数器停止计数。只有当低位片计数到最大值 1111 时，$C_0 = 1$，使高位片的 $T_T = T_P = 1$，从而使高位计数器满足计数条件，在下一个计数脉冲到来时，低位片回零，高位片加 1，实现了进位。

2）异步级联。异步级联的方法是，用低位计数器输出的最高位作为高位计数器的计数脉冲信号。当低位计数器的最高位从 1 变到 0 时，显然应该产生一个进位，而低位计数器的最高位从 1 变到 0 产生了一个下降沿，使得高位计数器进行计数。由于低位计数器与高位计数器的计数脉冲不同，因此，这种级联方法是异步级联。

【例 8-5】 用 74LS290 计数器，采用异步级联方式组成 2 位 8421BCD 码十进制计数器。

解： 对于每一个计数器 74LS290 来说，都由两个相互独立的计数器 A、B 构成，其中 A 为模为 2 的加法计数器，B 为模为 5 的加法计数器，A 计数器由 CP_A 与 Q_0 组成，B 计数器由 CP_B 与 Q_1、Q_2、Q_3 组成。因此，可以用 A、B 两个计数器进行异步级联，便可构成 1 位十进制加法计数器，即每个计数器 74LS290 的模为 $2 \times 5 = 10$。两个计数器 74LS290 级联后，其模为 $10 \times 10 = 100$，即为 2 位的十进制计数器。电路如图 8-23 所示。

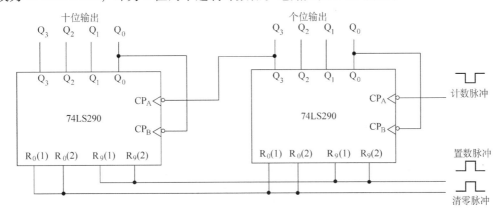

图 8-23 74LS290 异步级联组成一百进制计数器

（2）任意进制计数器 在集成计数器产品中，大部分是二进制、十进制两大系列，可以使用现有的二进制或十进制计数器，利用其清零端或预置数端，外加适当的门电路组成任意进制计数器。

1）异步清零法。

适用条件：具有异步清零端的集成计数器，即清零功能的工作条件与时钟信号无关。

方法：设计数器的模为 N（该计数器可以是级联后的计数器），设要获得的计数器的模为 $M(M<N)$，具体方法是对输出信号取值为 M 时取值为 1 的输出信号进行译码，译码输出信号为计数器清零信号的有效电平。由于清零信号与时钟脉冲 CP 没有任何关系，只要异步清零端出现清零有效信号，计数器便被立即清零。

【例8-6】 用清零法，使用计数器 74LS161 实现六进制计数器。

解：74LS161 是模为 16 的加法计数器，清零方式为异步清零。首先将 74LS161 的输出预置为 0000，从 0000 状态开始计数，输出为 6 时输出信号的取值组合为 $Q_3Q_2Q_1Q_0=0110$，即只需要对 $Q_2Q_1=11$ 这种组合进行译码。由于清零信号的有效电平为低电平，因此，译码输出应为低电平，用一个与非门即可。即只要输出为 6，$Q_3Q_2Q_1Q_0=0110$，则与非门的输出端立即变为低电平，使 $Q_3Q_2Q_1Q_0$ 返回 0000 状态，接着与非门输出端变高电平，$\overline{CR}$ 端清零信号随之消失，74LS161 重新从 0000 状态开始新的计数周期，可见 0110 状态仅在极短的瞬间出现，为过渡状态。该电路的有效状态是 0000～0101，共 6 个状态，所以为六进制计数器，电路如图 8-24 所示。

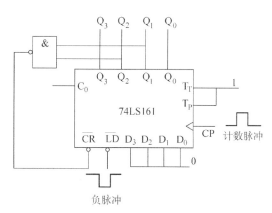

图 8-24 74LS161 异步清零法组成六进制计数器

2）同步清零法。

适用条件：具有同步清零端的集成计数器，即清零功能的工作条件与时钟信号有关。

与异步清零不同，同步清零输入端获得有效信号后，还需要花一个计数脉冲计数器才能被清零。

方法：设计数器的模为 N（该计数器可以是级联后的计数器），设要获得的计数器的模为 $M(M<N)$，具体方法是对输出信号取值为 $M-1$ 时取值为 1 的输出信号进行译码，译码输出信号为计数器清零信号的有效电平。

【例8-7】 用清零法，使用计数器 74LS163 实现六进制计数器。

解：74LS163 是模为 16 的加法计数器，清零方式为同步清零。74LS163 从 0000 状态开始计数，当输出为 5 时，即有 $Q_3Q_2Q_1Q_0=0101$，则只需要对 $Q_2Q_0=11$ 这种组合进行译码，且译码输出为低电平。因此用一个与非门即可。即只要输出为 5，$Q_3Q_2Q_1Q_0=0101$，则与非门的输出端立即变低电平，使$\overline{CR}$端有效，当下一个脉冲（上升沿）出现时，使$Q_3Q_2Q_1Q_0$返回0000状态，同时$\overline{CR}$端的有效信号消失，74LS163重新从0000状态开始新的计数周期。电路如图8-25所示。

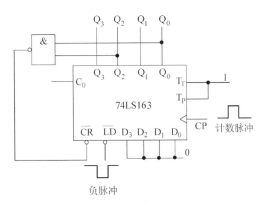

图8-25　74LS163同步清零法组成六进制计数器

3）其他方法。同样，可以将译码输出信号连接至计数器的预置端，实现任意进制的计数器。根据预置控制端与时钟的关系，分为同步预置数法与异步预置数法。

非常重要的是，不管采用哪种方法，必须清楚相应功能端与时钟信号是同步关系还是异步关系。

【例8-8】　用74LS160组成四十八进制计数器。

解： 由于74LS160是模为10的计数器，而要求实现的计数器的模为48，因此需要两片74LS160级联，构成模为100的计数器。

又由于74LS160是8421BCD码，即十进制计数器，而且是异步清零，因此，可采用异步清零法实现四十八进制计数器。由于是BCD码，因此BCD码48的二进制形式应为01001000，对第2片的$Q_2=1$与第1片的$Q_3=1$进行译码即可，译码输出低电平，并接至两个计数器的异步清零端。这样，就组成了四十八进制计数器，其逻辑电路如图8-26所示。

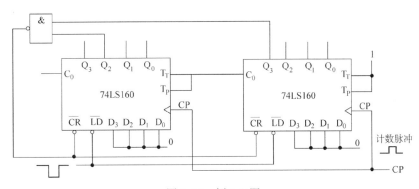

图8-26　例8-8图

8.3.2　寄存器

寄存器是用来存储二进制数据的时序逻辑部件。

寄存器是由触发器组成的，n个触发器能存储n位二进制数，即构成了n位数据寄存器，数据寄存器能存放一组二进制数据。寄存器分为数据寄存器与移位寄存器。数据寄存器仅有数据存储功能，而移位寄存器除了具有数据寄存器的功能外，还具有移位功能，即在移位脉冲作用下，寄存器中的数据可依次向左或向右移动。

寄存器存入数据的方式有并行和串行两种，并行输入是指数据从输入端同时输入到寄存器中；串行输入是指数据从一个输入端逐位输入到寄存器中。

寄存器取出数据的方式也有并行和串行两种。

1. 数据寄存器 D 触发器是最简单的数据寄存器。在 CP 脉冲作用下，它能存储一位二进制代码。

对于 D 触发器，当 $D = 0$ 时，在 CP 脉冲作用下，将 0 寄存在 D 触发器中；当 $D = 1$ 时，在 CP 脉冲作用下，将 1 寄存在 D 触发器中。图 8-27 是由 D 触发器组成的 4 位数据寄存器。

在 CP 脉冲作用下，输入端的 4 个数据同时被存到 4 个 D 触发器中，并从 4 个 D 触发器 Q 端输出。如果给各触发器的异步清零端—控制信号，还可以实现寄存器的清零功能。

2. 移位寄存器 在时钟脉冲作用下，移位寄存器中的数据有左移和右移两种形式。既可左移又可右移的称为双向移位寄存器，但同一时刻只能实现单向移位。

4 位右移寄存器如图 8-28 所示。即数据从低位向高位移动。

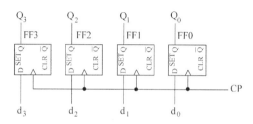

图 8-27　D 触发器组成的 4 位数据寄存器

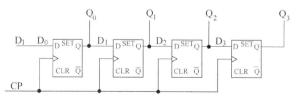

图 8-28　4 位右移寄存器

时钟方程：$CP_0 = CP_1 = CP_2 = CP_3 = CP$，因此为同步移位。

驱动方程：$D_0 = D_i$、$D_1 = Q_0^n$、$D_2 = Q_1^n$、$D_3 = Q_2^n$

状态方程：$Q_0^{n+1} = D_i$，$Q_1^{n+1} = Q_0^n$，$Q_2^{n+1} = Q_1^n$，$Q_3^{n+1} = Q_2^n$

因此，可得 4 位右移寄存器的状态表，如表 8-12 所示。

表 8-12　4 位右移寄存器状态表

输入		现态				次态				说明
D_i	CP	Q_0^n	Q_1^n	Q_2^n	Q_3^n	Q_0^{n+1}	Q_1^{n+1}	Q_2^{n+1}	Q_3^{n+1}	
1	↑	0	0	0	0	1	0	0	0	
1	↑	1	0	0	0	1	1	0	0	连续输入 4 个 1
1	↑	1	1	0	0	1	1	1	0	
1	↑	1	1	1	0	1	1	1	1	

单向移位寄存器具有以下主要特点：

单向移位寄存器中的数码，在 CP 脉冲操作下，可以依次右移或左移。

n 位单向移位寄存器可以寄存 n 位二进制代码。n 个 CP 脉冲即可完成串行输入工作，此后可从 $Q_0 \sim Q_{n-1}$ 端获得并行的 n 位二进制数码，再用 n 个 CP 脉冲又可实现串行输出操作。若串行输入端状态为 0，则 n 个 CP 脉冲后，寄存器便被清零。

3. 集成移位寄存器 74LS194 功能及应用 74LS194 是 4 位双向多功能集成移位寄存器，可在时钟脉冲的上升沿实现左移、右移或并行送数等操作，也可以保持不变，具体功能的实现由工作方式控制端控制。74LS194 的逻辑符号如图 8-29 所示，功能表如表 8-13 所示。

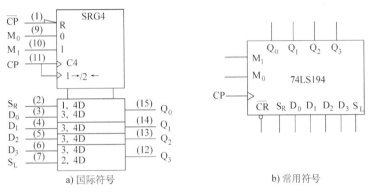

a) 国际符号   b) 常用符号

图 8-29 74LS194 的逻辑符号

表 8-13 74LS194 功能表

输　入										输　出				功能说明
$\overline{CR}$	M_1	M_0	CP	S_L	S_R	D_0	D_1	D_2	D_3	Q_0	Q_1	Q_2	Q_3	
0	×	×	×	×	×	×	×	×	×	0	0	0	0	清零
1	×	×	0	×	×	×	×	×	×	×	×	×	×	保持
1	0	0	×	×	×	×	×	×	×	×	×	×	×	
1	1	1	↑	×	×	d_0	d_1	d_2	d_3	d_0	d_1	d_2	d_3	送数
1	0	1	↑	×	1	×	×	×	×	1	Q_0^n	Q_1^n	Q_2^n	右移
1	0	1	↑	×	0	×	×	×	×	0	Q_0^n	Q_1^n	Q_2^n	
1	1	0	↑	1	×	×	×	×	×	Q_1^n	Q_2^n	Q_3^n	1	左移
1	1	0	↑	0	×	×	×	×	×	Q_1^n	Q_2^n	Q_3^n	0	

由功能分析可知 74LS194 具有如下功能：

1）清零功能。

工作条件：$\overline{CR}$ 为低电平；结果：输出全为 0。由于清零功能与时钟信号无关，因此为异步清零。

2）保持功能。

工作条件：$\overline{CR}$ 为高电平并且 CP = 0 或 $\overline{CR}$ 为高电平并且 $M_1 M_0 = 00$；结果：输出保持不变。

3）送数功能。

工作条件：$\overline{CR}$ 为高电平、$M_1 M_0 = 11$ 并且 CP = ↑；结果：输出对应等于输入。

4）右移功能。

工作条件：$\overline{\text{CR}}$ 为高电平、$M_1 M_0 = 01$ 并且 CP = ↑；结果：

$$Q_0^{n+1} = S_R \text{、} Q_1^{n+1} = Q_0^n \text{、} Q_2^{n+1} = Q_1^n \text{、} Q_3^{n+1} = Q_2^n$$

5）左移功能。

工作条件：$\overline{\text{CR}}$ 为高电平、$M_1 M_0 = 10$ 并且 CP = ↑；结果：

$$Q_3^{n+1} = S_L \text{、} Q_2^{n+1} = Q_3^n \text{、} Q_1^{n+1} = Q_2^n \text{、} Q_0^{n+1} = Q_1^n$$

（1）环形计数器　图 8-30 是用 74LS194 构成的环形计数器的逻辑图和状态图。

当正脉冲起动信号到来，使 $M_1 M_0 = 11$ 时，工作条件为 $\overline{\text{CR}}$ 为高电平、$M_1 M_0 = 11$，从而当 CP = ↑ 时执行置数操作，使 $Q_0 Q_1 Q_2 Q_3 = 1000$。当起动信号由 1 变 0 之后，工作条件为 $\overline{\text{CR}}$ 为高电平、$M_1 M_0 = 01$，从而当 CP = ↑ 时，移位寄存器进行右移操作。由于 $S_R = Q_3 = 1$，故有

$$Q_0^{n+1} = Q_3^n \text{、} Q_1^{n+1} = Q_0^n \text{、} Q_2^{n+1} = Q_1^n \text{、} Q_3^{n+1} = Q_2^n$$

从而实现了循环移位。由状态图可知该计数器共 4 个状态，因此是模为 4 的计数器。

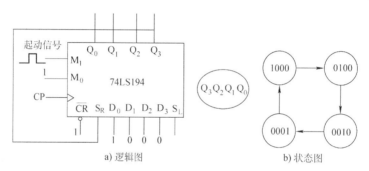

图 8-30　74LS194 构成的环形计数器

（2）扭环形计数器　为了增加有效计数状态，扩大计数器的模，将移位寄存器末级输出反相后，接到串行输入端，就构成了扭环形计数器。如图 8-31a 所示，图 b 为其状态图。可见该电路有 8 个计数状态，模为 8 的计数器。

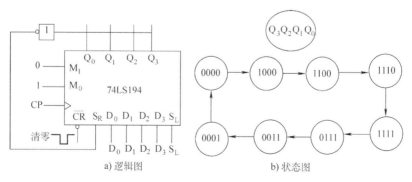

图 8-31　74LS194 构成的扭环形计数器

一般来说，N 位移位寄存器可以组成 2N 的扭环形计数器。

将两片 74LS194 进行级联，则可扩展为 8 位双向移位寄存器，如图 8-32 所示。其中 S_R 端是 8 位寄存器的右移串行输入端，S_L 端是 8 位寄存器的左移串行输入端，$D_0 \sim D_7$ 为并行输入端，$Q_0 \sim Q_7$ 为并行输出端。

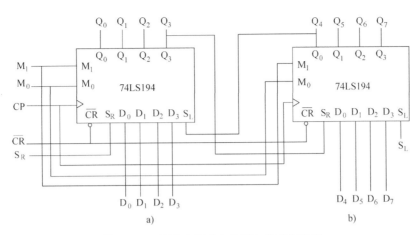

图 8-32　74LS194 组成 8 位双向移位寄存器

思考题

1. 数码寄存器的数据被取定后，寄存器内容是否变化?

2. 移位寄存器的数据被取定后，寄存器的内容是否变化?

3. 在寄存器中，时钟脉冲 CP 有何作用?

8.4　应用 Multisim 对时序逻辑电路进行仿真分析

8.4.1　74LS160D 计数器逻辑功能的仿真与分析

以 74LS160D 计数器为例，介绍使用仿真软件 Multisim14.0 对时序逻辑电路功能的仿真与分析。

74LS160D 是一个同步 4 位 10 进制计数器，其逻辑功能的仿真电路和时序图如图 8-33 所示。

1. 电路功能

1) 对频率为 100Hz 的 5V 方波信号进行计数。

2) 开关 S_1 用于复位计数器的输出（即输出为全 0），开关 S_2 用于装载预置的输出值（即输出等于输入），开关 S_3 用于控制计数的启停，开关 S_4 用于设置输入为全 1 还是全 0。

3) 指示灯 X_1、X_2、X_3、X_4 分别用于指示计数输出引脚 QD、QC、QB、QA 的电平状态，灯亮表示高电平，灯灭表示低电平。指示灯 X_5 用于指示计数进位输出引脚的电平状态，灯亮表示高电平，灯灭表示低电平。

4) 七段码显示器 U2 用于显示计数器计数的值，逻辑分析仪 XLA1 用于显示计数脉冲和 4 个计数输出引脚的时序。

2. 仿真过程

1) 单击开关，使计数器处于禁止装载计数初值，禁止复位计数器的输出、允许计数的状态。

2) 单击运行，运行一会儿后停止运行。观察 4 个指示灯表示的电平值，与七段码显示的值是否一致。打开逻辑分析仪，从最右端观察其计数数值及时序是否正确。

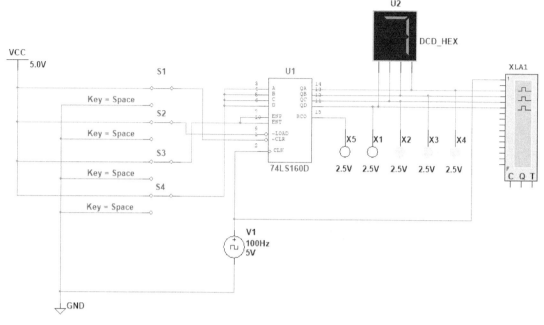

a) 74LS160D逻辑功能仿真电路

b) 74LS160D逻辑功能时序图

图 8-33　74LS160D 逻辑功能仿真

8.4.2　利用 74LS160D 的异步置 0 功能设计任意进制计数器的仿真

74LS160D 为 10 进制计数器，利用"反馈置 0 法"，使异步置 0 端 CLR 为 0，迫使正在计数的计数器跳过无效状态，成为小于 10 的任意进制的计数器。其仿真电路如图 8-34 所示。

74LS00D 为 2 输入与非门，其输入端连接 QB 和 QC，只要 QB 和 QC 两者同时为 1，则与非门立即输出 0，使得计数器立即复位，复位后，QB 和 QC 两者均为 0，这又使与非门输出 1，使计数器退出复位状态。也就是说，计数器的输出引脚 QB 和 QC，不会稳定地出现高电平，即计数器的稳定输出值为 000、001、010、011、100、101 共 6 种情况，因此，构成了 6 进制计数器。

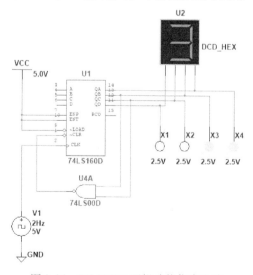

图 8-34　74LS160D 逻辑功能仿真电路

本章小结

1. 触发器是构成各种复杂数字系统的一种基本逻辑单元，触发器具有记忆功能，因此也称为锁存器或记忆单元。基本 RS 触发器是构成其他触发器的基本单元，在实际电路中，常用的触发器有 JK、T、D 等触发器，它们的逻辑功能可以用特性表、特性方程或状态转换图描述。触发器非常重要的是触发方式，有电平触发、边沿触发之分。只有在准确理解了触发器的触发方式的前提下，才能正确理解触发器动作特点。

2. 时序逻辑电路与组合逻辑电路不同，其最大的特点是输出不仅与输入有关，而且还与原来的输出状态有关，其电路构成的关键特点是含有存储单元。因此，其分析方法与组合逻辑电路具有很大的不同。描述时序电路逻辑功能的方法有方程组（状态方程、驱动方程和输出方程）、状态转换表，状态转换图等几种。分析时序电路时，一般先根据电路图写出方程组，然后得出状态转换表，画出状态转换图，从而很容易地分析出时序电路的逻辑功能。在分析时，特别注意各个触发器是同步还是异步。

3. 对于集成时序逻辑电路，非常重要的是准确理解其功能表，理解各个功能的工作条件，这是分析及设计集成时序逻辑电路的关键依据。

自 测 题

8.1 选择题

1. 欲使与非门构成的基本 SR 锁存器保持原态不变，则输入信号应为(   )。
(a) $S = R = 1$ (b) $S = R = 0$ (c) $S = 1, R = 0$

2. 对于 JK 触发器，设输入 $J = 0$，$K = 1$，在 CP 脉冲作用后，触发器的次态应为(   )。
(a) 0 (b) 1 (c) 翻转

3. 在下列锁存器和触发器中，没有约束条件的是 (   )。
(a) 基本 RS 触发器 (b) 主从 RS 触发器 (c) 边沿 D 触发器

4. 触发器如图 8-35a 所示，设初始状态为 0，则输出 Q 的波形为图 8-35b 中的(   )。

5. 下降沿触发的 JK 触发器，其输出 Q 与输入 K 连接，触发器初始状态为 0，在 CP 脉冲作用下，输出 Q 的波形为图 8-36 中的波形(   )。

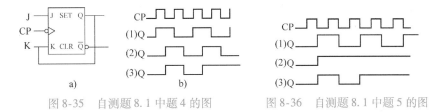

图 8-35   自测题 8.1 中题 4 的图   图 8-36   自测题 8.1 中题 5 的图

6. 图 8-37 所示的触发器具有 (   ) 功能。
(a) 保持 (b) 计数 (c) 置 1

7. 在图 8-38 所示各电路中，能完成 $Q^{n+1} = \overline{Q^n}$ 功能的电路是图 (   )。

8. 在图 8-39 所示的电路中，触发器的原状态 $Q_1 Q_0 = 01$，则在下一个 CP 作用后，$Q_1 Q_0$ 为 (   )。
(a) 00 (b) 01 (c) 10

9. 构成时序逻辑电路的基本单元是_____。
(a) 编码器 (b) 数据选择器 (c) 触发器

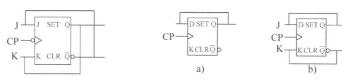

图 8-37　自测题 8.1 中题 6 的图　　　　图 8-38　自测题 8.1 中题 7 的图

10. 时序逻辑电路如图 8-40 所示，触发器的初态 $Q_2Q_1Q_0 = 100$，在 CP 脉冲作用下，触发器的状态重复一次所需 CP 脉冲的个数为（　　　）。

（a）1 个　　　　　（b）3 个　　　　　（c）6 个

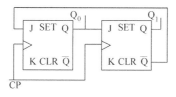

图 8-39　自测题 8.1 中题 8 的图

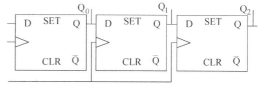

图 8-40　自测题 8.1 中题 10 的图

8.2　填空题

1. 触发器有_____个稳态，一个触发器可记忆_____位二进制码。

2. 用或非门组成的基本 RS 触发器的约束条件是_____。

3. 对于 T 触发器，若初态 $Q^n = 0$，要使次态为 1，则输入 T = _____。

4. 对于 JK 触发器，若 J = K，则可完成_____触发器的逻辑功能。

5. 寄存器的功能是_____，它可分为_____和_____两类。

6. 时序逻辑电路的输出状态由_____决定，与电路的原有状态_____。

7. 由 D 触发器组成的 4 位数码寄存器，清零后，输出端 $Q_3Q_2Q_1Q_0 =$ _____，输入端 $D_3D_2D_1D_0 = 1001$，当 CP 有效沿出现时，输出端 $Q_3Q_2Q_1Q_0 =$ _____。

8. 计数器按计数增减分为_____和_____，按计数器中各触发器状态翻转是否与触发信号同步来分分为_____和_____。

9. 左移寄存器工作时，将需输入数码由最_____位到_____位逐次移入最_____位触发器，在 CP 的作用下，逐个移入寄存器。

10. 8421BCD 码十进制计数器当计数状态是_____时，再输入一个计数脉冲，计数状态为 0000，然后向高位发_____信号。

　习题

8.1　分析图 8-41 所示 RS 触发器的功能，并根据输入波形画出 Q 和 $\overline{Q}$ 的波形。

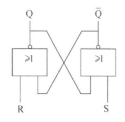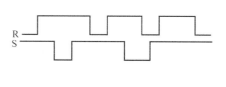

图 8-41　习题 8.1 图

8.2　由 D 触发器组成的电路如图 8-42a 所示，输入波形如图 8-42b 所示，画出 Q_0、Q_1 的波形。

8.3　边沿触发器接成图 8-43a、b、c、d 所示形式，设初始状态为 0，试根据图 e 所示的 CP 波形画出

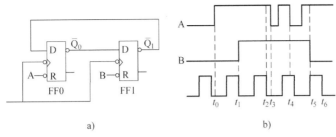

图 8-42 习题 8.2 图

Q_a、Q_b、Q_c、Q_d 的波形。

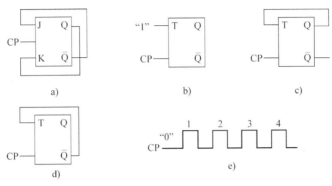

图 8-43 习题 8.3 图

8.4 边沿触发器电路如图 8-44 所示，设初状态均为 0，试根据 CP 波形画出 Q_1、Q_2 的波形。

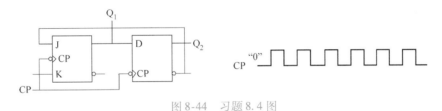

图 8-44 习题 8.4 图

8.5 边沿触发器电路如图 8-45 所示，设初状态均为 0，试根据 CP 和 D 的波形画出 Q_1、Q_2 的波形。

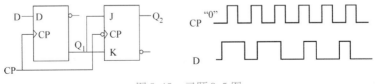

图 8-45 习题 8.5 图

8.6 边沿 T 触发器电路如图 8-46 所示，设初状态为 0，试根据 CP 波形画出 Q_1、Q_2 的波形。

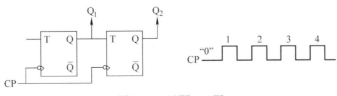

图 8-46 习题 8.6 图

8.7 分析图 8-47 所示时序电路的逻辑功能，写出电路的驱动电路，状态转移方程和输出方程，画出状态转移图，说明电路是否具有自启动特性。

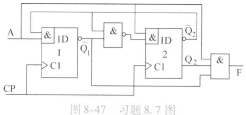

图 8-47　习题 8.7 图

8.8　分析图 8-48 所示时序电路的逻辑功能，假设电路初态为 000，如果在 CP 的前 6 个脉冲内，D 端依次输入数据 1，0，1，0，0，1，则电路输出在此 6 个脉冲内是如何变化的？

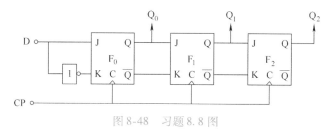

图 8-48　习题 8.8 图

8.9　逻辑电路如题图 8-49 所示。按照时序逻辑电路的分析步骤，列出状态方程和输出方程，写出状态转换表，画出状态状态图。已知 CP 和 X 的波形，试画出 Q_1 和 Q_2 的波形，设触发器的初态均为 0。

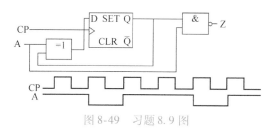

图 8-49　习题 8.9 图

8.10　写出图示电路的驱动方程，列出状态转换表，分析电路的逻辑功能，判断是几进制计数器（设 Q_2、Q_1、Q_0 的初始状态均为"0"）。

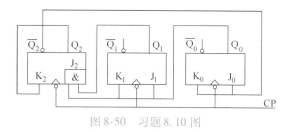

图 8-50　习题 8.10 图

8.11　分析图 8-51 所示电路的逻辑功能。

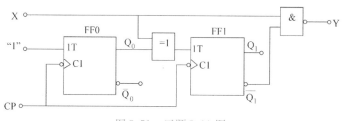

图 8-51　习题 8.11 图

8.12 计数电路如图 8-52 所示,设初始状态为 $Q_2Q_1Q_0 = 000$,试(1)写出触发器的时钟方程、驱动方程、状态方程;(2)列出状态表;(3)分析其逻辑功能。

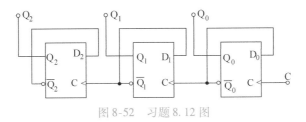

图 8-52 习题 8.12 图

8.13 试分析图 8-53 所示的时序逻辑电路。

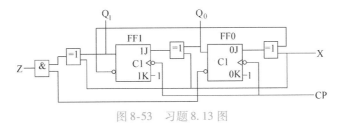

图 8-53 习题 8.13 图

8.14 74LS161 按照题图 8-54 所示连接,分析各电路是几进制计数器?

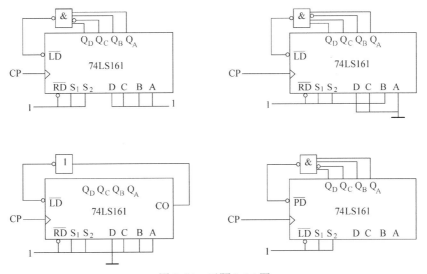

图 8-54 习题 8.14 图

8.15 试分析图 8-55 所示时序电路,画出状态图。

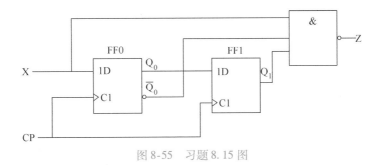

图 8-55 习题 8.15 图

8.16 试分析图8-56所示时序电路，列状态表，画状态图。

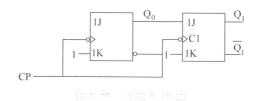

图8-56 习题8.16图

8.17 画出用4位二进制74LS161计数器按异步清零法实现下列进制计数器的电路图。

（1）六进制 （2）十二进制 （3）一百进制

8.18 画出用二-五进制74LS290异步计数器实现下列进制计数器的电路图。

（1）七进制 （2）九进制

第 **9** 章

脉冲波形的产生与变换

知识单元目标

- 能够区分、描述无稳态触发器、单稳态触发器的工作原理。
- 能够熟练分析由 555 定时器组成的单稳态触发器的工作原理。
- 能够熟练分析由 555 定时器组成的多谐振荡器的工作原理。
- 具备利用仿真软件 Multisim 对 555 定时器构成的单稳态触发器、多谐振荡器进行仿真设计与分析的能力。

讨论问题

- 基本环形振荡器的组成、工作原理和特点。
- RC 环形振荡器的组成、工作原理和特点。
- 石英晶体振荡器的组成、工作原理和特点。
- 门电路构成的单稳态触发器的工作原理。
- 集成单稳态触发器及其应用。
- 集成 555 定时器的原理及其应用。

在数字电路或数字系统中，经常需要各种脉冲信号，如数字系统中的时钟信号、控制过程中的定时信号、协调整个数字系统工作的时序信号等脉冲信号。这些脉冲信号对数字系统的重要性是不言而喻的，没有这些脉冲信号，数字系统将无法正常工作。因此常采用脉冲信号的产生电路来获得系统的时钟信号，用变换电路对已有的信号进行变换，来得到需要的脉冲波形，以满足实际系统的需要。

9.1 无稳态触发器

无稳态触发器没有稳定的状态，无需外加触发脉冲，就能输出一定频率和幅度的矩形脉冲（自激振荡）。由于矩形波含有丰富的谐波，故也称为多谐振荡器。数字电路中的时钟脉冲一般都用多谐振荡器来产生。多谐振荡器的电路形式比较多，有分立元件、门电路、集成电路等多种电路形式。通常在频率稳定度和准确性要求不太高的场合，采用 TTL 或 CMOS 门电路构成的多谐振荡器；当对频率稳定度要求比较高时，在多谐振荡器电路中接入石英晶体，组成石英晶体多谐振荡器。本节只介绍这两种常用的电路形式。

9.1.1 环形振荡器

环形振荡器就是将奇数个反相器首尾相接，利用门电路固有的传输延迟时间，组成闭合回路，从而构成一个多谐振荡器。

1. 基本环形振荡器 如图 9-1a 所示电路就是一个由三个非门首尾相接构成的基本环形振荡器。设每个门电路的传输延迟时间均为 t_{pd}。在某一时刻电路的输出 $u_o = 1$（即 $u_{i1} = 1$ 高电平），经过非门 G_1 一个传输延迟时间 t_{pd} 后，$u_{i2} = 0$，经过非门 G_2 一个传输延迟时间 t_{pd} 后，$u_{i3} = 1$，再经过非门 G_3 一个传输延迟时间 t_{pd} 后，$u_o = 0$，u_o 的状态返回到非门 G_1 输入端，又使得 $u_{i2} = 1$，由此类推，在基本环形振荡器的输出端可得到一个连续的矩形脉冲。电路的各点电压波形如图 9-1b 所示。

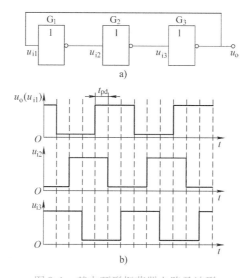

图 9-1　基本环形振荡器电路及波形

由波形图不难分析出基本环形振荡器的振荡周期为

$$T = 6t_{pd}$$

当基本环形振荡器中的非门个数为 n（其中 n 为大于或等于 3 的奇数）时，基本环形振荡器输出的矩形脉冲振荡周期为

$$T = 2nt_{pd} \tag{9-1}$$

基本环形振荡器的电路结构简单，但由于门电路的传输延迟时间很小，故基本环形振荡器的振荡频率极高，且频率不可调。

2. RC 环形振荡器 为了克服基本环形振荡器的振荡频率极高，且频率不可调的缺点，通常在基本环形振荡器的电路中加入 RC 延迟环节，组成 RC 环形振荡器，如图 9-2 所示。

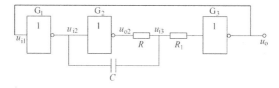

图 9-2　RC 环形振荡器

在电路中接入 RC 电路以后，不仅增大了环路的延迟时间，降低了振荡频率，而且通过

改变 R 和 C 的数值可以很容易地实现对频率的调节。

RC 环形振荡器的电压波形如图 9-3 所示。通常 RC 电路产生的延迟时间要远大于门电路本身的传输延迟时间，所以在计算振荡频率时，可忽略门电路传输延迟时间的影响，只需考虑 RC 电路的作用。R_1 为限流电阻，一般取值为 100Ω 左右。

工作原理分析如下：

假设在 $t = t_1$ 时刻 $u_o(u_{i1})$ 由 "0" 变为 "1"，于是 $u_{o1}(u_{i2})$ 变为低电平 "0"，u_{o2} 变为高电平 "1"。由于电容电压不能突变，u_{i3} 必将随着 u_{o1} 而产生一个负跳变，随后 u_{o2} 高电平通过电阻 R 向电容 C 充电，使 u_{i3} 近似按 e

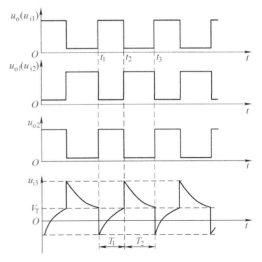

图 9-3 RC 环形振荡器的电压波形

指数规律上升。当 u_{i3} 上升到阈值电压 V_T 时，G_3 的输出 u_o 变为低电平 "0"，u_{i1} 产生负跳变，由 "1" 变为 "0"，$u_{o1}(u_{i2})$ 将由 "0" 变为 "1"。这时由于 $u_{i2}=1$，u_{o2} 将变为低电平 "0"，电容充电结束，并通过 R 开始放电，u_{i3} 将近似按 e 指数规律下降。当 u_{i3} 下降到 V_T 时，G_3 的输出 u_o 变为高电平 "1"，电路又转换到前一状态。

可见，利用电容 C 的充、放电使得 RC 环形振荡器的输出状态不停地转换，在非门 G_3 的输出端就可以得到一个连续的矩形脉冲。矩形脉冲的周期由电容充、放电的时间常数决定。如果电路中采用 TTL 门电路，根据 TTL 门电路的典型值，可用式（9-2）近似估算矩形脉冲的振荡周期。

$$T \approx 2.2RC \tag{9-2}$$

用 TTL 非门组成的 RC 环形振荡器，调节 R 的数值，就可调节振荡器的输出频率。但 R 的取值是有限制的，不能太大，这样也限制了振荡频率的调节范围。若在非门 G_3 前加一级射集跟随器，如图 9-4 所示，可使 R 的取值范围增大，从而增大 RC 环形振荡器的频率调节范围。

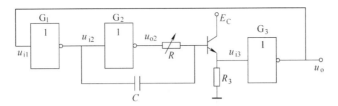

图 9-4 增大调频范围的 RC 环形振荡器

9.1.2　晶体多谐振荡器

石英晶体的品质因数 Q 很高，有极好的选频特性。利用这一特点，在多谐振荡器中接入石英晶体，使电路的振荡频率只由石英晶体固有的谐振频率来决定，而与电路中其他元件的参数无关。而且石英晶体的频率稳定度可达 $10^{-11} \sim 10^{-10}$，完全可以满足大多数数字系统对频率稳定度的要求。

如图 9-5 所示就是一典型的 CMOS 石英晶体多谐振荡器电路。图中 G_1、G_2 为两个

CMOS 反相器。其中 G_1 用于产生振荡，G_2 用于缓冲整形。R_F 是反馈电阻，取 10 ~ 100MΩ，其作用是为 CMOS 反相器提供偏置，使其工作在放大状态。由 G_1、石英晶体 JT、C_1 和 C_2 构成一个三点式振荡器。此多谐振荡器的振荡频率只决定于石英晶体本身的谐振频率，与其他元件的参数无关，振荡频率极其稳定。

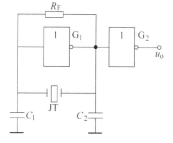

图 9-5　CMOS 石英晶体多谐振荡器

思考题

1. 偶数个门电路是否可以组成振荡器？
2. 石英晶体振荡器的振荡频率为何与 C_1、C_2、R_F 无关？

9.2　单稳态触发器

单稳态触发器只有一个稳定状态，当外加一个触发脉冲信号后，触发器的状态将从稳定状态翻转到暂稳态。但在暂稳态维持一定时间 T_W 后，又会自动翻转到原来的稳定状态，在输出端产生一个宽度为 T_W 的矩形脉冲。维持时间 T_W 的长短仅取决于电路的有关参数，与触发脉冲信号的宽度无关。

单稳态触发器在数字电路中一般用于定时（产生一定宽度的矩形波）、整形（把不规则的波形变为幅度和宽度都相等的脉冲）及延时（将输入信号延迟一定时间后输出）等。单稳态触发器的电路结构形式很多，常见的有积分型和微分型。

9.2.1　积分型单稳态触发器

由两个与非门 G_1 和 G_2 及 RC 积分电路组成的积分型单稳态触发器如图 9-6 所示。电路采用正脉冲触发，图中 G_1 和 G_2 之间用 RC 积分电路耦合。要使电路正常工作，电阻 R 应小于 1kΩ，保证 u_{o1} 为低电平时 u_A 可以降至阈值电压 V_T 以下。

工作原理分析如下：

当 $u_i = 0$ 时，u_{o1}、u_A 和 u_o 均为高电平，电路处于稳定状态。

当输入正脉冲后，u_{o1} 变为"0"，产生负跳变。但由于电容 C 上的电压 u_A 不能突变，所以在一段时间里 u_A 仍大于阈值电压 V_T，使得 u_o 变为"0"，电路进入暂稳态。在此期间电容 C 经 R 和 G_1 放电，u_A 按指数规律下降。

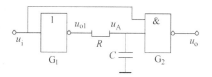

图 9-6　积分型单稳态触发器电路

当电容 C 放电到 $u_A < V_T$ 时，$u_o = 1$。待 u_i 回到低电平后，C 又开始充电，经过恢复时间 T_{re} 后，u_A 也恢复为高电平，电路重新回到稳定状态，等待下一个触发信号的到来。电路中各点的电压波形如图 9-7 所示。输出的脉冲宽度为

$$T_W = (R + R_o)C\ln\frac{V_{OH} - V_{OL}}{V_T - V_{OL}} \tag{9-3}$$

式中，V_{OH} 为门电路 G_1 的高电平输出电压；V_{OL} 为门电路 G_1 的低电平输出电压；R_o 为门电路 G_1 输出为低电平时的输出电阻。

因为电路在状态转换过程中没有正反馈作用，所以积分型单稳态触发器输出波形的边沿

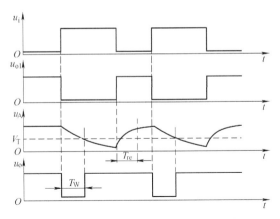

图 9-7　积分型单稳态触发器各点电压波形

较差，而且必须在触发脉冲的宽度大于输出脉冲的宽度时，电路才能正常工作。

　　如果触发脉冲过窄，小于输出脉冲宽度时，可采用如图 9-8 所示的改进电路。改进电路中增加了与非门 G_3 和一条由 u_o 至 G_3 输入端的反馈线。此电路采用负脉冲触发。

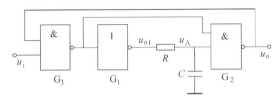

图 9-8　积分型单稳态触发器改进电路

9.2.2　微分型单稳态触发器

　　如图 9-9 所示是常用的微分型单稳态触发器电路，图中 R、C 构成微分型定时电路。要使电路正常工作，电阻 R 应小于 $1.4\text{k}\Omega$，保证与非门 G_2 输入端流出的电流经电阻 R 产生的电压降小于阈值电压 V_T。该电路采用负脉冲触发。

　　工作原理分析如下：

　　当 $u_i = 1$ 时，$u_{o1} = 0$，$u_A = 0$，$u_o = 1$，电路处于稳定状态。

　　当输入负脉冲后，u_{o1} 变为"1"，产生正跳变。但由于电容 C 两端的电压不能突变，所以 u_A 也相应有一个正跳变，且大于阈值电压 V_T，使得 u_o 变为"0"，电路进入暂稳态。在此期间 u_{o1} 经 R 向电容 C 充电，u_A 按指数规律下降。

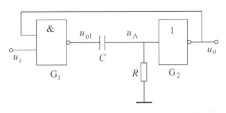

图 9-9　微分型单稳态触发器电路

　　当电容 C 充电到 $u_A < V_T$ 时，$u_o = 1$。且 u_i 负脉冲已过，使得 $u_{o1} = 0$，电路重新回到稳定状态，等待下一个触发信号的到来。电路中各点的电压波形如图 9-10 所示。输出的脉冲宽度 T_W 主要取决于 R、C 的数值。

　　从波形图可知，只要有一个触发负脉冲，就可以同时输出宽度相同的一个正脉冲和一个负脉冲，脉冲宽度 T_W 与 u_i 的幅值、形状无关。这一特性使得这种单稳态触发器电路具有对不规则的输入信号 u_i 进行整形的功能。同时，输出的脉冲宽度 T_W 主要由 R、C 决定，改变

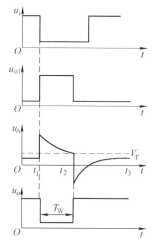

图 9-10　微分型单稳态触发器电路中各点的电压波形

R 的数值可以调节输出脉冲的宽度，从而使得这种单稳态触发器电路又具有定时（或延时）的作用。

9.2.3　集成单稳态触发器

集成单稳态触发器种类和型号很多，常用的有：TTL 电路的 74121、74LS123（双单稳态触发器）等，CMOS 电路的 CC4047、CC4098（双单稳态触发器）、CC4538 和 CC14528（双单稳态触发器）等。下面以 CC4098 为例，介绍集成单稳态触发器的引脚排列、功能和应用实例。

CC4098 是国产的 CMOS 集成单稳态触发器，引脚排列及功能图如图 9-11 所示，一片 CC4098 上有两个独立的单稳态触发器，TR_+ 为正脉冲触发端，TR_- 为负脉冲触发端，Q 和 $\overline{Q}$ 分别输出一定宽度的正脉冲和负脉冲，$\overline{R}$ 为清零端，还有外接电容和电阻端，表 9-1 是其功能表。

表 9-1　CC4098 功能表

输入			输出	
TR_+	TR_-	$\overline{R}$	Q	$\overline{Q}$
⎍	1	1	⊓	⊔
⎍	0	1	Q	$\overline{Q}$
1	⎍	1	Q	$\overline{Q}$
0	⎍	1	⊓	⊔
×	×	0	0	1

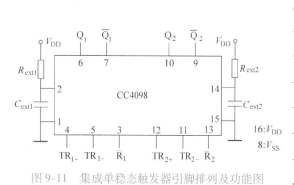

图 9-11　集成单稳态触发器引脚排列及功能图

CC4098 具有如下特点：

1）在固定的电源电压条件下，可提供稳定的单脉冲输出，其脉冲宽度由外接 R、C 决定。同时，由于 CMOS 器件有较高的输入电压和良好的导通和截止特性，所以以 R、C 的数值选择范围较大，允许输出脉冲宽度变化范围也较大。

2）具有 TR_+、TR_- 两个触发输入端，即可采用上升沿触发（用 TR_+ 端），也可采用下降沿触发（用 $TR\_$ 端），电路功能较强。

3）具有清零复位端$\overline{R}$。当$\overline{R}$端接"0"时，输出端清零，$Q=0$，$\overline{Q}=1$，当$\overline{R}$端接"1"时，电路按单稳态触发器工作。

4）该电路既可用单脉冲触发，也可用连续脉冲触发。

5）每片集成电路包括两组独立的单稳态触发器。如其中一组不使用时，必须将其$\overline{R}$端接"0"。

在实际应用时，还要注意以下两点：单稳态触发器的输出脉冲宽度不仅与外接 R_{ext}、C_{ext}有关，也与电源电压有关。在使用时，一般应选取较大的电阻值和较小的电容值，以保证所需的时间常数。这样做的好处是既可降低电路的功耗，又不易引起电路失控。另外，在作长延时用时，由于RC数值较大，为使电路能正常工作，并保证延时精度，要求电容器的漏电要尽可能小。

9.2.4　集成单稳态触发器应用举例

集成单稳态触发器在实践中广泛应用于信号的整形、脉冲展宽和脉冲延迟等电路。下面给出了脉冲展宽和脉冲延迟两个电路连线图，以及输入与输出信号的波形图，以说明它们的作用。

（1）脉冲展宽　电路如图 9-12a 所示，输入信号 u_i 与输出信号 u_o 的波形图如图 9-12b 所示。输出的脉冲信号宽度为

$$T_W \approx 0.7 R_{ext} C_{ext}$$

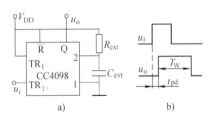

图 9-12　利用 CC4098 实现的脉冲展宽电路及波形图

（2）脉冲延迟　电路如图 9-13a 所示，输入信号 u_i 与输出信号 u_{o1}、u_{o2} 的波形如图 9-13b 所示。输出的脉冲信号宽度为

$$T_{W1} \approx 0.69 R_{ext1} C_{ext1}$$
$$T_{W2} \approx 0.69 R_{ext2} C_{ext2}$$

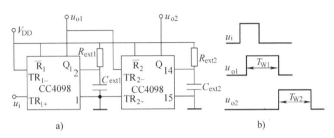

图 9-13　用 CC4098 实现的脉冲延迟电路及波形图

思考题

单稳态触发器输出脉冲的宽度如何决定？

9.3 555 定时器及其应用

555 定时器是一种数字、模拟混合型的中规模单片集成电路。它可通过在其外部连接适当的电阻、电容构成多谐振荡器、单稳态触发器和施密特触发器等，使用灵活方便，因而在波形的产生与变换、测量与控制、家用电器和电子玩具等许多领域中都得到了十分广泛的应用。

正因为如此，自 20 世纪 70 年代初第一片定时器问世以后，国际上主要的电子器件公司也都相继生产了各种 555 定时器，尽管产品型号繁多，但几乎所有双极型产品型号后面的 3 位数码都是 555 或 556。国产双极型定时器型号为 5G555；所有 CMOS 产品型号最后的 4 位数都是 7555 或 7556，而且它们的逻辑功能与外部引线排列也完全相同。555 和 7555 是单定时器，556 和 7556 是双定时器，下面以 CMOS 集成定时器的典型产品 CC7555 为例进行介绍。

9.3.1 555 内部结构及工作原理

1. 电路结构 常见的 555 定时器是采用双列直插式封装的集成组件。它的内部电路结构和引脚排列图如图 9-14 所示。由图 9-14a 可见，它包含有两个电压比较器、一个基本 RS 触发器、放电开关管等。

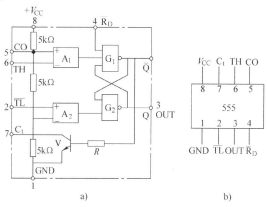

图 9-14 555 定时器的内部电路结构和引脚排列图

（1）参考电压 电压比较器的参考电压由三只 5kΩ 的电阻构成的分压器提供。提供电压比较器的两个参考电压为

$$V_{\mathrm{H}} = \frac{2}{3} V_{\mathrm{CC}} \qquad V_{\mathrm{L}} = \frac{1}{3} V_{\mathrm{CC}}$$

（2）电压比较器 A_1 和 A_2 这是两个结构完全相同的高精度电压比较器，分别由集成运算放大器构成。比较器 A_1 的同相输入端接到参考电压 V_{H} 上，反相输入端 TH 称为高触发端；比较器 A_2 的反相输入端接参考电压 V_{L}，同相输入端 $\overline{\mathrm{TL}}$ 称为低触发端。

（3）基本 RS 触发器 基本 RS 触发器由两个与非门组成。电压比较器 A_1、A_2 的输出电压作为基本 RS 触发器的输入信号。电压比较器 A_1、A_2 的输出电压的改变，决定着触发器输出端 Q、$\overline{\mathrm{Q}}$ 的状态。

$\overline{R}_{\mathrm{D}}$ 是外部复位端，当 $\overline{R}_{\mathrm{D}} = 0$ 时，经与非门 G_1，使得 $\overline{\mathrm{Q}} = 1$，$\mathrm{Q} = 0$。

（4）放电开关管 V 是放电开关管，用来构成放电开关。当 $\overline{\mathrm{Q}} = 0$ 时，G_1 输出低电平，V 截止；当 $\overline{\mathrm{Q}} = 1$ 时，G_1 输出高电平，V 导通。

2. 工作原理 555 定时器的功能表如表9-2所示。外加输入（触发）信号与两个参考电压比较，当比较器 A_1 的反相输入端 TH 的输入信号大于 V_H 时，比较器 A_1 的输出为低电平"0"，使基本 RS 触发器的输出复位 Q = 0。当比较器 A_2 的同相输入端 $\overline{TL}$ 的输入信号小于 V_L 时，比较器 A_2 的输出为低电平"0"，使基本 RS 触发器的输出置位 Q = 1。如果在控制端 CO 外接电压，可改变 V_H 和 V_L 的参考电压值。当此端不用时，一般用电容接地，以防外部干扰影响参考电压。

C_t 端一般外接一电容 C，当 $\overline{Q}$ =1 时，V 导通，电容 C 可以通过 V 放电；当 $\overline{Q}$ =0 时，V 截止。

表 9-2 555 定时器的功能表

$\overline{R}_D$	TH	$\overline{TL}$	Q	V
0	×	×	0	导通
1	$> \frac{2}{3}V_{CC}$	$> \frac{1}{3}V_{CC}$	0	导通
1	×	$< \frac{1}{3}V_{CC}$	1	截止
1	$< \frac{2}{3}V_{CC}$	$> \frac{1}{3}V_{CC}$	保持原状态	

9.3.2 555 定时器应用举例

1. 555 定时器组成的单稳态触发器 如图9-15a 所示是由 555 定时器和外接定时元件 R、C 构成的单稳态触发器电路。触发电路由 C_1、R_1 和 VD 组成，其中 VD 为钳位二极管。

稳态时 555 电路输入端处于高电平，内部放电开关管 V 导通，555 定时器的输出端输出低电平。

当有一个外部负脉冲触发信号经 C_1 加到 555 定时器的 $\overline{TL}$ 端，并使 $\overline{TL}$ 端的电位瞬时低于 $\frac{1}{3}V_{CC}$ 时，电压比较器 A_2 将输出一低电平，使得基本 RS 触发器的输出 $\overline{Q}$ = 0，555 定时器输出端的输出变为高电平，V 截止，单稳态电路即开始一个暂态过程，电容 C 开始充电，u_C 按指数规律增长。当 u_C 充电到 $\frac{2}{3}V_{CC}$ 时，电压比较器 A_1 输出变为低电平，电压比较器 A_2

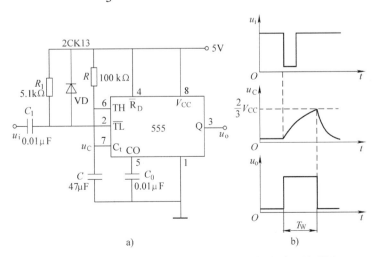

图 9-15 用 555 定时器构成单稳态触发器的电路和波形图

的输出变为高电平，555 定时器输出端的输出从高电平返回低电平，放电开关管 V 重新导通，电容 C 上的电荷很快经放电开关管 V 放电，暂态结束，恢复稳态，为下一个触发脉冲的来到作好准备。波形图如图 9-15b 所示。

暂稳态的持续时间 T_W（即为延时时间）决定于外接元件 R、C 值的大小。

$$T_W = 1.1RC$$

通过改变 R、C 的大小，可使延迟时间在几微秒到几十分钟之间变化。

2. 555 定时器组成的多谐振荡器　如图 9-16a 所示是由 555 定时器和外接元件 R_1、R_2、C 构成多谐振荡器电路。555 定时器的 $\overline{TL}$ 端与 TH 端直接相连。电路没有稳态，仅存在两个暂稳态。

当接通电源 V_{CC} 后，电源通过 R_1、R_2 向 C 充电，当电容两端电压 u_C 上升到 $\frac{2}{3}V_{CC}$ 时，电压比较器 A_1 的输出为"0"，将基本 RS 触发器复位，$u_o = 0$。这时 $\overline{Q} = 1$，放电开关管 V 导通，电容 C 通过 R_2 和 V 放电，u_C 下降。当 u_C 下降到 $\frac{1}{3}V_{CC}$ 时，电压比较器 A_2 的输出变为"0"，将基本 RS 触发器置 1，u_o 变为"1"。由于 $\overline{Q} = 0$，放电开关管 V 截止，电源又通过 R_1、R_2 向 C 充电，如此重复上述过程，定时器的输出端 Q 将输出一连续的矩形脉冲。电路中 u_C 和 u_o 的电压波形如图 9-16b 所示。

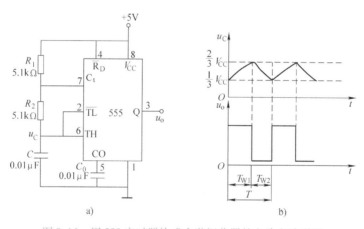

图 9-16　用 555 定时器构成多谐振荡器的电路和波形图

此电路亦不需要外加触发信号，利用电源通过 R_1、R_2 向 C 充电，以及 C 通过 R_2 向放电端 C_t 放电，使电路产生振荡。电容 C 在 $\frac{1}{3}V_{CC}$ 和 $\frac{2}{3}V_{CC}$ 之间充电和放电。输出的矩形脉冲信号的周期为

$$T_{W1} = 0.7(R_1 + R_2)C \qquad T_{W2} = 0.7R_2C$$
$$T_W = T_{W1} + T_{W2} = 0.7(R_1 + 2R_2)C$$

555 定时器要求 R_1 与 R_2 均应大于或等于 $1k\Omega$，但 $R_1 + R_2$ 应小于或等于 $3.3M\Omega$。外部元件的稳定性决定了多谐振荡器的稳定性，555 定时器配以少量的元件即可获得较高精度的振荡频率，因此这种电路形式的多谐振荡器应用很广。

3. 555 定时器组成占空比可调的多谐振荡器　电路如图 9-17 所示，它比图 9-16 所示电路增加了一个电位器和两个导引二极管。VD_1、VD_2 用来决定电容充、放电电流流经电阻的

途径（充电时 VD_1 导通，VD_2 截止；放电时 VD_2 导通，VD_1 截止）。占空比 K 为

$$K = \frac{T_{W1}}{T_{W1} + T_{W2}} \approx \frac{0.7 R_A C}{0.7(R_A + R_B)C} = \frac{R_A}{R_A + R_B}$$

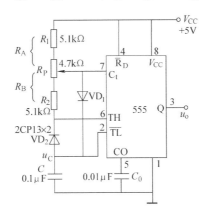

图9-17 用555定时器构成占空比可调的多谐振荡器电路

可见，若取 $R_A = R_B$，电路即可输出占空比为50%的方波信号。

4. 555定时器组成占空比频率均可调的多谐振荡器 如图9-18所示是一由555定时器组成的占空比及振荡频率均连续可调的多谐振荡器。对 C_1 充电时，充电电流通过 R_1、VD_1、R_{P1} 和 R_{P2}；放电时电流通过 R_{P2}、R_{P1}、VD_2、R_2。当 $R_1 = R_2$，R_{P1} 调至中心点，因充放电时间基本相等，其占空比约为50%，此时调节 R_{P2} 仅改变频率，占空比不变。如 R_{P1} 调至偏离中心点，再调节 R_{P2}，不仅振荡频率改变，而且对占空比也有影响。R_{P2} 不变，调节 R_{P1}，仅改变占空比，对频率无影响。因此，当接通电源后，应首先调节 R_{P2} 使频率至规定值，再调节 R_{P1}，以获得需要的占空比。若频率调节的范围比较大，还可以用波段开关改变 C_1 的值。

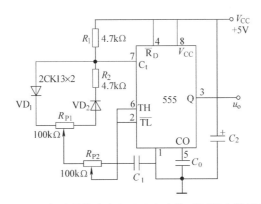

图9-18 用555定时器构成占空比和频率均可调的多谐振荡器电路

实际上555定时器除以上应用实例外，还可变化引伸出更多的应用实例，如音频振荡器、报警电路、波形变换等，广泛应用于各个领域。

思考题

555定时器输出端（管脚3）在高电平和低电平时电压数值如何确定？

9.4 应用 Multisim 对 555 定时器应用进行仿真分析

本节主要介绍由 555 定时器构成的多谐振荡器仿真与分析，其方法如下：

首先在混合元件库中，选中 "TIMER" 中的 "LM555CN"，根据电路原理，放置电容 C_1、C_2、电阻 R_1、R_2 以及示波器等元器件，电路如图 9-19 所示，仿真结果如图 9-20 所示。

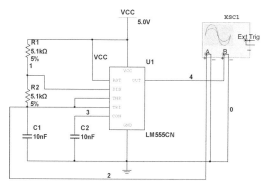

图 9-19 555 定时器构成的多谐振荡器电路

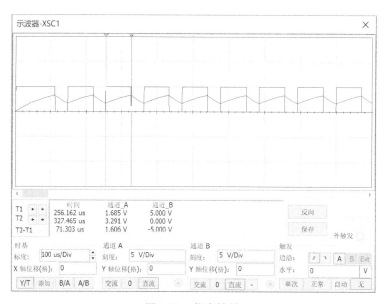

图 9-20 仿真结果

多谐振荡器是一种自激振荡器，不需要外加触发信号，便能自动产生矩形脉冲，电路没有稳态，只有两个暂稳态，利用电源通过 R_1、R_2 向 C_1 充电，以及 C_1 通过 R_2 放电，使电路产生自激振荡。电容 C_1 在 $\frac{1}{3}V_{CC}$ 和 $\frac{2}{3}V_{CC}$ 之间充电和放电，输出方波信号的时间参数为

$$T_1 = 0.7(R_1 + R_2)C_1, \quad T_2 = 0.7R_2C_1, \quad T = T_1 + T_2$$

🞔 本章小结

本章介绍了常用于脉冲产生和波形整形的多谐振荡器、单稳态触发器和 555 定时器。

1. 多谐振荡器和单稳态触发器都可用门电路和阻容元件构成，它们的工作原理都是利用电容的充放电来控制电路中某些点的电压变化，从而使得电路的输出实现相应的变化。多谐振荡器不需要输入触发信号，输出状态不断地变化，无稳定的状态。单稳态触发器需要在输入的触发信号作用下，使得输出从稳定状态转换到暂稳态，经一定时间后电路自动回到稳态，从而输出一个有一定宽度的脉冲信号。

2. 555 定时器是将电压比较器、基本 RS 触发器、分压器等电路集成到一起的中规模数模混合型集成电路，由于结构简单，使用灵活方便，只要在它的外部接上少量的阻容元件，就可以构成各种不同用途的实用电路，在实践中得到十分广泛的应用。

3. 利用仿真软件 Multisim14.0 对由 555 定时器构成的多谐振荡器进行了仿真与分析。

 **自测题**

9.1 填空题

1. 矩形波包含有丰富的谐波，因此矩形波发生器又可称为_____。

2. 多谐振荡器电路没有_____，电路不停地在两个_____之间转换，因此又称为_____。

3. 欲调节多谐振荡器的振荡频率，通常通过调节电路中_____或_____的大小来实现。

4. 在触发脉冲作用下，单稳态触发器从_____转换到_____，依靠自身电容的充电或放电作用，又能回到_____。

5. 集成 555 定时器有两个参考电压，若定时器的电源电压为 + 12V，则参考电压的值分别为_____和_____。

6. 集成 555 定时器的复位端接低电平时，定时器输出为_____电平；定时器正常工作时，复位端接_____电平。

7. 集成 555 定时器外加 R、C 定时元件构成多谐振荡器时，在电容两端可以获得_____信号，在定时器的输出端可以获得_____信号，这两种信号的频率_____。

8. 欲得到频率稳定度很高的矩形脉冲，可选用_____振荡器，这种振荡器的振荡频率取决于_____。

9.2 选择题

1. 多谐振荡器有两个状态，它们是（　　）。

（a）两个稳态　　　（b）两个暂稳态　　　（c）一个稳态，一个暂稳态

2. 单稳态触发器的暂稳态持续时间的大小取决于（　　）。

（a）输入触发脉冲的宽度　　　（b）电路中定时元件 R、C 值的大小　　　（c）输入信号的幅度

3. 单稳态触发器有两个状态，它们是（　　）。

（a）两个稳态　　　（b）两个暂稳态　　　（c）一个稳态，一个暂稳态

4. 集成 555 定时器有两个触发输入端，一个输出端，当输出端为低电平时说明（　　）。

（a）高电平触发端电位大于 $\frac{2}{3}V_{CC}$，低电平触发端电位大于 $\frac{1}{3}V_{CC}$

（b）高电平触发端电位小于 $\frac{2}{3}V_{CC}$，低电平触发端电位大于 $\frac{1}{3}V_{CC}$

（c）高电平触发端电位小于 $\frac{2}{3}V_{CC}$，低电平触发端电位小于 $\frac{1}{3}V_{CC}$

5. 集成 555 定时器外接 R、C 元件构成多谐振荡器，为了提高振荡频率，应该（　　）。

（a）增大 R、C 的取值　　　（b）减小 R、C 的取值　　　（c）降低电源电压　　　（d）提高电源电压

习题

9.1 在图 9-2 所示的 RC 环形振荡器电路中，（1）试说明元件 R、C 和 R_1 各起什么作用？（2）若 $R = 510\Omega$，$R_1 = 100\Omega$，$C = 0.022\mu F$，G_1、G_2 和 G_3 均为 TTL 与非门，求电路的振荡频率为多少？（3）为降低电路的振荡频率，可以调节哪些参数？是加大还是减小？（4）对 R 的最大值有无限制？

9.2 如图 9-21 所示电路是一微分型单稳态触发器。已知 $R = 5.1k\Omega$，$C = 0.022\mu F$，电源电压 $V_{CC} = 12V$，试求在触发信号作用下输出脉冲的宽度和幅度（G_1 和 G_2 均为 CMOS 门电路）。

9.3 在图 9-22 的积分型单稳态触发器电路中，若 G_1 和 G_2 为 TTL 门电路，门电路的 $V_{OH} = 3.4V$，$V_{OL} \approx 0.3V$，$V_T = 1.1V$，$R = 1.6k\Omega$，$C = 0.022\mu F$，试求在触发信号作用下输出脉冲的宽度（假设触发脉冲的宽度大于输出脉冲的宽度）。

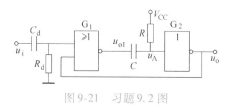
图 9-21 习题 9.2 图

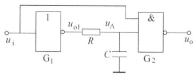
图 9-22 习题 9.3 图

9.4 在图 9-23 所示的多谐振荡器电路中，若 G_1 和 G_2 为 CMOS 反相器，$R_F = 5.1k\Omega$，$C = 0.022\mu F$，$R_P = 100k\Omega$，$V_{CC} = 5V$，$V_T = 2.5V$，试计算电路的振荡频率。

9.5 图 9-24 是由集成 555 定时器构成的多谐振荡器，试计算振荡周期 T 和振荡频率 f。

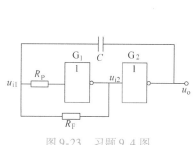
图 9-23 习题 9.4 图

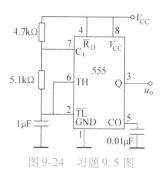
图 9-24 习题 9.5 图

9.6 由 555 定时器构成的多谐振荡器如图 9-25 所示，当电位器调到最上端和最下端时，分别计算其振荡频率。

9.7 由 555 定时器构成的多谐振荡器如图 9-26 所示，已知 $R_1 = 1k\Omega$，$R_2 = 8.2k\Omega$，若要产生周期为 1.2ms 的矩形脉冲，试计算所需电容的数值。

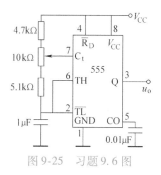
图 9-25 习题 9.6 图

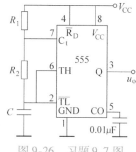
图 9-26 习题 9.7 图

9.8 用 555 定时器构成的单稳态触发器如图 9-27 所示，试计算输出脉冲的宽度 T_W。

9.9 用 555 定时器构成的单稳态触发器如图 9-28 所示，若要求输出脉冲的宽度为 $150\mu s$，试计算所需电阻 R 的数值。

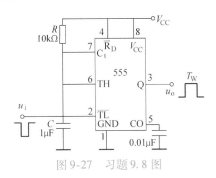 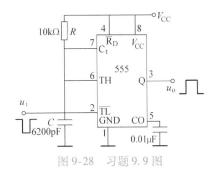

图 9-27 习题 9.8 图   图 9-28 习题 9.9 图

9.10 在图 9-29a 所示电路中，u_i 的波形如图 9-29b 所示。（1）试画出 u_o 的波形；（2）说明集成 555 定时器构成的是什么电路？

9.11 图 9-30 给出了一个用 555 定时器构成的开关延时电路，已知 $C = 22\mu F$，$R = 10k\Omega$，$V_{CC} = 12V$，试计算常闭开关 S 断开以后经过多长时间 u_o 才跳变为高电平。

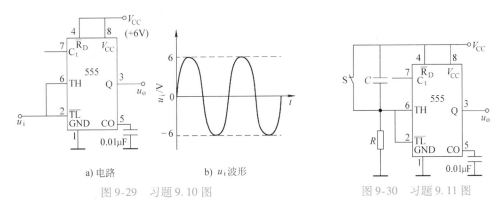

图 9-29 习题 9.10 图   图 9-30 习题 9.11 图

9.12 试用 555 定时器设计一个单稳态触发器，要求输出脉冲宽度在 $1 \sim 10s$ 的范围内可手动调节。已知 555 定时器的电源电压为 15V，触发信号来自 TTL 电路，TTL 电路的高、低电平分别为 $V_{OH} = 3.4V$ 和 $V_{OL} = 0.1V$。

9.13 由 555 定时器构成的压控振荡器如图 9-31 所示，试求输入电压 u_i 和振荡频率 f 之间的关系。

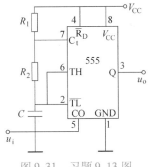

图 9-31 习题 9.13 图

第 ⑩ 章

数/模（D/A）与模/数（A/D）转换器

知识单元目标

● 能够表述数/模转换和模/数转换的基本原理和工作过程。

● 能够分析和计算倒 T 形电阻网络型和权电流型数/模转换电路并进行性能指标评价，掌握一种典型数/模集成转换器的应用。

● 能够分析和计算并行比较型、逐次逼近型和双积分型模/数转换电路并进行性能指标评价，掌握一种典型模/数集成转换器的应用。

讨论问题

● 为什么要进行数/模和模/数转换？

● 模拟信号变换为数字信号有几种方法？

● 数字信号变换为模拟信号有几种方法？

● 数/模和模/数转换器的主要技术指标有哪些？

数/模转换器是将数字信号转换为模拟信号的器件，简称 D/A 转换器或 DAC（Digital to Analog Converter）；模/数转换器是将模拟信号转换为数字信号的器件，简称 A/D 转换器或 ADC（Analog to Digital Converter）。D/A 转换器和 A/D 转换器都是随着数字计算机技术的发展而发展起来的。

众所周知，自然界的物理信号一般是模拟信号，如声音、图像、温度、湿度、压力、流量、位移等，要利用数字计算机对这些信号进行处理，首先需要通过传感器将其转换为模拟电压或电流信号，然后通过 A/D 转换器将其变换为由数字码表示的在幅值和时间上都离散的数字信号码。此外，如果要利用数字计算机合成需要的模拟信号或将经过数字处理后的信号再转换为模拟信号，则需要 D/A 转换器将时间离散的数码信号转换为模拟信号。如将降噪后的信号输出，或利用数字计算机产生视频图像或语音信号等。因此，D/A 和 A/D 转换器是数字系统和模拟系统进行信息转换的关键部件。图 10-1 所示为计算机实时控制系统的原理框图。

本章将介绍几种常用 A/D 与 D/A 转换器的电路结构、工作原理及其应用。由于 D/A 转换器的结构和工作原理较为简单，而且是很多类型 A/D 转换器的反馈电路，所以首先介绍 D/A 转换器。

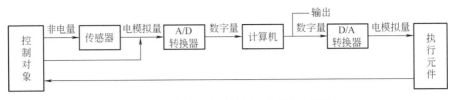

图 10-1　计算机实时控制系统的原理框图

10.1　D/A 转换器

D/A 转换器是将输入的二进制数字码转换为与之相对应的模拟电压或电流信号的器件。其主要技术指标有分辨率、转换精度、建立时间和转换速率等。根据输出是电流还是电压、能否做乘法运算，D/A 转换器可分为电压输出型、电流输出型、乘算型等。

10.1.1　D/A 转换器的转换特性及其主要技术指标

1. 转换特性　D/A 转换器的转换特性可由式（10-1）来描述。设输入为一个 n 位的二进制码 $d_{n-1}d_{n-2}\cdots d_1 d_0$，$K$ 为转换系数，模拟量输出为 A，则与输入的数字量 D_n 成正比的模拟量 A（电压或电流）为

$$A = KD_n = K(d_{n-1} \times 2^{n-1} + d_{n-2} \times 2^{n-2} + \cdots + d_1 \times 2^1 + d_0 \times 2^0) \tag{10-1}$$

D/A 转换器的转换过程为输入二进制码的每位 0、1 码按照其位权并行加载到 D/A 转换器的输入端，D/A 转换器内部的运算网络将每个输入码按照位权转换为对应的模拟电压（或电流），之后将它们相加，其和便是与被转换数字量成正比的模拟量，从而实现了数/模转换。

2. 主要技术指标

（1）分辨率　分辨率用来描述 D/A 转换器对输入量微小变化的敏感程度，定义为输入数字量为 1〔只有 LSB（Least Significant Bit，最低有效位）为 1〕时的输出电压 U_{LSB} 与满度数字量（输入数字全为 1）时的输出电压 U_M 之比，即

$$分辨率 = \frac{U_{LSB}}{U_M} = \frac{1}{2^n - 1} \tag{10-2}$$

由式（10-2）可知，8 位 D/A 转换器的分辨率是 1/（$2^8 - 1$）= 1/255 = 0.00392，若基准电压是 10V，则分辨率电压为 0.0392V；10 位 D/A 转换器的分辨率是 1/（$2^{10} - 1$）= 1/1023 = 0.0009775，若基准电压是 10V，则分辨率电压为 10×0.0009775V = 0.009775V。可见，D/A 转换器的位数越多，分辨率就越高。

（2）转换精度　绝对精度是指对于给定的满度数字量，D/A 转换器的实际输出与理论值之间的误差。该误差是由于 D/A 转换器的增益误差、零点误差、线性误差和噪声等共同引起的，通常应低于 $U_{LSB}/2$。

相对精度是指任意数字量的模拟输出量与它的理论值之差同满量程之比。对于线性 D/A 转换器，相对误差就是非线性度。如某 D/A 转换器的相对精度为 ±0.1%，满量程 $U_{FS} = 10$V，则该 D/A 转换器的最大线性误差电压为 ±10mV。

（3）建立时间与转换速率　D/A 转换器的转换速率通常用建立时间来定量描述。建立时间（Setting Time）是将一个数字量转换为稳定的模拟信号所需的时间，其定义为输入的数字量从全 0 变为全 1 时，输出电压进入与满量程终值相差 $U_{LSB}/2$ 范围以内的时间，如图 10-2 所示。有时也用 D/A 转换器每秒的最大转换次数来表示转换速率。如某 D/A 转换

器的转换时间为 1μs 时，也称转换速率为 1MHz。

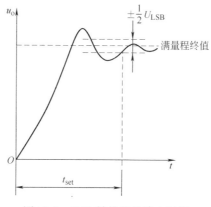

图 10-2　D/A 转换器的建立时间

10.1.2　D/A 转换器的工作原理

大多数 D/A 转换器由电阻阵列和 n 个电流开关（或电压开关）构成的译码网络、求和运算放大器、参考基准电压源等部分组成。数字码输入后，译码网络控制切换开关由电阻阵列产生与每一位输入的数字码成比例的电流（或电压），求和放大器将每个输出合成并输出相应的模拟电流（或电压）。根据译码网络的不同，可构成权电阻网络型、T 形电阻网络型、倒 T 形电阻网络型和权电流型等多种 D/A 转换电路。其中，后两种 D/A 转换器由于转换速率快、性能好，因而被广泛采用；权电流型 D/A 转换器的转换精度高，性能最佳。本节重点介绍这两种常用转换器的工作原理。

1. 倒 T 形电阻网络型 D/A 转换器　图 10-3 所示为一个 4 位倒 T 形电阻网络型 D/A 转换器的原理电路图。$d_3d_2d_1d_0$ 为输入的 4 位二进制数，它们控制着由 N 沟道增强型 MOS 管组成的 4 个电子开关 S_3、S_2、S_1、S_0；电阻 R、$2R$ 组成倒 T 形电阻网络；运算放大器完成求和运算；u_o 是输出模拟电压，U_{REF} 是参考电压，也称为基准电压。

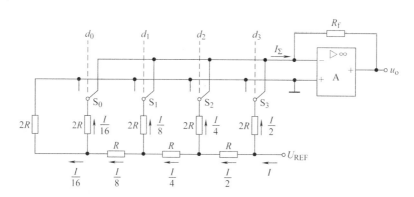

图 10-3　4 位倒 T 形电阻网络型 D/A 转换器的原理电路图

当输入数字信号的任何一位是"1"时，对应开关便将电阻 $2R$ 接到运算放大器反相输入端；而当其为"0"时，则将电阻 $2R$ 接地。由图 10-3 可知，按照虚短、虚断的性质，求和放大器的反相输入端为虚地点，所以，无论开关合到哪一边，都相当于接到了"地"上，由此得到倒 T 形电阻网络的等效电路如图 10-4 所示。

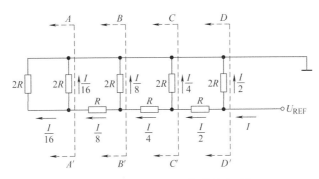

图 10-4 倒 T 形电阻网络等效电路图

在图 10-4 中，AA'、BB'、CC' 和 DD' 每个端口从右向左的等效电阻都是 R，因此可以写出从参考电源流入倒 T 形电阻网络的总电流 I 的表达式为

$$I = \frac{U_{REF}}{R}$$

只要 U_{REF} 选定，电流 I 就为常数。流过每个支路的电流从右向左，分别为 $\frac{I}{2}$、$\frac{I}{2^2}$、$\frac{I}{2^3}$、$\cdots$。当输入的数字信号为 "1" 时，电流流向运算放大器的反相输入端；当输入的数字信号为 "0" 时，电流流向地，此时可以写出流向运算放大器反相输入端的总电流 I_Σ 的表达式为

$$I_\Sigma = \frac{I}{2}d_{n-1} + \frac{I}{4}d_{n-2} + \cdots + \frac{I}{2^{n-1}}d_1 + \frac{I}{2^n}d_0$$

在求和放大器的反馈电阻 R_f 等于 R 的条件下，输出模拟电压为

$$u_0 = -RI_\Sigma = -R\left(\frac{I}{2}d_{n-1} + \frac{I}{4}d_{n-2} + \cdots + \frac{I}{2^{n-1}}d_1 + \frac{I}{2^n}d_0\right)$$

$$= -\frac{U_{REF}}{2^n}(d_{n-1} \times 2^{n-1} + d_{n-2} \times 2^{n-2} + \cdots + d_1 \times 2^1 + d_0 \times 2^0) = K_u D_n \quad (10\text{-}3)$$

式中，K_u 是转换比例系数，也可以看成是 D/A 转换器中的单位电压。

$$K_u = -\frac{U_{REF}}{2^n} \quad (10\text{-}4)$$

单位电压 K_u 乘上输入数字量 D_n 的数值，得到的便是输出模拟电压 u_0。

倒 T 形电阻网络所用的电阻阻值仅有两种，串联臂为 R，并联臂为 $2R$，便于制造和扩展位数。在倒 T 形电阻网络型 D/A 转换器中，各支路电流直接流入运算放大器的输入端，不存在传输时间差。该电路的这一特点不仅提高了转换速率，而且也减少了动态过程中输出端可能出现的尖脉冲。它是目前广泛使用的 D/A 转换器中速率较快的一种。常用的集成电路有 AD7524（8 位）、AD7520（10 位）、DAC1210（12 位）和 AK7546（16 位高精度）等。

【例 10-1】 已知 n 位倒 T 形电阻网络型 D/A 转换器中的 $R_f = R$，$U_{REF} = -12V$，试分别求出 4 位和 8 位倒 T 形电阻网络型 D/A 转换器的最小输出电压 U_{LSB}，并说明这种 D/A 转换器的 U_{LSB} 与位数 n 的关系。

解：将 $U_{REF} = -12V$ 代入式(10-4)，可以求得 4 位和 8 位倒 T 形电阻网络型 D/A 转换器的最小输出电压分别为

$$U_{LSB4} = -\frac{U_{REF}}{2^4} = 0.75V$$

$$U_{LSB8} = -\frac{U_{REF}}{2^8} = 0.047V$$

由本例可见，在 R_f 和 U_{REF} 相同的情况下，倒 T 形电阻网络型 D/A 转换器的位数越多，其最小输出电压就越小。

2. 权电流型 D/A 转换器 倒 T 形电阻网络型 D/A 转换器具有较高的转换速率，但由于电路中的电子开关存在导通电阻和导通压降，当流过各支路的电流稍有变化时，就会产生转换误差。为进一步提高 D/A 转换器的转换精度，可采用权电流型 D/A 转换器。图 10-5 所示为 4 位权电流型 D/A 转换器的原理电路图。图中恒流源从高位到低位电流的大小依次为 $\frac{I}{2}$、$\frac{I}{4}$、$\frac{I}{8}$ 和 $\frac{I}{16}$。

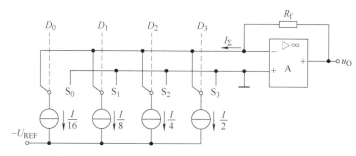

图 10-5 4 位权电流型 D/A 转换器的原理电路图

在图 10-5 所示的电路中，当输入数字量的某一位代码 $D_i = 1$ 时，开关 S_i 接运算放大器的反相输入端，相应的权电流流入求和电路；当 $D_i = 0$ 时，开关 S_i 接地。分析该电路可以得出

$$\begin{aligned}
u_O &= I_\Sigma R_f = R_f\left(\frac{I}{2}D_3 + \frac{I}{4}D_2 + \frac{I}{8}D_1 + \frac{I}{16}D_0\right) \\
&= \frac{I}{2^4}R_f(D_3 \times 2^3 + D_2 \times 2^2 + D_1 \times 2^1 + D_0 \times 2^0) \\
&= \frac{I}{2^4}R_f\sum_{i=0}^{3} D_i \times 2^i
\end{aligned} \tag{10-5}$$

采用了恒流源电路之后，各支路权电流的大小均不受电子开关的导通电阻和导通压降的影响，这就降低了对开关电路的要求，提高了转换精度。由于权电流型 D/A 转换器采用了高速电子开关，因此电路仍具有较高的转换速率。采用这种权电流型 D/A 转换器产生的集成D/A 转换器有 AD1408、DAC0806 和 DAC0808 等。

10.1.3 集成 D/A 转换器及其应用

1. 具有锁存输入端的 8 位 D/A 转换器 AD7524 AD7524 是倒 T 形电阻网络型 D/A 转换器，其示意图如图 10-6a 所示。它是 8 位的 D/A 转换器，$D_7 \sim D_0$ 是 8 位数字量输入端，I_{OUT1} 是求和电流的输出端，I_{OUT2} 端一般接地。$\overline{CS}$ 为片选，$\overline{WR}$ 为信号控制端，当这两个端都为低电平时，数字输入数据 $D_7 \sim D_0$ 在输出端 I_{OUT1} 产生电流输出；当这两个端都为高电平时，数字输入数据 $D_7 \sim D_0$ 被锁存。在锁存状态下，输入数据的变化不影响输出值。基准电压 U_{REF} 可在 $0 \sim 25$ V 之间选择，且电压极性可正可负，因此可以产生两个极性不同的模拟输出电流。

（1）单极性输出 AD7524 单极性输出的连接电路如图 10-6b 所示，可将电流输出转换为电压输出。注意，D/A 芯片中已集成了反馈电阻，若取基准电压 $U_{REF} = 10V$，$R_f = R$，则由式（10-3）可知输出电压为

$$u_O = -\frac{U_{REF}}{2^8}\sum_{i=0}^{7}D_i \times 2^i = -\frac{10}{2^8}\sum_{i=0}^{7}D_i \times 2^i$$

当输入的数字量在全 0 和全 1 之间变化时，输出模拟电压的变化范围为 0 ~ 9.96 V。

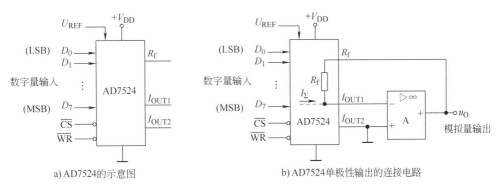

a) AD7524的示意图　　　b) AD7524单极性输出的连接电路

图 10-6　8 位倒 T 形电阻网络型 D/A 转换器 AD7524

（2）双极性输出 在图 10-6b 所示电路的基础上增加一个运算放大器，即可构成 AD7524 双极性输出的连接电路，如图 10-7 所示。

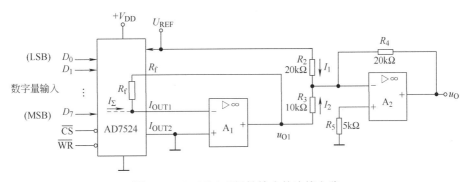

图 10-7　AD7524 双极性输出的连接电路

运算放大器 A$_2$ 组成反相加法器，可求得输出电压为

$$u_O = -\left(\frac{R_4}{R_3}u_{O1} + \frac{R_4}{R_2}U_{REF}\right)$$

2. 集成 D/A 转换器的应用 D/A 转换器的主要用途是作为数字系统和模拟系统之间的接口，除此之外，它还在很多电路中得到了广泛应用。

（1）数控波形发生器 由 D/A 转换器的原理可知，它能够使输出的模拟电压或电流正比于输入数字量，因此通过变换输入数字量可以得到各种输出波形，包括三角波、方波、锯齿波、正弦波，以及任意波形。

图 10-8a 所示为用一个 4 位二进制计数器和一个 4 位 D/A 转换器组成的 15 阶阶梯波发生器的结构框图，图 10-8b 所示为其输出波形。如果在输出端加一个低通滤波器，即可得到锯齿波。位数越多，阶梯波的线性度越好。

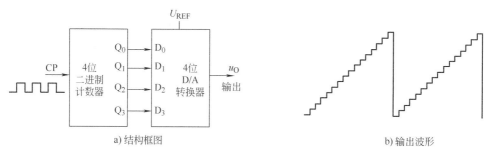

a) 结构框图　　　　　　　　　　　　　　　　b) 输出波形

图 10-8　15 阶阶梯波发生器的结构框图和输出波形

如果把计数器的计数值作为地址码送到只读存储器的地址输入端，再把只读存储器的输出数据送给 D/A 转换器，并在输出端加低通滤波器，便可组成一个任意波形发生器，波形的形状取决于只读存储器的数据，改变存储数据，就可改变波形的形状。

（2）程控增益放大器　用 AD7524 和集成运算放大器组成的程控增益放大器如图 10-9 所示，把 AD7524 的反馈电阻端作为输入信号 u_1 的输入端，外接运算放大器的输出端引到 AD7524 的基准电压 U_{REF} 端，则流入基准电压端的电流为

$$I = \frac{u_O}{R}$$

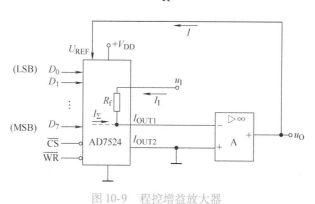

图 10-9　程控增益放大器

流向运算放大器反相输入端的总电流为

$$I_\Sigma = \frac{u_O}{2^8 R}(D_0 \times 2^0 + D_1 \times 2^1 + \cdots + D_7 \times 2^7)$$

流入反馈电阻端的电流为

$$I_1 = \frac{u_1}{R_f}$$

由于 $I_1 + I_\Sigma = 0$，所以有

$$\frac{u_O}{2^8 R}(D_0 \times 2^0 + D_1 \times 2^1 + \cdots + D_7 \times 2^7) = -\frac{u_1}{R_f}$$

若取 $R_f = R$，则电压放大倍数为

$$A_u = \frac{u_O}{u_1} = -\frac{2^8}{D_0 \times 2^0 + D_1 \times 2^1 + \cdots + D_7 \times 2^7} \tag{10-6}$$

从式(10-6)可以看出，放大器的放大倍数与输入数字量有关，只要改变输入数字量，就可以改变放大器增益。

（3）其他应用　由于电压也可以转换为频率,因此利用 D/A 转换器也可以实现数字-频率转换,还可以利用 D/A 转换器实现采样-保持电路的功能,在此不再详述。

思考题

1. D/A 转换器中电阻网络的功能是什么?
2. D/A 转换器的位数与转换精度之间有什么关系?
3. 倒 T 形电阻网络型 D/A 转换器与权电流型 D/A 转换器,哪一种的转换精度高? 为什么?
4. 分析 D/A 转换器的内部结构,指出影响 D/A 转换器精度的因素有哪些?
5. D/A 转换器的主要技术指标如何测试?
6. 对于阶梯波发生器来说,要输出光滑的模拟信号,低通滤波器的参数如何确定?

10.2　A/D 转换器

10.2.1　A/D 转换器的基本原理及分类

1. A/D 转换的一般步骤　A/D 转换器的功能是将输入的模拟电压信号 u_I 转换成相应的数字量 D 输出,D 为 n 位二进制代码 $d_{n-1}d_{n-2}\cdots d_1d_0$。A/D 转换器的输入电压信号 u_I 在时间上是连续量,而输出的数字量 D 是离散的,所以进行转换时必须按一定的频率对输入电压信号 u_I 进行采样,得到采样信号 u_S,并在下一次采样脉冲到来之前使 u_S 保持不变,从而保证将采样值转化成稳定的数字量。因此,要将连续的模拟信号转换成离散的数字信号,必须经过采样、保持、量化和编码 4 个步骤。

（1）采样与保持　采样是将在时间上连续变化的模拟量转换成时间上离散的模拟量,如图 10-10 所示。可以看到,为了用采样信号 u_S 准确地表示输入电压信号 u_I,必须有足够高的采样频率 f_S,f_S 的值越大就越能准确地反映 u_I 的变化。若要不失真地获取输入信号的信息,则 A/D 转换器的采样频率 f_S 必须满足采样定理,即 $f_S \geqslant 2f_{Imax}$,f_{Imax} 为输入信号的最大频率。

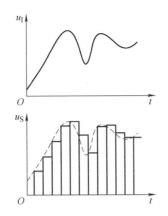

图 10-10　对输入模拟信号的采样

由于采样时间极短,所以采样信号 u_S 为一串断续的窄脉冲。然而要把一个采样信号数字化需要一定时间,因此在两次采样之间应将采样的模拟信号存储起来以便进行数字化,这一过程称为保持。

（2）量化与编码　数字信号不仅在时间上是离散的,而且在数值上的变化也是不连续的。

也就是说,任何一个数字量的大小都是以某个最小数量单位的整数倍来表示的。因此,在用数字量表示模拟量时,也必须把它转换成这个最小数量单位的整数倍,这一过程称为量化,所规定的最小数量单位称为量化单位,用 Δ 表示。用量化二进制代码结果表示模拟量称为编码。这个二进制代码就是 A/D 转换器的输出。

输入模拟电压通过采样、保持后转换成阶梯波,其阶梯幅值仍然是连续可变的,所以它就不一定能被量化单位 Δ 整除,因而不可避免地会引起量化误差。对于一定的输入电压范围,输出的数字量的位数越高,Δ 就越小,因此量化误差也越小。量化的方法有两种:有舍有入法和只舍不入法,下面以 3 位转换为例分别说明。

设输入电压 u_I 的范围为 $0 \sim U_M$,输出为 n 位的二进制代码。现取 $U_M = 1V, n = 3$。

1) 只舍不入法。取 $\Delta = U_M/2^n = (1/2^3)V = (1/8)V$,规定 0Δ 表示 $0V \leqslant u_I < (1/8)V$,对应的输出二进制代码为 000;$1\Delta$ 表示 $(1/8)V \leqslant u_I < (2/8)V$,对应的输出二进制代码为 001;…;$7\Delta$ 表示 $(7/8)V \leqslant u_I < 1V$,对应的输出二进制代码为 111,如图 10-11a 所示。显然,这种量化方法的最大量化误差为 Δ。

2) 有舍有入法。取 $\Delta = 2U_M/(2^{n+1}-1) = (2/15)V$,并规定 0Δ 表示 $0V \leqslant u_I < (1/15)V$,对应的输出二进制代码为 000;$1\Delta$ 表示 $(1/15)V \leqslant u_I < (3/15)V$,对应的输出二进制代码为 001;…;$7\Delta$ 表示 $(13/15)V \leqslant u_I < 1V$,对应的输出二进制代码为 111,如图 10-11b 所示。显然,这种量化方法的最大量化误差为 $\Delta/2$。实际电路中多采用这种量化方法。

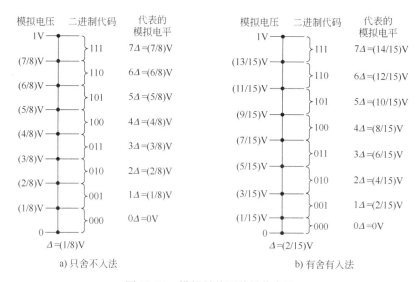

a) 只舍不入法　　　　　　　　　　b) 有舍有入法

图 10-11　模拟量的两种量化方法

2. 采样保持电路　图 10-12 所示为一种采样保持电路。它由 N 沟道增强型 MOS 管 VT（作为采样开关）、存储电容 C 和运算放大器 A 等组成。

当采样控制信号 u_L 为高电平时,VT 导通,输入信号 u_I 经电阻 R_I 向电容 C 充电。取 $R_I = R_f$ 且忽略运算放大器 A 的净输入电流,则充电结束后,$u_O = u_C = -u_I$。

采样控制信号 u_L 跃变为低电平后,VT 截止,由于电容 C 上的电压 u_C 基本保持不变,即采样的结果被保持下来直到下一个采样控制信号的到来。可以看出,只有电容 C 的漏电越小,运算放大器 A 的输入阻抗越大,u_O 保持的时间才越长。

显然,采样过程是一个充电过程,且 R_I 越小,充电时间越短,采样频率才越高。在充电过程中,电路的输入电阻为 R_I,为使电路从信号源索取的电流小些,则要求输入电阻大些,因此

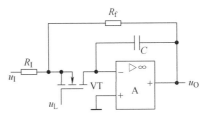

图 10-12 采样保持电路

采样速率与输入阻抗产生了矛盾。图 10-13 所示的电路是在图 10-12 所示电路的基础上改进而得到的，A_1 和 A_2 是两个运算放大器，采样控制信号 u_L 通过驱动电路 L 控制开关 S。当 $u_L = 1$ 时，开关 S 闭合，A_1 和 A_2 工作在电压跟随状态，则 $u_I = u_O' = u_C = u_O$；当 $u_L = 0$ 时，开关 S 断开，由于电容 C 没有放电回路，u_C 保持为 u_I 不变，所以输出 u_O 也保持为 u_I 不变。

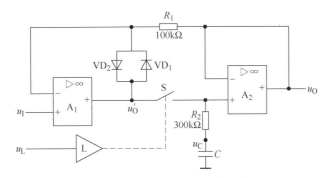

图 10-13 改进的采样保持电路

当开关 S 断开时，电路处于保持阶段，如果 u_I 变化，u_O' 可能变化非常大，甚至会超过开关电路能够承受的电压，因此用二极管 VD_1、VD_2 构成保护电路。当 u_O' 比保持电压 u_O 高（或低）一个二极管的导通压降 U_D 时，VD_1（或 VD_2）导通，从而使 $u_O' = u_O + U_D$（或 $u_O' = u_O - U_D$）。当开关 S 闭合时，$u_O' = u_O$，所以 VD_1 和 VD_2 不导通，保护电路不起作用。

上述电路在采样开关 S 与输入信号 u_I 之间加一级运算放大器 A_1，提高了输入阻抗。此外，运算放大器 A_1 的输出阻抗小，使电容的充、放电过程加快，提高了采样速率。

3. A/D 转换器的分类 A/D 转换器的种类很多，按工作原理可分为直接型和间接型两大类。直接型是将模拟电压量直接转换成输出的数字量，常用的电路有并行比较型和反馈比较型，反馈比较型又可分为计数型和逐次逼近型；间接型是将模拟电压量转换成一个中间量（如时间或频率），然后将中间量转换成数字量。A/D 转换器的分类如图 10-14 所示。

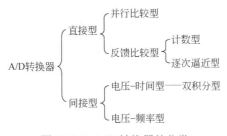

图 10-14 A/D 转换器的分类

下面分别介绍直接型中的并行比较型、逐次逼近型 A/D 转换器和间接型中的双积分型

A/D 转换器。

10.2.2　并行比较型 A/D 转换器

3 位并行比较型 A/D 转换器的原理电路如图 10-15 所示。它由电阻分压器、电压比较器、寄存器及优先编码器组成。图中的参考电压 U_{REF} 分成 8 个等级，其中 7 个等级的电压分别作为 7 个比较器 $C_1 \sim C_7$ 的参考电压，其数值分别为 $U_{REF}/15, 3U_{REF}/15, \cdots, 13U_{REF}/15$。输入电压为 u_I，它的大小决定各比较器的输出状态。例如，当 $0 \leqslant u_I < (U_{REF}/15)$ 时，$C_1 \sim C_7$ 的输出都为 0；当 $3U_{REF}/15 \leqslant u_I < (5U_{REF}/15)$ 时，比较器 C_1 和 C_2 的输出 $C_{O1} = C_{O2} = 1$，其余各比较器的输出都为 0。根据各比较器的参考电压值，可以确定输入模拟电压值与各比较器的输出状态的关系。比较器的输出状态由 D 触发器存储，CP 作用后，触发器的输出 $Q_7 \sim Q_1$ 与对应的比较器的输出 $C_{O1} \sim C_{O7}$ 相同。经代码转换网络（优先编码器）输出数字量 $D_2 D_1 D_0$。优先编码器中优先级别最高的是 Q_7，最低的是 Q_1。

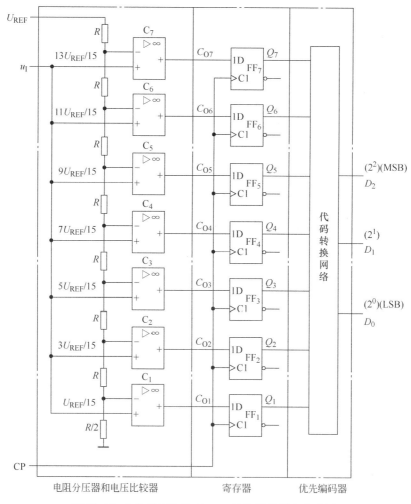

图 10-15　3 位并行比较型 A/D 转换器的原理电路图

设 u_I 的变化范围为 $0 \sim U_{REF}$，输出的 3 位数字量为 D_2、D_1、D_0，3 位并行比较型 A/D 转换器的输入与输出的关系如表 10-1 所示。由表 10-1 可得代码转换网络的输入与输出之间的逻辑关系为

$$D_2 = Q_4$$

$$D_1 = Q_6 + \overline{Q}_4 Q_2$$

$$D_0 = Q_7 + \overline{Q}_6 Q_5 + \overline{Q}_4 Q_3 + \overline{Q}_2 Q_1$$

上述并行比较型 A/D 的转换过程是并行进行的，其转换时间取决于电压比较器、触发器和编码电路延迟时间，转换时间在各种 A/D 转换器中最快（转换频率最高），主要应用于高速采样场合。随着转换位数的增加，所用的元器件按几何级数增加，一个 n 位并行比较型 A/D 转换器所用的比较器的个数为 $2^n - 1$，因此要实现分辨率较高的集成并行比较型 A/D 转换器比较复杂。

单片集成并行比较型 A/D 转换器产品很多，如 AD 公司的 AD9012（8 位）、AD9002（8 位）和 AD9020（10 位）等。

表 10-1　3 位并行比较型 A/D 转换器的输入与输出的关系

模拟量输入	寄存器输出							数字输出		
	Q_7	Q_6	Q_5	Q_4	Q_3	Q_2	Q_1	D_2	D_1	D_0
$0 \leqslant u_1 < U_{REF}/15$	0	0	0	0	0	0	0	0	0	0
$U_{REF}/15 \leqslant u_1 < 3U_{REF}/15$	0	0	0	0	0	0	1	0	0	1
$3U_{REF}/15 \leqslant u_1 < 5U_{REF}/15$	0	0	0	0	0	1	1	0	1	0
$5U_{REF}/15 \leqslant u_1 < 7U_{REF}/15$	0	0	0	0	1	1	1	0	1	1
$7U_{REF}/15 \leqslant u_1 < 9U_{REF}/15$	0	0	0	1	1	1	1	1	0	0
$9U_{REF}/15 \leqslant u_1 < 11U_{REF}/15$	0	0	1	1	1	1	1	1	0	1
$11U_{REF}/15 \leqslant u_1 < 13U_{REF}/15$	0	1	1	1	1	1	1	1	1	0
$13U_{REF}/15 \leqslant u_1 < U_{REF}$	1	1	1	1	1	1	1	1	1	1

10.2.3　逐次逼近型 A/D 转换器

1. 基本转换原理　逐次逼近型 A/D 转换器也属于直接比较型，其转换原理类似于天平称物，模拟信号就是被称的物体，而砝码数值采用二进制。假设一个天平的量程为 0 ~ 15g，备有 8g、4g、2g、1g 四个砝码。称重时，先放最重的 8g 砝码，若物重大于 8g，则该砝码保留；反之，该砝码去除。然后再放次重的 4g 砝码，根据平衡情况决定它的去留。这样一直比较下去，直到放完最小的 1g 砝码，使天平两边基本平衡，这时留在天平上砝码的总质量就是物重。

n 位逐次逼近型 A/D 转换器的结构框图如图 10-16 所示。它由电压比较器、控制逻辑电路、数据寄存器和 D/A 转换器等组成。输入的模拟量从电压比较器的同相端输入，输出的数字量从数据寄存器的输出端 $d_{n-1}d_{n-2}\cdots d_1d_0$ 输出。

其工作原理为：电路由启动脉冲启动后，在第一个时钟脉冲作用下控制逻辑使移位寄存器的最高位置 1，其他位置 0，其输出经数据寄存器将 1000$\cdots$0 送入 D/A 转换器。输入电压首先与 D/A 转换器的输出电压 $u'_0 = U_{REF}/2$ 相比较，若 $u_1 \geqslant u'_0$，则比较器的输出使数据寄存器的最高位 d_{n-1} 置 1，若 $u_1 < u'_0$，则 d_{n-1} 置 0。在第二个时钟脉冲作用下移位寄存器左移一位，使次高位置 1，其他低位置 0。若数据寄存器的最高位已存 1，则将 1100$\cdots$0 送入 D/A 转换器，此时 $u'_0 =$（3/4）U_{REF}。于是 u_1 与（3/4）U_{REF} 相比较，若

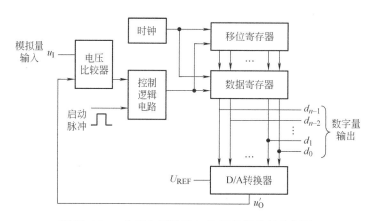

图 10-16　n 位逐次逼近型 A/D 转换器的结构框图

$u_I \geqslant$（3/4）U_{REF}，则数据寄存器的次高位 d_{n-2} 置 1，否则置 0；若数据寄存器的最高位已存 0，则将 0100…0 送入 D/A 转换器，此时 $u'_O = U_{REF}/4$，若 $u_I \geqslant U_{REF}/4$，则次高位 d_{n-2} 置 1，否则置 0；以此类推，逐次比较直到寄存器所有的位都已处理过，便由数据寄存器得到输出数字量。

2. 逐次逼近型 A/D 转换器实例　根据上述原理构成的 3 位逐次逼近型 A/D 转换器的逻辑电路如图 10-17 所示。图中 3 个同步 RS 触发器 FF_A、FF_B、FF_C 作为数码寄存器，$FF_1 \sim FF_5$ 构成的环形计数器作为顺序脉冲发生器，控制逻辑电路由门 $G_1 \sim G_5$ 组成。

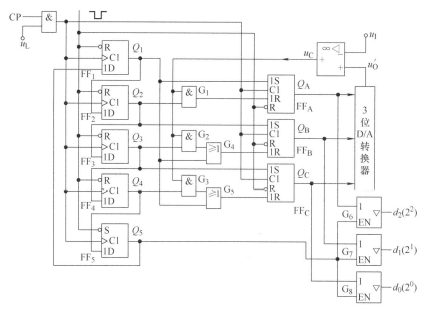

图 10-17　3 位逐次逼近型 A/D 转换器的逻辑电路图

设参考电压 $U_{REF} = 5V$，待转换的输入模拟电压 $u_I = 3.2V$，工作前先将 FF_A、FF_B 和 FF_C 清零，环形计数器 $Q_1Q_2Q_3Q_4Q_5 = 00001$。当转换控制信号 u_L 变成高电平时，转换便开始进行。

1）当第 1 个 CP 脉冲的上升沿到来后，环形计数器的状态变成 $Q_1Q_2Q_3Q_4Q_5 = 10000$。因为 $Q_1 = 1$，所以 CP = 1 期间 FF_A 被置成 1，FF_B 和 FF_C 被置成 0，从而使 $Q_AQ_BQ_C = 100$，该寄存器的输出加到 3 位 D/A 转换器的输入端，便在 D/A 转换器的输出端得到相应的模拟

电压 $u'_0 = 5 \times 2^{-1}$ V $= 2.5$ V，因为 $u'_0 < u_I$，所以比较器的输出 u_C 为低电平。

2）当第 2 个 CP 脉冲的上升沿到来后，环形计数器的状态变成 $Q_1 Q_2 Q_3 Q_4 Q_5 = 01000$。因为 $Q_2 = 1$，所以 CP $= 1$ 期间 FF_B 被置成 1，由于 u_C 为低电平，封锁了与门 G_1，Q_2 不能通过与门 G_1 使 FF_A 复位为 0，故 Q_A 仍为 1，而 FF_C 保持 0 状态，因此 $Q_A Q_B Q_C = 110$，经 3 位 D/A 转换器后得到相应的模拟电压 $u'_0 = 5 \times (2^{-1} + 2^{-2})$ V $= 3.75$ V，因为 $u'_0 > u_I$，所以比较器的输出 u_C 为高电平。

3）当第 3 个 CP 脉冲的上升沿到来后，环形计数器的状态变成 $Q_1 Q_2 Q_3 Q_4 Q_5 = 00100$。因为 $Q_3 = 1$，所以 CP $= 1$ 期间 FF_C 被置成 1，由于 u_C 为高电平，与门 G_2 被打开，Q_3 通过与门 G_2 使 FF_B 复位为 0，此时由于 $Q_1 = Q_2 = 0$，所以 Q_A 保持 1 状态，因此 $Q_A Q_B Q_C = 101$，经 3 位 D/A 转换器后得到相应的模拟电压 $u'_0 = 5 \times (2^{-1} + 2^{-3})$ V $= 3.125$ V，因为 $u'_0 < u_I$，所以比较器的输出 u_C 为低电平。

4）当第 4 个 CP 脉冲的上升沿到来后，$Q_1 Q_2 Q_3 Q_4 Q_5 = 00010$。由于 u_C 为低电平，封锁了与门 $G_1 \sim G_3$，而且 $Q_1 = Q_2 = Q_3 = 0$，故 FF_A、FF_B、FF_C 保持原态不变，即 $Q_A Q_B Q_C = 101$。

5）当第 5 个 CP 脉冲的上升沿到来后，$Q_1 Q_2 Q_3 Q_4 Q_5 = 00001$。由于 $Q_5 = 1$，三态门被打开，输出转换后的数字量 $d_2 d_1 d_0 = 101$。

综上所述，图 10-17 所示的 3 位逐次逼近型 A/D 转换器的转换过程如表 10-2 所示。由表 10-2 可见，与转换结果所对应的模拟电压为 3.125 V，比实际的模拟电压 3.2 V 小，这是逐次逼近型 A/D 转换器的转换特点，且转换相对误差约为 2.3%。很显然，转换的位数越高，误差越小，输出量就越逼近输入量。由表 10-2 还可以看到，当经过 5 个 CP 脉冲后，该 A/D 转换器经过逐次比较，将输入模拟电压 $u_I = 3.2$ V 转换成数字量 $d_2 d_1 d_0 = 101$ 输出。因此，完成一次转换所需的时间为 $(3 + 2) T_{CP}$，对于 n 为逐次逼近型 A/D 转换器，完成一次转换所需的时间为 $(n + 2) T_{CP}$，式中 T_{CP} 为 CP 脉冲的周期。

表 10-2　3 位逐次逼近型 A/D 转换器的转换过程

工作节拍	环形计数器					寄存器			u'_0 与 u_I（3.2 V）的比较	比较器
	Q_1	Q_2	Q_3	Q_4	Q_5	Q_A	Q_B	Q_C		u_C
复位	0	0	0	0	1	0	0	0	$u'_0 = 0$V $< u_I$	L
第 1 个 CP	1	0	0	0	0	1	0	0	$u'_0 = 2.5$V $< u_I$	L
第 2 个 CP	0	1	0	0	0	1	1	0	$u'_0 = 3.75$V $> u_I$	H
第 3 个 CP	0	0	1	0	0	1	0	1	$u'_0 = 3.125$V $< u_I$	L
第 4 个 CP	0	0	0	1	0	1	0	1	$u'_0 = 3.125$V $< u_I$	L
第 5 个 CP	0	0	0	0	1	1	0	1	$u'_0 = 3.125$V $< u_I$	L

由以上分析可见，逐次逼近型 A/D 转换器完成一次转换所需的时间与其位数和时钟脉冲频率有关，位数越少，时钟频率越高，转换所需的时间越短。在输出位数较多时，逐次逼近型 A/D 转换器的电路规模比并行比较型 A/D 转换器小得多，但转换速率降低，这种 A/D 转换器多用于信号频率较低的场合。常用的集成逐次逼近型 A/D 转换器有 ADC0809（8 位）、AD575（10 位）和 AD574A（10 位）等。

【**例 10-2**】　在图 10-17 所示电路结构的逐次逼近型 A/D 转换器中，设 $n = 8$，参考电压 $U_{REF} = 8$V，待转换的输入模拟电压 $u_I = 5.54$V，求转换后的数字输出；若已知时钟脉冲的频率为 1MHz，试问完成一次转换需要多少时间？

解： 由逐次逼近型 A/D 转换器的转换原理分析可知，其量化方法实际上是只舍不入的方法，因此 $\Delta = 8/2^8 \text{V} = 0.03125\text{V}$，则量化结果为 $[5.54/0.03125] = 177$（式中的中括号表示"取整"），将十进制数字 177 转换为二进制数 10110001 即为转换后的数字输出。

8 位逐次逼近型 A/D 转换器完成一次转换需要的时间为

$$t = (n+2)T_{CP} = 10 \times 1\mu\text{s} = 10\mu\text{s}$$

10.2.4 双积分型 A/D 转换器

双积分型 A/D 转换器是经过中间变量间接实现 A/D 转换的电路。它通过两次积分，先将模拟输入电压 u_I 转换成与其大小相对应的时间 T，再在时间间隔 T 内用计数频率不变的计数器计数，计数器所计的数字量就正比于模拟输入电压，其组成原理框图如图 10-18 所示，它由积分器、过零比较器、控制逻辑、计数器和时钟脉冲源等几部分组成。

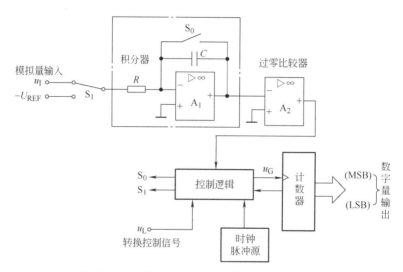

图 10-18 双积分型 A/D 转换器的组成原理框图

双积分型 A/D 转换器的工作原理是：开始转换前（转换控制信号 $u_L = 0$），先将计数器复位，同时接通开关 S_0，使积分电容 C 完全放电。图 10-19 是该电路的工作波形图。

$u_L = 1$ 时开始转换。转换开始时，开关 S_0 断开，同时开关 S_1 与模拟信号输入端相连接，输入模拟信号对积分器的电容 C 充电。在固定的时间 T_1 内，积分器的输出电压 u_O 为

$$u_O = -\frac{1}{RC}\int_{t_0}^{t_1} u_I dt = -\frac{T_1}{RC}u_I \tag{10-7}$$

在充电时间 T_1 固定的前提下，积分器的输出电压 u_O 与输入电压 u_I 成正比。

充电结束后，开关 S_1 切换到与参考电压 $-U_{REF}$ 连接，积分器被反向充电。同时，电路的控制逻辑启动计数器，以固定频率 f_C（$f_C = 1/T_C$，T_C 为时钟脉冲源的标准周期）的时钟脉冲开始计数。当积分器的输出电压下降到 0 V 时，图 10-18 所示电路中的过零比较器输出控制信号，计数结束。设积分器的输出电压下降到 0 V 时对应的时间为 T_2，则有

$$u_O = -\frac{1}{RC}\int_{t_1}^{t_2}(-U_{REF})dt - \frac{T_1}{RC}u_I = \frac{U_{REF}}{RC}T_2 - \frac{T_1}{RC}u_I = 0\text{V}$$

故有

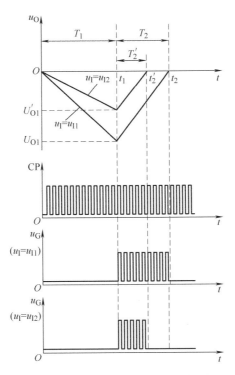

图 10-19　双积分型 A/D 转换器的工作波形图

$$T_2 = \frac{T_1}{U_{\text{REF}}}u_\text{I} \tag{10-8}$$

由式(10-8)可以看出，反向积分到 $u_\text{O} = 0\text{V}$ 的时间 T_2 与输入电压 u_I 成正比。T_2 期间的计数结果为

$$D = \frac{T_2}{T_\text{C}} = \frac{T_1}{T_\text{C}U_{\text{REF}}}u_\text{I} \tag{10-9}$$

由式(10-9)可以看出，由于 T_2 与输入电压 u_I 成正比，因此计数器的输出数字量也与输入电压 u_I 成正比。

若取 T_1 为 T_C 的整数倍，即 $T_1 = NT_\text{C}$，则式(10-9)可简化成

$$D = \frac{N}{U_{\text{REF}}}u_\text{I} \tag{10-10}$$

从图 10-19 所示的电压波形可以直观地看出，当 u_I 取两个不同的数值 $u_{\text{I}1}$ 和 $u_{\text{I}2}$ 时，反向积分器的时间 T_2 和 T_2' 也不同，并且时间的长短与 u_I 的大小成正比。由于 CP 为固定频率的脉冲，所以在 T_2 和 T_2' 期间送给计数器的计数脉冲数目与 u_I 成正比。

双积分型 A/D 转换器由于使用了积分器，在 T_1 时间内转换的是输入电压的平均值，因此具有很强的抗工频干扰能力，尤其是对周期等于 T_1 或几分之 T_1 的对称干扰（所谓对称干扰，是指整个周期内平均值为零的干扰）。此外，在转换过程中，前后两次积分所采用的是同一积分器，因此 R、C 和时钟脉冲源等元器件参数的变化对转换精度的影响可以抵消，所以它对元器件的要求较低，成本也低。但由于它属于间接转换，所以工作速度慢。它不能用于数据采集，但可用于像数字电压表等这类对转换速度要求不高的场合。

集成双积分型 A/D 转换器有 ADC – EK8B（8 位，二进制码）、ADC – EK10B（8 位，十

进制码）、MC14433$\left(3\dfrac{1}{2}\text{位，BCD码}\right)$等。

10.2.5　A/D转换器的主要技术指标

A/D转换器的主要技术指标有转换精度、转换速率等。选择A/D转换器时，除了考虑这两项主要技术指标外，还应注意满足其输入电压范围、输出数字信号的编码、工作温度范围和电压稳定度等方面的要求。

1. 转换精度　单片集成A/D转换器的转换精度是用分辨率和转换误差来描述的。

（1）分辨率　A/D转换器的分辨率以输出二进制（或十进制）数的位数表示，它表明A/D转换器对输入信号的分辨能力。从理论上讲，n位输出的A/D转换器能区分2^n个不同等级的输入模拟电压，能区分输入电压的最小值为满量程输入的$1/2^n$。当最大输入电压一定时，输出位数越多，量化单位越小，分辨率越高。如A/D转换器的输出为8位二进制数，输入信号的最大值为5 V，那么这个转换器应能区分输入信号的最小电压为$(5/2^8)$V$=$19.53mV。

（2）转换误差　转换误差表示A/D转换器实际输出的数字量和理论上的输出数字量之间的差别，通常是以相对误差的形式给出的，常用最低有效位的倍数表示。如给出相对误差$\leqslant\pm U_{\mathrm{LSB}}/2$，这表明实际输出的数字量和理论上应得到的输出数字量之间的误差小于最低有效位的半个字。

2. 转换时间和转换速率　完成一次A/D转换所需的时间称为转换时间，转换时间的倒数称为转换速率。如转换时间为$100\mu\mathrm{s}$，则转换速率为10kHz。A/D转换器的转换时间与转换电路的类型有关。并行比较型A/D转换器的转换速率最高，逐次逼近型A/D转换器次之，间接型A/D转换器的转换速率最低。

【例10-3】　某信号采集系统要求用一片A/D转换集成芯片在1 s内对16个热电偶的输出电压分别进行A/D转换。已知热电偶的输出电压范围为0～0.025 V（对应于0～450℃温度范围），需要分辨的温度为0.1℃，试问应选择多少位的A/D转换器？其转换时间为多少？

解：对于0～450℃温度范围，输出电压范围为0～0.025V，分辨的温度为0.1℃，这相当于$\dfrac{0.1}{450}=\dfrac{1}{4500}$的分辨率。12位A/D转换器的分辨率为$\dfrac{1}{2^{12}}=\dfrac{1}{4096}$，所以必须选用13位的A/D转换器。

系统的采样速率为16次/s，采样周期为62.5ms。对于这样慢的采样速率，任何一个A/D转换器都可以达到。选用带有采样保持的逐次逼近型A/D转换器或不带采样保持的双积分型A/D转换器均可。

10.2.6　集成A/D转换器及其应用

在集成A/D转换器中，逐次逼近型使用较多，下面以集成逐次逼近型A/D转换器ADC0804为例介绍集成A/D转换器及其应用。

1. ADC0804引脚及使用说明　ADC0804是CMOS工艺制成的逐次逼近型A/D转换器芯片，分辨率为8位，转换时间为$100\mu\mathrm{s}$，输入电压范围为0～5V，增加某些外部电路后，输入模拟电压可为±5V。该芯片内有输出数据锁存器，当与计算机连接时，转换电路的输出可以直接连接到CPU的数据总线上，无须附加逻辑接口电路。ADC0804芯片的引脚如

图 10-20 所示。

ADC0804 芯片的引脚名称及含义如下：

U_{IN+}，U_{IN-}：两个模拟信号输入端，用以接收单极性、双极性和差模输入信号。

$D_7 \sim D_0$：数据输出端，该输出端具有三态特性，能与计算机总线相连接。

AGND：模拟信号地。

DGND：数字信号地。

CLKIN：外电路提供时钟脉冲输入端。

CLKOUT：内部时钟发生器外接电阻端，与 CLKIN 端配合，可由芯片自身产生时钟脉冲，其频率为 $1/(1.1RC)$。

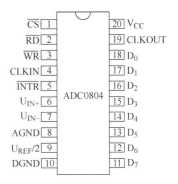

图 10-20　ADC0804 芯片的引脚

$\overline{CS}$：片选信号输入端，低电平有效。一旦 $\overline{CS}$ 有效，表明 A/D 转换器被选中，可启动工作。

$\overline{WR}$：写信号输入端，接收计算机系统或其他数字系统控制芯片的启动输入端，低电平有效。当 $\overline{CS}$ 和 $\overline{WR}$ 同时为低电平时，启动转换。

$\overline{RD}$：读信号输入端，低电平有效。当 $\overline{CS}$ 和 $\overline{RD}$ 同时为低电平时，可读取转换输出数据。

$\overline{INTR}$：转换结束输出信号，低电平有效。该端输出低电平时表示本次转换已经完成。该信号常用来向计算机系统发出中断请求信号。

$U_{REF}/2$：这是一个可选输入端，用以降低内部参考电压，从而改变转换器所能处理的模拟输入电压的范围。当这个输入端开路时，用 V_{CC} 作为参考电压，它的值为 2.5V（$V_{CC}/2$）。若将这个引脚接在外部电源上，则内部的参考电压变为此电压值的两倍，模拟输入电压的范围也相应地改变，如表 10-3 所示。

表 10-3　$U_{REF}/2$ 的取值与模拟输入电压范围的关系

（$U_{REF}/2$）/V	模拟输入电压的范围/V	分辨率/mV
开路	0 ~ 5	19.6
2.25	0 ~ 4.5	17.6
2.0	0 ~ 4	15.6
1.5	0 ~ 3	11.7

2. ADC0804 的典型应用　图 10-21 所示为数据采集应用中 ADC0804 与微处理器的典型电路接线图。采集数据时，微处理器通过产生 $\overline{CS}$、$\overline{WR}$ 低电平信号，启动 A/D 转换器工作。ADC0804 经 $100\mu s$ 后将输入模拟信号转换为数字信号存于输出锁存器，并在 $\overline{INTR}$ 端产生低电平表示转换结束。微处理器利用 $\overline{CS}$、$\overline{RD}$ 信号读取数据信号，图 10-22 中显示了数据采集过程中的信号时序图。注意，当 $\overline{CS}$ 和 $\overline{WR}$ 同为低电平时，$\overline{INTR}$ 呈现高电平，$\overline{WR}$ 的上升沿启动转换过程。若 $\overline{CS}$ 和 $\overline{RD}$ 同时为低电平，则数据锁存器的三态门打开，数据信号送出，而当 $\overline{CS}$ 或 $\overline{RD}$ 还原为高电平时，三态门处于高阻状态。

在图 10-21 所示的电路中，模拟输入信号 u_I 的范围为 0.5 ~ 3.5V。为了充分利用 ADC0804 芯片 8 位的分辨率，A/D 必须与给定的模拟输入信号的范围相匹配。本例中 A/D 的满量程是 3.5 V，它与地之间存在 0.5 V 的偏移值。在相反输入端加入 0.5 V 的偏移电压，使之成为零值参考点。3.5V 的输入范围通过给 $U_{REF}/2$ 接入 1.5V 的电压来设置，此时参考电压为 3.0V。这样可以保证在输入最小值 0.5V 时，所产生的输出数字量为 00000000，而当输入最大值 3.5 V 时，所产生的输出数字量为 11111111。

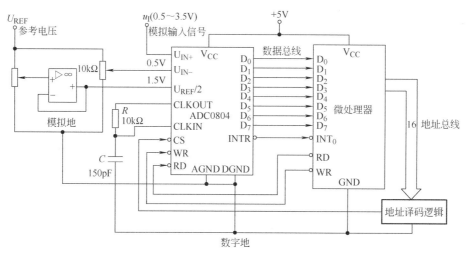

图 10-21　数据采集应用中 ADC0804 与微处理器的典型电路接线图

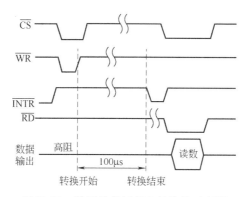

图 10-22　数据采集过程中的信号时序图

模拟电路与数字电路对接时要特别注意地线的正确连接，否则干扰将很严重，以致影响转换结果的准确性。A/D 转换器、D/A 转换器及采样保持芯片上都提供了独立的模拟地（AGND）和数字地（DGND）。在电路设计中，必须将所有器件的模拟地和数字地分别相连，然后将模拟地与数字地仅在一点上相连接。实际设计中，也经常将数字器件和模拟器件与电源的连线分开布线，然后在每个芯片的电源与地之间接入去耦电容（其典型值为 0.1μF）。

✎ 思考题

1. 在 A/D 转换过程中，采样保持电路的作用是什么？

2. 按照工作原理，A/D 转换器主要分为哪些类型？其特点是什么？

3. 如何测试 A/D 转换器的主要技术指标？

4. A/D 转换器的位数与转换精度之间有什么关系？

10.3 应用 Multisim 对 D/A 和 A/D 电路进行仿真分析

10.3.1 应用 Multisim 进行模/数电路仿真

从 Multisim 的 Mix 元件库 ADC-DAC 中调用 ADC 元器件搭建如图 10-23 所示的 A/D 转换电路，数字输出结果采用 Indicator（指示）元件库的 PROBE 指示器显示。

ADC 是一种用来 A/D 转换的器件，它包括模拟量输入端 V_{in}，参考电压输入端 V_{ref+} 和 V_{ref-} 以及转换控制端 SOC 共 4 个输入端子，数字量输出端 $D_7 \sim D_0$ 和转换结束端 $\overline{EOC}$ 等输出端子。其输出数字量和输入模拟量之间的关系为 $\left(\dfrac{V_{in} \times 2^n}{V_{ref}} \right)_{10} = (D)_2$。

调节滑动变阻器使得输入电压为 4.5V，根据输出数字量和输入模拟量之间的关系计算输出结果为 $(230.4)_{10}$，和电平指示器显示结果 $(1110\ 0110)_2$ 吻合。

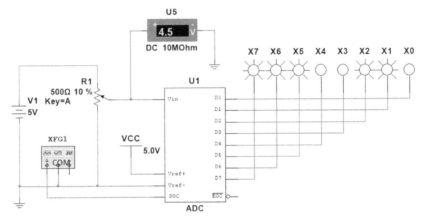

图 10-23 由 ADC 构成的 A/D 转换电路

10.3.2 应用 Multisim 进行数/模电路仿真

从 ADC – DAC 中调用 VDAC 接于图 10-24 所示电路的输出端，如图 10-24 所示。VDAC

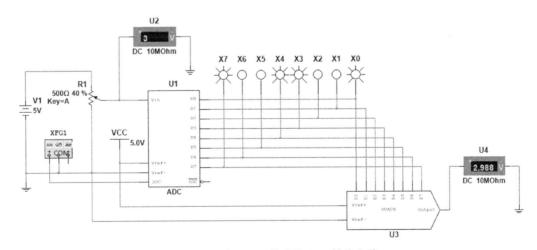

图 10-24 由 VDAC 构成的 D/A 转换电路

是 Multisim 提供的电压输出型 D/A 转换器，其输出模拟量和输入数字量之间的关系为 $U_o = \dfrac{V_{ref}}{2^n} \times \sum\limits_{i=0}^{n-1} D_i 2^i$。图 10-24 实质上是将图 10-23 中 ADC 的输出结果再通过 VDAC 进行数/模转换。图 10-24 中电压指示器显示，ADC 的输入和 VDAC 的输出结果吻合。

本章小结

1. A/D 转换器的功能是将模拟量转换为与之成正比的数字量；D/A 转换器的功能是将数字量转换为与之成正比的模拟量。两者是数字电路与模拟电路的接口电路，是现代数字系统的重要部件，应用日益广泛。

2. 常用的 D/A 转换器有电阻网络型和权电流型，两者的工作原理相似，即当其任何一个输入二进制位有效时，都会产生与每个输入二进制权值成比例的权电流，这些权值相加形成模拟输出。

3. 常用的 A/D 转换器有并行比较型、逐次逼近型、双积分型等，它们各具特点。并行比较型 A/D 转换器的转换速率最快，但其结构复杂且造价较高，故只用于那些转换速率要求极高的场合；双积分型 A/D 转换器的抗干扰能力强，转换精度高，但转换速率不够理想，常用于数字式测量仪表中；逐次逼近型 A/D 转换器在一定程度上兼有以上两种转换器的优点，因此得到了广泛应用。

4. A/D 转换器和 D/A 转换器的主要技术指标是分辨率和转换速率，在与系统连接后，转换器的这两项指标决定了系统的转换精度与转换速率。目前，A/D 转换器与 D/A 转换器的发展趋势是高速率、高分辨率及易于与微型计算机接口，以满足各个应用领域对信号处理的要求。

自 测 题

10.1 判断题（正确的在括号内打"√"，否则打"×"）

1. 同位数的权电流型 D/A 转换器比倒 T 形电阻网络型 D/A 转换器的转换精度高。（   ）

2. D/A 转换器的最大输出电压的绝对值可达到基准电压 U_{REF}。（   ）

3. D/A 转换器的位数越多，能够分辨的最小输出电压变化量就越小。（   ）

4. D/A 转换器的位数越多，转换精度越高。（   ）

5. A/D 转换器的位数越多，量化单位 Δ 越小。（   ）

6. A/D 转换过程中，一般会出现量化误差。（   ）

7. A/D 转换器的位数越多，量化级分得越多，量化误差就可以减小到 0。（   ）

8. 一个 n 位逐次逼近型 A/D 转换器完成一次转换要进行 n 次比较，需要 $n + 2$ 个时钟脉冲。（   ）

9. 双积分型 A/D 转换器的转换精度高、抗干扰能力强，因此常用于数字式测量仪表中。（   ）

10. 采样定理的规定，是为了能不失真地恢复原模拟信号，而又不使电路过于复杂。（   ）

10.2 选择题

1. 一个无符号 10 位数字输入的 D/A 转换器，其输出电平的级数为（   ）。

(a) 4   (b) 10   (c) 1024   (d) 2^{10}

2. 4 位倒 T 形电阻网络型 D/A 转换器的电阻网络的电阻取值有（   ）种。

(a) 1   (b) 2   (c) 4   (d) 8

3. 为使采样输出信号不失真地代表输入模拟信号，采样频率 f_S 和输入模拟信号的最高频率 f_{Imax} 的关系是（　　）。

　（a）$f_S \geq f_{Imax}$　　　（b）$f_S \leq f_{Imax}$　　　（c）$f_S \geq 2f_{Imax}$　　　（d）$f_S \leq 2f_{Imax}$

4. 将一个时间上连续变化的模拟量转换为时间上断续（离散）的模拟量的过程称为（　　）。

　（a）采样　　　　　（b）量化　　　　　（c）保持　　　　　（d）编码

5. 用二进制码表示指定离散电平的过程称为（　　）。

　（a）采样　　　　　（b）量化　　　　　（c）保持　　　　　（d）编码

6. 将幅值上、时间上离散的阶梯电平统一归并到最邻近的指定电平的过程称为（　　）。

　（a）采样　　　　　（b）量化　　　　　（c）保持　　　　　（d）编码

7. 若某 A/D 转换器取量化单位 $\Delta = \dfrac{1}{8}U_{REF}$，并规定对于输入电压 u_I，当 $0 \leq u_I < \dfrac{1}{8}U_{REF}$ 时，输入的模拟电压量化为 0 V，输出的二进制数为 000，则当 $\dfrac{5}{8}U_{REF} \leq u_I < \dfrac{6}{8}U_{REF}$ 时，输出的二进制数为（　　）。

　（a）001　　　　（b）101　　　　（c）110　　　　（d）111

8. 以下 4 种转换器中，（　　）是 A/D 转换器且转换速率最快。

　（a）并行比较型　　　（b）逐次逼近型　　　（c）双积分型　　　（d）施密特触发器

10.3　填空题

1. 将模拟信号转换为数字信号，需要经过＿＿＿＿＿、＿＿＿＿＿、＿＿＿＿＿和＿＿＿＿＿ 4 个过程。

2. 衡量 A/D 转换器性能的两个主要指标是＿＿＿＿＿和＿＿＿＿＿。

 习题

10.1　某 8 位 D/A 转换器，其基准电压是 +5V，试计算该转换器可以分辨的最小模拟输出电压是多少？分辨率是多少？

10.2　某 D/A 转换器的最小分辨电压 $U_{LSB} = 4.9\text{mV}$，其基准电压 $U_{REF} = 10\text{V}$，求该转换器输入二进制数字量的位数。

10.3　某一控制系统中，要求所用的 D/A 转换器的转换精度小于 0.2%，试问至少应选用多少位的 D/A 转换器？

10.4　在 8 位倒 T 形电阻网络型 D/A 转换器中，已知 $U_{REF} = 10\text{V}$，$R = R_f$，当输入 $D_7 D_6 \cdots D_0 = 10001100$，求 u_O。

10.5　在图 10-5 所示的 4 位权电流型 D/A 转换器中，已知 $I = 0.2\text{mA}$，当输入 $D_3 D_2 D_1 D_0 = 1100$ 时，输出电压 $u_O = 1.5\text{V}$，试求电阻 R_f 的值。

10.6　由 10 位二进制加/减计数器和 10 位 D/A 转换器组成的阶梯波发生器如图 10-25 所示。设时钟频率为 1 MHz，求阶梯波的重复周期，并分别画出加法计数和减法计数时 D/A 转换器的输出波形（已知使能信号 $S = 0$ 时，加法计数；$S = 1$ 时，减法计数）。

图 10-25　习题 10.6 图

10.7　已知输入模拟信号的最高频率为 5kHz，要将输入的模拟信号转换成数字信号，需要哪些步骤？要保证从采样信号中恢复采样的模拟信号，则采样信号的最低频率是多少？

10.8　在图 10-15 所示的 3 位并行比较型 A/D 转换器中，$U_{REF} = 10V$，$u_I = 9V$，试问输出 $D_2 D_1 D_0$ 的数值是什么？

10.9　10 位逐次逼近型 A/D 转换器 $U_{REF} = 12V$，CP 的频率 $f_{CP} = 500kHz$。试求：

（1）若输入 $u_I = 4.32V$，则转换后输出状态 $D = Q_9 Q_8 \cdots Q_0$ 是什么？

（2）完成一次转换所需的时间为多少？

10.10　在双积分型 A/D 转换器中，输入电压 u_I 和参考电压 U_{REF} 在极性上和数值上应满足什么关系？如果 $|u_I| > |U_{REF}|$，电路能完成模数转换吗？为什么？

10.11　双积分型 A/D 转换器如图 10-26 所示，试问：

（1）若被检测信号的最大值为 $U_{Imax} = 2V$，要能分辨出输入电压的变化小于或等于 2 mV，则应选择多少位的 A/D 转换器？

（2）若输入电压大于参考电压，即 $|u_I| > |U_{REF}|$，则转换过程中会出现什么现象？

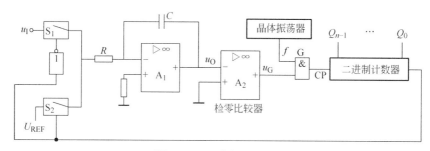

图 10-26　习题 10.11 图

第 **11** 章

存储器和可编程逻辑器件

知识单元目标

- 能够区分 ROM、RAM 半导体存储器。
- 能够区分、描述 ROM 与阵列、或阵列结构。
- 能够描述常用 PLD 器件的逻辑功能和结构特点。

讨论问题

- ROM 的结构、工作原理及应用。
- RAM 的结构、工作原理及扩展应用。
- PLA 的结构及其应用。
- PAL 的结构及其应用。
- GAL 的结构特点及使用。

存储器是有一定规模的数字系统，特别是计算机系统中不可或缺的一部分，主要用来存储临时的或永久的数字信息。而可编程逻辑器件（PLD）是一种可以由用户定义和设置逻辑功能的器件，具有结构灵活、集成度高和可靠性高等特点，较好地解决了用中小规模集成器件来构成大型复杂的数字系统时遇到的系统功耗大、占用空间大和系统可靠性差等问题，因此在工业控制和产品开发等方面得到了广泛的应用。

11.1 只读存储器

只读存储器，简称 ROM（Read Only Memory），是存储固定信息的存储器件。即预先把信息或数据写入到存储器中，在正常工作时 ROM 所存储的数据是固定不变的，只能读出，不能随时迅速写入，故称只读存储器。

ROM 是存储器中结构最简单的一种，其主要特点是在工作时，如所使用的电源突然断电，而所存储的数据不会丢失。ROM 在数字系统中有很广泛的用途，如用来实现任意的真值表。因真值表需要包括足够的输入和输出逻辑变量，具体实施时要用大量的门电路，而用 ROM 来实现就可以节省体积、重量和价格。其也常用于代码的变换、符号和数字显示的有关电路及存储各种函数表等。

ROM 的种类很多，按使用的器件类型分，有二极管 ROM、双极型三极管 ROM 和 MOS

管 ROM 三种。按数据写入方式分，有固定 ROM、可编程 ROM（PROM）和可擦除可编程 ROM（EPROM）三种。

11.1.1 ROM 的基本结构

一个典型的 ROM 结构框图如图 11-1 所示。它主要由地址译码器、ROM 存储矩阵和输出缓冲器三部分组成。

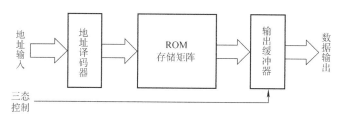

图 11-1 ROM 的结构框图

存储矩阵是存储器的主体，由许多存储单元排列而成。存储单元可用二极管、晶体管或 MOS 管构成，每个存储单元只能存放一位二进制数（1 或 0）。通常将若干位存储单元组成一组，给每组存储单元编一个标号，这个标号称为地址。因为半导体存储器存储的数据量往往很大，而器件的引脚数目总是有限的，所以在 ROM 中，数据输出引脚是各存储单元组所共用。为区分存储器中不同的存储单元组，就必须给各存储单元组编制一个地址。地址译码器的作用就是将输入的地址代码译成相应的控制信号，利用这个控制信号从存储矩阵中选出指定的存储单元组，任何时刻，只能有一组存储单元被选中；只有被输入地址代码选中的存储单元组才能与公共的输出引脚接通，并把其中存储的数据送到数据缓冲器。所以，存储器的电路结构中必须包括地址译码器、存储矩阵这两个主要组成部分。而为了增加 ROM 的带负载能力，同时实现对输出状态的三态控制以便于与系统总线连接，在输出端须接有输出缓冲器。

11.1.2 ROM 的工作原理

如图 11-2 所示是具有 2 位地址输入码和 4 位数据输出的 ROM 电路。A_1A_0 是两位地址码，能指定 4 个不同的地址，地址译码器将这 4 个地址译成 $W_3W_2W_1W_0$ 4 个高电平输出信号。通常把地址译码器的每个输出信号称为"字"，把 $W_3W_2W_1W_0$ 称为字线或选择线，而 A_1A_0 称为地址线。

$$W_0 = \overline{A_1}\,\overline{A_0} \quad W_1 = \overline{A_1}A_0 \quad W_2 = A_1\overline{A_0} \quad W_3 = A_1A_0$$

存储矩阵实际上是一个二极管构成的或门电路，如图 11-3 所示是输出为 D_2' 的电路。从电路很容易得出

$$D_2' = W_1 + W_2$$

同理，可得到存储矩阵的其他三个输出逻辑表达式

$$D_3' = W_3 \quad D_1' = W_3 + W_0$$

$$D_0' = W_2 + W_1 + W_0$$

输出缓冲器将输出的高、低电平变换为标准的逻辑电平，并可提高带负载能力。同时通过信号实现对输出的三态控制。

在读取数据时，只要输入指定的地址码，并令 $\overline{EN} = 0$，则指定地址内各存储单元所存放的数据就输出到 $D_3D_2D_1D_0$。地址与数据的对应关系如表 11-1 所示。

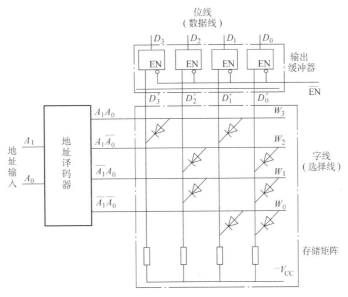

图 11-2 二极管 ROM 电路

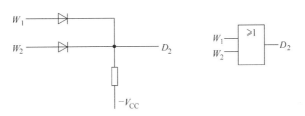

图 11-3 存储矩阵中的或门电路

表 11-1 图 11-2ROM 中的数据表

地 址		数 据			
A_1	A_0	D_3	D_2	D_1	D_0
0	0	0	0	1	1
0	1	0	1	0	0
1	0	0	1	0	1
1	1	1	0	1	0

为简化作图，在接有二极管的矩阵交叉点画一黑点表示，无黑点表示未接二极管。这样，图 11-2 的 ROM 电路就可以画成如图 11-4 所示的简化电路形式（也称为点阵图）。

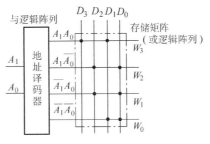

图 11-4 简化的 ROM 存储矩阵阵列图

ROM 存储矩阵也可由双极型晶体管和 MOS 场效应晶体管构成。如图 11-5 所示就是一个用 MOS 管构成的 ROM。

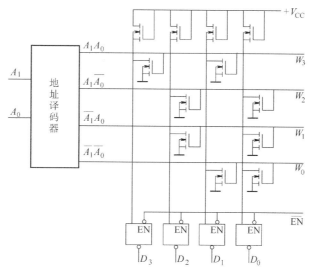

图 11-5　用 MOS 管构成的 ROM

11.1.3　ROM 应用举例

ROM 在数字电路中的应用十分广泛，如计算机的数据和程序存储、产生组合逻辑函数等。下面以图 11-2 所示的 ROM 为例，说明 ROM 在实现组合逻辑函数方面的应用。

从表 11-1 可看出，若把输入地址线 A_1A_0 视为两个输入逻辑变量，同时把输出数据 D_3、D_2、D_1 和 D_0 看成为一组输出逻辑变量，则 D_3、D_2、D_1 和 D_0 就是一组 A_1A_0 的组合逻辑函数。而表 11-1 就是这一组多输出组合逻辑函数的真值表。

【例 11-1】　使用 ROM 构成全加器。

解： 全加器有三个输入量 A、B、C，两个输出量 S、C_0，其中，A、B 为两个输入的待加数，C 为输入的低位进位；S 为本位和数，C_0 为本位向高位的进位数。全加器的逻辑状态如表 11-2 所示。

表 11-2　全加器的逻辑状态表

ABC	对应十进制数	最小项	被选中字线	最小项编号	位　　线	
					S	C_0
000	0	$\overline{A}\,\overline{B}\,\overline{C}$	$W_0 = 1$	m_0	0	0
001	1	$\overline{A}\,\overline{B}C$	$W_1 = 1$	m_1	1	0
010	2	$\overline{A}B\overline{C}$	$W_2 = 1$	m_2	1	0
011	3	$\overline{A}BC$	$W_3 = 1$	m_3	0	1
100	4	$A\overline{B}\,\overline{C}$	$W_4 = 1$	m_4	1	0
101	5	$A\overline{B}C$	$W_5 = 1$	m_5	0	1
110	6	$AB\overline{C}$	$W_6 = 1$	m_6	0	1
111	7	ABC	$W_7 = 1$	m_7	1	1

根据表 11-2，可写出全加器输出量 S 和 C_0 的逻辑表达式为

$$S = \overline{A}\,\overline{B}C + \overline{A}B\,\overline{C} + A\,\overline{B}\,\overline{C} + ABC = m_1 + m_2 + m_4 + m_7$$

$$C_0 = \overline{A}BC + A\,\overline{B}C + AB\,\overline{C} + ABC = m_3 + m_5 + m_6 + m_7$$

全加器有三个输入量，两个输出量，所以 ROM 的输入地址为 3 位，输出数据为 2 位。根据 S 和 C_0 的逻辑表达式，由 ROM 构成的全加器如图 11-6 所示。

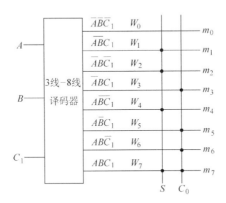

图 11-6　用 ROM 构成的全加器

11.1.4　各类 ROM 介绍

1. 掩膜 ROM　掩膜 ROM 又称为固定 ROM。掩膜 ROM 是采用掩膜工艺制成的，其中存储的数据是由制作过程中使用的掩膜板决定。这种掩膜板是按照用户的要求而专门设计的。因此，掩膜 ROM 存储单元中的内容在出厂时已被完全固定下来（称为"固化"），使用时不能变动。这种 ROM 常用于已成型的、批量生产的产品。

2. 可编程 ROM（PROM）　在开发新产品时，设计人员常需要按自己的设想迅速得到所需内容的 ROM，这时可通过将所需内容自行写入 PROM 而得到要求的 ROM。

可编程只读存储器 PROM 出厂时已经在存储矩阵的全部交叉点上接了存储元件，即相当于所有存储单元都存入"1"，用户可根据需要将某些单元改写为"0"，但只能改写一次。图 11-7 是熔丝型 PROM 存储单元的原理图。它由一只二极管和串在发射极的快速熔断丝组成。晶体管的发射结相当于接在字线和位线之间的二极管。在写入数据时只要设法将需要存入 0 的那些存储单元上的熔丝烧断即可。显然，一旦烧断就不能再恢复。

由于 PROM 只能写入一次，即一经写入，就不能修改了，所以 PROM 仍不能满足研制过程中经常修改存储内容的需要。

3. 可擦除的可编程 ROM（EPROM）　由于可擦除的可编程 ROM（EPROM）中存储的数据可以擦除重写，因而在需要经常修改 ROM 中内容的场合，它便成为一种比较理想的器件。

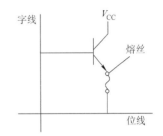

图 11-7　熔丝型 PROM 存储单元

最早研究成功并投入使用的 EPROM 是用紫外线照射进行擦除的，简称 UVEPROM。这种 EPROM 的外壳上装有透明的石英盖板，用紫外线或 X 射线，就可以完成擦除操作；擦除时间需 $20 \sim 30\mathrm{min}$。在写好数据后应使用不透明的胶带将石英盖板遮蔽，以免受阳光或灯光照射而使数据丢失。

虽然用紫外线擦除的 EPROM 具备了可擦除重写的功能，但由于对紫外线照射时间和照度都有一定要求，擦除速度很慢，所以操作起来仍然不方便。为克服这些缺点，又研制成了可以用电信号擦除的 EPROM，这就是 E^2PROM。E^2PROM 可以用电信号擦除，但擦除和写入时需加高电压脉冲，而且擦、写的时间仍较长，所以在系统的正常工作状态下，E^2PROM 仍然只能工作在它的读出状态，做 ROM 使用。

4. 快闪存储器 快闪存储器（Flash Memory）在结构上与 UVEPROM 类似，保留了 UVEPROM 结构简单、编程可靠的优点，在擦除操作上又吸收了 E^2PROM 用隧道效应擦除的快捷特性。自问世以来，其以高集成度、大容量、低成本和使用方便等优点而得到了广泛应用。

11.2 随机存储器

随机存储器也称为随机读/写存储器，简称 RAM（Random Access Memory）。RAM 在正常工作状态下，可以随时将数据写入任何一个指定的存储单元，也可以随时从一个指定地址读出数据。读写方便，使用灵活，但所存数据存在易失性。一旦停电，RAM 所存储的数据将随之丢失。根据所采用的存储单元工作原理的不同，可将 RAM 分为静态存储器（Static Random Access Memory，SRAM）和动态存储器（Dynamic Random Access Memory，DRAM）。DRAM 结构简单、集成度高，但存取速度没有 SRAM 快。一般情况下，大容量存储器使用 DRAM，小容量存储器使用 SRAM。

11.2.1 RAM 的基本结构

RAM 的结构框图如图 11-8 所示，它由存储矩阵、地址译码器和读/写控制电路三部分组成。

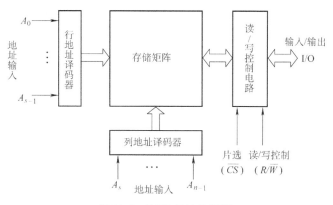

图 11-8　RAM 的结构框图

11.2.2 RAM 的工作原理

下面从 RAM 的三个主要组成部分的工作情况来简要说明 RAM 的工作原理。

1. 存储矩阵 存储矩阵由许多存储单元排列而成，每个存储单元存储一位二进制数 1 或 0。在译码器和读/写控制电路的控制下，既可写入 1 或 0，也可读出 1 或 0。与 ROM 存储单元不同的是，RAM 存储单元的数据不是预先固定的，而是取决于外部输入的信息。要存得住这些信息，RAM 存储单元必须由具有记忆功能的电路构成。SRAM 靠触发器的保持功能存储数据；DRAM 利用电容存储电荷的原理保存数据。

2. 地址译码器 在 RAM 中，为了压缩地址译码器的规模，一般将其分为行地址译码器和列地址译码器两部分。行地址译码器将输入地址代码中的若干位译成某一条字线的输出信号（高电平或低电平），从存储矩阵中选中一行存储单元；列地址译码器将输入地址代码中的其余几位译成某一条输出线上的高电平或低电平信号，从字线选中的一行存储单元中再选出一位或几位，这些被选中的存储单元经读/写控制电路与输入输出端接通，以便对这些单元进行读/写操作。

3. 读/写控制电路 读/写控制电路用于对电路的工作状态进行控制。$R/\overline{W}$ 为读/写控制信号。当输入地址码选中存储矩阵中相应的存储单元时，是读还是写，由 $R/\overline{W}$ 是高电平还是低电平来决定。当 $R/\overline{W} = 1$ 时，执行读操作，将存储单元的数据送到输入/输出端，即"读出"。当 $R/\overline{W} = 0$ 时，执行写操作，将加到输入/输出端上的数据写入存储单元，即"写入"。

$\overline{CS}$ 是片选输入端。一片 RAM 的存储容量是有限的，往往需要用多片 RAM 组成一个容量更大的存储器。访问存储器时，与哪片 RAM 交换信息，由 $\overline{CS}$ 来决定。其中 $\overline{CS} = 0$ 的 RAM 工作，它的输入/输出端与外部总线接通，可对这片 RAM 进行读写操作，与总线交换数据；而其余 $\overline{CS} = 1$ 的各片 RAM 不工作，它们的输入/输出端为高阻态，不能对这些 RAM 进行读写操作，不能与总线交换数据。

11.2.3 RAM 的扩展

当单片的 RAM 不能满足存储容量要求时，可把多个单片 RAM 进行组合，扩展成大容量存储器。RAM 的扩展分为位扩展、字扩展，以及字、位扩展。

1. 位扩展方式 当使用单片 RAM 的位数不够时，就要进行位扩展。扩展位数只需把若干位数相同的 RAM 芯片地址线并接在一起，让它们地址码共用、$R/\overline{W}$ 共用、片选 $\overline{CS}$ 线共用，每个 RAM 的 I/O 并行输出，即实现了位扩展。如图 11-9 所示是用 1024×4 的 RAM 扩展成 1024×8 的 RAM。扩展为 1024×8 存储器需要 1024×4 的片数为两片，只要把两片 1024×4RAM 的 10 位地址线连在一起，$R/\overline{W}$ 并联在一起，片选 $\overline{CS}$ 线也并联在一起，每片 RAM 的 I/O 并行输出，即可实现位扩展。

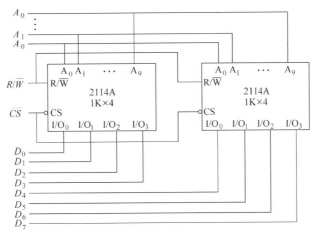

图 11-9 RAM 的位扩展

2. 字扩展方式 当所用单片 RAM 的字数不够时，就需要字扩展。字数增加，地址需要做相应的增加。如图 11-10 所示电路就是用 1024×4 的 RAM 扩展成 2048×4 的 RAM。扩展成 1024×4 的 RAM 需要用两片 1024×4 的 RAM。两片的 I/O 线并联在一起使用，各芯片的 10 位地址线并联在一起。因为字数扩展 2 倍，所以要增加一位地址线 A_{10} 来控制片选。

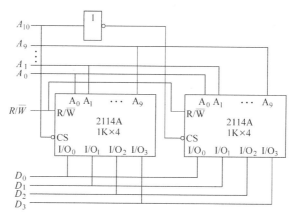

图 11-10　RAM 的字扩展

如将 1024×4（即 $1K \times 4$）的 RAM 扩展成 $4K \times 4$ 的 RAM，就要增加 2 位地址线，这时需要一个 2 线 - 4 线的地址译码器，用译码器的 4 个输出分别控制 4 片 RAM 的片选 $\overline{CS_1}$、$\overline{CS_2}$、$\overline{CS_3}$ 和 $\overline{CS_4}$。

3. 字、位扩展 当 RAM 的位数和字数都需要扩展时，一般是先进行位扩展，然后再进行字扩展。如图 11-11 所示电路就是用 1024×4 的 RAM 扩展成 2048×8 的 RAM，先把两片进行位扩展，再进行字扩展。

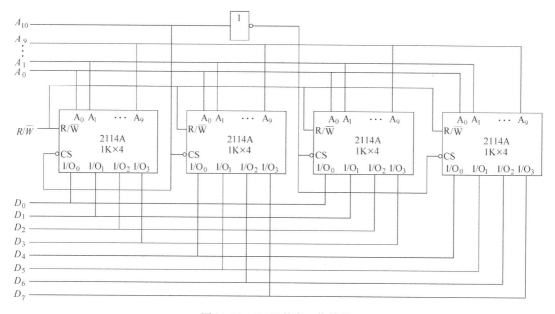

图 11-11　RAM 的字、位扩展

11.3　可编程逻辑器件

可编程逻辑器件简称 PLD（Programmable Logic Device）。它是一种半定制性质的专用集成电路，用户在使用之前可对其进行编程，自己配置各种逻辑功能。这种器件既具有集成电路硬件工作速度快、可靠性高的优点，又具有软件编程灵活、方便的特点，因此十分适用于小批量生产的系统或产品的开发与研制。

PLD 的基本结构如图 11-12 所示，输入电路用于对输入信号的缓冲，并产生原变量和反变量两个互补的信号供阵列使用，与阵列和或阵列用于实现各种与或结构的逻辑函数。若进一步与输出电路中的寄存器以及输出反馈电路配合，还可以实现各种时序逻辑函数。输出电路则有多种形式，可以是三态门输出，也可以配备寄存器和向输入电路提供反馈信号，还可以做成输出宏单元，由用户进行输出电路结构的组态，使 PLD 的功能更加灵活、完善。

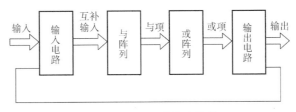

图 11-12　PLD 的基本结构

通常根据 PLD 的各个部分是否可以编程或组态，将 PLD 分为 PROM、PLA（可编程逻辑阵列）、PAL（可编程阵列逻辑）、GAL（通用阵列逻辑）4 大类，如表 11-3 所示。

表 11-3　PLD 分类

分　类	与阵列	或阵列	输出电路
PROM	固定	可编程	固定
PLA	可编程	可编程	固定
PAL	可编程	固定	固定
GAL	可编程	固定	可组态

PLD 通常采用简化表达式的方式来进行各种表示，如图 11-13 所示是与门和或门的简化画法；如图 11-14 所示是输入缓冲电路的两种表示方式；在门阵列中交叉点的连接画法如图 11-15 所示，图中"·"表示固定连接，"×"表示可编程连接。

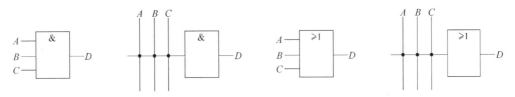

图 11-13　与门和或门的简化画法

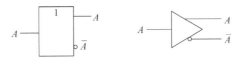

图 11-14　输入缓冲电路的画法

断开连接   可编程连接   固定连接

图 11-15   PLD 器件中连接的习惯画法

11.3.1   PLA

PROM 是由固定的与阵列和可编程的或阵列组成，与阵列是全译码方式，在门的利用率上是不经济的。

PLA 是处理逻辑函数的一种更有效的器件，其结构与 ROM 类似，但它的与阵列是可编程的，且不是全译码，而是部分译码，只产生函数所需的乘积项；或阵列也是可编程的，它选择所需要的乘积项来完成或功能。如图 11-16 所示为 PLA 的阵列结构。PLA 的与阵列和或阵列均可以编程，因而可实现逻辑化简的与或逻辑函数，与或阵列可以得到充分的利用，但至今为止，由于缺少高质量的编程工具，PLA 的使用不是很广泛。

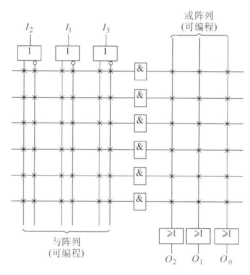

图 11-16   PLA 的阵列结构

目前常用的 PLA 器件中，输入变量最多的可达 20 个，与逻辑阵列的乘积项最多可达 80 个，或逻辑阵列输出最多有 10 个，每个或门的输入端最多的达 16 个，为了扩展电路的功能并增加使用的灵活性，在许多型号的 PLA 器件中还增加了各种形式的输出电路。

【例 11-2】   用 PLA 实现下列函数：

$Y_3 = ABCD + \overline{A}\ \overline{B}\ \overline{C}\ \overline{D}$

$Y_2 = AC + BD$

$Y_1 = A \oplus B$

$Y_0 = C \odot D$

解：实现电路如图 11-17 所示。图中的与阵列最多可产生 8 个可编程的乘积项，或逻辑阵列最多能产生 4 个组合逻辑函数。如果编程后的电路如图 11-17 所示连接，则当 $\overline{OE} = 0$ 时，可以得到逻辑函数 $Y_0 \sim Y_3$。

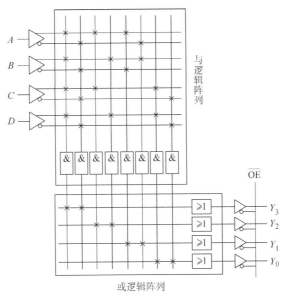

图 11-17 例 11-2 图

11.3.2 PAL

PAL 是与阵列可编程，或阵列固定，结构如图 11-18 所示。每个输出是若干个乘积项之和。这种结构形式为实现大部分逻辑函数提供了最有效的方法。输出电路还可以具有 I/O 双向传送功能，包含寄存器和向与阵列的反馈。用户通过编程可以实现各种组合逻辑电路和时序逻辑电路。PAL 采用熔丝型双极型工艺，在没有编程以前，与阵列的所有交叉点上均有熔丝接通。编程将有用的熔丝保留，将无用的熔丝熔断，即得到所需的电路，但只能一次编程。因工作速度快，开发系统完善，故目前仍在广泛应用。

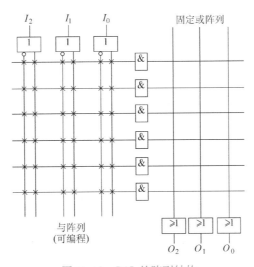

图 11-18 PAL 的阵列结构

如图 11-19 所示是经过编程后的一个 PAL 器件的结构，它所产生的逻辑函数为
$$Y_1 = I_1 I_2 I_3 + I_2 I_3 I_4 + I_1 I_3 I_4 + I_1 I_2 I_4$$

$$Y_2 = \overline{I_1}\,\overline{I_2} + \overline{I_2}\,\overline{I_3} + \overline{I_3}\,\overline{I_4} + \overline{I_1}\,\overline{I_4}$$

$$Y_3 = I_1\,\overline{I_2} + \overline{I_1}I_2$$

$$Y_4 = I_1 I_2 + \overline{I_1}\,\overline{I_2}$$

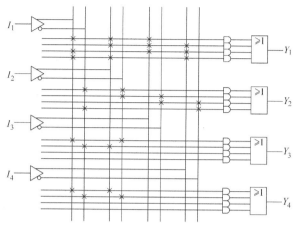

图 11-19　编程后的 PAL 电路

PAL 的输出结构有专用输出结构、异步 I/O 输出结构、寄存器输出结构、异或结构、算术选通反馈结构等形式。

11. 3. 3　GAL

1. GAL 的结构特点　GAL 与 PAL 有着类似的可编程与阵列和固定的或阵列，它们的不同在于：PAL 是 PROM 熔丝工艺，为一次编程器件，而 GAL 是 E²PROM 工艺，可重复编程；PAL 的输出是固定的，GAL 是一个可编程的逻辑宏单元（OLMC）作为输出电路。在这个 OLMC 中，包括或阵列和输出寄存器，还有一些编程控制电路。由于可编程，使它能够方便地组成多种不同的输出组态，因此比 PAL 更灵活，功能更强，应用更方便。

如图 11-20 所示是典型的 GAL16V8 的逻辑图，它有 8 个输入端和 8 个双向 I/O 端，因此最多可以有 16 个信号（含反馈输入信号）输入到与阵列中，有 8 个输出逻辑宏单元（OLMC），还有一个时钟输入端（引脚 1）和一个输出使能端 OE（引脚 11）。

2. 输出逻辑宏单元　如图 11-21 所示是 GAL 的一个输出逻辑宏单元的逻辑图，图中的或门表示固定或阵列的一组，它的 8 个输入端和与阵列的输出相连。或门的输出端接了一个异或门，用来设置输出信号的极性，D 触发器是数据寄存器。此外还有 4 个多路选择器：积项选择多路选择器、输出选择多路选择器、输出允许控制多路选择器、反馈多路选择器。

由上述可见，OLMC 在相应的控制下，具有不同的电路结构。因此，GAL 器件提供了比 PAL 器件更强大的功能、更方便的应用。

3. OLMC 的 5 种工作模式　在结构字的控制下，GAL 的输出逻辑宏单元可以有 5 种工作模式：专用组合输入模式、专用组合输出模式、带反馈的组合输出模式、时序逻辑中的组合输出模式、时序型输出模式。它们由结构控制字中的 SYN、AC_0、$AC_1(n)$、$OLMC(n)$ 的状态指定。

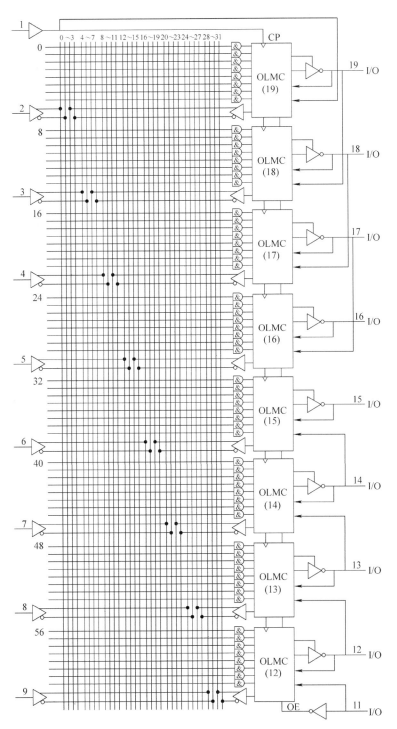

图 11-20 GAL16V8 的逻辑图

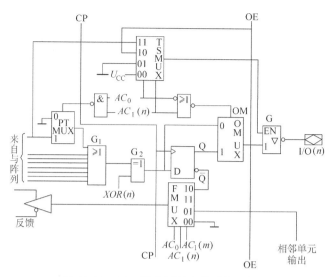

图 11-21　GAL 输出逻辑宏单元的逻辑图

思考题

PLA 的"与"阵列、"或"阵列同 ROM 的与、或阵列比较有何区别?

本章小结

本章介绍了 ROM、RAM 以及多种 PLD 的基本结构和工作原理，并给出相应的应用实例。

1. 只读存储器 ROM 用于存放固定不变的数据，存储内容不能随意改写。在工作时只能根据地址码读出数据。ROM 工作可靠，断电后，数据不易丢失。

2. 随机存储器 RAM 由存储矩阵、译码器和读/写控制电路三部分构成。它可以随时读出数据或改写存储的数据，并且读、写数据的速度很快。但断电后，数据将丢失。

3. 可编程逻辑器件（PLD）是由与阵列、或阵列和输入输出电路组成。与阵列用于产生逻辑函数的乘积项，或阵列用于各项求和。因此，从原理上讲，可编程逻辑器件可以实现一切复杂的组合逻辑函数。在 PLD 中融入了触发器后，使得可编程逻辑器件能实现时序逻辑功能。

自测题

11.1　填空题

1. 256 × 8 的 ROM 存储器有＿＿＿＿＿＿根地址线、＿＿＿＿＿＿根字线、＿＿＿＿＿＿根位线。

2. 动态 RAM 是利用＿＿＿＿＿＿存储信息，静态 RAM 是利用＿＿＿＿＿＿存储信息。

3. 若存储器的容量为 512K × 8，则地址代码应为＿＿＿＿＿＿位。

4. 欲组成 1024 × 16 的 RAM，需用＿＿＿＿＿＿片 1024 × 4 的 2114A 来构成。

5. 为了组成 8K × 16 的 RAM，需用＿＿＿＿＿＿片 1024 × 4 的 2114A 进行＿＿＿＿＿＿扩展来实现。

11.2　选择题

1. 1024 × 4 的 2114A 有（　　）位地址代码。

(a) 8 　　　　　　　　(b) 10 　　　　　　　　(c) 12

2. 为了组成 $1K \times 8$ 的 RAM，需要（　　）片 2114A。

(a) 2 　　　　　　　　(b) 4 　　　　　　　　(c) 6

3. 为了组成 $4K \times 8$ 的 RAM，需要（　　）片 2114A 来实现。

(a) 4 　　　　　　　　(b) 8 　　　　　　　　(c) 12

4. 为了组成 $1K \times 8$ 的 RAM，用 2114A 进行（　　）扩展可实现。

(a) 字 　　　　　　　　(b) 位 　　　　　　　　(c) 字位

5. 为了组成 $4K \times 4$ 的 RAM，用 2114A 进行（　　）扩展可实现。

(a) 字 　　　　　　　　(b) 位 　　　　　　　　(c) 字位

6. 为了组成 $4K \times 16$ 的 RAM，用 2114A 进行（　　）扩展可实现。

(a) 字 　　　　　　　　(b) 位 　　　　　　　　(c) 字位

7. GAL 的与阵列是（　　）的。

(a) 固定 　　　　　　　　(b) 可编程 　　　　　　　　(c) 未知

8. PAL 的或阵列是（　　）的。

(a) 固定 　　　　　　　　(b) 可编程 　　　　　　　　(c) 未知

习题

11.1 可编程逻辑器件（PLD）有哪些种类？各有什么特点？

11.2 试用 2 片 ROM 组成存储器。

11.3 试用 4 片 $4K \times 4$ 的 RAM 组成 $8K \times 8$ 的 RAM 存储器。

11.4 试用 ROM 实现下列逻辑函数。

$$\begin{cases} Y_0 = \overline{A}\,\overline{B}C + A\,\overline{B}C \\ Y_1 = \overline{A}C + A\,\overline{B}\,\overline{C} \end{cases}$$

11.5 ROM 和 RAM 的主要区别是什么？它们各适用于什么场合？

11.6 已知 ROM 如图 11-22 所示，试列表说明 ROM 存储的内容。

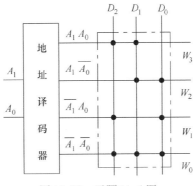

图 11-22 习题 11.6 图

11.7 试用 PLA 实现下列函数。

$$\begin{cases} Y_0 = \overline{A}\,\overline{B}C\,\overline{D} + A\,\overline{B}CD \\ Y_1 = AB\,\overline{D} + \overline{A}CD + A\,\overline{B}\,\overline{C}\,\overline{D} \\ Y_2 = A\,\overline{B}C\,\overline{D} + B\,\overline{C}D \\ Y_3 = \overline{A}\,\overline{D} \end{cases}$$

11.8 PAL 器件的输出电路结构有哪些类型？各种输出电路结构的 PAL 器件分别适用于什么场合？

11.9 假设各触发器的初态全为0，分析如图 11-23 所示 PLA 阵列图，试画出时序图，列出 PLA 的状态转换表和状态转换图，并简述 PLA 电路的逻辑功能。

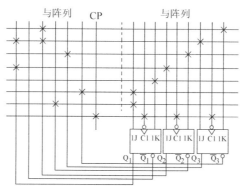

图 11-23 习题 11.9 图

11.10 试用 ROM 设计一个一位加减运算电路。当控制信号 A = 0 时，电路实现加法运算；当 A = 1 时，电路实现减法运算。

参 考 文 献

[1]   秦曾煌. 电子技术 [M]. 4 版. 北京：高等教育出版社，1993.
[2]   刘全忠. 电子技术 [M]. 2 版. 北京：高等教育出版社，2004.
[3]   罗会昌. 电子技术 [M]. 北京：机械工业出版社，1999.
[4]   霍亮生. 电子技术基础 [M]. 北京：清华大学出版社，2006.
[5]   徐安静. 数字电子技术 [M]. 北京：清华大学出版社，2008.
[6]   林红. 电子技术 [M]. 北京：清华大学出版社，2008.
[7]   蔡惟铮. 基础电子技术 [M]. 北京：高等教育出版社，2004.
[8]   阎石. 数字电子技术基础 [M]. 北京：高等教育出版社，1999.
[9]   康华光. 电子技术基础数字部分 [M]. 北京：高等教育出版社，1999.
[10] 唐育正. 数字电子技术 [M]. 上海：上海交通大学出版社，2001.
[11] 阎石. 数字电子技术基础 [M]. 4 版. 北京：高等教育出版社，1998.
[12] 康华光. 电子技术基础数字部分 [M]. 4 版. 北京：高等教育出版社，2000.
[13] 张建华. 数字电子技术 [M]. 2 版. 北京：机械工业出版社，2000.
[14] 张克农. 数字电子技术基础 [M]. 北京：高等教育出版社，2003.
[15] 成立. 数字电子技术 [M]. 北京：机械工业出版社，2003.
[16] 毕满清. 电子技术实验与课程设计 [M]. 3 版. 北京：机械工业出版社，2005.
[17] 李庆常. 数字电子技术基础 [M]. 3 版. 北京：机械工业出版社，2008.
[18] 姚娅川. 数字电子技术 [M]. 重庆：重庆大学出版社，2006.
[19] 张虹. 数字电路与数字逻辑 [M]. 北京：北京航空航天大学出版社，2007.
[20] 范爱平，周长森. 数字电子技术基础 [M]. 北京：清华大学出版社，2008.
[21] 苏本庆. 数字电子技术 [M]. 北京：电子工业出版社，2007.
[22] 马金明. 数字电路与数字逻辑系统与逻辑设计 [M]. 北京：北京航空航天大学出版社，2007.
[23] 朱明程. 可编程逻辑器件原理及应用 [M]. 西安：西安电子科技大学出版社，2004.
[24] 王道宪. CPLD/FPGA 可编程逻辑器件应用与开发 [M]. 北京：国防工业出版社，2004.
[25] 陈赜. CPLD/FPGA 与 ASIC 设计实践教程 [M]. 北京：科学出版社，2005.
[26] 尹文庆. 数字电子技术基础 [M]. 北京：中国电力出版社，2008.
[27] 胡晓光. 数字电子技术基础 [M]. 北京：北京航空航天大学出版社，2007.
[28] 阎石. 数字电子技术基本教程 [M]. 北京：清华大学出版社，2007.
[29] THOMAS L F. 数字电子技术（第九版）[M]. 余缪，等译. 北京：电子工业出版社，2006.